全国船舶工业职业教育教学指导委员会推荐教材

船 舶 辅 机

主　编　郭卫勇　郭　敏
副主编　杨双齐　马　威　张　瑜
主　审　杨志勇

哈尔滨工程大学出版社
Harbin Engineering University Press

内 容 简 介

　　本书系统介绍了船用泵、船用空气压缩机、船舶制冷和空调装置、船舶液压设备、船用锅炉、船用海水淡化装置、船用离心式分油机、船用防污染装置等船舶辅助机械设备的结构、原理、操作与维护管理。本书对接真实岗位工作情境，以培养学生工作能力为导向，将课堂讲述内容、技能训练、典型案例、拓展提高等模块优化组合，注重反映船舶辅助设备发展趋势的新技术、新工艺和新设备等内容。通过学习，学生可掌握船舶辅助机械设备的操作、典型故障的原因分析与排除，为后续从事船舶轮机管理相关工作奠定基础。

　　本书可作为高职院校轮机工程技术、船舶动力工程技术等相关专业的教材，也可作为海船三管轮适任考试参考教材以及船舶辅助机械的自学教材。

图书在版编目(CIP)数据

　　船舶辅机/郭卫勇,郭敏主编. —哈尔滨:哈尔滨工程大学出版社, 2023.8
　　ISBN 978-7-5661-3958-0

　　Ⅰ.①船⋯　Ⅱ.①郭⋯②郭⋯　Ⅲ.①船舶辅机-职业教育-教材　Ⅳ.①U664.5

　　中国版本图书馆 CIP 数据核字(2023)第 140135 号

船舶辅机

CHUANBO FUJI

选题策划	史大伟　张志雯
责任编辑	张志雯
封面设计	李海波

出版发行	哈尔滨工程大学出版社
社　　址	哈尔滨市南岗区南通大街 145 号
邮政编码	150001
发行电话	0451-82519328
传　　真	0451-82519699
经　　销	新华书店
印　　刷	黑龙江天宇印务有限公司
开　　本	787 mm×1 092 mm　1/16
印　　张	22.75
字　　数	596 千字
版　　次	2023 年 8 月第 1 版
印　　次	2023 年 8 月第 1 次印刷
定　　价	59.00 元

http://www.hrbeupress.com

E-mail:heupress@hrbeu.edu.cn

前　言

本书依据高职高专教学改革精神和轮机工程技术专业教学标准编写,在总体设计上,对接真实岗位工作情境,遵循学生掌握知识、技能的认知过程,将船舶辅助机械设备的基础知识、操作技能和实际典型故障案例进行整体编排。本书可作为高职院校轮机工程技术、船舶动力工程技术等相关专业的教材,也可作为海船三管轮适任考试参考教材以及船舶辅助机械的自学教材。

本书在内容安排上,以应用为目的,以培养学生工作能力为导向,将课堂讲述内容、技能训练、典型案例、拓展提高等模块优化组合,注重反映船舶辅助设备发展趋势的新技术、新工艺和新设备等内容;在课程思政方面,精选视频、文档等案例,激发学生爱国主义情怀和海洋强国梦,培养学生的劳动精神、工匠精神,使其树立安全与环保的职业意识;在教与学方面,本书配套了丰富的数字化教学资源,学习者可以扫描书中的二维码观看对应的微课、课件等教学资源,每个任务均设有练习题,方便教师及时了解学生对知识内容的掌握情况。

本书由来自航运企业的一线管理人员,以及武汉理工大学、武汉船舶职业技术学院等学校一线教师组成的“校企”团队编写完成。全书共分为9个项目,合计33个任务。项目1是船用泵;项目2是活塞式空气压缩机;项目3是船舶制冷装置;项目4是船舶空气调节装置;项目5是船舶液压设备;项目6是船舶海水淡化装置;项目7是船用辅助锅炉;项目8是船用分油机;项目9是船舶防污染装置。本书结构框架包括项目描述、项目实施任务分析、任务实施、知识拓展、练习与思考等部分。

本书由郭卫勇、郭敏主编,其中项目1、项目2由郭卫勇编写;项目3、项目4由马威编写;项目5的任务5.3、项目6、项目7由张瑜编写;项目5的其余部分由杨双齐编写;项目8由郭敏编写;项目9由黄海编写。武汉理工大学杨志勇教授对本书内容进行了审定,并提出了很多宝贵的意见和建议,使本书更臻完善。在编写过程中,武汉交通职业学院张心宇为本书图片绘制提供了极大的帮助;武汉船舶职业技术学院张选军、夏霖、李卡卡,北京鑫裕盛船员管理有限公司夏涛为本教材资料的收集、技术标准和规范的应用、课程思政内容的梳理等做了大量的工作,在此特别致谢。

由于编者水平所限,书中错漏和不妥之处在所难免,恳请广大读者批评指正,以便修订完善。

编　者

2023 年 2 月

目　　录

项目1 船 用 泵

【项目描述】

泵是输送流体或使流体增压的机械,将原动机的机械能或其他外部能量传送给液体,使液体能量增加。在现代船舶上,泵是一种应用最广、数量和类型最多的辅助机械,不同类型的泵,它的工作原理、结构组成和工作内容也不尽相同,结构特点和管理要点也千差万别。本项目的主要任务是了解各种船用泵的工作原理、结构组成和工作、故障分析,说明典型装置的结构特点和管理要点。

通过本项目的学习,应达到以下目标:

能力目标:

◆能够正确分析往复泵、回转泵、离心泵、旋涡泵、喷射泵的工作原理和特点;

◆能够正确分析影响各种船用泵工作的因素;

◆能够对典型船用泵进行维护与管理。

知识目标:

◆了解泵的性能参数;

◆了解往复泵、回转泵、离心泵、旋涡泵、喷射泵的工作原理;

◆了解典型船用泵的系统组成和维护管理;

◆了解典型船用泵的常见故障和处理方法。

素质目标:

◆培养严谨细致的工作态度和精益求精的工匠精神;

◆提高团队协作能力与创新意识;

◆树立安全与环保的职业素养;

◆厚植爱国主义情怀和海洋强国梦。

【项目实施】

项目实施遵循岗位工作过程,以循序渐进、能力培养为原则,按船用泵的工作原理将项目分成以下七个任务。

任务1.1 初识船用泵

任务1.2 认识往复泵

任务1.3 认识齿轮泵

任务1.4 认识螺杆泵

任务1.5 认识离心泵

任务1.6 认识旋涡泵

任务1.7 认识喷射泵

任务 1.1　初识船用泵

【任务分析】

"Ever Given"
轮苏伊士
运河搁浅
事故（PDF）

泵是向液体提供机械能（包括位置能、速度能和压力能三种形式）并输送液体的机械，在船上广泛使用。本任务目的是了解船用泵的分类，熟悉泵的性能参数，掌握泵正常工作和排出的条件，为后面学习各种船用泵打下良好基础。

【任务实施】

船用泵的基
础知识（PPT）

一、船用泵的分类

船用泵在现代船舶上有着十分广泛的应用，通常按泵的用途和工作原理来分类。

1. 按泵的用途分类

（1）船舶主、辅动力装置用泵：有燃油泵、润滑油泵、海水泵、淡水泵、舵机或其他液压甲板机械的液压泵、锅炉给水泵、制冷装置的冷却水泵、海水淡化装置的海水泵和凝水泵等。

（2）船舶性用泵：有舱底水泵、压载水泵、消防水泵、日用淡水泵、日用海水泵、热水循环泵；还有兼作压载、消防、舱底水泵用的通用泵。

（3）特殊船舶专用泵：某些特殊用途的船舶，还设有为其特殊营运要求而设置的专用泵，例如油轮的货油泵、挖泥船的泥浆泵等。

2. 按泵的工作原理分类

（1）容积式泵：如往复泵、齿轮泵、螺杆泵、叶片泵、水环泵等，其工作原理均是依靠工作部件的运动造成泵的工作容积周期性变化来向液体提供压力能并吸入和压出液体。

（2）叶轮式泵：如离心泵、轴流泵、旋涡泵等，其工作原理是依靠叶轮带动液体高速旋转来向液体提供速度能和压力能并吸入和排出液体。

（3）喷射式泵：其工作原理是依靠工作流体产生的高速射流引射需要排送的流体，通过动量交换向流体提供能量并将其排出。

除了按上述方式分类外，船用泵还可以按泵轴位置分为立式泵和卧式泵；按吸口数目分为单吸泵和双吸泵；按驱动泵的原动机分为电动泵、汽轮机泵及柴油机泵。

二、船用泵的性能参数

1. 流量

流量是指泵在单位时间内所排送的液体量。通常用体积来度量所排送液体量的，称为体积流量，用 Q 表示，单位是 m^3/s、m^3/h 或 L/min；有时也用质量来度量所排送液体量，则称为质量流量，用 G 表示，单位是 kg/s，常用单位还有 t/h、kg/min。

排量是指泵轴转一周所能排出的液体体积，常用 q 表示，单位是 m^3/r。

泵的扬程与泵正常工作的条件(微课)

泵铭牌上标注的流量是指泵的额定流量,而泵实际工作时的流量则与泵的工作条件有关,不一定等于额定流量。

2. 扬程

泵的扬程也称泵的压头,是指泵传给单位质量液体的能量,或单位质量液体通过泵后所增加的机械能,用 H 表示,单位为 m(液柱高度)。叶轮式泵的铭牌上标注的是额定扬程,工作扬程不一定等于额定扬程,工作扬程的大小取决于泵的管路工况。

泵的工作扬程可用下式估算:

$$H = \frac{p_d - p_s}{\rho g} = \frac{p_{dr} - p_{sr}}{\rho g} + \Delta Z + \Sigma h$$

式中　p_d——泵的排出压力;

p_s——泵的吸入压力;

p_{dr}——排出液面的压力;

p_{sr}——吸入液面的压力;

ΔZ——吸排液面的高度差;

Σh——管路阻力;

ρ——液体密度;

g——重力加速度。

注意,容积式泵往往不标注泵的额定扬程而只标注额定排出压力。额定排出压力是按照试验标准使泵连续工作时所允许的最高压力。容积式泵工作时的实际排出压力不允许超过额定排出压力。

3. 转速

泵的转速是指泵轴每分钟的回转数,用 n 表示,单位是 r/min。大多数泵系由原动机直接传动,二者转速相同。但电动往复泵往往需经过减速,故其泵轴(曲轴)的转速比原动机要低。泵铭牌上标注的转速是指泵轴的额定转速。

4. 功率

泵的功率有输出功率和输入功率之分。泵的输出功率又称有效功率,是指泵在单位时间内实际传给排出液体的能量,用 P_e 表示。泵的输入功率又称轴功率,即单位时间内原动机传给泵轴的功率,用 P 表示。泵铭牌上标注的功率指的是额定工况下的轴功率。

5. 效率

泵的能量损失包括:

(1)容积损失,是由于漏泄及吸入液体中含有气体等造成的流量损失,用容积效率 η_V(实际流量与理论流量之比)来衡量。

(2)水力损失,指液体在泵内流动因摩擦、撞击、旋涡等水力现象造成的扬程损失,用水力效率 η_h(实际扬程与理论扬程之比)来衡量。

(3)机械损失,指泵运动部件的机械摩擦所造成的能量损失,用机械效率 η_m(按理论流量和理论扬程计算的水力功率与输入功率之比)来衡量。

泵的效率(总效率)是指泵的输出功率和输入功率之比,用 η 表示:

$$\eta = \eta_V \cdot \eta_h \cdot \eta_m$$

泵铭牌上标注的效率是指泵在额定工况下的总效率。应当指出,泵的效率仅是对泵本身而言,并没有把原动机的效率和传动装置的效率包括在内。

6. 允许吸上真空度

泵要能吸入液体,吸入口处应有一定的真空度,但此真空度高到一定程度时(即泵的吸入压力低到一定程度时),液体在泵内的最低压力就可能等于或小于其饱和蒸汽压力,液体就会汽化,造成汽蚀,使泵不能正常工作。因此,就需要规定泵的允许吸上真空度。

允许吸上真空度是指泵在额定工况下保证不发生汽蚀时泵进口处能达到的最大吸入真空度,用 H_s 表示,单位是 MPa。它是衡量泵吸入性能好坏的重要标志,也是管理中控制最高吸入真空度的重要依据。

泵的允许吸上真空度主要与泵的形式、结构和工况有关。例如,泵内流道表面不光滑、流道形状不合理、泵内液体压降大,会使泵的允许吸上真空度较小;在船上对于既定的泵而言,大气压力降低、泵流量增大(使泵吸入腔压降增大)、液体温度增高(使饱和蒸汽压力提高),也会使泵的允许吸上真空度减小。

泵铭牌上标注的允许吸上真空度 H_s 是由制造厂在标准大气压(760 mmHg)下,以常温(20 ℃)清水在额定工况下进行试验而得出的。

三、泵正常工作条件

泵正常工作
条件(PPT)

1. 正常吸入条件

泵的结构形式虽多,但其正常吸入条件是基本一致的,可简要概括为"吸入压力不能过高或过低"。

(1)泵本身能够形成的吸入真空度必须足够高,否则液体就吸不上来。泵本身能够形成的吸入真空度主要取决于泵的密封件的密封性能和运动件的技术状态。

(2)泵工作时的实际吸入真空度又不能高于允许吸入真空度,否则液体就会汽化。泵工作时的实际吸入真空度(或吸入压力)主要取决于工况。

影响泵吸入真空度的因素有以下几个:

(1)吸入液面压力。当其他条件不变,吸入液面压力越小,吸入压力就越低,即吸入条件越差。当吸入液面与大气相通时,吸入液面压力等于大气压力。对海船来说,大气压力几乎终年不变。但如泵(凝水泵)从真空容器中吸水,因吸入液面压力接近凝水的饱和压力(较低),故吸入压力就会很低,吸入液体极易汽化。

(2)吸高。当其他条件不变时,吸高越大,吸入压力就越低。当吸入液面作用的是大气压力时,大多数水泵的许用吸高为 5~6 m。为此,对于那些吸入条件很差的泵(如热水泵、凝水泵等),应将其安装在吸入液面之下。泵吸口低于吸入液面的高度称为流注吸高。

(3)吸入管流速及阻力。当其他条件不变,吸入管流速和管路阻力越大,则吸入压力越小。管路阻力包括沿程阻力和弯头、阀门、滤器等处的局部阻力。除在设计时应尽量减小管长、减少管路弯头、附件,选用适当的管径和管内流速外,使用时还应勤洗滤器,开足吸入阀门,以减小吸入管路阻力损失。一般对于油泵,油温越低,油的黏度越高,流动阻力就越大;而对于水泵,水温变化对管路阻力的影响很小。

(4)液体密度。所输送液体的密度越大,则泵的吸入压力就越低。

（5）液体温度。液体温度对吸入压力的影响,主要视其对液体密度和管路阻力的影响而定。输油时,油温降低,管路阻力增大,同时油的密度也增大,因而将使吸入压力降低。而输水时,水温对管路阻力和密度的影响甚微,因而对吸入压力影响很小;但另一方面温度越高,水越容易汽化,吸入条件越差。所以,对吸入温度可能变化的泵,如锅炉给水泵,使用中当水温升高导致吸入失常时,应通过降低泵的转速或降低吸入液体温度等措施解决。

（6）原动机的转速。在其他条件不变的情况下,对瞬时流量均匀的泵,若转速增加,则液体流速加大,流阻加大,吸入压力会降低,故转速不能过分提高。对瞬时流量很不均匀的泵(如往复泵),若转速增加,则使惯性水头增加,吸入压力脉动增加,会造成泵不能正常吸入。因此,转速也是影响泵吸入性能的一个因素,这也是往复泵转速不宜过高的原因之一。

2. 正常排出条件

泵的正常排出条件可简要概括为"泵的排出压力不能过低或过高",具体来说有以下两点:

（1）泵本身能够产生的排出压力必须足够高,否则液体就排不出去。这就要求泵的密封件性能良好,承压件耐压性能良好,运动件技术状态良好,能够向液体提供足够的能量。泵的排出压力主要用于提升液体高度、克服排出液面背压和克服排出管路阻力。

（2）泵实际工作时的排出压力不能过高。对容积式泵,排出压力会随管路负荷增大而增大,理论上可达无限大。实际上当排出压力过高时,可能造成原动机过载,甚至使泵的密封件、部件损坏或管路破裂。故规定容积式泵的排出压力不得超过额定排出压力。对于叶轮式泵和喷射式泵,排出压力的最大值是有限的。当排出压力超过额定值时,虽不会造成机器损伤,但会使流量和效率急剧下降,直至为零。因此,为保证泵正常排出,在管理时要防止排出管路上的滤器或其他元件堵塞,注意排出阀的提升程度。如排出条件不变,泵的排出压力低于正常值,则通常意味着泵的流量减小使得管路阻力降低。适当降低转速可减少惯性损失。

【练习与思考】

一、选择题(请扫码答题)

二、简述题

1. 按照能量传递方式可将泵分为几类?请说出它们是如何传递能量的。

2. 何谓泵的性能参数?重要的性能参数有哪些?阐明其含义。

3. 泵吸入滤器堵塞严重时,对泵的工作有何不良影响?

任务 1.1 选择题

任务 1.2　认识往复泵

【任务分析】

船用往复泵有较强的自吸能力,在船上主要作为舱底水泵。本节的主要任务是了解船用往复泵工作原理、结构和特点,掌握电动往复泵的管理要点。

【任务实施】

一、往复泵的工作原理、作用数和类型

往复泵原理、特点与结构（PPT）

1. 往复泵的工作原理

往复泵是一种容积式泵,它是靠活塞或柱塞的往复运动,使工作容积发生变化而实现吸排液体的泵。往复泵通过活塞的往复运动直接以压力能形式向液体提供能量。

图 1-2-1 所示是单缸单作用往复泵的结构简图。它主要由活塞、泵缸、吸入阀和排出阀等部件组成。

往复泵原理与结构（微课）

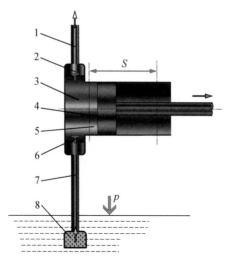

1—排出管;2—排出阀;3—阀箱;4—活塞;
5—泵缸;6—吸入阀;7—吸入管;8—吸入滤器;
S—活塞行程;p—液体表面压力。

图 1-2-1　单缸单作用往复泵的结构简图

单作用往复泵工作原理（动画）

当活塞 4 由原动机驱动从左止点往右止点运动时,泵缸 5 容积增大,排出阀 2 关闭,吸入阀 6 打开而吸入液体直至活塞到达右止点;当活塞 4 向左回行时,泵缸 5 容积减小,压力升高,迫使吸入阀 6 关闭和排出阀 2 打开而排出液体,直到活塞 4 到左止点。因此,只要活塞 4 不断地做往复运动,液体就不断地被吸入和排出,从而实现液体的连续输送。

2. 往复泵的作用数

往复泵在活塞每一往复行程吸排液体的次数,称为往复泵的作用数。上述往复泵每一往复行程活塞吸排一次液体,是单作用泵。每一往复行程活塞两侧各吸排一次液体,是双作用泵。由两个双作用泵缸或三个单作用泵缸组成的往复泵称为四作用泵和三作用泵。

3. 往复泵的类型

往复泵可分为活塞式和柱塞式两大类。

活塞式往复泵的特点是活塞直径较大且较短,呈盘状结构,其上装有活塞环。因密封性能较差,故不适用于高压环境。

柱塞式往复泵(简称柱塞泵)是液压系统的核心部件,具有额定压力高、结构紧凑、效率高和流量调节方便等优点,被广泛应用于高压和流量需要调节的场合。

往复泵的具体类型如图 1-2-2 所示。

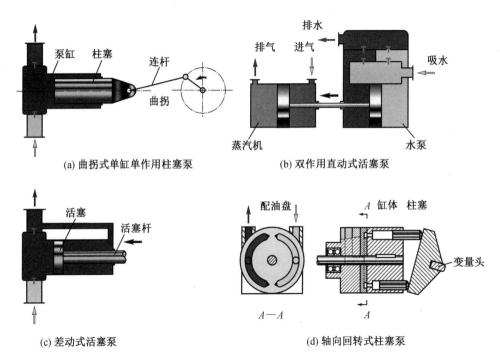

(a) 曲拐式单缸单作用柱塞泵　　　　(b) 双作用直动式活塞泵

(c) 差动式活塞泵　　　　(d) 轴向回转式柱塞泵

图 1-2-2　往复泵的类型

二、往复泵的特点

(1)有较强的自吸能力。泵的自吸能力的好坏与泵的密封性能有密切关系。当往复泵因长期不用而泵腔干燥时,因泵阀或泵缸密封不佳而自吸能力降低时,应在启动前向缸内灌满液体,这样有利于提高泵的自吸能力,同时也可以减少摩擦。

(2)往复泵的流量仅与泵的转速、泵缸尺寸和作用数有关,与工作压力无关。

往复泵的理论流量即活塞的有效工作面在单位时间内所扫过的容积为

$$Q_t = 60KASn$$

式中　K—泵的作用数；

　　　S—活塞行程；

　　　n—泵的转速；

　　　A——活塞平均有效工作面积。

往复泵的实际流量与容积效率有关，它是理论流量与容积效率的乘积。造成实际流量与容积效率下降的原因有：

①活塞环、活塞杆填料等处由于存在一定的间隙以及泵阀关闭不严等会产生漏泄；

②活塞换向时，由于泵阀关闭迟滞造成液体流失；

③泵吸入的液体可能含有气泡，压力降低时溶解在液体中的气体会逸出，同时液体本身也可能汽化；此外，空气还可能从填料箱等处漏入。

往复泵的容积效率大小与泵的转速、液体的性质、工作压力、泵阀的加工精度、泵的装配质量等有关，一般在 85%～95%。

（3）往复泵的流量不均匀，存在惯性影响。往复泵活塞的运动速度不是均匀的。对于单作用泵，由于活塞在上、下死点时的瞬时流量为零，上、下死点中间时瞬时流量最大，故单作用泵的流量最不均匀。对于多作用往复泵，其瞬时流量为各缸在同一时刻排出的瞬时流量的叠加，显然多作用往复泵瞬时流量的均匀程度要比单作用泵好。一般而言，增加作用数能够改善往复泵的流量均匀性，但也使结构趋于复杂，故往复泵的作用数最多为四作用。三作用泵因曲柄间各差 120° 的缘故，其瞬时流量的均匀程度比单、双、四作用泵都好。

（4）往复泵的额定排出压力仅与泵原动机的功率、轴承的承载能力、泵的强度和密封性能有关，与泵的尺寸和转速无关。

（5）转速不宜太快。泵的转速过高，泵阀迟滞造成的容积损失就会相应增加，泵阀撞击更为严重，引起的噪声增大，磨损也将加剧，此外液流和运动部件的惯性力也将随之增加，从而产生液击和恶化吸入条件。所以，电动往复泵转速多在 200～300 r/min，一般最高不超 500 r/min，高压小流量泵最高不超过 700 r/min。

（6）容积效率受泵的密封性能、转速、泵阀性能和液体黏度影响较大。影响往复泵的容积效率的因素主要有：

①活塞换向时，由于吸入阀和排出阀的关闭迟滞，产生了液体的流失；

②泵的阀门、活塞与泵缸间、活塞杆与填料函间的不密封引起的漏泄损失；

③泵吸入的液体中含有气体，气体可能是因压力降低时从液体中逸出的，也可能是液体本身汽化产生的，另外还可能是从填料箱等处漏入的。

（7）主要适用于流量不大，对流量均匀性要求不高和需要自吸能力强的场合，在船上主要用作舱底水泵。

（8）结构复杂，管理麻烦。易损件（活塞环、泵阀、填料等）多，输送含固体杂质的液体时，活塞环、泵阀、填料更加容易损坏。往复泵因转速不宜太快，故常在原动机和泵之间装有减速机构，这使得其结构复杂，管理量也相对增加。

三、往复泵的主要部件与空气室

1. 往复泵的泵阀

（1）泵阀的结构类型

往复泵的泵阀有吸入阀和排出阀两种,它们的作用是使泵缸工作腔交替地与吸排管接通或隔断,以完成泵的吸排过程。常见的泵阀结构形式有盘阀、锥阀、球阀、环阀等几种,如图1-2-3所示。

往复泵结构
与原理（动画）

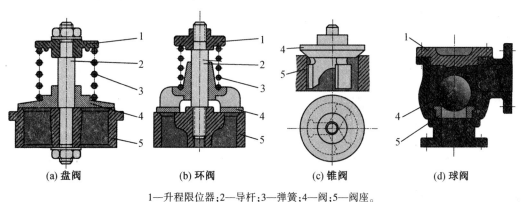

(a) 盘阀　　　　(b) 环阀　　　　(c) 锥阀　　　　(d) 球阀

1—升程限位器;2—导杆;3—弹簧;4—阀;5—阀座。

图1-2-3　往复泵泵阀结构形式

（2）泵阀的特点

盘阀和环阀适用于常温清水、低黏度油或其他黏度不大的介质。这两种阀易于加工而且耐磨,故应用广泛。锥阀刚性好,而且阀隙阻力小,适用于输送黏度较大的液体及压力较高的场合。球阀在工作中自身能够旋转,磨损均匀,而且密封面很窄,故对固态杂质不太敏感,密封性能较好;同时其流道圆滑,阻力较小,适合于输送黏度较高的液体;但其尺寸不宜过大,多用于流量不大、泵的转速较低的场合。

（3）对泵阀的要求

泵阀工作的好坏,对泵的工作和工作性能有很大影响,因此对泵阀有以下要求:

①关闭严密。这主要靠阀与阀座的加工精度及接触面的研配质量来保证。关闭不严会使容积效率下降,泵的自吸能力变差。因此,当阀与阀座的接触面上出现伤痕或磨损不均匀时,就需重新研磨或更换新阀件。研磨或更新后,对阀与阀座的接触面必须进行密封试验,即将二者倒置后注入煤油,5 min内应无渗漏。

②启闭迅速。阀的启闭滞后角过大,泵的容积效率会下降,自吸能力会变差。为此应适当降低转速、增大比载荷,以限制阀的最大升程。

③关闭时撞击要轻,工作无声,否则将会加剧阀的磨损。为减轻阀关闭时的撞击,须限制阀落到阀座上时的速度。

④泵阀的阻力要小。这不仅可以提高泵的水力效率,而且吸入阀阻力小还有助于使泵的允许吸上真空度增大。这就要求阀的质量和阀的比载荷都不宜过大。

可见,提高泵的转速,虽可增加泵的流量,但也会使阀的升程增加,使阀关闭滞后、敲击加重,严重时会损坏阀的升程限制器,故应限制往复泵转速的提高。

2. 活塞环与缸套

活塞环(胶木胀圈)是往复泵重要的密封件之一,也是易损件。它开有呈直口或斜口(45°或60°)的搭口。在自由状态下其搭口张开,环外径略大于泵缸内径,以使其在装入泵缸后被压缩,具有一定弹力。活塞环工作过久会磨损过度,以致放入缸内时开口间隙超过规定值,此时其弹性下降,密封性变差,应予换新。新装活塞环与环槽的轴向和径向间隙也应符合要求。表1-2-1列出了非金属活塞环的安装间隙。如新装活塞环是胶木胀圈,应注意其浸水后会膨胀的特点,新换时应先将它在热水中浸泡一段时间,待其变软后取出,使开口撑开到8 mm左右,等冷却后放入缸内及环槽内,检查各间隙值,合适才可装入使用。

表1-2-1 非金属活塞环的安装间隙

活塞环直径/mm	切口间隙/mm		轴向间隙/mm	
	安装间隙	极限间隙	安装间隙	极限间隙
<100	1.5	4.0	0.15	0.30
100~150	2.0	5.0	0.20	0.40
150~200	2.2	5.5	0.25	0.50
200~300	2.5	6.5	0.30	0.60
>300	3.0	7.5	0.40	0.80

泵缸缸套的圆度和圆柱度应符合要求。胀圈装入后用灯光检查,整个圆周上的漏光不应多于两处,且与开口距离不小于30°,每处径向间隙弧长不大于45°。必要时应该用内径千分卡测量缸套的圆度和圆柱度,如发现磨耗超过标准,即需镗缸,并换新活塞。假如缸套磨损或镗缸后,其厚度减少超过15%则应换新。

3. 填料函与填料

填料函的构造如图1-2-4所示,由内套、填料和压盖等组成。内套和压盖接触填料的端面处都做成倾斜面的称双斜面式,仅压盖做成倾斜面的称单斜面式。做成斜面形式是为了便于上紧压盖螺帽时把填料挤向活塞杆,保持密封,在船用泵的管理中经常要做此项工作。填料一般用浸油棉纱、麻丝或石棉等材料制成,这种填料叫软填料。

填料函与填料的作用是防止泵缸中液体沿活塞杆孔处漏出,或外部空气从杆孔处漏入,以保证泵的正常吸、排工作。当填料用久变质发硬而失去密封作用时,必须更换。

更换填料时,新填料的宽度应按活塞杆与填料函的径向间隙选取,稍宽可适当锤扁;长度应根据活塞杆直径周长截取填料,切口最好成45°。填料要逐圈安装,相邻填料的切口要错开。填料圈数不要随意增减。填料装满后其松紧可借压盖螺帽进行调整。上螺帽时要注意用力平均,防止单边用力,使压盖倾斜碰到活塞杆。填料的松紧以填料箱不发热,并能有少许液体渗出以满足活塞杆的润滑和冷却为宜(约每分钟60滴)。

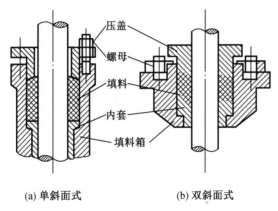

(a) 单斜面式　　　　(b) 双斜面式

图 1-2-4　填料与填料函

4.空气室

往复泵由于活塞的变速运动,造成吸、排液体时流量和吸排压力波动,易引起液击与恶化泵的吸入条件,限制了泵的转速提高。装设空气室是往复泵用来减小流量和压力波动的常见措施之一。

(1)空气室的作用原理

活塞式往复泵的空气室就是内部充有一定数量空气的密闭容器。装在泵吸入口的称为吸入空气室,装于排出口的称为排出空气室。

以排出空气室为例,说明空气室的工作原理(图 1-2-5)。

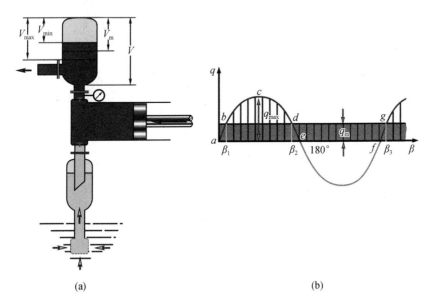

(a)　　　　　　　　　　(b)

V—排出空气室容积;V_{max}—排出空气室内空气最大容积;V_{min}—排出空气室内空气最小容积;

V_m—排出空气室内空气平均容积;q—瞬时流量;q_{max}—最大瞬时流量;q_m—平均流量;β—曲柄瞬时角度。

图 1-2-5　往复泵空气室工作原理图

在排出过程中,当泵的瞬时流量增大时,排压升高,空气室空气被压缩,部分液体被储存;当瞬时流量减小时,排压降低,空气室内被压缩的空气膨胀,把储存的液体放出,从而使排出管中排出的液体流量趋于均匀。由于排出空气室内的空气会逐渐溶入液体,其溶解度随压力升高而增加,从而空气量减少,稳压作用降低,当泵的排压波动增大时,应向空气室补充压缩空气。

吸入空气室用以减小吸入过程的惯性压头损失,提高泵的吸入压力,其工作原理类同。只是泵的吸入空气室会因气体从液体中逸出导致气体量逐渐增多。吸入空气室短管下端常做成斜切口或特殊形状,当吸入空气室液面降低时,少量气体就经斜切口随液体被吸出,所以吸入空气室内的气体量会自动保持平衡。

空气室的体积应足够大,才可将流量脉动率或压力脉动率降低到允许范围内。如国家标准规定船用立式双缸四作用电动往复泵空气室容积应大于液缸行程容积的4倍。

(2)空气室的安装

空气室安装时应尽量靠近泵的排出(或吸入)口。排出和吸入空气室的安装实例如图1-2-6所示。

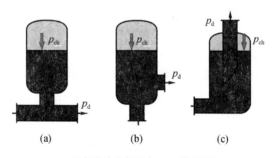

p_{ch}—空气室内空气压力;p_d—排出压力。

图1-2-6 空气室安装实例

图中1-2-6(a)所示的三通连接,其效果较差,尤其是连接空气室和主管路的支管不宜太长,否则支管引起的管路阻力和惯性水头较大,这样即使空气室中的压力波动较小,主管路中仍会有较大的压力波动。

泵在具有正吸高的情况下工作时,由于吸入空气室中的压力比吸入液面要低,所以工作过程中溶解在液体中的气体就会不断逸出,使空气室中气体逐渐增多。为防止空气室内的液面低于进泵的吸入短管的吸口时,使泵吸入大量气体而导致吸入间断,故常在该吸入短管下端钻出许多小孔,或做成斜切口,如图1-2-6(c)所示。这样,在吸入空气室液面降低时,少量气体就可以不断地随吸入液体排出。另外,吸入空气室的下端离进泵短管的管口不能太近,否则液体就可能从吸入管直接流进泵缸,从而使空气室失去作用。泵排出空气室内的平均压力与泵的平均排出压力相近,由于空气在液体中的溶解量随压力的提高而增加,故排出空气室内的气体就会因逐渐溶入液体而减少,从而使空气室的稳压作用降低。故当发现排出压力波动增大时,即应向排出空气室补气。有的空气室顶部设有专门用来补充压缩空气的接头。排压不太高的泵,也可以用吸入少量气体的方法补气,有的往复泵在泵阀箱中层壳体上装有具有这种用途的补气阀(截止止回阀)。

四、电动往复泵实例及其管理

1. 基本结构

往复泵实例
与管理(PPT)

图1-2-7所示为国产CDW25-0.35电动双缸四作用往复泵。其型号含义为：C—船用；D—电动；W—往复泵；25—额定流量(m^3/h)；0.35—额定排出压力(MPa)。

该泵主要由电动机1、减速齿轮箱4、曲柄连杆机构18、泵缸体13以及滑油泵20等组成，在船上多用作舱底水泵。

电动机1安装于水泵的顶部，其转向必须与机体上的标志一致，以防止由曲轴带动的齿轮滑油泵反转而不能供油。减速齿轮箱4的主动齿轮由电动机经联轴器2驱动。采用两级圆柱齿轮减速。拆卸曲轴5时必须拆卸减速齿轮箱4的壳体，曲轴方能通过减速齿轮箱侧的圆孔取出。

曲轴5右侧一个轴承是可做轴向移动的自位轴承，使曲轴可自由地热胀冷缩。曲轴的两个曲柄所成的夹角为90°，以减小排量和耗功的波动。曲柄销与曲柄连杆机构18的大端轴承相连，连杆小端经十字头16与泵的活塞杆相连。

泵缸体13与位于泵缸前后的两个阀箱由铸铁整体浇铸而成，缸体内镶有青铜缸套9。每一阀箱内装有两组盘阀，下部为吸入阀24和27，上部为排出阀23和26。在阀箱上还装有安全阀10，用以限制泵的最大工作压力。其开启压力应为1.1~1.15倍额定工作压力。阀箱上部排出腔接排出管，下部吸入腔接吸入管。

泵采用压力润滑。齿轮滑油泵20安装于泵轴右端，由曲轴直接带动回转。油自滑油箱11沿油管17吸入，经泵增压后的油，一路经曲轴和连杆中的孔道去润滑曲轴各轴承和连杆大小端轴承，另一路经油管3去润滑减速齿轮，并分别经油管7和8流回油箱。

2. 电动往复泵的管理

(1)启动

启动前应检查滑油箱的油位是否在规定范围内。久置未用或拆修过的泵，应盘车使曲轴转1~2转，以查明有否妨碍运转的因素。然后即可开足排出和吸入截止阀，接通电源，使泵启动。

(2)运转

泵运转后，应检查转向是否与机体上的标志一致，以防由曲轴带动的齿轮油泵反转而不能供油，运转中应检查排出压力和吸入压力是否合适，滑油压力应保持0.08~0.12 MPa，油温不应超过70 ℃，电机、轴承和各摩擦部位应无过热，轴承温度应不超过70 ℃，此外还须检查填料函有否发热和过多的漏泄，其他结合面有无渗漏，以及有否异常声响。

(3)停车

停车时应先切断电源，再关闭吸入阀和排出阀。长期停用时应通过各泄放螺塞，放尽泵缸和阀箱内的存水，并给各运动件涂敷油脂。

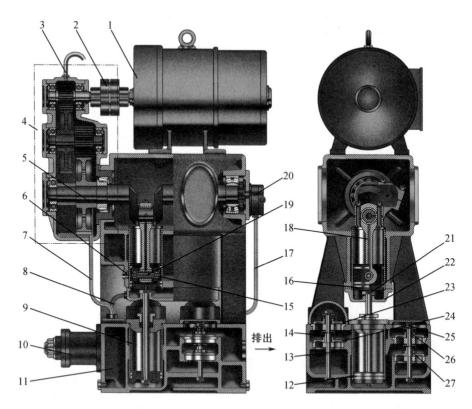

1—电动机；2—联轴器；3,7,8,17—油管；4—减速齿轮箱；5—曲轴；6—螺塞；9—缸套；
10—安全阀；11—滑油箱；12—活塞；13—泵缸体；14—弹簧；15—定位弹簧圈；16—十字头；
18—曲柄连杆机构；19—十字头销；20—滑油泵；21—锁紧螺帽；22—油盘；23,26—排出阀；24,27—吸入阀；
25—固定螺栓。

图 1-2-7　国产 CDW25-0.35 电动双缸四作用往复泵

3. 电动往复泵主要故障分析(表 1-2-2)

表 1-2-2　电动往复泵主要故障分析

故障现象	故障原因	分析思路指导	排除方法
1. 启动后不出水或流量不足	1. 吸入容器已排空无水 2. 吸入或排出截止阀未开或未开足 3. 吸入管漏气 4. 吸入滤器或底阀堵塞 5. 胶木活塞环干缩 6. 吸、排阀损坏，漏泄或垫起 7. 活塞环、缸套或填料磨损过多 8. 安全阀弹簧太松或阀漏泄	根据泵装置的构成和泵正常吸排条件，从泵装置吸入管口逐步向排出管口分析	1. 补充水 2. 全开 3. 查明漏处消除漏气 4. 清洗滤器或排除堵物 5. 引水浸泡 6. 检查研磨、清除污物或换新 7. 换新或修复 8. 更换弹簧或检修阀

表 1-2-2(续)

故障现象	故障原因	分析思路指导	排除方法
2. 安全阀顶开或电动机过载	1. 排出截止阀未开 2. 排出管堵塞 3. 安全阀失灵 4. 缸内落入异物卡死 5. 泵久置不用活塞因锈蚀而咬死 6. 填料或轴承太紧	造成此故障现象的原因无非三个方面: 1. 排出压力过高 2. 安全阀本身有问题 3. 机械运动阻力过大	1. 全开截止阀 2. 检查管路,排除堵物 3. 检查原因并校验安全阀 4. 检查取出 5. 拆出除锈 6. 调整或更换
3. 泵发生异常声响	1. 泵缸内有敲击声:缸内掉进异物或活塞固定螺母松动 2. 缸内有摩擦声:活塞环断裂或填料过紧 3. 阀箱内有异常响声:吸排阀弹簧断裂或弹力不足,阀与升程限制器撞击 4. 传动部件间撞击:各部件配合间隙过大	从各运动件处找原因	1. 停车解体检查 2. 更换活塞环、调松填料压盖 3. 换新弹簧,减小阀升程 4. 予以调整,更换零件
4. 填料箱泄漏	1. 填料硬化失效 2. 压盖未上紧 3. 活塞杆变形或磨损	从形成动密封的双方找原因	1. 换新填料 2. 拧紧压盖 3. 修复活塞杆
5. 摩擦部件发热	1. 配合间隙过小 2. 滑油不足 3. 摩擦面不清洁	从摩擦面上不能形成良好而完整的油膜来分析	1. 调整间隙 2. 补充滑油或调整油压 3. 可以清洗后更换滑油

【练习与思考】

一、选择题(请扫码答题)

二、简述题

1. 往复泵为什么要设空气室?对空气室的使用管理上应特别注意什么问题?

2. 往复泵打不上水的因素有哪些?

3. 对往复泵泵阀的规定有哪些?

4. 往复泵的转速对泵的吸入性能有何影响?

任务 1.2 选择题

任务 1.3　认识齿轮泵

【任务分析】

齿轮泵有一定的自吸能力,结构简单,价格低廉,在船上常用于润滑油泵、燃油泵、驳油泵等。本项目的主要任务是掌握齿轮泵的工作原理、结构、特点及管理要点。

【任务实施】

齿轮泵的类型通常是根据其主要工作部件齿轮的形状、相互啮合的方式以及可否逆转来划分的。按齿轮形状齿轮泵可分为正齿轮泵、斜齿轮泵和人字齿轮泵三种,正齿轮泵因结构较为简单,所以应用较多;按可否逆转齿轮泵可分为可逆转齿轮泵和不可逆转齿轮泵两种;按啮合方式齿轮泵可分为外啮合齿轮泵和内啮合齿轮泵两种。下面将以外啮合正齿轮泵为例进行介绍。

一、齿轮泵的基本结构与工作原理

齿轮泵的基础
知识(PPT)

齿轮泵的结构
与原理(动画)

1. 外啮合齿轮泵的结构和工作原理

图 1-3-1 所示为外啮合齿轮泵的结构和工作原理图。

一对完全相同而互相啮合的主动齿轮 2 和从动齿轮 4 分别安装在两根平行的转轴上,主动齿轮轴的一端穿过泵体 1 的端盖,由原动机带动做等速回转。齿轮的齿顶和两端面分别被泵体和前、后端盖所包围。由于相啮合的轮齿 A、B、C 的分隔,与吸入口 3 相通的吸入腔和与排出口 5 相通的排出腔彼此隔离。当齿轮按图 1-3-1 所示方向回转时,齿 C 逐渐退出啮合,其所占据的齿间的容积逐渐增大,压力相对降低,于是液体在吸入液面上的压力作用下,经吸入管从吸入口 3 流入该齿间。

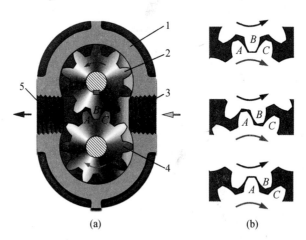

(a)　　　　　　　　　　　(b)

1—泵体;2—主动齿轮;3—吸入口;4—从动齿轮;5—排出口。

图 1-3-1　外啮合齿轮泵的结构和工作原理图

随着齿轮的回转,一个个吸满液体的齿间转过吸入腔,沿泵壳内壁转到排出腔,当它们渐次重新进入啮合时,充满齿间的液体即被轮齿不断挤出,并从排出口连续排出。由于齿轮始终紧密啮合,而泵体内壁与各齿顶以及端盖与齿轮端面的间隙都很小,故排出腔中压力较高的液体不会大量漏回压力较低的吸入腔。由图1-3-1可见,普通齿轮泵如果反转,其吸排方向也就相反。由于齿轮泵摩擦面较多,一般只用来排送有润滑性的油液。

2. 内啮合齿轮泵的结构和工作原理

内啮合齿轮泵主要有两种形式:带月牙形隔板的渐开线内啮合齿轮泵和摆线转子泵。

(1)带月牙形隔板的内啮合齿轮泵

图1-3-2所示为一种带月牙形隔板的可逆转内啮合齿轮泵。它被用作轴带的润滑油泵。

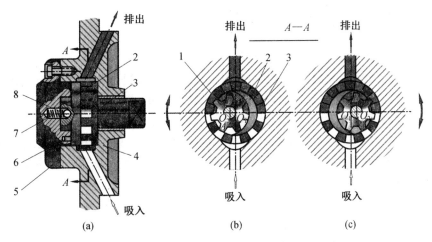

1—齿轮;2—月牙形隔板;3—齿环;4—销钉;5—盖板;6—底盘。

图1-3-2 带月牙形隔板内啮合齿轮泵

齿环3与图1-3-2(a)中右侧的圆盘做成一体,该侧盘另一侧有随车带动的泵轴。而底盘6上有月牙形隔板2和与泵轴偏心的短轴,短轴上空套着齿轮1。当泵轴带齿环转动时,与齿环呈内啮合的齿轮也随之转动,产生吸排作用,其工作原理与外啮合齿轮泵相似。底盘6的背面圆心处有带弹簧的钢球,帮助其与带齿环的圆盘贴紧;此外底盘背面还有一个偏心的销钉4,卡在盖板5的下半部的半圆形环槽内。当泵轴逆时针旋转时,啮合齿的作用力传到底盘6的偏心短轴上,将产生逆时针的转矩,使底盘6转至其背面的销钉卡到半圆形环槽的最右端位置为止。这时,齿轮与齿环的相对位置如图1-3-2(b)所示,泵是下吸上排。当泵轴改为顺时针转动时,啮合齿传至偏心短轴上的力则产生一顺时针转矩,使底盘6转过180°,直至其背面的销钉卡到半圆槽的左终端为止。这时齿轮与齿环的相对位置变成如图1-3-2(c)所示那样,从而使泵的吸排方向保持不变。

与外啮合齿轮泵相比,月牙隔板式内啮合齿轮泵的吸油区大、流速低、吸入性能好、流量脉动小,流量脉动率为1%～3%,仅为外啮合齿轮泵的1/20～1/10,而且其啮合长度较长,工作平稳,还可采用特殊齿形显著减轻困油现象,或在齿环的各齿谷中开径向孔来导油,从而完全消除困油现象,故噪声很低。其缺点是制造工艺较复杂,且漏泄途径多,容积效率比外啮合式低,一般为65%～75%。

（2）摆线转子泵

图1-3-3所示为摆线转子泵。其外转子2比内转子1多一个齿,且二者轴线偏心,异速转动。内、外转子均采用摆线齿形。工作时所有内转子的齿都进入啮合,相邻两齿的啮合线与泵体和前盖、后盖形成若干个密封腔。转动时密封腔的容积发生变化,通过端盖上的吸、排口即可吸、排油液。

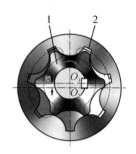

1—内转子;2—外转子。

图1-3-3 摆线转子泵

与其他齿轮泵相比,转子泵配流口的中心角较大(接近145°),且为侧向吸入,不受离心力影响,故吸入性能好;能用于高速(常用转速1 500～2 000 r/min,最高可达10 000 r/min)运转,而且齿数较少,工作空间容积较大,结构简单紧凑;此外,由于两个转子同向回转且只差一个齿,故相对滑动速度很小,运转平稳,噪声低,寿命长。转子泵的缺点是齿数少时流量和压力脉动较大,而且密封性较差,容积效率较低,制造工艺不如渐开线齿轮简单。

3. 高压齿轮泵实现轴向间隙补偿的方法

齿轮泵存在轴向、径向和齿间间隙,随着工作压力的提高,这些间隙处漏泄量会增多,其中轴向间隙(也称端面间隙)因泵的端面受力外移而变大,该处的漏泄量最大。为此,人们想出了防止轴向间隙变大的方法。

防止轴向间隙因工作压力增大而增大的方法是在齿轮端面与泵壳端面之间设一可自由浮动的压板,工作时将泵出口的压力油引至压板外侧,压板在油压力和橡胶圈的弹力作用下轻轻地贴附在齿轮的端面上,从而保持很小的轴向间隙。橡胶圈的作用一方面是在油泵启动时给压板一个预紧力,使泵能建立起油压;另一方面是在压板外侧对应于排油腔的区域围成平衡油压区,使平衡力大小适当,分布合理。当工作压力越大,造成轴向间隙增大的趋势越大时,该装置使作用于压板外侧的液压平衡力也越大,该作用称为液压补偿作用,故该装置称为齿轮泵轴向间隙液压补偿装置。

二、齿轮泵的困油现象

齿轮泵结构、困油现象和径向力(微课)

1. 困油现象产生的原因

为了保证齿轮泵平稳传动与吸、排口间的有效隔离,要求齿轮的重叠系数 ε 大于1,即要求齿轮泵工作时前一对啮合齿尚未完全脱离时,后一对齿就已开始进入啮合。这样在某一小段时间内,就会有相邻两对齿同时处于啮合状态,它们与两侧端盖之间就会形成一个封闭空间,使一部分油液困在其中,而这一封闭空间的容积又会随齿轮的转动而先变小后变大地变化,从而产生困油现象。

2.困油现象造成的危害

图 1-3-5 所示为齿轮泵的整个困油过程。图 1-3-4(a)表示新的一对齿刚啮合时,前一对齿尚未脱开,于是在它们之间就形成了一个封闭容积 $V=V_a+V_b$。由于存在齿侧间隙,故 V_a、V_b 是相通的。当齿轮按图示方向回转时,V_a 逐渐减小,V_b 逐渐增大,而它们的容积之和 V 则是逐渐减小的,当齿轮转到图 1-3-4(b)所示位置时,封闭容积 V 达到最小;在困油容积变小的过程中,留在封闭空间的油液被挤压,压力急剧上升(可达排出压力的 10 倍以上),使齿轮、轴和轴承受到很大的径向力,同时油液将从零件密封面的缝隙中被强行挤出,造成油液发热,促使油液变质,产生噪声和振动,增加功率损失,从而降低轴承寿命。其后,齿轮继续回转,V_a 继续减小,V_b 继续增大,但 V 则逐渐增大,直至前一对齿即将脱离啮合前(图 1-3-4(c)),V 增加到最大。

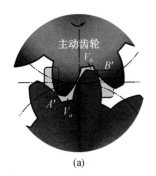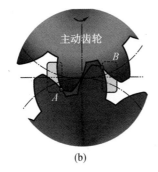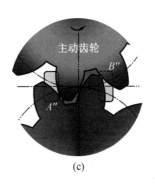

(a)　　　　　　　　　　(b)　　　　　　　　　　(c)

图 1-3-4　齿轮泵的困油现象

在困油容积变大的过程中,封闭空间的压力将会下降,使溶于油中的气体析出而产生气泡,这些气泡被带到吸入腔,不但妨碍油液进入齿间,而且随压力升高又会消失,结果导致容积效率的降低和振动噪声的加剧。这就是困油现象对齿轮泵的工作性能和使用寿命的危害。

3.消除困油现象的方法

从困油现象产生的原因可以想到,只要能在不使吸、排腔相通的前提下,设法在封闭容积 V 变小时使之与排出腔相通,增大时与吸入腔相通,使一对啮合的齿轮不能形成困油空间,即可消除困油现象。常用的办法如下。

(1)对称卸荷槽法

该法是在与齿轮端面接触的两端盖内侧,各挖两个对称于节点的矩形凹槽(即卸荷槽),位置如图 1-3-4(b)的虚线所示。各卸荷槽的内边缘正好与封闭容积 V 最小时两对啮合齿的啮合点 A、B 相接,这时封闭容积和任何一个卸荷槽都不相通。在封闭容积减小到最小值前,它通过右边的卸荷槽与排出腔始终相通,以便将多余的油液排出;而当封闭容积又逐渐增大时,它又通过左边卸荷槽与吸入腔相通,使油液得以补充。

(2)不对称卸荷槽法

对称布置的卸荷槽不十分完善,因为当齿轮转过图 1-3-4(b)所示的位置后,封闭容积 V 开始增大,而容积 V_a 还在继续减小。由于困油空间容积减小时产生的危害比体积增大时严重,故需要让 V_a 再有一小段时间能通过右边的卸荷槽与排出腔相通,以更彻底地消除困油现象。为此,就需将卸荷槽布置成非对称状,稍偏向吸口。这种卸荷槽相对于齿轮连心线不对称布置的方法能更好地解决困油问题,还能多回收一部分高压液体,但这样的泵不允许反转使用。

(3)卸压孔法

该法是在从动齿轮的每一个齿顶和齿根均径向钻孔,通过从动轴上的两条月牙形沟槽与吸、排腔相通,以消除困油,如图1-3-5所示。

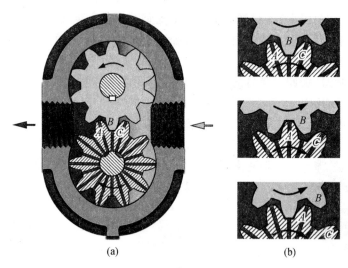

(a)   (b)

图1-3-5 卸压孔结构

(4)修正齿形法

该法是在从动齿轮的工作齿廓上加工一个50°角的泄压斜面,使齿轮在相互啮合时的线性接触变成点性接触,从而不能形成齿封空间,达到卸压目的。

既然将齿廓加工成斜面可以消除困油现象,那么采用斜齿轮和人字齿轮也能消除困油现象,所以困油现象仅产生于正齿轮泵中。

三、齿轮泵径向力

齿轮泵工作时,吸、排腔油液存在压差,通过齿顶与泵壳间的间隙,作用在齿轮四周的液体压力从排出腔到吸入腔沿齿轮外周是逐级降低的。作用在每一齿轮外周的液体压力的合力 F_0 大致上是通过齿轮中心指向吸入端的。而啮合齿因传递转矩而在主、从动齿轮上所产生的径向力 F_m 则大小相同,方向相反。这样,主动齿轮和从动齿轮所受径向力的合力 F_1 及 F_2 不仅方向不同,而且后者将大于前者。精确地说,齿轮泵由于流量及排出压力的脉动和啮合位置周期性的变化,其径向力的大小和方向都是周期性变化的,如图1-3-6所示。

齿轮泵工作时所产生的径向力增加了轴承的负荷,它是影响齿轮泵寿命的主要原因之一。显然,泵的工作压力越高,该径向力就越大。因此,对高压齿轮泵来说,设法限制径向力,提高轴承寿命,是其必须解决的主要问题之一。

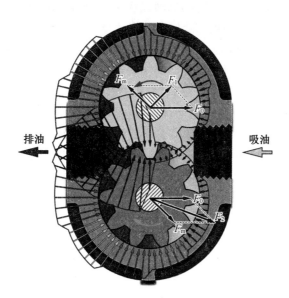

图 1-3-6　齿轮泵的径向力

四、齿轮泵的流量与容积效率

齿轮泵的理论流量主要取决于齿轮的结构尺寸和泵轴的转速,其随齿轮的转速、直径、宽度的增大和齿数的减少而增大。

齿轮泵的实际流量总是小于理论流量,影响齿轮泵容积效率的因素有:

(1)密封间隙。齿轮泵的漏泄主要发生在齿轮端面与两侧盖板之间的轴向间隙处;齿顶与泵壳之间的径向间隙处;啮合齿之间的间隙处。其中,齿轮端面的漏泄途径短而宽,漏泄量占总漏泄量的 70%~80%。由于漏泄量与间隙值的三次方成正比,因此对齿轮泵容积效率影响最大的是齿轮的端面间隙。

(2)排出压力。漏泄量与间隙两端压差成正比,排出压力高,漏泄量大,容积效率降低。

(3)吸入压力。当吸入真空度增加时,吸油中气体析出量增加,容积效率降低。

(4)油液的温度和黏度。所排送油液的油温越高,黏度越低,漏泄量越大。但油温过低则黏度太大,又会使吸入条件变差,吸入真空度变大,析出气体增多,也会使容积效率下降。

(5)转速。漏泄量与转速关系不大。但转速过高会造成吸入困难,使容积效率下降。转速过低也会使容积效率降低。一般认为转速不得低于 200 r/min。

五、齿轮泵的特点

(1)齿轮泵有一定的自吸能力,能在吸口形成一定程度的真空,所以齿轮滑油泵可装得比滑油液面高。但因其排送气体时密封性差,故自吸能力不如往复泵。

(2)理论流量是由工作部件的尺寸和转速决定的,与排出压力无关。

（3）额定排出压力与工作部件尺寸、转速无关，主要取决于泵的密封性能和轴承承载能力。为了防止泵在超过额定工作压力的情况下工作，一般应设安全阀。

（4）流量连续，但存在脉动。流量脉动率（瞬时最大与最小流量的差值与平均流量的比值）与齿数和齿形有关。齿数多，脉动率小。

（5）结构简单，价格低廉。因工作部件做回转运动，又无泵阀，允许采用较高转速，通常可与电动机直联，故与同样流量的往复泵相比，齿轮泵的尺寸、质量小得多。

（6）齿轮泵内部摩擦面多，且密封间隙较小，故适宜泵送不含固体颗粒而有润滑性的油料，启动前必须保证泵内有油，防止干转磨损，并可改善密封性能。

在船上，齿轮泵一般被用作排出压力不高、流量不大，以及对流量和排出压力的均匀性要求不很严格的油泵，如滑油泵、驳油泵以及液压传动中的供油泵等。由于齿轮泵结构简单，价格低廉，又不易损坏，因而已开发了高压齿轮泵，在船上用作液压泵。

六、齿轮泵的管理

齿轮泵的典型
结构与管理（PPT）

1. 齿轮泵的管理要点

（1）注意泵的转向和连接。一般齿轮泵有既定的转向，检修时应注意马达接线不要接错，反转会使吸排方向相反。泵和电机应保持良好对中，联轴器不同心度应在0.1 mm以内。由于泵轴工作时会弯曲变形，最好能使用挠性连接。

（2）齿轮泵虽有自吸能力，但启动前摩擦部件的表面一定要存有油液，否则短时间的高速回转也会造成严重磨损。这对初次使用的新泵，以及刚拆修过或久置未用的泵应该特别注意。

（3）机械轴封属于较精密的部件，拆装时要防止损伤密封元件。安装时应在轴或轴套上涂滑油，按正确顺序装入各旋转件后，用手推动环时应有浮动性。上紧轴封盖时要均匀，以保证转轴对密封端面的垂直度。机械轴封一定要防止干摩擦。

（4）不宜在超出额定压力的情况下工作，否则会使原动机过载，加大轴承负荷，并使工作部件变形，磨损和漏泄增加，严重时甚至造成卡阻。

（5）要防止吸口真空度大于允许吸上真空度，否则不能正常吸入。

（6）工作中应保持合适的油温和黏度。工作油温范围运动黏度以 $25 \sim 33$ mm^2/s 为宜。黏度太小则漏泄增加，还容易产生气穴现象；黏度过大同样也会使容积效率降低和吸入不正常。

（7）工作中要防止吸入空气。吸入空气不但会使流量减少，而且是产生噪声的主要原因。除保持吸入油面有足够的高度外，还要防止吸入管漏泄。如果泵工作时噪声很大，可在每个管接口处逐个浇油检查，如果噪声下降，则说明该处漏气。

（8）端面间隙对齿轮泵的自吸能力和容积效率影响很大，它可用压软铅丝的方法测出，一般应为 $0.04 \sim 0.08$ mm（内齿轮泵为 $0.02 \sim 0.03$ mm）。压力较低的滑油泵和驳油泵使用中端面间隙增至 $0.1 \sim 0.25$ mm 尚不致有严重影响，压力较高的锅炉燃油泵或液压泵则应遵照说明书要求严格掌握。必要时可改变端盖与泵体之间的垫片厚度来调整端面间隙，磨损过大时可将泵体与端盖结合面磨去少许来补救。

（9）低压齿轮泵污染敏感度较低（高压齿轮泵敏感度高），吸油口可用150目网式滤器；用于液压系统的泵要求滤油精度不大于 $30 \ \mu$m，回油管路滤油器精度最好不大于

20 μm。

2.齿轮泵的常见故障分析

（1）启动后不能排油或流量不足

齿轮泵的正常吸排条件与往复泵相同,因此对不能正常排油的分析方法是一样的,只是要注意齿轮泵的结构特点。

属于不能建立足够大的吸入真空度的原因:①泵内间隙过大,或新泵及拆修过的泵齿轮表面未浇油,难以自吸;②泵转速过低、反转或卡阻;③吸入管漏气或吸口露出液面。

属于吸入真空度较大而不能正常吸入的原因:④吸高太大(一般应不超过500 mm);⑤油温太低,黏度太大;⑥吸入管路阻塞,如吸入滤器脏堵或容量太小,吸入阀未开等;⑦油温过高。

属于排出方面的问题:⑧排出管漏泄或旁通,安全阀或弹簧太松;⑨排出阀未开或排出管滤器堵塞,安全阀顶开。

（2）工作噪声太大

泵的噪声根据产生的原因不同,可分为两类:①液体噪声,是漏入空气或产生气穴现象而引起的,后者可见前条④至⑦项;②机械噪声,可能是泵与原动机对中不良、滚动轴承损坏或松动、安全阀跳动、齿轮磨损严重而啮合不良、泵轴弯曲或因加工、安装不良导致泵内机械摩擦等原因引起的。

（3）泵磨损太快

导致泵磨损过快的原因:①油液含磨料性杂质;②长期空转;③排出压力过高,泵轴变形严重;④装配失误引起中心线不正。

【练习与思考】

一、选择题(请扫码答题)

二、简述题

1.为什么齿轮泵不适宜在超过额定压力状况下工作?

2.齿轮泵运转中产生噪声和振动是何原因?

3.齿轮泵困油现象是如何形成的?有何危害?如何消除?

4.影响齿轮泵容积效率的重要因素有哪些?如何提高齿轮泵的容积效率?

5.齿轮泵有何特点?高压齿轮泵在构造上有何特点?

任务 1.3 选择题

任务 1.4　认识螺杆泵

【任务分析】

螺杆泵流量和压力均匀,工作平稳,其中三螺杆泵主要用于主机润滑油泵,其日常维护与管理非常重要。本项目的主要任务是分析螺杆泵的工作原理、结构与特点,掌握螺杆泵的管理要点。

【任务实施】

一、螺杆泵的结构和工作原理

螺杆泵的结构与
原理（动画）

螺杆泵是利用螺杆的回转吸排液体的。按泵内工作的螺杆数,螺杆泵可分为单螺杆泵、双螺杆泵和三螺杆泵等,船上以三螺杆泵和单螺杆泵应用最广。

1. 单螺杆泵的结构与工作原理

图1-4-1所示为单螺杆泵的主要组成和结构,图1-4-2所示为其螺杆与泵缸的啮合情况。

螺杆可视为由一半径为 R 的圆(图1-4-2),其圆心 O 以螺距 T 绕半径为 e、轴线为 K 的圆柱体旋转而成。因此,螺杆截面中心在螺峰位置(图1-4-2(a)中的1,5,9剖面)和螺谷位置的径向距离为 $2e$。

泵缸是由丁腈橡胶制成的。其截面是由两个中心距等于 $4e$、半径为 R 的半圆弧用两段直线(长 $4e$)连接而成。整个泵缸可视为由这样的截面以2倍于螺杆的螺距 $T=2e$ 绕 O 轴旋转而成。当螺杆转至图1-4-2(a)所示位置时,如将螺杆沿轴向在不同位置(图中1~9)做横剖面,则所得螺杆和泵缸截面的相对位置如图1-4-2(b)所示。由图可见,在剖面1处,泵缸截面的长轴平行于 x 轴,而这时螺杆截面圆心 O_1 正与泵缸截面中心 O 重合;因该处这时螺杆截面正位于相对其轴线 K 的最高位置,可见整根螺杆的轴线 K 这时正处于泵缸轴线 O 之下相距 e 处。在剖面3处,对泵缸截面来说,两个剖面轴向距离为 $T/4$,相当于泵缸螺旋导程的 $1/4$,故泵缸截面反转过90°,其长轴与 x 轴相垂直;而对螺杆截面来说,则已与剖面1处轴向相距 $T/2$,即半个导程,截面转了180°,即正转到相对其轴线 K 的最低位置,截面中心 O_1 垂直下移了 $2e$,从而与泵缸在下半圆周相接触。由图1-4-2(b)可见,除剖面3和7外,其余剖面处螺杆与泵缸只有两个切点相接触。

由图1-4-2可见,在任一横剖面上螺杆两侧的空间始终是隔开的,分别用有细点和横线的空间Ⅰ、Ⅱ表示。而这两部分空间在轴向又分别在剖面7和3处被螺杆截面左、右隔开,形成各自的封闭容腔。每个封闭容腔的轴向长度为 T。可见,单螺杆泵属密封型螺杆泵。

当螺杆被原动机带动做顺时针回转(从出轴端看)时,上述剖面即从右向左做轴向移动。例如,螺杆转过45°时,分隔剖面即从图1-4-2(b)所示的3和7位置移至图1-4-2(c)所示的2和6位置,即沿轴向左移了 $T/4$ 距离。螺杆每转一转,分隔剖面将左移距离 T。因此,当泵运转时,螺杆与泵缸间与右端吸口相通的工作容积不断增大而吸入液体,然后与吸口隔离,转而再与左端排出口相通,该空间容积又不断减小而排出液体。

2. 双螺杆泵的结构与工作原理

图1-4-3所示为方形螺牙、双头螺纹的双螺杆泵。它是一种非密封式的螺杆泵,工作压力不高。每根螺杆的螺牙都做成对称的左、右螺纹。主动螺杆1通过传动齿轮3和4驱动从动螺杆2反向转动。液体由后侧吸入口6经长方形轴向流道5从两端进入泵缸,从前侧中间的排出口7排出。由于这种泵采用了双侧吸入液体,不仅可减小吸

入流速,而且还使轴向力自动平衡,因而无须设置止推轴承或轴向力平衡装置。由于主、从动螺杆两端均有轴承支承,主、从动螺杆采用齿轮传动,因此螺杆的磨损减小,使用寿命延长。

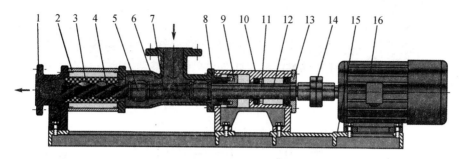

1—排出口;2—外壳;3—泵缸;4—螺杆;5—万向轴;6—泵体;7—传动轴;8—填料箱;
9—压盖;10—轴承支架;11—轴承;12—主动轴;13—端盖;14—联轴器;15—底座;16—电机。

图1-4-1 单螺杆泵

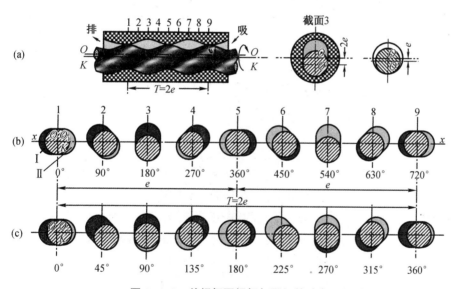

图1-4-2 单螺杆泵螺杆与泵缸的啮合

3. 三螺杆泵的结构与工作原理

(1)三螺杆泵的结构与工作过程

图1-4-4所示为船用三螺杆泵。其主要由固定在泵体12中的泵缸11,以及安插在缸套中的主动螺杆8和与其啮合的从动螺杆7,10组成。主动螺杆是凸螺杆,从动螺杆是凹螺杆,它们都是双头螺杆。主、从动螺杆转向相反。各啮合螺杆之间以及螺杆与缸套内壁之间的间隙都很小,并可借啮合线从上到下形成多个彼此分隔的容腔。随着螺杆的啮合转动,与泵吸入腔相通的容腔首先在下面吸入端开始形成并逐渐增大,不断吸入液体,然后封闭。接着,一方面这个封闭容腔沿轴向不断向上推移至排出端(犹如一个液体螺母在螺杆回转时不断沿轴向上移);另一方面,新的吸入容腔又紧接着在吸入

螺杆泵工作原理与
受力分析(微课)

端形成。一个接一个的封闭容腔移到排出端与泵排出腔相通,其中的液体就不断被挤出。

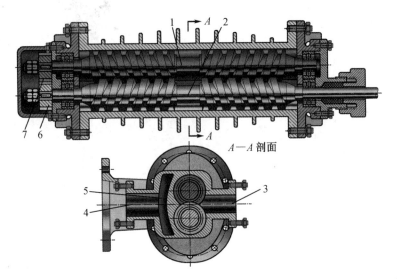

1—主动螺杆;2—从动螺杆;3,4—传动齿轮;5—吸入流道;6—吸入口;7—排出口。

图 1-4-3 双螺杆泵

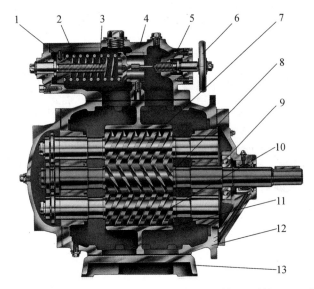

1—防转滑销;2—弹簧;3—调节螺杆;4—安全阀体;5—弹簧;6—手轮;7,10—从动螺杆;
8—主动螺杆;9—轴承;11—泵缸;12—泵体;13—底座。

图 1-4-4 三螺杆泵

(2)三螺杆泵螺杆的几何形状和密封情况

从图 1-4-5(a)所示的横剖面来看,其形状相当于三个互相啮合的各有两个齿的齿轮,而每根螺杆都可设想为是由这些极薄的齿轮沿轴向一边移动一边转动而形成的。凸螺杆的根圆与凹螺杆的顶圆就是啮合齿轮的节圆,它们的直径就是节圆直径 d_H。在回转过程中,节圆做纯粹的滚动。凸螺杆的齿廓线 mn 与凹螺杆顶圆上的点 g 的轨迹一致,是点 g 生成的一段外摆线;凹螺杆的齿廓线 gh 则是由凸螺杆顶圆上的点 m 生成的一段外摆线。而且整个齿形上下和左右各自对称。这样,凹、凸螺杆在回转过程中不仅彼此的顶圆和根圆相切,而且由点 m、m' 和 g、g' 等所形成的棱边也能和对方的摆线螺旋面接触。

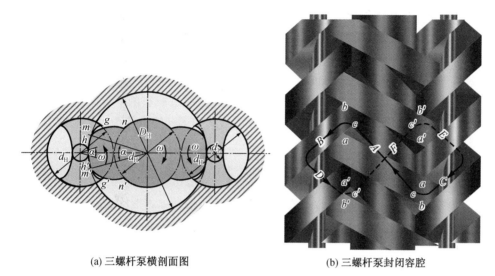

(a) 三螺杆泵横剖面图　　　　　(b) 三螺杆泵封闭容腔

图 1-4-5　三螺杆泵螺杆的几何形状和密封

由于凸螺杆和两根凹螺杆的啮合,彼此的凹槽也就被分隔成若干个封闭容腔。然而,如图 1-4-5(b)所示,在衬套内壁与啮合的螺杆之间存在着像 abc、$a'b'c'$ 等三角形缺口,因此当采用三根双头螺杆时,凸螺杆上的凹槽 A 和凹螺杆上的凹槽 B、C,以及螺杆后面的槽 D、F、E 相互连通,构成"∞"形的封闭容腔。

二、螺杆泵的流量

螺杆泵的理论流量与泵缸的有效过流面积(泵缸或衬套内腔横截面与螺杆端面截面之差)、螺杆的导程和泵轴转速成正比而与压力无关。由于其轴向流速为导程和转速的乘积,不随时间而变化,故泵的瞬时流量是均匀的。

螺杆泵的主要内漏泄途径是螺杆顶圆与泵缸或衬套的径向间隙,其次是啮合螺杆之间顶圆与根圆以及螺旋面之间的啮合间隙。密封型螺杆泵螺旋面啮合线的漏泄极少,而非密封型则较大。减少径向间隙虽可以减少内漏泄量,但间隙太小会使摩擦功率损失增加,此外,还要考虑螺杆的热胀和加工精度的可能性。

螺杆泵的内漏泄量与径向间隙的立方以及工作压差成正比,而与螺杆的有效长度及液体黏度的平方根成反比。漏泄量虽与直径成正比,但因理论流量与直径立方成正比,故当直径增大时,泵的容积效率应提高。转速的变化对漏泄量的直接影响虽不明显,但转速增高时,理论流量也相应增加,故容积效率也提高。然而过分增大转速和螺杆直径,又会使螺杆的圆周速度增大,从而增加摩擦损失,导致发热,并因液流速度过大、吸入压力过低而导致气穴现象。

在螺杆泵中,三螺杆泵的密封性能较好,容积效率为75%~95%。单螺杆泵容积效率为65%~75%。

三、螺杆泵的受力及平衡

螺杆泵的基本原理与受力分析(PPT)

1.三螺杆泵的轴向力

由于螺杆泵的螺杆两端存在吸排压差,故必然存在着指向吸入端的轴向力。

单螺杆泵在排送液体时,会因螺杆端面与螺旋面上液压力的作用而承受轴向力。主动螺杆所受轴向液压力比从动螺杆大。

三螺杆泵在尚未开始排液的空转期间,主动螺杆通过棱边的啮合线向从动螺杆传递转矩以克服从动螺杆的摩擦力矩。这时传递给从动螺杆的力将产生指向排出端的轴向反力,但这些力并不大。

平衡轴向力的方法如下。

(1)安装止推轴承

止推轴承通常装在轴向力较大的凸螺杆上,而凹螺杆则靠螺杆端面来承受轴向力,这种方法适用于工作压力小于1.6 MPa的泵。

(2)采用平衡活塞

在主动螺杆排出端设一直径较大的平衡活塞,在平衡活塞另一侧的主动螺杆轴上有泄油孔和吸入腔相通,使平衡活塞的背压接近吸入压力。因此,作用在平衡活塞上的轴向力是从吸入腔指向排出腔的,从而抵消了大部分轴向力。

(3)将高压油引至螺杆底部止推轴套处

通过从动螺杆中心导孔引入压力油。当从动螺杆细长,不宜钻油孔时,则可在泵体上设置专门的孔道。

(4)采用双吸结构

对于压力较高、流量较大的螺杆泵来说,螺杆上将受到相当大的轴向力,采用双吸式结构,使油液从两端吸入,中间排出。螺杆上两端螺线是反向的,轴向力完全平衡。这不仅在结构上省掉了一套平衡装置,并且还可以在不增加螺杆直径的情况下,使排量得到增加,故在大排量的螺杆泵上采用较多。

2.三螺杆泵的径向力

由于主动螺杆所受径向力对称分布处于平衡状态,故它与衬套的磨损很小;从动螺杆只有一边处于啮合,截面上的液压力又不平衡,故它的径向力是不平衡的,由整个衬套的工作表面承受,比压不大,故磨损较小。

3.螺杆上的转矩

三螺杆泵只要设计合理,从动螺杆在工作时基本上不依靠主动螺杆驱动,而由液压力产生的转矩驱动,从而大大减轻了啮合线的磨损。

四、螺杆泵的特点

螺杆泵属回转运动的容积式泵,它具有自吸能力,理论流量仅取决于运动部件的尺寸和转速,额定排出压力与运动部件的尺寸和转速无直接关系,主要受密封性能、结构

强度和原动机功率的限制。同时它又具有回转泵无须泵阀、转速高和结构紧凑的优点。此外,螺杆泵还具有以下突出的特点:

(1)没有困油现象,流量和压力均匀,故工作平稳,噪声和振动较小。试验表明三螺杆泵在高速、高压工作时噪声不超过 57 dB(A)。

(2)轴向吸入,不存在妨碍液体吸入的离心力的影响,吸入性能好。三螺杆泵在一定条件下允许吸上真空高度可达 8 m 水柱,单螺杆泵可达 8.5 m 水柱。而且螺杆泵无往复运动部件,故适用于高转速的情况,常用转速为 1 450～3 000 r/min,由涡轮机驱动的螺杆泵转速甚至可高达 10 000 r/min 以上。因此,螺杆泵的流量范围大,三螺杆泵的流量一般为 0.6～750 m³/h,非密封型双螺杆泵已有 1 200 m³/h 的产品(理论上可以更大)。但单螺杆泵由于采用橡胶泵缸,转速一般不超过 1 500 r/min,而且会随黏度的增大而降低,故一般流量较小,目前多为 0.3～40 m³/h,最大可达 200 m³/h。

(3)三螺杆泵受力平衡和密封性能良好,容积效率高,允许的工作压力大,可达 20 MPa,特殊的可达 40 MPa。单螺杆泵和非密封型双螺杆泵额定排出压力不宜太高,前者最大不超过 2.4 MPa,后者通常不超过 1.6 MPa。

(4)对所输送的液体搅动少,水力损失可忽略不计,适于输送不宜搅拌的液体(如供给油水分离器的含油污水),适用的黏度范围也很宽(1～104 mm²/s)。除三螺杆泵适合输送润滑性好的清洁油类外,单螺杆泵、双螺杆泵还可用于输送非润滑性液体和含固体杂质的液体。

(5)零部件少,相对质量和体积小,磨损轻,维修工作少,使用寿命长。

螺杆泵的缺点是螺杆的轴向尺寸较长,刚性较差;加工和装配要求较高;三螺杆泵的价格较高。在船上,三螺杆泵常用作主机的滑油泵、燃油泵、货油泵以及液压泵。单螺杆泵多用作油水分离器的污水泵、废物焚烧炉的输送泵、粪便输送泵、渣油泵、污油泵,也可作海水泵和甲板冲洗泵等使用。

螺杆泵的结构、特点与管理(PPT)

五、螺杆泵的管理

(1)螺杆泵虽有自吸能力,但应防止干转,以免螺杆和缸套的工作表面严重磨损。单螺杆泵如断流干转,则橡胶制成的泵缸很快会烧毁。因此,初次使用或拆检装复后应向泵内灌入所排送的液体,以使螺杆得到润滑。工作中应严防吸空,停用时也需使泵内保存液体。故吸口位于中部,停车可以残存液体。

(2)三螺杆泵吸入管路必须装 40～60 目滤器,吸入油面应高出吸入管口 100 mm 以上。新接管路中的焊渣、铁锈等固体杂质应予清除,工作中尽量保持所排送液体的洁净,并及时清洗滤器,以免泵运转卡阻或擦伤,工作时如有异常声响,应立即停车检查。

(3)一般螺杆泵都有固定的转向,不应反转,否则会使吸排方向改变,推力平衡装置就会丧失作用,使泵损坏。

(4)螺杆泵启动时一般应先将吸、排截止阀全开,停用时也应在断电后先关排出阀,等泵完全停转再关吸入阀,以免将泵内存液吸空。泵的出口常装有安全调压阀,为了轻载启动,可在启动前将其调松,泵达到额定转速后再把压力调到所要求的排出压力。螺杆泵不允许长时间关闭排出阀而完全通过调压阀回流运转,也不应靠调压阀大流量回流使泵适应小流量的需要,因为这样节流损失严重,会使泵所排送的液体温度升高,甚至使泵因高温变形而损坏。

（5）螺杆泵的螺杆较长,刚性较差,容易弯曲变形,在拆装和存放时应特别注意。安装时要注意保持螺杆表面间隙均匀,大流量的泵安装时应使泵的质量均布于基底,重心线尽可能通过船体肋骨。吸、排管路应可靠固定,并与泵的吸、排口对中,尽量避免牵连泵体引起变形;泵轴与电机轴的联轴器应在泵装完之后很好地对中;螺杆拆装起吊时要防止受力弯曲,备用螺杆保存时最好悬吊固定,以免放置不平而变形;使用中应防止过热使螺杆因膨胀而顶弯。

（6）要防止吸油温度太低、黏度过高,或吸油带入大量空气,以及吸入滤器堵塞,这些都会使泵吸入真空度过大,产生气穴和噪声。此外,联轴器失中或泵过度磨损也会引起工作噪声。

叶片泵的结构
与原理（PDF）

【知识拓展】　叶片泵的结构与原理

【练习与思考】

一、选择题(请扫码答题)
二、简述题
1.螺杆泵螺杆刚性差,在管理、检修与安装时应注意什么?
2.运用旁通阀来调节螺杆泵的流量和压力时,应当注意什么问题?
3.双吸式螺杆泵的构造有何特点?
4.为什么双作用叶片泵一般比齿轮泵容积效率高?

任务 1.4 选择题

任务 1.5　认识离心泵

【任务分析】

船用离心泵流量均匀、转速高、造价低,适用于对杂质不敏感的场合,在船上广泛使用。本项目的主要任务是掌握离心泵的工作原理、结构及工作特点,了解定速特性曲线与管路装置特性曲线,掌握离心泵工作系统的管理和故障分析。

【任务实施】

一、离心泵的工作原理与结构

1.离心泵的工作原理

离心泵的工作原
理与结构（PPT）

离心泵属于叶轮式泵,它利用泵壳内的叶轮的高速回转直接将能量传给液体,使泵能连续稳定地产生吸排,从而达到输送液体的目的。图1-5-1所示为悬臂式单级离心泵简图,其主要部件包括叶轮6和泵壳2以及组成泵内液体的过流部分,泵壳2呈螺旋形,称为蜗壳或螺壳。

一般离心泵没有自吸能力,在启动前需设法使泵内充满水（称为引水）,否则离心泵就无法正常工作。为此,在泵壳的最高处装设一个引水旋塞,在吸入管下端装设一个单向阀(称为底阀)。在泵壳内充满水的条件下,离心泵工作时,高速旋转的叶轮及其叶片带动叶间的液体一起回转,在离心力的作用下,液体从叶轮中心向四周甩出,然后由具有渐扩截面的泵壳流道汇集,经扩压管降速,将其中的大部分速度能转化成压力能,从排出管排出。与此同时,在叶轮中心处形成一定的真空,液体在吸入液面和叶轮中心处之间的压力差作用下经吸入接管 1 被吸入离心泵叶轮。因此,只要叶轮能保持均匀地回转,离心泵就可连续不断地吸入和排出液体。

离心泵的工作原理与结构(动画)

闭式离心泵的结构三维动画(动画)

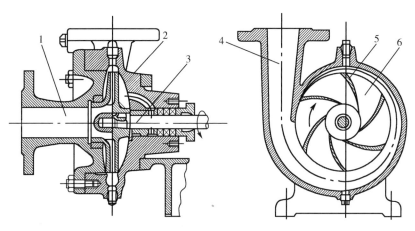

1—吸入接管;2—泵壳;3—泵轴;4—扩压管;5—叶片;6—叶轮。

图 1-5-1　离心泵简图

2. 离心泵的主要部件

离心泵的类型多样,但其一般结构是相似的,主要部件有叶轮、压出室、泵轴、密封装置、轴向力平衡装置、径向力平衡装置及自吸装置等。下面简要介绍其中四种部件。

(1)叶轮

叶轮是将原动机的机械能传递给被输送液体的工作部件,对泵的工作性能有决定性影响。叶轮多用青铜、铸铁、磷青铜或钢铸造。叶轮可分为闭式、半开式和开式三种,根据吸入方式的不同,又可分为单侧吸入式和双侧吸入式。如图 1-5-2 所示。

(a) 闭式

(b) 半开式

(c) 开式

图 1-5-2　离心泵叶轮

①闭式叶轮

该叶轮由前后盖板、若干弧形叶片及轮毂所构成。由于叶间形成的是封闭流道,故工作时泄漏损失较小,效率较高,使用最为广泛。

②半开式叶轮

该叶轮无前盖板,叶片铸在后盖板上。这种叶轮泄漏较严重,效率也低,适用于输送黏性或含颗粒杂质的液体。

③开式叶轮

该叶轮没有盖板,叶片直接铸在轮毂上。它制造容易,但效率很低,通常用作污水泵或泥浆泵等。

为避免叶轮进口流速过高,抗气蚀性能变差,离心泵吸入管流速常取 3 m/s 左右。在流量小于 300 m³/h、吸入管径不大于 200 mm 时,多用结构简单的单吸式叶轮。当流量较大、吸入管径大于 200 mm 时,多采用双吸式叶轮,以使叶轮外径不致过大。双吸式叶轮安装时应谨防装反,否则成为前弯叶片,运行时负载变大。

(2)压出室

液体离开叶轮时的速度很高,而排出管中的流速却不允许太大,否则管路阻力损失过大。离心泵压出室的主要任务就是要以最小的水力损失汇聚从叶轮中流出的高速液体,将其引向泵的出口或下一级,并使液体的流速降低,将大部分动能转换为压力能。

离心泵的压出室主要有涡壳式和导轮式两种。

①涡壳式

采用涡壳作泵壳的离心泵称为涡壳泵。涡壳包括螺线形涡室和扩压管两部分(图1-5-1)。这两部分的分隔处称为泵舌(喉部),其大小决定了泵舌与叶轮的径向间隙,会影响泵的效率和性能。

涡室的作用是汇集从叶轮中流出的高速液体,并将少部分动能转换成压力能。扩压管的作用是进一步降低液流速度,将其中的大部分动能进一步转换为压力能。

设计涡壳时,应使涡壳中靠近叶轮出口处液流速度的大小和方向正好与叶轮出口的液流相同,这样撞击损失最小。扩压管的扩散角一般为 6°～8°,过大会引起液体脱流,而过小则达不到扩压效果;由于泵壳的扩压管不宜过长,为满足进一步降速的要求,有时还需在其出口再加装一段锥形接管。

②导轮式

导轮安装在叶轮的外周,由两个圆环形盖板(或只有后盖板)和夹在其间的 4～8 片导叶及后盖板背面的若干反导叶构成。导叶数目与叶轮的叶片数应互为质数,否则运行时可能产生共振。导轮外径一般为叶轮外径的 1.3～1.5 倍。

图 1-5-3 所示为离心泵导轮的一种结构形式。图中导叶的 BH 段是一条螺旋角为常数的对数螺线,以便平顺地收集从叶轮流出的液体。HC 以后才是扩压段。液体离开导叶扩压段后,即经一环形空间进入反导叶间的流道。反导叶出口角一般取 90°,也有的反导叶做成使液体进入下一级叶轮时稍有预旋的形式。

③涡壳泵与导轮泵的比较

这两种形式泵的效率相差不多,涡壳泵在非设计工况及车削叶轮后效率变化较小,高效率工作区较宽,水力性能更完善;但涡壳只能整体铸造,其内表面不能加工,铸造的精度和光洁度也不易保证,故目前只用于二级以下的离心泵中。而导轮泵都用于三级以上的多级离心泵中,这种泵制造加工方便,结构紧凑,但随着级数增加,零件较多,拆修不便。目前,单级泵(尤其是低扬程的单级泵)一般为涡壳式,多级泵则涡壳式和导轮式都有,也有做成组合式的,即先导轮式后涡壳式。

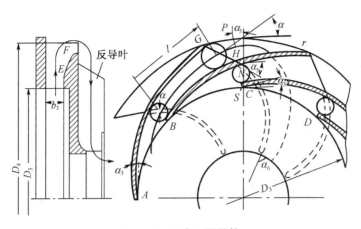

图 1-5-3　离心泵导轮

涡壳泵在非设计工况下运行时会产生不平衡的径向力,而导轮泵任何工况下都不存在不平衡的径向力。

(3)泵轴

如图 1-5-1 所示,泵轴一端(或一段)用于安装叶轮,另一端通过联轴器与电动机相连,是接受原动机输入功率,并向叶轮传递转矩的部件,应具有足够的强度和刚度,一般用碳钢或合金钢制成。泵轴用于输送海水时,常在轴外加装青铜轴套以防腐蚀。

叶轮与泵轴的周向位置采用键与键槽方式固定;叶轮与泵轴的轴向位置,小型单吸悬臂式离心泵,通过泵轴端部锥面和反向细牙螺母固定;多级泵采用定位套固定,且每个叶轮两侧均有轴承支撑。

经常工作于非额定工况下的泵轴,受到由不平衡径向力产生的交变负荷的作用,易发生弯曲,泵轴弯曲量超过 0.06 mm 即应校直。校直可用手动螺杆校直机进行(图 1-5-4)。当泵轴较粗而弯曲度较小时,也可用铜质捻棒冷打轴的凹部,使其表面延伸而校直。对直径较大而直接校直比较困难的泵轴,可用气焊将弯曲处 20~40 mm 的长度范围缓慢均匀地加热,而在此范围以外的部分则缠上石棉绳或包上玻璃棉,加热至 600~650 ℃后校直,然后再保温,使之缓慢冷却至室温。

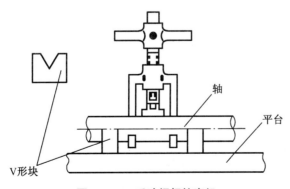

图 1-5-4　手动螺杆校直机

泵轴如有下列情况之一应予换新：

①产生裂纹；

②严重磨损而不能保证足够的机械强度；

③弯曲严重无法校直。

（4）密封装置

离心泵叶轮所排出的液体可能会从叶轮与泵壳之间的间隙漏向吸入口，这种内部泄漏会降低泵的容积效率，使泵的流量和扬程减小，因此在泵壳和叶轮进口处装设有密封环。

泵轴伸出泵壳处也有间隙，叶轮排出的液体可能由此漏出，称为外漏。外漏不仅会降低容积效率，还可能污染环境；有时泵壳出轴处的内侧压力低于大气压，这时空气可能漏入，遂而增加噪声和振动，严重时甚至会使泵失吸。因此，在泵轴伸出泵壳处都设有轴封装置。

①密封环

密封环也叫阻漏环或口环，安装在泵壳和叶轮进口处，如图1-5-5所示。安装在叶轮与泵壳上的密封环分别称为动环和静环，它们可成对使用，较小的叶轮也可只装设静环。密封环是离心泵的易损件，通常多用铜合金制成，也有用不锈钢或酚醛树脂制作的。密封环的形式有平环和曲径环两类。曲径越多，阻漏效果越好，但制造和装配的要求也越高。因此，曲径环多用在单级扬程较高的离心泵中。

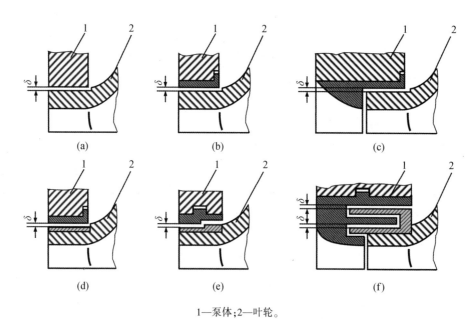

1—泵体；2—叶轮。

图1-5-5 离心泵密封环的形式

离心泵转子在工作中难免有抖动和偏移，排送热的液体时还会受热膨胀，若密封环的径向间隙过小，则容易产生摩擦，甚至咬死；但若间隙过大，漏泄又会显著增加。

泵工作约2 000 h后，应检查密封环的间隙。当半径方向的间隙超过允许值时，应更换。也可以在内表面堆焊后光车（但此法易引起变形），或涂敷塑料后再进行机械加工。密封环新装后，必须检查安装间隙。必要时可用涂色法（在静环内侧或动环外侧的环形面上涂以很薄的红铅油,然后盘车)检查密封环是否彼此擦碰。

②轴封

在离心泵中填料密封和机械密封是目前使用最广泛的轴封形式。

a. 填料密封式轴封

填料密封式轴封是离心泵中最常用的一种,它与往复泵中活塞杆的填料密封装置大致相同,故这里只讨论其不同部分。

从图1-5-6可见,离心泵的填料箱内加装了一个青铜制的水封环5。水封环是由两个断面呈"H"形的半圆环组成,内径稍大于泵轴轴径。泵工作时,少量排液经水封管或泵壳内的流道引入水封环内,后沿轴向从两侧的填料渗出。水封的作用主要是防止空气从轴封处进入泵内,其次也可冷却、润滑泵轴。安装时应注意水封环对准泵体上的引水孔,以免失去水封作用或使泵轴烧坏。

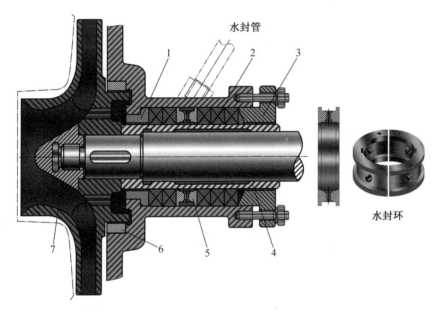

1—填料内盖;2—填料;3—填料压盖;4—轴套;5—水封环;6—密封环;7—叶轮。

图1-5-6　填料密封式轴封

b. 机械密封式轴封

机械密封式轴封结构如图1-5-7所示。该轴封有三个密封面:一是动环与静环间的径向摩擦面。它是借助于动环和静环精密配合来密封的。随轴旋转的动环在弹簧的推压下紧密地贴合在静环上,从而形成了良好的径向动密封。二是橡胶密封圈紧箍于轴上形成的轴向静密封面。三是受弹簧推压橡胶密封圈与动环背面紧贴而形成的径向静密封面。另外,静环与泵壳之间用密封圈(常用V形环)实现静密封。泵工作时,动环与静环间需保持一层液膜,与泵壳之间用密封圈(常用V形环)实现静密封,且使动密封面得以润滑和冷却。

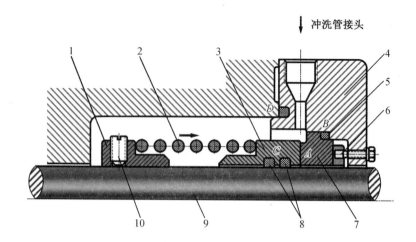

1—弹簧座;2—弹簧;3—旋转杯;4—压盖;5—静环密封圈;6—防转销;7—静止环;
8—动环密封圈;9—轴;10—紧定螺钉;A、B、C、D—密封部位。

图1-5-7　机械密封式轴封

二、离心泵的流量与扬程

离心泵是靠叶轮带动液体高速旋转而将机械能传给液体的,属叶轮式泵,与靠运动部件挤压液体来传递能量的容积式泵工作原理不同,因而性能也有显著的差异。离心泵所能产生的扬程与叶轮尺寸和转速密切相关,而流量又明显地会随工作扬程改变而改变。要弄清离心泵的性能,首先需要了解决定离心泵扬程的各种因素以及扬程与流量的关系,即了解离心泵的扬程方程式。

1. 液体在叶轮中的流动

液体在叶轮中的实际流动情况非常复杂,为使研究简化,做如下假定:

（1）离心泵叶轮的叶片无限多、厚度无限薄且断面形状完全相同;

（2）液体在叶轮中流动时,没有摩擦、撞击和涡流等水力损失。

如图1-5-8所示,当叶轮以一定的角速度 ω 回转时,叶轮流道中的任一液体质点,一方面随叶轮一起回转,做圆周运动,其速度用向量 w 表示;另一方面又沿叶片引导的方向向外流动,做相对运动,其速度用向量 u 表示。圆周运动和相对运动的复合运动就是液体质点的绝对运动,其速度用向量 c 表示。质点的圆周运动、相对运动和绝对运动三者之间的关系可用公式表示如下（图1-5-9）:

$$c = w + u$$

2. 离心泵的理论流量

由于液体是从叶轮的外周出口处排出的,因此若已知叶轮外周出口的有效面积 F_2 和垂直于该面积的液流速度（即液体质点在叶轮出口处绝对速度的径向分速度 c_{2r}）,就可求得离心泵的理论流量 Q_t,即

$$Q_t = F_2 c_{2r}$$

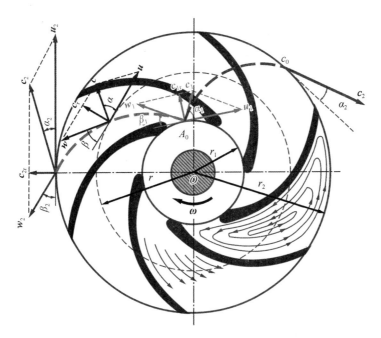

c—绝对速度;c_r—径向分速度;w—相对速度;u—圆周速度;β—相对速度与圆周速度的夹角。

图1-5-8 液体在叶轮中的流动

注:各符号附加下标1皆为叶轮进口处的参数;各符号附加下标2皆为叶轮出口处的参数;
虚线A_0c_0为液体质点A_0进出叶轮时的绝对运动路径。

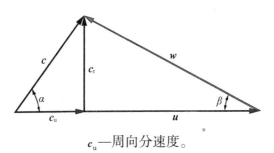

c_u—周向分速度。

图1-5-9 离心泵的速度三角形

同理,若已知F_2和Q_t则可求得c_{2r},即

$$c_{2r} = Q_t/F_2$$

由上可见,当叶轮的流量、转速和尺寸确定后,叶轮内各处的速度三角形也就确定了。

3.离心泵的理论压头

离心泵的理论压头$H_{t\infty}$就是流体离开叶轮和进入叶轮时所具有的比能之差,经数学推导可得下式(此式又称欧拉方程):

$$H_{t\infty} = \frac{u_2^2 - u_1^2}{2g} + \frac{w_1^2 - w_2^2}{2g} + \frac{c_2^2 - c_1^2}{2g}$$

方程式右边的最后一项表示液体流经叶轮后因绝对速度增加而提高的速度头。显然,方程右边其余两项即液体所增加的静压头,基本上是压力头。静压头中第一项是离心力所做的功,占绝大部分;而第二项则与因叶片流道截面变化而引起的相对速度变化有关,一般不大。

根据进、出口的速度三角形和余弦定律,扬程方程式可写成

$$H_{t\infty} = \frac{u_2^2}{g} - \frac{u_2 c_{2r}}{g} \cdot \cot \beta_2$$

因为叶轮的尺寸和转速确定后出口处的圆周速度 u_2 即可确定,根据扬程方程式,可以得出以下结论:

(1)离心泵所能产生的扬程主要取决于叶轮的直径和转速。

(2)离心泵的扬程随流量而变,并与叶片出口角 β_2 有关。

①用后弯叶片即 $\beta_2 < 90°$ 时,$\cot \beta_2 > 0$,Q_t 增大会使 $H_{t\infty}$ 减小,当 $Q_t = 0$ 时(即排出管封闭时),$H_{t\infty}$ 为最大值(即封闭压头最大)。因后弯叶片出口处的绝对速度 c_2 较小,水力效率高,噪声小,工作稳定,经济性好。另外,Q_t 增加使 $H_{t\infty}$ 减小,电机不会出现过载,目前在实际应用中离心泵都采用后弯叶片。

②用前弯叶片即 $\beta_2 > 90°$ 时,$\cot \beta_2 < 0$,Q_t 增大会使 $H_{t\infty}$ 增加,当 $Q_t = 0$ 时,$H_{t\infty}$ 为最小值。因前弯叶片的出口绝对速度 c_2 大且速度变化大,使水力损失和噪声增大,而速度能转换为压力能时也要消耗能量,故效率较低。另外,Q_t 增加使 $H_{t\infty}$ 增加,易使驱动电机过载,但在泵叶轮尺寸相同时,前弯叶片要比后弯叶片产生更高的压头,故前弯叶片常用在离心风机中。

③用径向叶片,即 $\beta_2 = 90°$,$\cot \beta_2 = 0$,$H_{t\infty}$ 与 Q_t 无关。在实际应用中较少采用这种形式。

(3)离心泵的理论扬程与所输送液体的性质无关。

应该说,输送液体的黏度和密度是不会影响离心泵的理论压头的,因为在压头方程式中没有反映所输送流体性质的参数。但是,流体的黏度会影响泵的实际压头和排量,这是因为黏度不同,水力损失和容积效率也会不同;流体的密度 ρ 会影响泵所能产生的压差,因为由泵的吸、排压差可知,液体的密度 ρ 越小,泵所能产生的压差越小。因此,当离心泵启动时若不进行引水驱气的话,泵的叶轮带动空气旋转所能产生的压差仅为带动水旋转时的 1/800(空气的密度约为水密度的 1/800),故可认为离心泵是没有自吸能力的。

4. 离心泵的实际扬程和流量

离心泵的理论扬程方程式是建立在两个假设的基础上推导出来的,实际上离心泵的叶轮并非理想叶轮,液体也并非理想流体,离心泵在实际工作中会存在各种损失,使实际工作压头和流量总是低于理论压头与流量。离心泵的损失主要有以下几部分。

(1)水力损失

水力损失是指流体通过泵内时由于摩擦、旋涡、撞击等造成的损失,是影响离心泵效率的主要因素,通常由沿程摩擦损失和冲击损失两部分组成。其中,沿程摩擦损失与流量的平方成正比;冲击损失与液体流动的冲角有关,通过合理设计可使泵在额定工况时的液流冲角为零,从而使冲击损失为零。泵的实际流量偏离额定工况越远则冲击损失越大。

（2）摩擦损失

摩擦损失又称机械损失,是指由轴封及轴承与轴之间的机械摩擦和由液体与叶轮外表面之间的圆盘摩擦造成的损失。轴封及轴承摩擦损失占轴功率的 1% ~ 5%,采用机械轴封时损失较小;圆盘摩擦损失较大,占轴功率的 2% ~ 10%,它与叶轮外径 D_2 的 5次方和转速 n 的 3 次方成正比。

（3）容积损失

容积损失是指由漏泄造成的损失。漏泄包括内漏和外漏,内漏是指发生在泵壳内部吸排区域之间的漏泄;外漏是指泵内部与外部之间经动、静部件间隙的漏泄。总漏泄量一般为理论流量的 4% ~ 10%,其中内漏的影响比外漏大。

三、离心泵的轴向力及平衡

1. 轴向力的产生及危害

当叶轮回转时,处于叶轮与泵壳之间的液体也将随叶轮而回转,因而产生离心力,使叶轮与泵壳间的液体压力沿径向按抛物线规律分布。图 1-5-10 所示为单吸式叶轮左、右两侧的压力分布情况。由图可见,在密封环半径 r_1 以外,叶轮两侧的压力对称,而在密封环半径之内,两侧压力不对称,即作用在左侧的压力为较低的进口压力 p_1,两侧的压差可由面积 abcd 来表示。因此,单级式叶轮工作时必将受到一个由叶轮后盖板指向叶轮进口端的轴向力 F_A,F_A 的大小与泵每级叶轮的扬程、叶轮两侧的不对称面积、液体密度和级数有关。

离心泵的轴向力
与径向力（PPT）

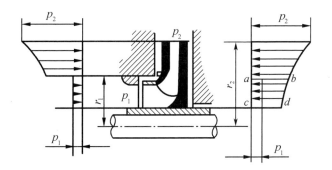

p_1—进口压力;p_2—出口压力;r_1—密封环半径;r_2—叶轮半径。

图 1-5-10 叶轮两侧的压力分布

液体在叶轮进口处从轴向变为径向流动时,会在叶轮上产生一个方向与 F_A 相反的轴向动反力。在泵正常工作时,动反力与轴向力 F_A 相比数值很小,可忽略不计,但在启动时由于泵的正常压力还未建立,所以动反力作用较明显,起主导作用,一旦压力建立起来,轴向力起主导作用。

此外,对于单侧吸入悬臂式泵,还必须计入由进口压力作用在轴上的与 F_A 方向相反的附加轴向力,而立式泵还有由重力引起的轴向力。在多级泵中有时轴向力可能达到相当高的数值,引起转子窜动、叶轮与壳体摩碰以及破坏机械轴封等,因此要采取一些有效措施来平衡它。

2. 轴向力平衡方法

（1）止推轴承法

止推轴承虽能承受一定的轴向力，但承受能力有限，故只有小型泵才能用它来承受全部轴向力，而在大多数泵中仅用它作平衡措施的补充手段，以承受少数剩余的轴向力，并起轴向定位作用。

（2）平衡孔或平衡管法

平衡孔法是在叶轮后盖板上加装与前密封环尺寸一样的后密封环（图1-5-11），并在后密封环以内的后盖板上开出若干个圆孔（平衡孔），孔的总面积应为密封环间隙通流截面积的3~6倍。这样，在后盖板密封环之内的区间中，即可保持与吸入压力大致相等的压力，从而使轴向力得以基本平衡。此法比较简单，但却会使泵的容积效率下降，而且由平衡孔漏回叶轮的液体干扰主流，会使泵的水力效率降低。

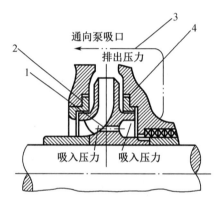

1—平衡孔；2—前密封环；3—平衡管；4—后密封环。

图1-5-11 离心泵的平衡管和平衡孔

平衡管法在叶轮后盖板上不开平衡孔，而是将从排出端漏入叶轮后密封环之内的液体用平衡管引回叶轮吸入口，这样不仅同样可达到平衡轴向力的目的，同时不致使水力效率降低，但仍使容积效率下降。

（3）双吸叶轮或叶轮对称布置法

根据双吸叶轮能自动平衡轴向力的原理，把两个尺寸相同的叶轮对称地安装在同一泵轴上，如图1-5-12所示。这样从理论上说轴向力可以平衡。叶轮对称布置的方法广泛地应用于单吸二级与螺壳式多级泵中。但是，当泵的级数较多时，泵的结构趋于复杂，其级数必须为偶数。

必须指出，采用上述（2）（3）项所列平衡轴向力的平衡方法，由于叶轮两侧密封环制造和磨损情况难免有差别，叶轮在加工上也会存在误差，故叶轮两侧的压力分布难以完全对称，不可能完全平衡轴向力，仍需设置止推轴承以承受剩余的不平衡轴向力。

（4）平衡盘法

多级泵轴向力较大，可采用液力自动平衡装置来平衡轴向力。如图1-5-13所示，在末级叶轮之后的泵壳上固定一平衡板1，而紧邻的平衡盘2则用键装在泵轴上，随轴一起转动。轴套与泵体之后有一固定径向间隙b，平衡盘与平衡板之间有一轴向间隙b_0，平衡室3与泵吸入口相通。

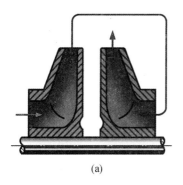 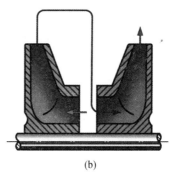

(a)　　　　　　　　　　　　　　　(b)

图 1-5-12　对称安装叶轮

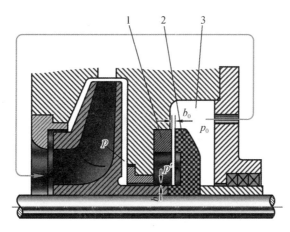

1—平衡板;2—平衡盘;3—平衡室。

图 1-5-13　液力自动平衡装置

可见,径向间隙 b 前的压力就是末级叶轮背面的压力 p,而平衡盘后的压力 p_0 接近吸入压力,在压力差 $(p-p_0)$ 作用下,叶轮背面的高压液体经径向间隙 b 进入平衡盘前的小室,压力下降至 p',然后再经轴向间隙 b_0 进入平衡室,压力下降至 p_0,最后流回泵的吸入口。由于平衡盘两侧存在着压力差 $(p'-p_0)$,因而就产生一个与叶轮所受轴向力方向相反的平衡力作用在平衡盘上。当泵压头增加,轴向力大于平衡盘上的平衡力时,泵轴左移,直至轴向间隙 b_0 减小,漏泄量随之减少,压力 p' 增加,直至 $(p'-p_0)$ 增加到平衡力与轴向力重新平衡时,泵轴就稳定于较小的 b_0 位置;反之,当压头降低轴向力小于平衡力时,泵轴则右移,直至轴向力和平衡力重新达到平衡为止。可见,该装置可以实现轴向力的自动平衡。

四、离心泵的特性曲线及工况调节

1. 离心泵的定速特性曲线

离心泵存在各种损失,而这些损失是无法精确计算的。因此,要想了解离心泵的实际压头、流量以及其他性能参数的大小和相互间的关系,就需进行相应的试验。

离心泵的特性曲线
及应用(微课)

离心泵的特性曲线
及应用(PPT)

可在恒定的转速下,通过改变排出阀开度,测出泵在不同工况时的流量 Q 以及相应的扬程 H、轴功率 P 和必需汽蚀余量 Δh_r,并算出泵在各对应工况下的效率 η。然后将所得值绘成以流量 Q 为横坐标的曲线,如图 1-5-14 所示,即为离心泵实测的定速特性曲线。

下面对定速特性曲线做定性分析:

(1)在 Q-H 特性曲线上,对应于任一流量 Q,都可以找出与之相应的 H、P、η 和 Δh_r 值。通常,把 Q-H 曲线上的点称为工况点。可见,Q-H 曲线是许许多多的工况点的集合。由图 1-5-14 可见,随着扬程的升高,泵的流量是减小的。对应于流量为零时(即排出阀关闭的情况下)的扬程最大(不会高出额定工作扬程很多),称为封闭扬程。

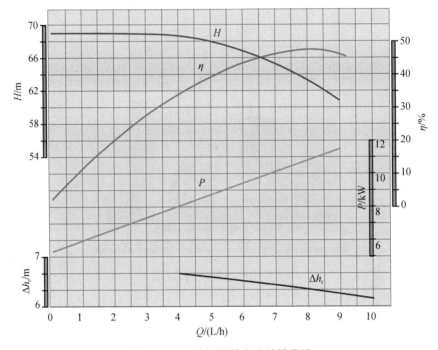

图 1-5-14　离心泵的定速特性曲线

(2)从 Q-P 曲线可以看出,泵的轴功率随流量的增大而增加。当流量为零时轴功率最小(一般为额定功率的 35%~50%)。因此,离心泵可在排出阀完全关闭的情况下"封闭"启动以降低电动机的启动负荷。但不允许泵长时间"封闭"运行,否则输入的全部功率都用于搅拌液体而转化为热能,可能导致泵的零部件过热,以致发生碰擦甚至咬死现象。

(3)由 Q-η 曲线可以看出,离心泵在额定转速下有一个最高效率点,在 Q-H 曲线上与其相应的点称为最佳工况点。一般最佳工况点就是设计的额定工况,此工况下的性能参数为额定参数。显然,从经济的角度出发,应尽量使泵运行在最佳工况点上。一般把比最高效率低 5%~7% 的区间定为泵的适宜工况区。Q-η 曲线上效率最高点的左右愈平缓,泵的适宜工况区就愈宽。

2. 离心泵的管路特性曲线

离心泵的实际工况可由离心泵的一组工作性能参数来表示,所以常将离心泵的实际工作参数组称为离心泵的工况或工况点。离心泵的实际工况并不一定等于额定工况,离心泵的实际工况取决于两个方面,即泵的特性曲线和管路特性曲线。

管路特性曲线是表明液体流过某既定管路时所需的压头与流量间的函数关系曲线。液体从吸入液面通过某一管路流至排出液面所需的压头包括三个方面:

(1)单位质量液体克服吸、排液面存在的高度差所需的能量,即位置头 Z;

(2)单位质量液体克服吸、排液面存在的压力差所需的能量,即压力头 $(p_{dr}-p_{st})/\rho g$;

(3)单位质量液体克服管路阻力所需的能量,即管路阻力 Σh,它与管路中流速的平方成正比,故也与流量的平方成正比,即 $\Sigma h = KQ^2$,式中常数 K 为管路阻力系数。

其中,位置头和压力头与管路流量无关,在流量变化时,它们静止不变,故称为管路的静压头,用 H_{st} 表示,即

$$H_{st}=Z+(p_{dr}-p_{st})/\rho g$$

因此,单位质量液体从吸入液面通过某一管路流至排出液面所需的压头为

$$H=H_{st}+\Sigma h=Z+(p_{dr}-p_{st})/\rho g+KQ^2$$

管路特性曲线如图 1-5-15 所示。静压头 H_{st} 与流量无关,函数关系曲线是一条水平线,而管路阻力 Σh 与流量平方成正比,是一条二次抛物线,其向上倾斜的程度取决于管路阻力系数的大小;它们叠加而成的管路特性曲线在纵坐标的起点位置取决于管路的静压头。当管路阻力变化时,如关小排出阀时,K 值增加,曲线变陡,从曲线 A 变为曲线 A';再如,向一压力容器供水,随着水位的上升,排出液面压力随之升高,于是静压头 H_{st} 增大,曲线上升,从曲线 A 变为曲线 A''。

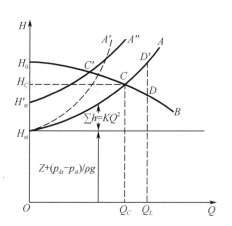

图 1-5-15　管路特性曲线与泵的工况

3. 离心泵的工况调节

泵的特性曲线 Q-H 和管路特性曲线 $H=H_{st}+KQ^2$ 的交点 C,即为离心泵的工况点。交点 C 所表明的参数即是离心泵在该管路条件下的工作参数,此时泵所产生的压头正好等于液体流经管路所需要的压头。

离心泵有自动平衡的能力。若受一外界因素的干扰,如转速脉动,使泵的流量暂时

增加,即泵的工况点向右移至 D,则产生的扬程 H_D 将减小,不能满足液体以大流量流过该管路所需的压头 H'_D,则液体流过泵的流量将减小,直到流量回到 Q_C,即工况点 C 点为止;反之亦然。这时的工况是稳定工况。

离心泵在实际工作中的扬程和流量是由泵的特性曲线和管路特性曲线的交点即工况点所决定的。在船上,各种冷却水泵、锅炉给水泵、凝水泵、货油泵等,工作中往往需要调节流量,也就是说需要改变泵的工况点,称为"工况调节"。工况调节可借改变泵的特性或管路特性来实现,船用泵常用的工况调节方法有以下几种。

(1)节流调节法

节流调节法是在泵转速一定时,改变排出阀的开度,使管路特性发生变化,实现工况点在泵特性曲线上左右移动。节流调节法经济性较差,但简便易行,故广泛采用。改变吸入阀开度也能调节流量,但可能因吸入压力过分降低而发生气蚀现象,故不宜采用。

(2)回流(旁通)调节法

回流(旁通)调节法是用改变旁通阀的开度,使部分液体经旁通阀回流,以改变供入主管路的流量来调节流量。回流调节的范围较广,但经济性很差,适用于具有下降功率特性的混流泵和轴流泵。

(3)改变管路静压调节法

船上某些管路系统给水的需要量很不均匀,常在零至最大值间变化。为了使泵在高效率区运行和满足用水的需求,常用压力继电器控制泵间歇地工作。当水位达到要求的上限值时,压力继电器动作而断开触头,使泵停止工作;反之,当水位降至规定下限值时,压力继电器动作而闭合触头,使泵启动。泵在运行中,随着水柜水位升高,管路特性曲线逐渐沿纵坐标平行上移,使工况点沿泵的压头特性曲线逐渐右移而减小泵的流量。如船上压力水柜的给水泵,就是采用这种方法调节工况的。

(4)变速调节法

当泵的转速上升或下降时,泵的压头特性曲线就平行地上移或下移,使泵的工况点沿管路特性曲线上移或下移,增减泵的流量。变速调节能在较大范围内改变泵的流量,并保持较高的效率,但因泵一般为交流电动机驱动,转速不可调,故它的使用受到限制。

4.离心泵的并联和串联工作

(1)离心泵并联工作

当一台离心泵单独工作时的工作扬程满足要求(工作扬程接近或低于额定扬程时),而流量达不到要求时,可将两台泵并联使用以增加流量。

两台泵并联时排出压力必然相同,而吸入压力一般不会相差太大,故可认为泵的工作扬程相同;而总的流量则为两台泵在并联工作扬程下各自流量之和。因此,可按"每一扬程下并联泵流量叠加"的原则,由每台泵的特性曲线求出泵并联后的扬程特性曲线。如图 1-5-16 所示,管路特性曲线与它们的交点 A、B 及 C,分别代表每台泵单独工作时以及两台泵并联工作时的工况点。可见,泵并联工作时的总流量 Q 比每台泵单独工作时的流量 Q_1 或 Q_2 大,但却小于两泵单独工作时的流量之和,即 $Q < Q_1 + Q_2$。这是因为并联时系统中流量增大,流阻增高,泵在比单独工作时更高的扬程下工作,因而每泵的流量 Q'_1、Q'_2 都比单独工作时的流量 Q_1、Q_2 小,故两台离心泵并联后的总流量 Q 达不到各泵单独工作时的流量之和,即 $Q < Q_1 + Q_2$。

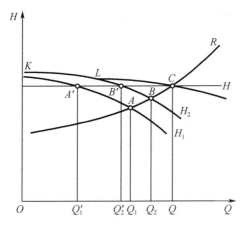

图 1-5-16 离心泵的并联工作工况

当两并联泵的扬程特性曲线不同时,若扬程较高的泵在该系统单独工作时的工作扬程大于另一台泵的最高扬程(即工况点落在特性曲线的 KL 段),则泵并联后另一台扬程较低的泵可能发生倒灌(如出口没有止回阀),或在零流量下运转而发热。因此,泵并联运行时一般都采用型号相同的泵,或至少是扬程相近的泵,而管路也应以阻力较小(特性曲线较为平坦)为宜。

若特性相同的两台离心泵在某管路中单独工作时,各泵的流量为 Q,扬程为 H,在同管路中并联工作时,其流量为 $Q_{并}$,扬程为 $H_{并}$,则关系为 $Q < Q_{并} < 2Q$,$H_{并} > H$。

(2)离心泵串联工作

如果离心泵的流量满足要求(工作扬程接近封闭扬程),而扬程无法满足所在系统的需要,则可通过将两台或几台泵串联工作的方法来解决。

串联工作时,各泵的流量相等,而总的扬程则等于串联后各泵工作扬程之和。因此,泵串联工作的扬程特性曲线 H 可按"相同流量下各串联泵的扬程叠加"的原则,由各台泵的扬程特性曲线 H_1、H_2 叠加而成,如图 1-5-17 所示。而串联时的工况点就是 H 曲线与管路特性曲线的交点 A。显然,这时泵组的扬程已大大提高。串联工作时的总扬程 H 比每台泵单独工作时的扬程 H_1、H_2 高,但却小于两泵单独工作时的扬程之和,即 $H < H_1 + H_2$,而泵串联工作时的总流量 Q_A 比每台泵单独工作时的流量 Q_1 或 Q_2 大。

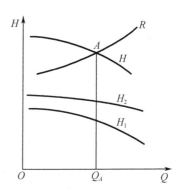

图 1-5-17 离心泵的串联工作工况

串联时,各泵的型号不一定相同,但其额定流量应相近,否则就不能使每台泵都处于高效率区工作。此外,串联在后面的泵其吸、排压力都将比单独工作时要高,故应注意其密封情况和强度是否允许。

若特性相同的两台离心泵在某管路中单独工作时,各泵的流量为 Q,扬程为 H,在同管路中串联工作时,其流量为 $Q_{串}$,扬程为 $H_{串}$,关系为 $H < H_{串} < 2H$,$Q_{串} > Q$。

五、离心泵的自吸装置

普通离心泵是没有自吸能力的,船用离心泵实现自吸的方法通常是采用特殊的结构形式,或装设辅助引水装置来引水。新造船舶大多在需要自吸的离心泵上附加自吸装置,自吸成功后即自动脱离工作,灵活方便,也不会降低泵的工作效率。

1. 自吸式离心泵

这类自吸装置是将泵壳做成特殊的结构形式,如图1-5-18所示。

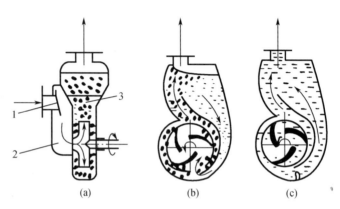

1—吸入单向阀;2—吸入室;3—气液分离器。

图1-5-18　自吸式离心泵

首先,吸排管在上方,保证停车存液;其次,吸口有单向阀,防止停车虹吸;最后,螺壳为双流道,形成气水分离室,使它在排出端具有气水分离作用,以便在启动期间能利用预先存留在泵内的液体,使其反复进出叶轮,将泵和吸入管内的气体裹携出去,然后正常吸排液体。为方便返回的液体重新进入吸轮,叶轮常用不带前盖板的半开式叶轮。

2. 带水环泵的离心泵自吸装置

(1)水环泵的结构与工作原理

水环泵有单作用式和双作用式两种。单作用水环泵在船上较为常见,故我们以它为例来讲解。图1-5-19所示为一台单作用水环泵。它主要由叶轮1、侧盖2和泵体3组成。叶轮必须偏心安装,其上的叶片采用前弯叶片(也可以采用径向叶片)。侧盖上开设有吸排口,吸入口4较大,排出口5较小(其他也通常如此)。

工作前泵内必须充以一定量的工作水,这是水环泵能够工作的必要条件。向泵充入水后,当叶轮旋转时,水被带动旋转,形成一紧贴泵壳内壁的水环。水环内表面与叶轮轮毂表面及两侧盖端面之间形成一个月牙形的工作空间。该空间被叶轮的叶片分隔成若干个互不相通的腔室。这些腔室的容积随

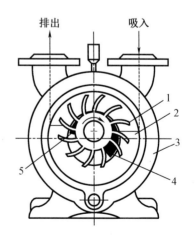

1—叶轮;2—侧盖;3—泵体;
4—吸入口;5—排出口。

**图1-5-19　单作用水环泵
及其工作原理简图**

着叶轮的回转将会周期性地变大和变小。显然,腔室容积变大时将吸入气体,腔室容积变小时将会挤压和排出气体。吸入、压缩和排出三个工作阶段便组成了水环泵的一个工作循环。

在水环泵的工作中,水环除起到传递能量的作用外,还起着密封工作腔室和吸收气体压缩热的作用。气体压缩热和工作水的水力损失转换成的热量会使部分工作水在工作过程汽化,而工作水通过轴封和排气还会流失。为此,在泵的出口常设有气液分离器,并需连续地向泵内补水,补水量应大于正常的损失水量,以使部分工作水能随气体的不断排出而得以更换,从而限制泵的温升。

水环泵是靠工作腔室的容积变化产生吸排的,属于容积式泵。但水环泵工作容积的变化并不是刚性运动部件直接造成的,而是由水环中的液体进出叶间产生的。这些液体在图 1-5-19 所示的右半转中靠叶轮带动回转而获得了一定的能量,并被甩到叶外的流道中;而在液体进入左半转后,也就只能凭借已获得的动能挤入叶间,压缩气体。这样,叶轮外的液体流速必然会随着压力的增加而降低。当排出压力升高到一定数值时,叶轮外液体的速度会降到很低,从而不能进入叶间去压缩气体。也就是说,水环泵中的气体在压缩阶段压力能的增加,完全是靠工作水获自叶轮的动能转换而来。因此,水环泵提高所输送介质压力的能力是有限的,这一点又与叶轮式泵相似。

（2）水环泵自吸装置的工作原理

图 1-5-20 所示为船用离心泵所用的一种水环泵自吸装置简图。驱动离心泵 1 的电机 4 可同时靠离合器 5 驱动水环真空泵 6。使用前,气液分离柜 2 应加满水,并开启其底部补水管上的旋塞向水环泵预充工作水,截止止回阀 3 也要开启。启动离心泵时,靠离合器同时驱动水环泵工作,水环泵吸气管从离心泵的吸入管中抽气排往气液分离柜进行气液分离,气体冒逸,水则落入柜中,再经补水阀连续向水环泵补水。一段时间后,离心泵吸入管中气体被抽走,水即进入离心泵。

当离心泵自吸成功并建立压力后,排出压力水进入液压缸 8,克服弹簧推动控制杆(液压缸失灵时,可手动应急操纵控制杆使之脱开),使离合器脱开,水环泵停止工作;开启离心泵排出阀使之投入工作,此时截止止回阀 3 在水环泵停后,靠重力自动关闭,避免气液分离柜 2 中的气体漏入离心泵吸入侧。但离心泵停后需关闭排出阀,否则会顶开截止止回阀 3 向气液分离柜 2 和水环泵倒灌。为防倒灌,可将截止止回阀 3 改为自动阀控制。

这种装置无须借助压缩空气即可工作,其缺点是在离心泵自吸完成之前离心泵处于干摩擦状态,因而泵不允许使用机械轴封和以水润滑的轴承。

（3）带空气喷射器的离心泵自吸装置

图 1-5-21 所示为离心泵的另一种采用空气喷射器的离心泵自吸装置工作原理图,这种自吸装置靠来自空气瓶的低压气源(0.5~0.7 MPa)来为离心泵抽气引水,结构紧凑,离心泵可延时启动,从而避免了干转。

首先,将控制箱 5 上的选择开关置于自动(AUT)位置,按下离心泵 6 的启动按钮,由于此时尚未建立压力,压力继电器 4 的常闭触点(控制电磁阀 1)处于闭合状态,于是电磁阀 1 通电开启,压缩空气进入空气喷射器 2,同时使常闭式气动阀 3 开启,开始抽吸离心。当时间继电器设定的延时时间达到后,电机常开触点闭合,离心泵运转,这时如果自吸成功,泵便产生排出压力,使压力继电器的常闭触点断开,电磁阀 1 断电关闭,空气喷射器停止工作;如果泵在运行中一旦吸入过多气体引起排压下降,则压力继电器的触点再次闭合,重开电磁阀,再次抽气。泵吸入管中的气体,同时控制电路中时间继电器开始通电计时。

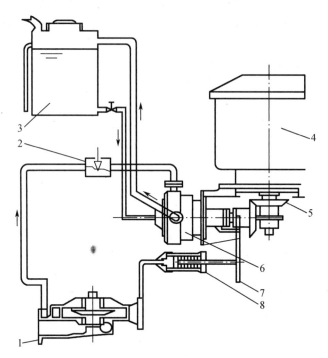

1—离心泵;2—气液分离柜;3—截止止回阀;4—电机;5—离合器;6—水环真空泵;7—控制杆;8—液压缸。

图 1-5-20 离心泵的水环泵自吸装置简图

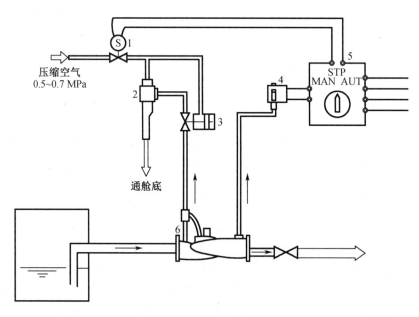

1—电磁阀;2—空气喷射器;3—气动阀;4—压力继电器;5—控制箱;6—离心泵。

图 1-5-21 离心泵的空气喷射器自吸装置工作原理图

万一压力继电器失灵,也可将控制箱上的选择开关在开启(MAN)和关闭(STP)位转换,使电磁阀1启闭,人为控制喷射器的工作。

这种用时间继电器控制离心泵延时启动的方法简单可靠,但由于离心泵的吸入管容积和吸入真空度不同,需要的自吸时间也就不等,因此设定延时时间需按实际需要调整,不然一旦延时时间少于自吸时间,离心泵仍存在干摩擦现象。故有的在离心泵的抽气管上设有浮子室,只有自吸成功使浮子开关闭合才会启动离心泵和停止抽气,可使泵完全避免干转。但浮子开关的故障率显然比时间继电器高得多。

配有自吸装置的离心泵如果长时间连续工作,吸入管无须设置底阀;但若每天需要启停多次,即使配有自吸装置,也最好设置底阀,否则每次启动时需启用自吸装置,势必延误工作时间,并造成能量浪费。

六、离心泵的汽蚀

1. 离心泵的汽蚀原因及危害

任何泵在工作时其吸入真空度都必须小于该泵的允许吸上真空度,否则液体在吸入泵内后就可能汽化,出现"气穴现象"。离心泵吸入的液体在从泵吸入口流到叶片进口开始提高能量前,还会因流速增加(进叶轮后通流截面积减少且流速分布不均匀)和流阻损失而压力进一步下降。当泵的流量小于设计流量时,液流在进口以相对速度 V_1 撞击叶片正面,压力最低的部位出现在叶片进口处靠近前盖板的叶片背面上,如图 1-5-22 所示的 K_2 处。

离心泵的
气蚀(PPT)

图 1-5-22　离心泵的压力最低部位

而当泵流量超过设计流量时,液流以相对速度 V_1 撞击叶片背面,压力最低的部位就会发生在叶片进口靠近前盖板的叶片正面上,如图 1-5-22 所示的 K_1 处。如液体的压力降低到饱和蒸气压力 p_V 或更低时,则液体就会汽化而产生大量的蒸气泡,其中还有原来溶于液体现因压力降低而逸出的气体,这种现象称为气穴现象,又叫空泡现象。这些小气泡随液体流到高压区,其中的蒸汽就会迅速凝结,而气体也会重新溶入液体,从而造成局部真空,这时四周的液体质点会以极大的速度冲向真空中心,并且互相撞击,产生局部高达几十兆帕的压力,引起频率为 600~25 000 Hz 的噪声和振动。这时泵的流量、扬程和效率都将降低,严重时还会导致吸入中断。气穴破灭区的金属因受高频高压的液击而发生疲劳破坏;另外,由液体中逸出的氧气等借助气泡凝结时的放热,也会对金属起化学腐蚀作用。在上述的双重作用下,叶轮外缘的叶片及盖板、涡壳或导轮等处会产生麻点和蜂窝状的破坏。泵工作中这种因气泡形成和破灭致使材料破坏的现象,称为汽蚀。

2. 离心泵的汽蚀余量

在离心泵汽蚀现象的研究中常用到汽蚀余量的概念。所谓汽蚀余量,是指泵入口处液体所具有的总水头与液体汽化时的压力头之差,用 Δh 表示。国外称其为净正吸上水头,用 NPSH(net positive suction head)表示。汽蚀余量又分为有效汽蚀余量(或称装置汽蚀余量)Δh_a 和必需汽蚀余量 Δh_r。

(1)有效汽蚀余量 Δh_a

有效汽蚀余量 Δh_a 是指泵工作时实际所具有的汽蚀余量,它取决于泵的安装条件,即吸入条件(吸入压力、吸高、管阻)和液体的性质、温度及液体的饱和压力,而与泵本身的结构尺寸无关。它表示液体在泵进口处水头超过汽化压力头的富裕能量,有效汽蚀余量值越大越好。

(2)必需汽蚀余量 Δh_r

泵的必需汽蚀余量 Δh_r 是指泵为了避免汽蚀所必需的汽蚀余量。它取决于泵进口部分的几何形状以及泵的转速和流量,反映了液体进泵后压力进一步降低的程度,而与泵的吸入条件及所吸液体压力值无关。Δh_r 越小,表明泵的抗汽蚀性能越好。叶轮式泵的产品说明书按规定必须给出 Δh_r 值。图1-5-23中给出了泵的 Δh_r 曲线。由图可见,Δh_r 随 Q 的增大而增大,这是因为流量增大时,液体进泵后的压降也增加。

(3)汽蚀特性曲线

在 Δh_a 接近 Δh_r 但尚未降到很低时,气泡虽已产生但尚未发展到很多,泵的性能参数也看不出有显著的变化。这种汽蚀实际已经发生但尚未明显影响到泵性能的情况称为潜伏汽蚀。泵长期处在潜伏汽蚀工况下工作部件会受到损坏,因而应该避免这种情况发生。

当泵的 Δh_a 降到低于 Δh_r 时,气泡就已发展到一定程度,它会使叶道间的通流截面明显减小,气泡破灭时的液压冲击也要消耗能量,故泵的流量、扬程和效率都将明显降低,同时产生噪声和振动,这时测得的流量和扬程出现脉动,即图1-5-23中泵的汽蚀特性曲线上画有斜线段的部分,称为不稳定汽蚀区。泵在不稳定汽蚀工况下工作时部件容易受到损坏。

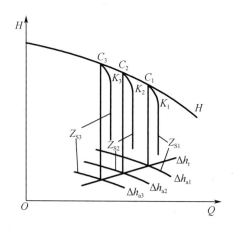

Δh_r—必需汽蚀余量;Δh_a—有效汽蚀余量;Z_S—吸排液面高度。

图1-5-23 离心泵的汽蚀特性曲线

当Δh_a进一步降低,液流在叶片进口处叶背一侧就开始出现脱流,形成蒸汽和水两相区域。试验表明,这时由于液流中的含汽量增加,气泡破灭时所引起的液压冲击就会明显减轻,流量和扬程的脉动消失。这时降低管路阻力只能减小扬程,使两相区的长度增加,而泵的流量几乎不再增大,在特性曲线上表现为近似一条下垂线,称为"断裂工况",而特性曲线上开始陡降的那一点(K_1、K_2、K_3)称断裂点(图1-5-23)。泵在工况点处于断裂工况线上工作时振动和噪声并不强烈,部件的汽蚀破坏也不明显,这种工况也称为稳定汽蚀。

3. 防止汽蚀的措施

目前,除某些螺旋桨、轴流泵和离心式冷凝水泵可在稳定汽蚀工况下工作外,其他大多数离心泵都要避免工作中出现汽蚀。考虑到工况可能变化和潜伏汽蚀的危害,泵在使用时要求$\Delta h_a \geqslant 110\% \Delta h_r$(两者差值不小于0.5 m)。

在船用泵中,比较容易发生汽蚀的主要是所输送的液体温度较高的泵,如锅炉给水泵、热水循环泵等;或工作中流注高度会显著降低的泵,如货油泵等;此外,还有那些吸入液面真空度较大的泵,如冷凝器及海水淡化装置的凝水泵。这些泵要么p_V较高,要么p_S较低,因而Δh_a较小,容易发生汽蚀。要防止汽蚀,一方面要提高装置的Δh_a,另一方面则要设法减小泵的Δh_r。

(1)提高装置的Δh_a的措施有:尽可能减小吸入管路的阻力,如要开足吸入管路上的阀门、及时清洗吸入滤器、防止流量超过额定值等;减小吸上高度或增大流注高度;控制液体温度不要过高。

(2)减小泵的Δh_r,即在设计时尽量改进叶轮入口处的几何形状,例如加大叶轮的进口直径和叶片进口边的宽度,增大叶轮前盖板转弯处的曲率半径,采用扭曲叶片或双吸叶轮等;或者在泵的进口加设诱导轮。

(3)提高叶轮抗汽蚀性能,采用强度和硬度高、韧性和化学稳定性好的抗汽蚀材料来制造叶轮,以及提高通流部分表面的光洁度,也是提高泵抗汽蚀性能的有效措施。

工作中泵如果出现汽蚀现象(如吸入真空度大于允许吸上真空度,泵产生噪声、振动和性能下降),可采取的措施有:设法降低液温、减小吸上高度或增加流注高度、设法减小吸入管路阻力、关小排出阀或降低转速以降低流量等。

七、离心泵的管理

1. 离心泵的操作

(1)盘车

新装或检修后初次启动以及停用时间较长的泵,在启动前应用手转动联轴器1~2转,以检查是否有卡阻、过紧、松紧不均或异常声响。盘车还可使滑油进入各润滑部位。发现异常现象,必须予以排除,然后才能启动。

(2)润滑

轴承过早损坏大多是由缺油或滑油变质造成的,因此在启动前和运转中都要注意检查润滑状况。初次使用的泵,轴承应充注适量的洁净润滑油或润滑脂。对于用油环润滑的轴承,油环应被浸没约15 mm;用润滑脂润滑的轴承,加油量应占轴承室容积的1/3~1/2,加油过多反而会因搅拌而引起轴承发热。润滑油应避免混入水和杂质,泵运

离心泵的
管理(PPT)

转时轴承温升不应超过 35 ℃，外表面温度一般不宜超过 75 ℃。

(3)冷却

对于设有填料箱水封管、水冷轴承、水冷机械轴封或具有平衡管、平衡盘的离心泵，应注意其相应的专设水管路是否畅通，并检查冷却水量和水温。

(4)封闭启、停离心泵

在关闭排出阀运转时泵的功率最低，故关排出阀启、停对电网冲击最小。但泵封闭运转的时间不能过长，一般不应超过 3 min，否则泵会因叶轮搅拌液体而发热。

(5)检查转向

离心泵反转时不能建立正常排压，故新泵或检修后的泵，初次启动时应瞬间合闸试转(点启动)，以判别是否因接线错误而造成反转。

(6)避免干转

离心泵转动部件与固定部件的间隙大都很小(如密封环、级间衬套、平衡盘等)，或直接接触(如轴封)，因此在没有液体的情况下干转可能造成严重磨损、发热甚至抱轴，故应尽量避免干转。即使是自吸式离心泵，初次启动时一般也要灌液；某些自带真空泵的离心泵启动时可能干转，应限制其自吸时间。

(7)防冻及防锈

泵停用时，如环境温度可能降到 0 ℃ 以下，即应放尽泵内液体，以免冻裂。长期停用的泵，应在外露的金属加工面上(如泵轴、轴承、填料压盖、联轴器等)涂防锈油，以免锈蚀。

2.离心泵的检修要点

(1)转向与连接

检修时应注意电动机接线不要接错。泵和电动机应保持良好对中，联轴器不同心度应在 0.1 mm 以内。

(2)重要部件。叶轮、阻漏环、泵轴、轴封是离心泵的重要部件，检修时应对其磨损、腐蚀、变形、损伤和裂纹等给予特别注意。

(3)重要间隙

检查密封环间隙，既不能过小而碰擦，也不能过大而造成过量漏泄。密封环间隙过大应更换。检查泵轴与轴承的间隙，轴与轴承的径向间隙一般为 0.03～0.08 mm，间隙超过磨损极限时应换新。泵检修装复后，用手转动泵轴，应转动灵活，没有碰擦。

3.离心泵的故障分析

离心泵常见故障分析及排除方法见表1-5-1。

表1-5-1　离心泵常见故障分析及排除方法

故障现象	分析思路	故障原因	排除方法
1.泵启动后不能供液，且吸排压力表指针基本不动或吸入真空度不足	吸入表指针不动说明泵无法产生真空，故应在无法产生真空方面找原因	1.泵轴不转或叶轮不转； 2.未引水、引水不足或引水装置失灵； 3.轴封或吸入管漏气严重； 4.吸入口露出液面	1.检查泵轴、联轴器； 2.加强引水，检修引水部件或装置； 3.消漏； 4.停泵或降低吸口位置

表 1-5-1(续 1)

故障现象	分析思路	故障原因	排除方法
2. 泵启动后不供液,且吸入真空表指示较大	吸入真空度大说明吸入管路不通或阻力大	1. 阀在关闭位置或吸入阀未开; 2. 吸入滤器淤塞; 3. 吸高太大,出现汽蚀	1. 打开吸入管路各阀; 2. 清洗滤器; 3. 减小吸高
3. 泵启动后不供液,且排出压力小于正常值	有排出压力,但排不出去说明泵本身工作效能降低	1. 叶轮与轴打滑; 2. 叶轮淤塞或损毁严重; 3. 转速太低或反转	1. 拆检、修理; 2. 疏通、修理; 3. 检修原动机与联轴器
4. 泵启动后不供液,且排出压力为封闭压力	说明泵和吸入是正常的,但排出管路不通或阻力太大	1. 排出阀未开或虚开; 2. 排出管路阻力太大或背压太高	1. 开阀或检修; 2. 减小管路阻力
5. 泵流量不足	分析泵不能排液是以原因为主线的,本故障我们将换一种分析归纳方式,尝试以泵装置结构的空间顺序为主线,从泵装置吸入口至排出口逐一分析。同学们还可以从泵的特性和管路的特性两个方面进行分析	1. 吸入液面降低或液面压力降低或液体温度太高; 2. 吸入滤器脏堵; 3. 吸入管漏气; 4. 吸入阀未开足; 5. 泵的转速不足、叶轮淤塞或有损伤; 6. 泵的填料箱漏气或水封管堵塞,密封环(阻漏环)磨损,漏泄过多; 7. 使用扬程太高、排出阀开度不足、排出管路流阻太大	1. 检查并进行相应处理; 2. 清洗滤器; 3. 消漏; 4. 开足吸入阀; 5. 检查原动机,清洗或换新叶轮; 6. 调整或更换填料,疏通水封管,修理或换新密封环; 7. 检查排出管路
6. 原动机过载,功率消耗过大	从流量大、运转阻力大和电气绝缘方面考虑	1. 转速太高; 2. 使用扬程过低,流量过大; 3. 填料轴封太紧; 4. 泵轴对中不良; 5. 泵轴转向不对或双吸叶轮装反; 6. 泵轴弯曲或磨损过度; 7. 轴承过紧; 8. 电气绝缘不良	1. 检查电机; 2. 关小排出阀; 3. 放松填料压盖; 4. 对中找正; 5. 检查和纠正转向; 6. 校直修复或更换油; 7. 检查或更换轴承; 8. 检查并提高电气绝缘

表 1-5-1(续2)

故障现象	分析思路	故障原因	排除方法
7. 填料密封或机械密封装置泄漏过多	从组成密封面的两个方面加以分析	1. 填料松散,或机械密封装置的两个静密封面失效或一个动密封面不均匀磨损; 2. 填料或密封部位泵轴(或轴套)产生裂痕; 3. 泵轴弯曲或轴线不正	1. 视情况调整,修理或换新; 2. 检查后决定修理或换新; 3. 校直或更换泵轴,校正轴线
8. 运转时有异常振动和噪声	可从部件运动和液体流动两个方面并从运动源开始分析	1. 原动机振动; 2. 联轴器对中不良、管路牵连等原因造成泵轴失中; 3. 泵基座不良; 4. 运动部件因腐蚀、偏磨、淤塞等原因造成动、静不平衡; 5. 动、静部件碰擦; 6. 汽蚀现象; 7. 因工况点不稳定造成的喘振现象(只有具有驼峰形 $H-Q$ 曲线的泵,工作点才有可能不稳定。当工作压头升高至驼峰点时,排出液体就会突然倒灌,周而复始,造成喘振)	1. 检修原动机; 2. 对中找正,管路固定,避免牵连; 3. 改善基座,紧固地脚螺丝; 4. 检修运动件; 5. 保持间隙适当; 6. 采取适当关小排出阀等防止汽蚀的措施; 7. 避免排出管路或容器出现气囊,以防排出压头升高并波动;避免使用有驼峰形特性曲线的泵
9. 轴承发热	可从轴承对中、磨损等原因分析	1. 泵轴弯曲或磨损过度; 2. 泵轴对中不良; 3. 润滑脂过多、过少或变质; 4. 轴承损坏或水进入轴承使轴承与轴颈生锈	1. 检查修复泵轴; 2. 对中找正; 3. 检查滑油量或更换; 4. 更换轴承或清洗泵轴

【练习与思考】

一、选择题(请扫码答题)

二、简述题

1. 离心泵的扬程与哪些因素有关?

2. 离心泵的定速特性曲线如何测定,测定哪些内容?

3. 离心泵常用的工况调节措施有哪几种,各有什么特点?锅炉给水泵适合使用哪种调节方式?

4. 离心泵汽蚀的因素是什么?说出几种减小离心泵汽蚀的措施。

5. 离心泵的轴向力是如何产生的,与哪些因素有关,有哪几种平衡措施?

任务 1.5 选择题

任务1.6 认识旋涡泵

【任务分析】

船用旋涡泵具有自吸能力,且流量连续均匀、工作平稳、扬程高,在船上主要用于锅炉给水泵。本项目的主要任务是了解旋涡泵工作原理、结构、特点与性能曲线,掌握其管理要点与检修方法。

【任务实施】

一、旋涡泵的结构与工作原理

旋涡泵是利用叶轮旋转时液体产生旋涡运动而吸排液体的泵,旋涡泵亦属叶轮式泵,其工作原理如下。

旋涡泵的结构与
工作原理(PPT)

当叶轮高速旋转时,泵内流道中的液体因黏性作用也随之旋转。由于叶轮中液体的圆周速度大于流道中液体的圆周速度,因此叶片间液体的离心力也大于流道中液体的离心力。液体就会从叶间甩出进入流道,同时在叶片根部产生局部低压,迫使流道中的液体产生向心流动,从叶片根部进入叶间。泵内这种环形旋涡运动称为纵向旋涡。在纵向旋涡的作用下,液体从吸入至排出的整个过程中,会多次进出叶轮。液体每流入叶轮一次,就获得一次能量。每次从叶轮流至流道时,由于流速不同,叶间流出液体就会与流道中的液体发生撞击,产生动量交换,使流道中的液体能量增加。旋涡泵主要依靠纵向旋涡的作用来传递能量。

旋涡泵(微课)

液体质点在泵中的运动就是圆周运动和纵向旋涡叠加形成的复合运动。液体质点的运动轨迹,相对于固定的泵壳而言,是前进的螺旋线;相对于转动的叶轮而言,则是后退的螺旋线。

根据所用叶轮形式的不同,旋涡泵可分为闭式旋涡泵和开式旋涡泵两类。若将离心泵叶轮与旋涡泵叶轮组合,还能制成离心旋涡泵。

旋涡泵的结构与
工作原理(动画)

1. 闭式旋涡泵

闭式旋涡泵采用闭式叶轮、开式流道结构。闭式叶轮是指叶片部分设有中间隔板,叶片比较短小的一种叶轮。泵的吸排口除在隔舌部分隔开外,通过流道相通,这种与吸排口直接相通的流道称为开式流道。闭式旋涡泵必须配开式流道。

图1-6-1所示为闭式旋涡泵,它采用圆盘形的闭式叶轮1,叶轮外缘带有20~60个径向短叶片。泵体6和端盖7以很小的间隙紧贴叶轮,而在它们与叶片相对应的部位则形成等截面的开式流道4。流道占据了大半个圆周,其两端顺径向外延形成吸、排口,而圆周的剩余部分则由泵体上的隔舌2将流道的吸、排两方隔开。

闭式旋涡泵的叶片和流道式样较多,如图1-6-2所示。一般矩形截面流道流量较大,但扬程和效率较低;半圆形截面流道扬程和效率较高,但流量较小。因此中、低比转数旋涡泵多采用半圆形截面流道,而中高比转数旋涡泵多采用矩形截面流道。叶片形状应用最广的是径向直叶片,在低比转数旋涡泵中也有采用后弯叶片的。

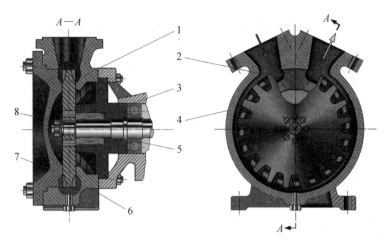

1—叶轮;2—隔舌;3—填料密封函;4—开式流道;5—轴承;6—泵体;7—端盖;8—平键。

图1-6-1 闭式旋涡泵

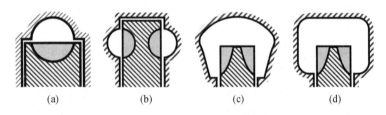

(a)　　　　　(b)　　　　　(c)　　　　　(d)

图1-6-2 闭式旋涡泵叶片和流道的截面形状

在闭式旋涡泵中,吸入口处在叶轮外周,液流要从圆周速度较大的叶轮外缘进入泵内,与离心力反向,损失较大,因此抗汽蚀性能较差,必须有较大的汽蚀余量。而且由于闭式旋涡泵的排出口位于流道外缘,聚集在叶片根部的气体不易排出。因此,如无专门措施,闭式旋涡泵无自吸能力,也不能抽送气液混合物。闭式旋涡泵的效率要高于开式旋涡泵,可达到35%~45%。

2. 开式旋涡泵

开式旋涡泵采用开式叶轮、闭式流道结构。开式叶轮是指叶片不带中间隔板,叶片比较长的一种叶轮。闭式流道是指吸、排口不直接相通的流道。开式旋涡泵的吸、排口一般开在泵侧盖靠叶片根部处,这样一方面气体容易排出,有利于提高泵的自吸和抽送气液混合物的能力;另一方面,泵吸入口处的圆周速度相对较小,因此抗汽蚀性能也要比闭式旋涡泵好。但是因液体必须在排出口处急剧地改变运动方向,并克服离心力做功,故能量损失较大,致使开式旋涡泵的效率低,仅为20%~27%。

开式旋涡泵也可以采用吸入端为闭式,排出端为普通开式的流道,这样可提高效率,但却也因不能排出叶根部的气体而失去自吸能力,失去了有别于闭式旋涡泵而存在的竞争力。保持自吸能力是对开式旋涡泵进行技术改造与革新中必须坚持的原则,在这个思路下人们发明了两种既可减少因液流方向急剧变化而造成的水力损失,又可保持自吸能力的方法。一种是采用向心开式流道的方法,使泵的效率提高到27%~35%;

另一种是采用开式流道为主、闭式流道为辅的方法,也使效率有所提高,如图1-6-3所示。

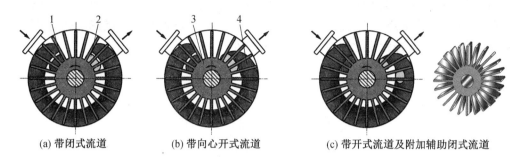

(a) 带闭式流道   (b) 带向心开式流道   (c) 带开式流道及附加辅助闭式流道

1—吸入口;2—排出口;3—叶轮;4—流道。

图1-6-3 开式旋涡泵

3. 离心旋涡泵

与离心泵相比,旋涡泵扬程较大,较容易实现自吸,但抗汽蚀性能差,而离心泵扬程小,但抗汽蚀性能相对较好。离心旋涡泵就是将这两种泵串联并结合在一起,即第一级为离心叶轮,以减小泵的必需汽蚀余量;第二级为旋涡叶轮,以提高泵的压头。这样不但抗汽蚀性能好,而且泵的压头也较高。图1-6-4所示为CWZ离心旋涡泵。

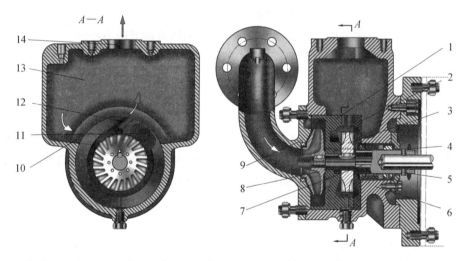

1—内隔板;2—外隔板;3—旋涡泵叶轮;4—挡圈;5—横销;6—泵体;7—泵轴;8—离心泵叶轮;9—泵盖;
10—回水口;11—中间斜道;12—出口;13—气水分离室;14—旋涡泵出水口。

图1-6-4 CWZ离心旋涡泵

二、旋涡泵的定速特性曲线

旋涡泵的定速特性曲线如图1-6-5所示,特点如下:

(1)H-Q压头曲线比离心泵更陡,因此旋涡泵在工作扬程变化时对流量的影响小。当泵的流量为零时,液体在流道中的平均圆周速度c也为零,这时从叶间甩出的液体与流道中液体的离心力之差最大,纵向旋涡最强,泵的扬程也就最大。但随着流量的增加,液体在流道中的圆周速度也将增加,纵向旋涡随之变弱,所以扬程也就迅速下降。理论上,当 $c=u$,即流道中和叶轮里的液体圆周速度一样时,引起纵向旋涡的力将消失,泵的扬程也就为零。但实际上由于阻力的影响,当 c 达到 $(0.7\sim1.0)u$ 范围内的某一数值时,泵的扬程即降为零,而这时泵的流量最大。由于旋涡泵具有陡降的扬程特性,因此旋涡泵在工作扬程变化时对流量的影响较小。

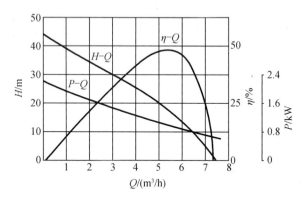

图 1-6-5 旋涡泵的定速特性曲线

(2)具有下降趋势的 $P-Q$ 功率曲线。旋涡泵在流量增大时因扬程下降很快,故功率曲线亦呈下降趋势。因此,在启动时就应开启排出阀,且不宜采用节流调节来改变流量。当无法使用变速调节来改变旋涡泵流量时,采用回流调节较为经济。

(3)效率曲线 $\eta-Q$ 呈陡降趋势,高效区比离心泵窄,最高效率不超过45%。

三、旋涡泵的特点

(1)开式旋涡泵有自吸能力,闭式旋涡泵只要在出口处设气液分离设备也可实现自吸,但初次启动前须灌满液体。开式旋涡泵能排送气液混合物,适于抽送含气体的易挥发液体和饱和压力很高的高温液体。旋涡泵因液体进入叶片时冲角较大,液流紊乱,速度分布极不均匀,因此抗汽浊性能差,允许吸上真空度一般为4~5 m。闭式旋涡泵的抗汽浊性能更差。

(2)额定流量主要与叶轮直径、转速以及流道截面积有关,与叶片数目等关系不大。实际流量随工作扬程而变,这与离心泵类似,但 $H-Q$ 曲线比离心泵的陡,因此扬程变化对泵的流量影响比离心泵小,即对系统中压力波动不敏感,较适合用于锅炉给水泵等压力波动较大的场合。

(3)流量连续均匀,工作平稳。

(4)泵所能产生的压头(扬程)有限,但比离心泵高,这是因为液体在沿整个流道前进时能多次进入叶片间获得能量,如同多级离心泵。

(5)转速较高,可与电动机直接相连,太高时抗汽蚀性能很差,甚至影响正常吸入。

(6)效率较低。由于液体多次进出叶轮,撞击损失很大,水力效率很低。在设计工况时闭式旋涡泵效率为35%~45%,开式旋涡泵仅为20%~27%。

(7)功率随流量的增大而减小,即 $P-Q$ 曲线为陡降形,这与离心泵不同,旋涡泵在零排量时功率最大,因此启停不可采用封闭启停法;流量调节不宜采用节流调节法,而应采用旁通调节法。但应注意,旁通调节时,虽可使主管路的流量减小,但泵的排量反而增加,因而会使泵的抗汽蚀性能降低。

(8)不宜运送带固体颗粒和黏度太大的液体。旋涡泵的轴向间隙一般只有0.1~0.5 mm,闭式旋涡泵的径向间隙只有0.15~0.30 mm。若液体中含有固体颗粒,因磨损将导致间隙增大,容积效率下降。旋涡泵在船上常用于小流量、高扬程、需要自吸的输水场合,如锅炉给水泵、压力水柜给水泵、卫生水泵等。

(9)结构简单,管理方便,体积轻小,价格低廉。

四、旋涡泵的检修

1. 转向与连接

检修时应注意电动机接线不要接错,以与泵的规定转向保持一致。泵和电动机应保持良好对中,联轴器不同心度应在0.1 mm以内,轴向间隙应在2 mm左右,并在上下左右方向保持均匀。

2. 重要部件

叶轮、泵轴、轴封是旋涡泵的重要部件。检修时应对其磨损、腐蚀、变形、损伤和裂纹等给予特别注意。

3. 重要间隙

叶轮端面与泵体和泵盖之间的轴向间隙及叶轮与隔舌之间的径向间隙是旋涡泵的重要间隙。在工作2 000 h后,应拆泵测量轴向间隙和径向间隙。轴向间隙应为0.10~0.15 mm,径向间隙应为0.15~0.30 mm。

端面间隙的调整,可用增减纸垫厚度的方法;径向间隙超过极限,则应换新叶轮或对泵壳上的隔块进行预热,堆焊后光车。

泵检修装复后,用手转动泵轴,应转动灵活,没有碰擦和松动。

旋涡泵常见故障和排除方法与离心泵类似。

【练习与思考】

一、选择题(请扫码答题)
二、简述题
1.旋涡泵有何特点?
2.简述旋涡泵的工作原理。

任务1.6 选择题

任务1.7　认识喷射泵

【任务分析】

喷射泵结构简单、价格低廉、没有运动部件、工作可靠、自吸能力强,在船上常用于抽真空,如造水机的真空泵。本项目的主要任务是分析喷射泵的工作过程,了解喷射泵的工作原理及工作特点,掌握喷射泵的管理要点。

山东舰(视频)

喷射泵的结构、工作原理及特性(PPT)

喷射泵(微课)

喷射泵的结构和工作原理(动画)

【任务实施】

喷射泵的工作原理与前述的容积式泵和叶轮式泵完全不同,它是靠高压工作流体经喷嘴后产生的高速射流来引射被吸流体,与之进行动量交换,以使被引射流体的能量增加,从而实现排送的目的。喷射泵无须任何运动部件传递能量,它所能引射的流体可以是液体(如水)、气体(如空气、水蒸气)以及具有流动性的固体与液体混合物等。喷射泵用于引射水的,称为水喷射泵;用于引射气体的,称为蒸汽喷射泵、空气喷射泵。

在船上,水喷射泵常用作应急舱底水泵及各种真空泵,例如自吸式离心泵自带的真空引水泵、海水淡化装置冷凝器的真空抽气泵和该装置蒸发器的排污泵等。水喷射泵由于效率低以及工作水消耗量限制,一般只适用于引射流体流量不大的小功率场合,而蒸汽喷射泵在气源充足的情况下可用于引射流体流量较大的场合,例如蒸汽动力装置主冷凝器的真空泵等。

一、喷射泵的结构与原理

以水喷射泵为例,其结构如图 1-7-1 所示。

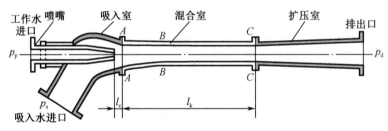

图 1-7-1　水喷射泵结构

水喷射泵主要由喷嘴、吸入室、混合室和扩压室组成。喷嘴由渐缩的圆锥形或流线型的管加上出口处一小段圆柱形管道所构成,一端与工作水入口管相连,另一端一般采用螺纹与泵体相连接,插于吸入室内;与吸入室连接的是由圆锥形管(喉管)与圆柱形管组成的混合室,混合室又称喉管,常做成圆柱形;与混合室相连的是截面渐扩的扩压管,类似锥管,它前端接混合室,后端与排出管相连。

喷射泵工作过程大致可分为三个阶段:喷射、引混(引射、混合)和扩压。

1. 喷射过程

喷射过程是指高压的工作流体在喷嘴处流动时将压力能转换为动能的过程。

水喷射泵的喷嘴通常由流道截面急剧收缩的收敛的圆锥形或流线型管加上出口处一小段圆柱形短管所构成。

收缩喷嘴的作用是使工作流体在其中降低压力而提高流速,至喷嘴出口处压力相应降低至吸入压力 p_s,在喷嘴出口周围的吸入室形成一个低压区。喷嘴出口流速通常可达 25~50 m/s,为高速射流。

工作压力水一般由离心泵供应,工作水压力 p_p 通常为 0.3~1.5 MPa。工作水流量取决于工作压降(p_p-p_s)和喷嘴孔径的大小。

由喷嘴引起的水力损失称为喷嘴损失。

2. 引混过程

引混过程是指喷嘴出口高速射流进入吸入室中产生引射作用,来抽吸引射流体(即被输送流体),二者在混合室中进行充分的动量交换,使其出口流速趋于均匀的过程。

由于喷嘴出口处的吸入室中形成低压区,被抽送的引射流体在吸入液面与吸入室的压差作用下沿吸入管进入吸入室。

吸入室的作用是使高速射流流束的外周边界表面与引射流体相互接触进行动量交换,逐渐渗混并带走引射流体。这样,流束在未与吸入室壁面接触之前(视为自由流束)成为一个扩张的圆锥体,引射水时锥角为9°,引射气体时锥角为4°~5°。随着流束沿射流方向伸长,其紊流边界层逐渐增大,流束的中心区(保持流速不变的部分)逐渐缩小直至消失,至整个流束全部变为紊流掺混状态为止。

而混合室的作用就在于使流体充分进行动量交换,以便出口处的液流速度尽可能趋于均匀。试验表明,进入扩压室时的液流速度越均匀,扩压室中的能量损失就越小。

混合室多为圆柱形,中、低扬程的喷射泵也可将混合室做成圆锥形与圆柱形相组合,以减少混合时的能量损失。如流束与混合室的壁面相交于圆锥形部分,则流束在随后锥形段的流动中压力还会下降,于是泵内的最低压力将出现在混合室圆柱段进口截面 $B—B$ 处(图1-7-1)。随着动量交换的继续进行,流束渐趋均匀,压力也逐渐升高,直至速度完全均匀后,压力的升高也就停止了。

混合室圆柱段的截面积与喷嘴出口的截面积之比称为喉嘴面积比(简称面积比),用 m 表示,它是决定喷射泵性能的最重要尺寸参数。实际应用的水喷射泵 m 为0.5~25。通常把 $m<3$ 的喷射泵划为高扬程泵, $m=3~7$ 的划为中扬程泵, $m>7$ 的划为低扬程泵。

喷嘴出口至混合室进口截面的距离 l_c 叫喉嘴距,它对水喷射泵的工作性能也有较大影响。 l_c 太大,由于与壁面相交前的流束太长,被引射进入混合室的流量就太多,以致不能将其增压到足够的排出压力,混合室外周就会出现倒流现象,使能量损失增加;而 l_c 太小,引射流体流量太小,会使混合室的有效长度缩短,不能充分进行动量交换以使流束的流速更趋均匀,也同样会使摩擦损失增加。

混合室的长度通常为其圆柱段直径的6~7倍。太短会使出口速度不均,使扩压室的水力损失增大;太长则不仅没必要,而且还会使混合室摩擦损失增大。

此外,喷嘴与混合室的同心度对喷射泵的性能也有很大影响,必须予以保证。

混合室的水力损失除混合室进口损失、混合室摩擦损失外,最主要的是混合损失。它是速度相差很大的工作流体和被引射流体在混合过程中进行动量交换而引起的能量损失,是喷射泵的主要能量损失之一。

3. 扩压过程

扩压过程是指混合流体进入扩压室中将动能转换为压力能的过程。

扩压室是一段扩张的锥管。它可使液流在其中降低流速,增加压力,从而将动能转换为压力能,并伴有流阻损失,最后在扩压室出口以排出压力 p_d 排出泵外。试验证明,扩压室的扩张角做成8°~10°时,扩压过程的能量损失最小。

二、水喷射泵的性能

1. 水喷射泵的特性曲线

水喷射泵的特性通常用无因次特性曲线来表示,它是流量比μ(亦称引射系数)与扬程比h和效率η的关系曲线。

(1)流量比为引射流体的流量Q_s与工作流体的流量Q_p之比,亦称为引射系数(或称流量系数),用μ表示。

用质量流量来表示时,则为引射流体的质量流量与工作流体的质量流量之比,用μ_m表示。

(2)扬程比为被引射流体经泵后所增加的水头$(p_d-p_s)/g$与工作流体和被引射流体进泵时的水头差$(p_p-p_s)/g$之比,亦称相对压差,用h表示。

(3)效率指引射流体得到的能量与工作流体失去的能量之比,用η表示。

喷射泵靠工作流体和引射流体的动量交换来传递能量,故效率较低。

图1-7-2所示为几种不同面积比m的水喷射泵的无因次特性曲线。它给出了扬程比(相对压差)h、效率η与流量比(引射系数)μ的关系。

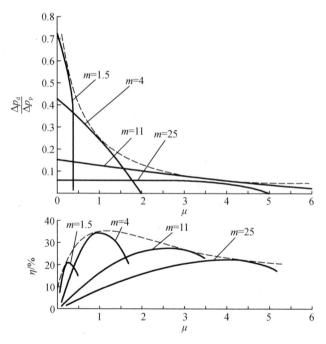

图 1-7-2　水喷射泵的无因次特性曲线

m值较小时,泵的引射系数较小,但所能达到的相对压差较大,故特性曲线比较陡峭;而m值较大时,泵的引射系数较大,但所能达到的相对压差较小,故特性曲线比较平坦。

造成上述情况的原因是:泵的m值越小,喉管截面积的相对值越小,被引射的流量也就相对较少(流量比小),所以每单位量的被引射流体所能得到的能量也就越多,即相对压差就越大。

图1-7-2中虚线所画出的包络线即表示不同 m 值的水喷射泵所能达到的最大相对压差和最高效率。

喷射泵的效率很低。喷射泵虽不存在机械损失和容积损失,但其水力损失(包括喷嘴损失、混合室进口损失、混合室摩擦损失、混合损失和扩压室损失)很大。

m 值不同的喷射泵,其最佳工况的效率及各部分损失所占的比例也不同。m 值小的泵,因其引射的流体流量较小,混合损失也就相对较小,但流体在混合室和扩压室中的流速较大,故混合室摩擦损失、扩压室损失要大一些,其效率曲线比较陡峭,高效区较窄。而 m 值较大的泵,由于被引射的流体流量较大,混合损失较大,但其他损失相对小一些,效率曲线比较平坦。对应不同的引射系数,存在不同的最佳 m 值,采用最佳 m 值的泵效率 η 最高,能达到的相对压差也最大。图1-7-2下部由虚线所画出的包络线,即表示水喷射泵在不同引射系数下采用最佳 m 值时所能达到的最高效率。$m=3\sim5$ 时的水喷射泵所能达到的效率较高,其中以 $m=4$,$\mu=1$ 时的效率最高。

图1-7-3给出了一水喷射泵的实测无因次特性曲线。泵的 m 值为6.25。从图中可以看出,当泵所造成的扬程比 h 降低到一定程度后,泵的流量比 μ 就不再增加,同时效率也急剧下降,这时泵的流量比称为临界流量比(或临界喷射系数),用 μ_{cr} 表示;相应的扬程比称临界扬程比,用 h_{cr} 表示。上述现象表明尺寸既定的喷射泵存在相应的极限过流能力。实践表明,水喷射泵即使长期在临界扬程比下工作,仍很平稳,并无汽蚀破坏产生。

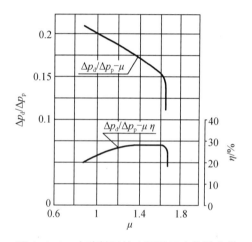

图1-7-3　水喷射泵的实测无因次特性曲线

2.喷射泵的特点

通过对水喷射泵的分析,可知喷射泵具有以下特点:

(1)效率较低;

(2)结构简单,体积小,价格低廉;

(3)没有运动部件、工作可靠、噪声很小、使用寿命长,只有当喷嘴因口径长期使用后,过分磨损导致性能下降时,才需更换备件;

(4)自吸能力强;

(5)可输送含固体杂质的污浊液体,即使被水浸没也能工作。

三、喷射泵的管理要点

(1)保持合适的工作流体压力 p_p。当其他条件不变时,如工作压力 p_p 降低,则扬程比 h 增大,流量比 μ 减小,故吸入流量 Q_s 就会减小。反之,如工作压力 p_p 增大,则 Q_s 增大。但当 Q_s 增大到一定程度时,会达到极限过流,效率急剧下降。所以要保持合适的工作流体压力 p_p。

（2）防止排出管脏堵,排出阀未开足。排出管脏堵,排出阀未开足会导致喷射泵的排出压力 p_d 增加,泵的扬程比 h 亦增大,由性能曲线可知,泵的流量比 μ 会相应减小,即泵的吸入流量 Q_s 就会减小。

（3）防止吸入阻力过大。吸入阻力过大会导致压力 p_s 降低,则扬程比 h 增大,这时流量比 μ 减小,即吸入流量 Q_s 减小。

（4）工作流体与引射流体温度不宜过高,否则在低压处产生气穴现象。

（5）喉嘴距不能根据流量变化或排压要求进行调整。喉嘴距过大或过小均会产生能量损失,导致效率下降。因此,由厂方试验确定的最佳有效喉嘴距,不要随便移动。

（6）拆修安装时,保持喷嘴、混合室和扩压室三者的同心度,否则会引起损失增加。

（7）注意喷嘴磨损情况。长期使用会导致喷嘴磨损严重,m 值减小,引射系数减小,工作效率降低,必要时应予以换新。

【思考与练习】

任务 1.7 选择题

一、选择题(请扫码答题)

二、简述题

1. 喷射泵有哪几种类型,各有何特点?

2. 简述水喷射泵的基本工作原理。

项目 2　活塞式空气压缩机

【项目描述】

在船上,压缩空气主要用于主柴油机的启动、换向和发电柴油机的启动,同时也为其他需要压缩空气的辅助机械设备(如压力水柜、汽笛、离心泵自吸装置等)和气动工具供气。一般船舶设有两个以上有足够容积的压缩空气瓶,2~3 台水冷双级活塞式空气压缩机(简称空压机)。船用空压机的操作、维护与管理是轮机人员必须掌握的基本技能。

通过本项目的学习,你应达到以下目标:

能力目标:

◆能够正确拆装活塞式空压机;

◆能够按照操作程序正确启、停船用空压机;

◆能够对船用空压机进行维护与管理。

知识目标:

◆了解空压机的结构与工作原理;

◆了解多级压缩与级间冷却的意义;

◆了解活塞式空压机的常见故障及其处理方法。

素质目标:

◆培养严谨细致的工作态度和精益求精的工匠精神;

◆提高团队协作能力与创新意识;

◆树立安全与环保的职业素养;

◆厚植爱国主义情怀和海洋强国梦。

【项目实施】

项目实施遵循岗位工作过程,以循序渐进、能力培养为原则,以 CZ-60/30 型空压机为例将项目分成以下三个任务。

任务 2.1 了解船用空压机的理论知识

任务 2.2 认识活塞式空压机的结构

任务 2.3 操作与管理船用空压机

任务 2.1　了解船用空压机的理论知识

自研 LNG 船性
能迈上新台
阶(视频)

【任务分析】

要掌握压缩空气系统的工作过程,就必须分析空压机的工作原理、系统参数、工作过程的影响因素及系统的工作效率。此任务的学习将为压缩空气系统的管理和故障分析奠定良好的基础。

【任务实施】

一、空压机的分类

下面给出几种常见的空压机的分类方式(图 2-1-1)。

(1)按工作原理分:活塞式、离心式和回转式。

(2)按额定排气压力分:低压式(0.2~1.0 MPa)、中压式(1.0~10.0 MPa)和高压式(10.0~100.0 MPa)。

(3)按排气量分:微型(小于 1 m^3/min)、小型(1~10 m^3/min)、中型(10~100 m^3/min)和大型(大于 100 m^3/min)。

(4)按气缸中心线的形式分:立式、卧式、V 形、W 形。

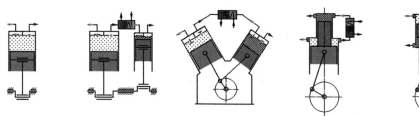

(a)立式、一级、单作用　(b)立式、双缸、二级　(c)V形、双缸、二级　(d)单列、二级、串叠式　(e)单列、二级、差动式

图 2-1-1　活塞式空气压缩机分类示意图

二、活塞式空压机的工作原理

空压机基础理
论知识(PPT)

活塞式空压机的结构形式和类型较多,但是其基本结构和工作原理是相同的。空压机的基本结构主要包括活塞、连杆、曲轴、气缸、气阀等。单级往复式空压机简图如图 2-1-2 所示。

1. 活塞式空压机的理想工作循环

理想工作循环建立在以下假设成立的基础上。

(1)空压机的工作过程中没有能量损失和容积损失,即气缸没有余隙容积。

(2)吸、排气过程中没有压力损失。

(3)气缸与缸壁之间没有热交换。

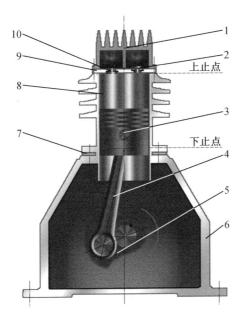

1—缸盖;2—排气阀;3—活塞组件;4—曲柄连杆;5—曲轴;
6—机体;7—垫片;8—气缸;9—垫片;10—吸气阀。

图2-1-2　单级往复式空压机简图

（4）工作过程中没有气体泄漏。

对理想工作循环过程的分析如下。

图2-1-3中,*a—b—c—d—a* 为空压机的理想工作循环,当活塞在气缸中从左死点向右移动时,活塞左侧的气缸容积增大,空气压开吸气阀等压进入气缸,直至右死点为止。这是等压吸气过程,用直线 *ab* 表示。活塞从右向左移动时,吸气阀关闭,活塞左侧的气缸容积减小,压力升高,直至 *c* 点。这是绝热压缩过程,用曲线 *bc* 表示。如果压缩过程冷却良好,缸内气体温度不变,可视为等温压缩。活塞由 *c* 点继续左移,排气阀开启,缸内空气等压排出,直至左死点为止。这是等压排气过程,用直线 *cd* 表示。由图2-1-3可知,理想循环由等压吸气、绝热压缩、等压排气三个过程组成。根据热力学知识,*p—V* 图上的循环过程线 *a—b—c—d—a* 所包围的面积代表空压机的一个理想工作循环所消耗的压缩功。

空压机的
工作原理与
结构(微课)

2. 活塞式空压机的实际工作循环

在实际工作循环中,上述四点假设不成立,*p-V* 图上的循环过程线(图2-1-3中1—2—3—4—1)所包围的面积即代表空压机一个实际循环所消耗的压缩功。在实际工作循环中,空压机主要存在着以下损失。

（1）余隙容积损失

活塞式空压机必须有余隙容积,以免曲轴连杆机构受热膨胀或连杆轴承松动等,引起活塞撞击气缸盖和发生液击。由于余隙容积的存在,排气过程结束时,缸内会残留一部分压缩空气。

所谓余隙容积是指活塞在上死点时,气缸活塞第一道密封环以上的残余容积,用容积系数 λ_V 表示。

为提高空压机排气量,应尽量减小余隙容积。一般余隙容积占工作容积的 3% ~ 8%。为了便于检测,余隙容积常用余隙容积高度来表征,它是指活塞位于上死点时,活塞顶与缸盖间的距离,一般为 0.5 ~ 1.8 mm。对同一空压机来说,一般高压级气缸的余隙容积要比低压级大些。在使用中,由于连杆两端轴承的磨损以致活塞位置下降,或换用了较厚的气缸垫片等原因,余隙容积有可能增大,进而使 λ_v 降低。对于余隙容积,检修时可用压铅法测量,通过调节缸盖处垫片厚度来进行调整。

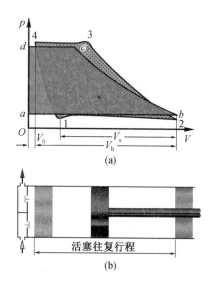

V_0—余隙容积;V_s—实际状态下的吸气容积;V_h—理想状态下的吸气容积;1—2—吸气过程;2—3—压缩过程;
3—4—排气过程;4—1—膨胀过程;a—b—理想吸气过程(等压吸气过程);b—c—理想压缩过程(绝热压缩过程);
c—d—理想排气过程(等压排气过程)。

图 2-1-3 活塞式空压机的实际和理想工作循环

(2)进排气阻力损失

在吸气过程中,空气流经滤器,吸、排气阀及管路时均有阻力损失。该阻力使吸气阀开启延迟,膨胀过程延长,吸气压力降低,吸气量减少。排出端阻力将使排压升高,膨胀过程延长,耗功增加。进排气阻力损失通常用压力系数 λ_p 来表示。

(3)热交换损失

由于外界空气与气缸内空间存在温差,新鲜空气进入气缸后因吸热而膨胀,比体积增大,吸气量减少。这部分损失用温度系数 λ_t 来表示。

(4)泄漏损失

泄漏损失是指因吸排阀、活塞环等密封不严而造成的流量损失,用气密系数 λ_1 来表示。

受上述四种损失的影响,压缩机实际输气量 Q 比理论输气量 Q_T 小,两者的比值用输气系数 λ 来表示。

上述损失中,影响最大的是余隙容积,其次是热交换。在其他条件不变的情况下,λ 的大小主要取决于空压机的压缩比 ε,即 ε 越大,λ 越小,一般 λ 为 0.8 左右。

三、空压机的性能参数

1.排气压力

空压机的排气压力(简称排压)可由排气管处的压力表测出。空压机铭牌上标出的排压是指额定排气压力,空压机宜在此值下运行。在实际运行中,空压机向空气瓶充气,每个工作循环的排压是不一样的,其大小由空气瓶背压决定,而且随空气瓶背压的提高,排气、吸气过程逐渐缩短,压缩、膨胀过程逐渐延长。

2.排气量

空压机铭牌上标注的排气量是指在额定转速下,在单位时间内,末级排出的空气容积换算成第一级进口状态的空气容积。

3.排气温度

排气温度指的是各级排气接管处或排气阀室内测得的空气温度,其值往往低于气缸内压缩终了的空气温度。排气温度过高会使滑油的黏度降低,润滑条件恶化。试验表明,采用一般压缩机油,当温度为 180~210 ℃时,积碳最严重,润滑条件恶化。因此,排气温度一般不应超过 180 ℃,需要采取冷却措施以控制空气的温度。

4.功率和效率

空压机的理论循环计算所需的功率称为理论功率,空压机直接用于压缩空气的功率称为指示功率,两者之比称为指示效率。指示效率反映了实际气体在工作过程中由吸、排气阻力,气体摩擦和旋涡等造成的总能量损失的大小,也反映了实际消耗的指示功与最小指示功的接近程度,其值的大小与空压机的热力过程、冷却条件的完善程度有关。

压缩机曲轴所得到的输入功率称为轴功率,指示功率与轴功率之比称为机械效率。

压缩机总效率为理论功率与轴功率之比,由于等温理论功率和绝热理论功率不同,因此又有等温总效率和绝热总效率之分。一般空压机等温总效率为 60%~75%,绝热总效率为 65%~85%。风冷式空压机的经济性常以绝热效率为评价标准,水冷式空压机的经济性常以等温效率为评价标准。

四、多级压缩与中间冷却

多级压缩与中间冷却是指空气在低压缸中被压缩到某一压力后,被排至冷却器,之后再进入下一级气缸并被继续压缩,如此连续,直至空气进入空气瓶为止,如图 2-1-4 所示。

采用多级压缩与中间冷却的好处如下。

1.降低排温,改善润滑条件

空压机终端排压较高,如采用一步到位的单级压缩方式,随着排压升高,排气温度(简称排温)必然升高。滑油的闪点为 215~240 ℃,若排温为 180~210 ℃,则润滑条件恶化,油变质并结焦裂化,不仅会加剧气缸磨损,还会使气阀发生故障,甚至引起爆炸。一般规定固定式空压机的排温不超过 160 ℃,移动式空压机的排温不超过 180 ℃。采用多级压缩可使每级压缩比不超过6,两级压缩间的冷却会降低次级的吸温,从而改善气缸的润滑条件。

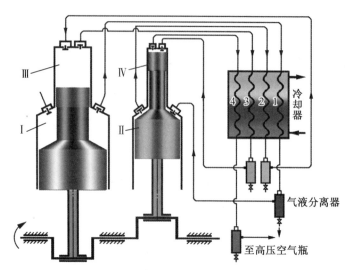

Ⅰ—1 级压缩；Ⅱ—2 级压缩；Ⅲ—3 级压缩；Ⅳ—4 级压缩；1,2,3,4—来自 Ⅰ、Ⅱ、Ⅲ、Ⅳ压缩的空气。

图 2-1-4　多级压缩、中间冷却示意图

2. 提高输气系数

由于余隙容积的存在，一级压缩排压越高，吸气量越少，而采用多级压缩可使每级压缩比降低，减小了余隙容积的影响，故可提高输气系数。

3. 减小功耗

中间冷却使实际压缩过程更有效地接近等温过程，可减小功耗、提高效率。

4. 减小活塞上的作用力

采用多级压缩时，只有尺寸较小的高压级活塞承受高压，这就减小了有关机件的质量和尺寸。

理论分析证明：空压机进行多级压缩时，各级压缩比按"均匀分配"的原则，其总耗功最省。

但在实际中，各级压缩比往往是逐级略降的，这是因为后级比前级冷却差些，后级的进气温度比前级高；后级的压缩过程的排压大，温度高，更偏离等温过程，若采用同样的压缩比，耗功会较大；高压缸的相对余隙容积要大一些，采用与前级同样的压缩比，其余隙容积损失也会较大。

此外，系统中还设有油水分离和干燥过滤设备，其原理为：从空压机气缸中排出的压缩空气一般均含有油和水，经冷却后会凝结成油滴和水滴，如果随压缩空气逐级进入下一级气缸，一旦黏附在气阀上，则可使气阀工作失常且寿命缩短；水滴黏附于缸壁上，会使润滑条件恶化；如油滴在空气管路中大量积聚，则有可能引起油气爆炸。因此，在各级冷却器之后一般都设有油水分离器，用来分离压缩空气中的油和水。冷却后的压缩空气在进入空气瓶之前必须经过一个干燥-过滤器。该干燥-过滤器通过干燥与过滤，可提高压缩空气的干燥度和清洁度，之后再将压缩空气输送到空气瓶中，这样能确保压缩空气的品质。

任务 2.2　认识活塞式空压机的结构

【任务分析】

几乎所有船舶都配备了活塞式空压机以生产压缩空气。因生产厂家和型号的不同,活塞式空压机的结构及元件布置也存在很大差异。为此,本任务以典型的 CZ-60/30 型空压机为例进行学习,同时拓展 66-10 型空压机的相关知识。

【任务实施】　理论知识学习

一、CZ-60/30 型空压机的结构

CZ-60/30 型空压机是一种常用的船用空压机,为立式、二级、单列、级差活塞、水冷式空压机,如图 2-2-1 所示。

空压机的
结构(PPT)

活塞式空压
机的结构与
原理(动画)

二级压缩空
压机(动画)

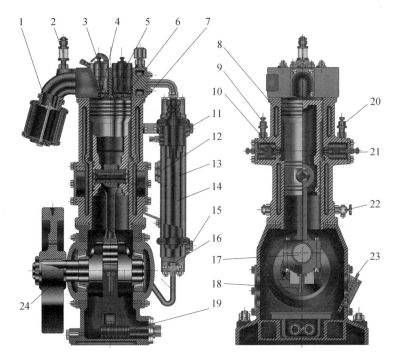

1—空气滤清器;2—滴油杯;3—卸载阀;4—一级吸气阀;5—气缸盖;
6—一级排气阀;7—活塞;8—气缸;9—一级安全阀;10—二级吸气阀;
11、15—防蚀锌棒螺塞;12—安全膜;13—冷却器;14—气液分离器;
16—泄放阀;17—曲轴;18—击油勺;19—滑油冷却器;20—二级安全阀;
21—二级排气阀;22—泄水旋塞;23—油尺;24—飞轮(兼联轴器)。

图 2-2-1　CZ-60/30 型空压机

电动机通过弹性联轴器带动曲轴旋转,再经连杆活塞销带动活塞在气缸内做上下往复运动;空气经滤清器、低压级吸气阀进入低压级气缸,经活塞压缩,从位于气缸头的低压级排气阀进入中间冷却器,之后再进入高压级气缸进行二级压缩,经压缩后从高压级排气阀排出,经冷却及气液分离后进入空气瓶。

铝合金活塞为级差式,上下两段直径不同(上大下小),一般活塞上段有6道活塞环,下段有6道活塞环和1道刮油环;活塞顶为第一级气缸的工作空间,活塞的过渡锥面以下的环形空间为第二级气缸的工作空间。一级吸、排气阀装在气缸盖上,升程为3 mm左右,安全阀设在二级吸入阀前,开启压力为0.7 MPa。二级吸、排气阀分别装于气缸中部的左右阀室内,升程为2.1 mm,二级安全阀装在该级排气阀室出口处,开启压力为3.3 MPa。

1. 气阀

气阀是空压机中重要而易损坏的部件,直接影响空压机的排气量、功率和运转可靠性。对气阀的要求是:关闭严密、启闭及时、阻力小、寿命长。因空压机不存在往复泵惯性水头和液体汽化的问题,其转速比往复泵高得多(1 000~2 500 r/min),这就不可能要求阀片工作时无声,只能要求阀片与阀座撞击时的速度不要太大,工作寿命长(4 000 h以上),此外,还要求气阀通道形成的余隙容积要小。

气阀由阀座、阀片、弹簧、升程限制器等组成,如图2-2-2、图2-2-3所示。气阀在工作时,在阀片两边压差的作用下开启,在弹簧的作用下关闭。

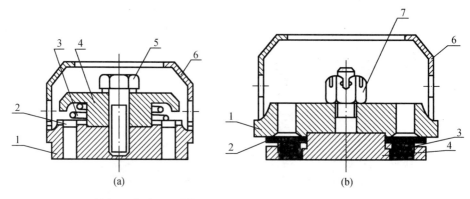

1—阀座;2—阀片;3—弹簧;4—升程限制器;5—螺钉;6—阀罩;7—螺母。

图2-2-2 低压级气阀结构

阀座用于支承阀片,其上开有用阀片控制开关的气流通道。阀座与阀片的配合面要平整无痕,以保证气密性。阀座要承受阀片的冲击,耐腐蚀,常采用铜、铸铁、合金铸铁、稀土球墨铸铁、锻钢等材料制造。阀片是开关气流通道的重要零件,又是易损件,工作时承受气流推力、弹簧力、惯性力和阀座、升程限制器的冲击,容易磨损和变形,一般采用强度高、韧性好、耐磨、耐腐蚀的合金钢制造。升程限制器用于限制阀片升程,并兼有阀片导向和弹簧承座的功用。升程的大小对气阀工作的影响很大,升程过大,关闭时冲击大,且关闭延迟;升程过小,气流经阀时阻力损失大。升程一般为2~4 mm,转速高及工作压力大的空压机,其气阀的升程应较小,说明书规定的升程不宜随便改变。弹簧弹性的强弱对气阀工作的影响很大,太强则会增加启闭阻力,且关闭时对阀座的冲击大,影响气阀的使用寿命;太弱则对升程限制器的冲击大,而且会使气阀关闭不及时,降低流量。同时,由于阀片延迟落座、活塞回行,阀片在气阀上下压力和弹簧力的共同作用下对阀座的冲击更大,因此弹簧太软(弹性强)比太硬(弹性弱)对气阀工作的影响更大。一般排气阀弹簧比吸气阀弹簧硬些。

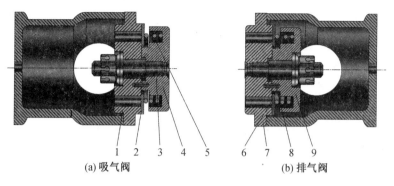

(a) 吸气阀　　　　　　(b) 排气阀

1—吸气阀阀座;2—吸气阀阀片;3—固定螺栓;4—吸气阀盖;5—阀弹簧;
6—排气阀阀片;7—排气阀盖;8—定位销;9—排气阀阀座。

图 2-2-3　高压级气阀结构

2. 安全阀

为防止因空压机的排压超过允许值而发生机损事故,一般在空压机的各级均设置安全阀。如图 2-2-4 所示,当空压机的排压超过调定值时,阀盘 2 克服弹簧力升起,高压空气经阀体上排气口排至大气中;当空压机的排压降至低于调定值时,在弹簧 8 的作用下,阀盘 2 落下,关闭气道,空压机恢复向空气瓶供气。调整螺钉 4 可改变安全阀开启压力,下旋调整螺钉 4 后,阀开启压力增大,反之下降。

对于安全阀开启压力,一般规定:低压级安全阀开启压力比额定压力高 15%,一般为 0.7 MPa,高压级安全阀开启压力比额定压力高 10%,一般为 3.3 MPa。安全阀开启压力在出厂时已调好,不可随意更改。

3. 冷却和冷却器

船用空压机的冷却包括气缸冷却、中间冷却和后冷却。冷却的方式有水冷和风冷。中间冷却是位于两级压缩间的冷却,其目的是降低下一级吸气温度和减少功耗,一般以最冷的水最先通过中间冷却器。风冷式船用空压机常采用吸入式,冷风先进入

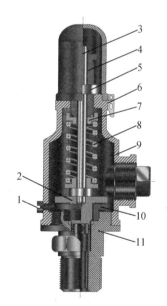

1—止动螺钉;2—阀盘;3—顶杆;
4—调整螺钉;5—锁紧螺母;
6—铅封;7—弹簧座;8—弹簧;
9—阀体;10—调整环;11—阀座。

图 2-2-4　安全阀

中间冷却器。气缸冷却主要可改善气缸润滑条件,防止缸壁温度过高,但过度冷却并不适宜,会使气缸中的湿空气液化,造成液击。冷却水套中,水温不要低于 30 ℃。后冷却是为了减小排气比体积,提高空气瓶储气量,一般冷却到 60 ℃ 左右。润滑冷却是为了

保持良好的润滑性,一般要求油温在 50 ℃ 左右。对于水冷式空压机,较合理的冷却水流程是:中间冷却器—后冷却器—滑油冷却器—气缸冷却器。

船用水冷式空压机,一般采用舷外海水作为冷却介质,由辅海水泵供给海水。也有空压机自带水泵,利用主机缸套冷却水冷却,以减轻冷却水腔结垢和腐蚀的情况。

图 2-2-5 为壳管式冷却器。冷却水在管内流动,空气在管外流动,进行热交换。隔板可增加流程并提高传热效率。冷却水在管内,水垢难清除。

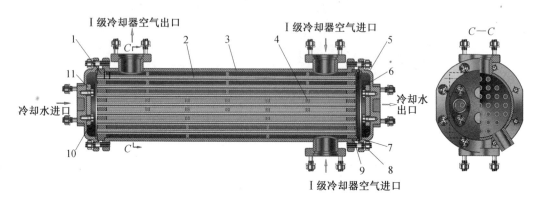

1—固定管板;2—冷却管;3—壳体;4—隔板;5—右端盖;6—活动管板;
7—橡胶垫圈;8—压环;9—铅质密封环;10—防蚀锌板;11—左端盖。

图 2-2-5　壳管式冷却器

4. 卸载阀

空压机气缸上装有卸载阀,用来减轻启动负荷和调节排气量。图 2-2-6 给出了卸载阀的结构。此卸载阀既可采取手动控制,也可采取自动控制。

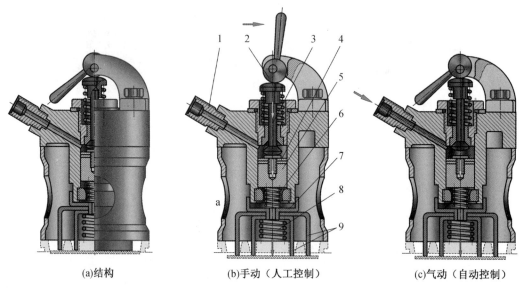

(a)结构　　　　　　　(b)手动（人工控制）　　　　(c)气动（自动控制）

a—孔;1—接头;2—偏心手柄;3—顶杆;4—密封垫;5—活塞;6,8—弹簧;7—导筒;9—导顶爪。

图 2-2-6　卸载阀

人工控制方法:提起偏心手柄2,顶杆3下移,通过活塞5、弹簧6、导筒7、导顶爪9,强行顶开一级吸气阀片,气缸卸载。放下手柄,弹簧力使气阀复原,空压机正常运转。

自动控制方法:通过接头1将压缩空气引入活塞5上部,顶开一级吸气阀片,气缸卸载。

使用中应注意孔a的畅通,否则活塞下移会受阻。

5.气液分离器

空气被压缩后,其水蒸气分压力提高,经冷却后往往因超过饱和分压而析出水分,另外,排气中还含有细小油滴。因此,在压后冷却器后设置气液分离器,提高充入空气瓶的压缩空气质量。

图2-2-7为惯性式气液分离器。压缩空气从进口进入壳体,容积增大,流速降低,为气液分离器提供了充裕的时间。气液在分离器内不断改变流向,撞击分离器芯子壁面。油液由于比气体分子质量大,将附在壁面,聚集后流到壳体下部空间中。为避免停车时气流返回空压机,分离器出口设有止回球阀4,又设有泄放阀8,以便在工作中定期开启,排放分离出来的油和水。

6.润滑系统

空压机的润滑目的在于减小相对运动部件的摩擦,带走部分摩擦热,增加气缸壁和活塞环间的气密性。空压机工作温度高,会使滑油黏度下降,氧化速度加快,容易生成酸类、胶质和沥青等,加速油质恶化,而生成物沉淀在机件工作表面,又会加剧摩擦并增大流动阻力(简称流阻)。因此,对空压机润滑提出下列要求。

(1)具有较好的抗氧化性。

(2)在高温下要有足够的黏度。

(3)闪点要高(高于压缩终了空气温度40 ℃以上)。

(4)与水不会形成乳化物。

通常,夏季采用黏度较高的滑油,冬季采用黏度较低的滑油。过去国产的13号、19号压缩机油耗功大、易结碳,现可采用N68、N100、N150号压缩机油,这类压缩机油适用的排温为140~200 ℃,在高温下不易结碳。

空压机润滑方式可分为压力润滑和飞溅润滑。

压力润滑:杂质可滤,油量可调,润滑效果好,但要有专门系统。

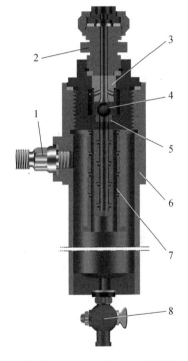

1—进口接头;2—出口接头;3—限制器;
4—止回球阀;5—阀座;6—壳体;
7—芯子;8—泄放阀。

图2-2-7　惯性式气液分离器

飞溅润滑:操作简单,采用悬挂于曲轴上的甩油环或装于连杆大头下端的油勺去击溅曲轴箱中的滑油,可润滑主轴承、连杆小端和气缸下部工作面。采用飞溅润滑时,一部分油沿油勺小孔和连杆大端导油孔去润滑连杆大端轴承。采用飞溅润滑时,曲轴箱油位应适宜,严格控制在油标尺两刻线间。油位过低时,润滑量不足;油位过高时,飞溅量过大,耗油耗功,过多的油窜入气缸易产生结焦,使空气质量下降。

66-10 型空气
压缩机的结构
与原理(PPT)

辽宁舰(视频)

【知识拓展】 66-10 型空气压缩机的结构与原理

任务 2.3　操作与管理船用空压机

【任务分析】

　　船用空压机是提供高压空气的机械,正确进行常规操作是安全生产的重要保证。由于船用空压机在工作过程中,经常会出现各种各样的故障,因此工作人员要做好操作与分析排除活塞式空压机故障等工作,除了了解船用空压机的结构等知识外,还必须熟悉空压机的自动控制工作的特点,掌握空压机的操作与管理要点,了解常见的故障及其排除方法。

【任务实施】

一、活塞式空压机的自动控制

活塞空压机的
自动控制与
管理(PPT)

　　由于船舶进出港口、锚地、窄水道时,主机启停、换向频繁,消耗压缩空气量较大,而在停泊和在开阔水面航行时,消耗压缩空气量较少,因此需要根据实际耗气量的变化来调节空压机的排量。目前船用空压机一般都采用自动控制方式,并且通常设两台空压机,使二者并联工作,另有一台空压机备用。空压机的自动控制系统如图 2-3-1 所示。

　　1. 自动启停及排气量调节

　　对用电动机作为动力源的空压机来说,利用装在空气瓶上的压力继电器即可实现自动启停及排气量调节。当空气瓶压力达上限值时,继电器触头跳开,使空压机停转;当空气瓶压力降至下限值时,继电器触头闭合,电路接通,使空压机转向空气瓶充气。通常设两个压力继电器,分别控制两台空压机,其接通和切断的整定值分别相差一定数值,如一台空压机在空气瓶压力为 2.5 MPa 时启动,在 3.0 MPa 时停车;另一台空压机则在 2.4 MPa 时启动,在 2.9 MPa 时停车。在一台空压机工作不能满足供气需要时,空气瓶压力降到 2.4 MPa,两台空压机同时工作。还可利用次序转换器,将两个压力继电器与其所控制的空压机互相调换。这种通过控制空压机的启停来调节其排气量,并调节空气瓶压力的方法称为停车调节。

　　2. 自动卸载和泄放

　　自动卸载主要采用电动控制方式。它是在压缩机控制箱中设置定时器,控制卸载机构电磁阀开启,与停车时保持常开的级间冷却器和后冷却器后的泄放电磁阀一起延时至转速正常后再关闭,实现卸载启动。空压机运行中,上述阀都定时开启,以泄放油水;停车后,同时使泄放电磁阀开启卸载。

　　3. 冷却水的自动控制

　　对于冷却水的自动控制,可在冷却水供水管路上设置电磁阀,随空压机的启动、停车而同步接通、切断;也可在供水管路上设置气动薄膜阀,启动后靠第一级排气使之开启,停车时排气泄放并使气动薄膜阀自动关闭,切断供水;还可利用排压升高对阀开度的影响进行比例调节。

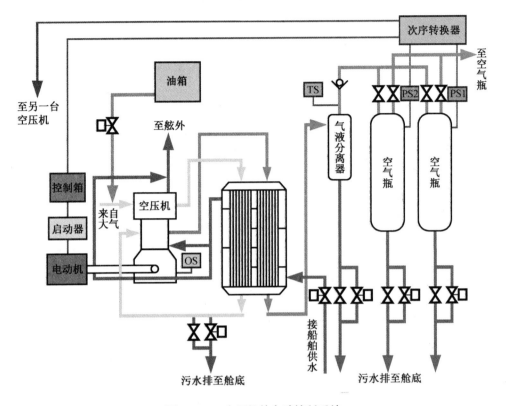

图 2-3-1　空压机的自动控制系统

4. 自动保护

在高压缸排管上设置温度继电器,当排温过高时,保护性停车;在曲轴箱设置油位继电器和油压差继电器,当油位和油压差过低时(压力润滑时),保护性停车;在冷却水管路上设置压力继电器,当冷却水压力过低时,保护性停车。

二、活塞式空压机的操作

1. 启动

(1)检查滑油位。应保证曲轴箱的油位在油尺规定刻度内,采用飞溅润滑方式,油勺在下死点浸油 20~30 mm 为宜,油勺离底 2~3 mm。向各油杯中加油,使油位在杯高的 2/3 处左右,运行中不得低于杯高的 1/3。将油杯滴油控制阀打开至适当开度,在启动和运行中保持滴油量为 4~6 滴,以保证低压吸气缸持续滴油润滑。将油勺斜口正对运动方向,不能装反。

(2)检查冷却水。打开空压机的冷却水进出口阀,引入冷却水。放出空气瓶中的残水,运行中要定期泄水,一般来说,空压机工作时,每隔 2 h 须泄水一次,对于没有自动泄水功能的空压机,可打开气液分离器泄放阀泄水,泄出的水应是在水面上可看到油

渍,而手捻无油腻感,否则表明气缸滑油过多。

(3)对风冷式空压机,应注意用作风扇的飞轮不要装反。

(4)检查电气设备,保证其正常运行。

(5)检查手动卸载阀,确认其处于卸载位置。打开空压机到空气瓶的各阀,并打开空压机的各泄放阀。

(6)检查空压机,务必确认其处于适宜启动状态。

(7)盘车1~2转。

(8)点动空压机1~2次,确认无异常。

(9)合上空压机启动开关,当空压机转速 n 等于 $n_额$(空压机电流正常)时停止卸载,由低至高关闭各级泄放阀,检查有无漏气、漏水情况。

2. 运行中的管理

(1)压力表读数不得超过额定值。检查高、低压缸,应保证压缩比分配正常,且压力式滑油压力不低于0.1 MPa。

(2)各级气缸排温不得超过200 ℃。冷却水进出口温升为10~15 ℃,冷却水压力为0.07~0.30 MPa,流速为1~2 m/s。进空气瓶的空气的温度一般要求在60 ℃左右。如果空压机断水并引起高温,必须立即停车,让其自然冷却,切忌在气缸很热时通入冷却水,以免"炸缸"。吸气温度不超过45 ℃时,水冷式空压机的滑油温度不得超过70 ℃,风冷式空压机的滑油温度不得超过80 ℃,

(3)检查电压表、电流表、功率表、高阻表,防止超负荷。

(4)观察空压机的转动情况,及时发现异常情况。

(5)注意倾听空压机的运转声音,及时发现异常情况。

3. 停车

(1)先进行卸荷,再停车并排污。

(2)把冷却系统恢复原状,有冰冻可能时放掉冷却水。

(3)转车2~3转,以防活塞和气缸咬死。

(4)排除已发现的故障。做好清洁、保养工作,使空压机处于可启动的良好状态。

三、活塞式空压机的检修

1. 转向与连接

空压机必须按规定转向转动,否则可能因造成自带滑油泵反转而不能润滑。原动机与空压机的连接同轴度要符合规定。

2. 重要部件

气阀、气缸、活塞及活塞环等是空压机的重要部件,在检修中要多加注意。其中对气阀的维护特别重要,主要应注意气阀与阀座的严密性、升程的大小和弹簧的强弱。

(1)气阀漏泄的征兆

①该阀温度显著升高,阀盖发热。

②级间气压升高(后级气阀漏)或偏低(前级气阀漏)。

③该缸吸、排气阀温度升高。

④流量降低。

（2）检修时注意事项

①气阀要研磨，组装好后要用煤油试漏，允许有漏状，但滴漏不得超过20滴/min。

②吸、排气阀的弹簧不要换错或漏装。弹簧在自由状态时，其高度允许误差为2～0.5（高度≤20 mm）、2.5～0（高度为21～40 mm）、3～-1.0（高度为41～70 mm），连压三次弹簧至各圈互相接触，其自由高度残余变形应小于0.5%，不合格者换新。

③气阀固定螺帽开口销不能太细，更不能漏装。组装气阀前，应用螺丝刀拨动阀片，检查阀片有无卡阻。吸、排气阀不可装错。紫铜垫圈在安装前应加热退火。

④检查阀片升程，其大小应符合说明书要求。

3. 重要间隙

空压机运动和磨损部件的检修要点主要是注意各个配合间隙（活塞环间隙、主轴承和连杆轴承间隙、活塞与缸壁间隙、气缸余隙）。定期检修中需测量气缸、活塞销、曲柄销、曲轴的曲颈圆度、圆柱度及磨损情况，当超过允许值时应修理或换新。

4. 防火与防爆

分析空压机着火的原因，发现最危险的是油在高温下分解产生的积碳沉淀物发生自燃。自燃的发生温度有时低于闪点，在180～200 ℃或温度更低时发生。自燃加剧了油的蒸发，当空气中油的体积分数达一定程度时就可能爆炸。

防火与防爆的措施如下。

（1）选用抗氧化、安定性好的油。

（2）防止排温过高，空压机必须保证工作温度低于闪点（28 ℃）。

（3）消除可引发自燃的因素，并且空压机要接地。

（4）及时消除气道中的积气、积油和积碳。

（5）空压机空转时间不可过长，并要防止其在低排气量下运转。

5. 空压机常见故障与排除方法（表2-3-1）

表2-3-1　空压机常见故障与排除方法

故障现象	部件	故障原因	排除方法
排气量下降	空气滤器	空气滤器污堵致气阻增大	吹扫或清洗空气滤器
	气阀	阀片变形或磨损，或阀座有磨损，或二者接触处有污物等导致漏气	研磨、更换阀片或清除污物
		阀座与阀孔接合不严或忘记垫片造成漏气	研磨阀座与阀孔的接合面或把垫片垫上
		气阀弹簧刚性过强或过弱导致启闭不及时	更换弹力相当的弹簧
		气阀通道被碳渣部分堵塞	清渣
	气缸和活塞	气缸、活塞或活塞环磨损，导致间隙过大而严重漏气	更换缸套、活塞或活塞环
		缸盖与缸体接合不严导致漏气	刮研接合面或更换垫床
		气缸冷却不良，使新气进入量减少	改善冷却条件

表 2-3-1（续）

故障现象	部件	故障原因	排除方法
排气量下降	气缸和活塞	活塞环因间隙过小或冷却差而咬死或折断	拆出活塞并清洁,调整间隙,消除润滑不良因素
		因活塞环搭口成一线而漏气	拆下活塞,使搭口均匀错开
		转速不够(如皮带打滑)	使转速正常(如调整皮带松紧度)
		余隙容积过大	检查并调整余隙容积
	中冷器	冷却水量过小	加大冷却水量
		热交换面有油污或结水垢	清洁热交换面
高压级排压高于额定值		安全阀失灵	检查安全阀
低压级排压偏低		高压缸进气阀或排气阀漏气,或中冷器冷却效果差	研磨气阀或更换阀片,或改善中冷器冷却效果
高压级排温过高		高压缸排气阀漏气,或中冷器冷却效果差	
低压级排温过高		低压缸进气阀或排气阀漏气	研磨气阀或更换阀片

【练习与思考】

任务 2.3 选择题

一、选择题(请扫码答题)

二、简述题

1. 活塞式空压机工作有何特点?

2. 简述 CZ-60/30 型空压机的基本结构。

3. 如何检修活塞式空压机的气阀?

4. 如何正确进行活塞式空压机的常规操作?

5. 导致活塞式空压机排气量下降的可能原因是什么,如何排除?

项目 3　船舶制冷装置

【项目描述】

制冷是从某一物体或空间中吸取热量,并将热量转移给周围环境,使该物体或空间的温度低于环境的温度,并维持这一低温过程的技术。用于完成制冷过程的设备称为制冷机或制冷装置。当今,在远洋船舶上,制冷技术应用十分广泛,主要用于空气调节和冷藏运输。普遍采用的是蒸气压缩式制冷技术,制冷装置的维护和管理也是轮机员必须要掌握的内容。

通过本项目的学习,你应达到以下目标:

能力目标:

◆能够正确拆装活塞式制冷压缩机;

◆能够按照操作程序正确启、停船用制冷装置;

◆能够对船舶制冷装置进行维护与管理。

知识目标:

◆了解船舶制冷装置的基础知识;

◆熟悉船舶制冷装置的工作原理;

◆熟悉船舶制冷装置设备的作用、结构、原理与特点;

◆了解制冷装置的常见故障及其处理方法。

素质目标:

◆培养严谨细致的工作态度和精益求精的工匠精神;

◆提高团队协作能力与创新意识;

◆树立安全与环保的职业素养;

◆厚植爱国主义情怀和海洋强国梦。

【项目实施】

项目实施遵循岗位工作过程,以循序渐进、能力培养为原则,将项目分成以下三个任务。

任务 3.1　了解船舶制冷装置基础知识

任务 3.2　认识蒸气压缩式制冷装置设备

任务 3.3　操作与管理船舶制冷装置

任务 3.1　了解船舶制冷装置基础知识

"风华"轮机舱
"大活儿"攻坚
记(PDF)

【任务分析】

　　目前,船上广泛采用装有压缩机的压缩式制冷装置,本项目的主要任务是掌握船舶制冷的理论知识,如船舶为什么要制冷、怎样制冷、用什么制冷和船舶制冷受什么影响等,为读者进一步理解和管理压缩式制冷装置奠定良好的基础。

【任务实施】

一、船舶冷库保存食品的条件

　　船舶冷库保存食品的条件如下。

　　1. 温度

　　低温可以抑制(不能杀灭)微生物的活动,并抑制水果、蔬菜的呼吸作用,延缓其成熟。长航线船低温库库温以 $-18 \sim -20 \ ℃$ 为宜;短航线船低温库库温控制在 $-10 \sim -12 \ ℃$ 较为经济。高温库中,菜库温度多保持在 $0 \sim 5 \ ℃$,粮库温度可选在 $15 \ ℃$ 左右。

　　2. 相对湿度

　　相对湿度过低会使食品干缩,过高又易使冷藏食物繁殖霉菌(对冷冻食物影响不大)。因此,高温库适宜的相对湿度为 $85\% \sim 90\%$,低温库的相对湿度可保持在 $90\% \sim 95\%$。一般冷库在降温过程中能保持适宜的相对湿度,不需要专门调节。

　　3. 二氧化碳 (CO_2) 和氧气 (O_2) 的体积分数

　　适当减小 O_2 的体积分数和增大 CO_2 的体积分数,能抑制水果、蔬菜的呼吸作用,减少水分的散失,储藏期可比普通冷藏库延长 $0.5 \sim 1$ 倍。通常,菜、果库中 CO_2 的体积分数控制在 $5\% \sim 8\%$,O_2 的体积分数控制在 $2\% \sim 5\%$ 为宜。果蔬类冷藏舱或冷藏集装箱的换气次数(指更换相当于多少个舱室容积的新鲜空气量)以每昼夜 $2 \sim 4$ 次为宜。船上菜库每天开门存取食品,一般无须特意换气,但库内应通风良好。

　　4. 臭氧 (O_3) 的体积分数

　　臭氧除能杀菌外,还可抑制水果的呼吸作用,防止其过快成熟,并具有除臭作用。但臭氧会使奶制品和油脂类食物的脂肪氧化,故在船上多用于菜库。臭氧发生器是利用金属电极间高压放电,使空气中的氧气转变成臭氧。由于臭氧在空气中的密度较大,故臭氧发生器宜装设在冷库高处,有利于臭氧散播。臭氧的体积分数超过 1.5×10^{-6} 时会刺激人的呼吸道黏膜并使人头疼,因此相关人员在进冷库前应停止臭氧发生器的工作。

二、蒸气压缩式制冷装置的基本组成与工作原理

　　1. 基本组成

　　蒸气压缩式制冷装置由压缩机、冷凝器、节流元件(膨胀阀、毛细管等)、蒸发器四

大基本部分组成,如图 3-1-1 所示。

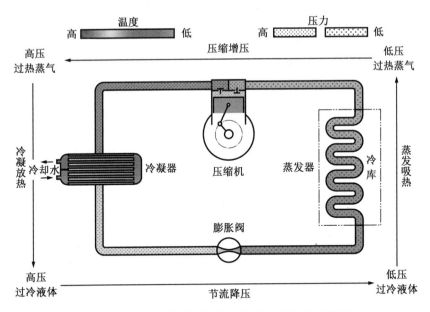

图 3-1-1　蒸气压缩式制冷装置的基本组成与工作原理

（1）制冷压缩机

制冷压缩机是制冷循环的动力,由原动机(如电机)驱动而工作。它的作用是及时抽出蒸发器内的蒸气,维持低温低压,再通过压缩过程提高制冷剂蒸气的压力和温度,创造将制冷剂蒸气的热量向外界环境转移的条件,即将低温低压制冷剂蒸气压缩至高温高压状态,以便能用常温的空气或水作为冷却介质来冷凝制冷剂蒸气。

（2）冷凝器

冷凝器是热交换设备,它利用环境冷却介质(空气或水)将来自制冷压缩机的高温高压制冷蒸气的热量带走,使高温高压制冷剂蒸气冷凝成常温高压的液体制冷剂。冷凝器向冷却介质散发的热量的多少,与冷凝器的面积大小成正比,与制冷剂蒸气和冷却介质之间的温差成正比。

（3）节流元件

常温高压的液体制冷剂通过降压装置的节流元件后,即可变为低温低压制冷剂,可被送入蒸发器并吸热汽化。目前,蒸气压缩式制冷装置中常用的节流元件有膨胀阀和毛细管。常温高压的液体制冷剂不能被直接送入低温低压的蒸发器。根据饱和压力与饱和温度一一对应的原理,可通过降低液体制冷剂的压力来降低液体制冷剂的温度。

（4）蒸发器

蒸发器也是热交换设备。节流后的低温低压液体制冷剂在其内蒸发(低温沸腾)变为蒸气,吸收被冷却介质的热量,使被冷却介质温度下降,达到制冷的目的。蒸发器吸收热量的多少与蒸发器的面积大小成正比,与制冷剂的蒸发温度和被冷却介质的温度的差值成正比,当然,也与蒸发器内液体制冷剂的多少有关。所以,蒸发器要吸收一定的热量,不仅需要与之相匹配的蒸发器面积,也需要一定的换热温差,还需要供给蒸发器适量的液体制冷剂。

2. 工作原理

图3-1-1给出了蒸气压缩式制冷装置的工作原理。蒸气压缩式制冷装置以常压时沸点很低的液体为制冷剂,使之经膨胀阀(或其他节流元件)节流进入蒸发器盘管,在较低的蒸发压力(相应的蒸发温度也低)下吸热汽化,从而实现制冷。压缩机将蒸发器产生的低压过热制冷剂蒸气不断抽出,压送到冷凝器中去。冷凝器中的冷凝压力及相应的冷凝温度较高,这样就可利用环境介质(舷外水或空气)使制冷剂的高温高压蒸气冷凝成过冷液体,然后再经膨胀阀等节流元件送入蒸发器,连续不断地制冷。

在压缩制冷循环中,从膨胀阀至压缩机吸口为制冷装置的低压部分,制冷剂在蒸发器中流动时,其蒸发压力和温度因流阻而略有降低,干度和焓值因吸热而不断增加,在出口处略过热。在蒸发器至压缩机的吸气管部分,制冷剂的压力略降。吸气管外要包隔热层以减小制冷剂温度和过热度因吸热而产生的有害增高量。从压缩机排出口到膨胀阀进口为制冷装置的高压部分。压缩机至冷凝器的排气管部分无须隔热,冷凝器一般无明显压降,但制冷剂在冷凝器流至膨胀阀的液管中却要避免吸热降压过多,防止过冷度提前消失而闪发汽化。在此循环中,制冷剂在蒸发器中所吸收的热量加上压缩制冷剂气体耗功所转换成的热量,经冷凝器传给冷却介质带走。

三、蒸气压缩式制冷装置的工况及其影响因素

1. 压焓图

压焓图是帮助人们了解和掌握工质的热力状态的一种简单直观而有效的工具。压焓图($\lg p-h$图)是以焓值$h(kJ/kg)$为横坐标,以压力$p(MPa$或$kPa)$的对数为纵坐标绘制的坐标图。纵坐标采用压力的对数作为度量刻度的原因是便于缩小图形尺寸,并使低压区内线条的交点清晰。制冷剂的压焓图如图3-1-2所示。

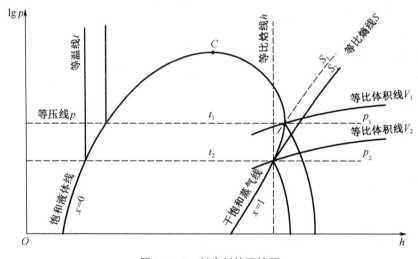

图3-1-2 制冷剂的压焓图

$\lg p-h$图中有饱和液体线和干饱和蒸气线,这两条曲线向上延伸交于C点,称为临界点。因为一般制冷循环都是在远离临界点的情况下进行的,故在一些制冷剂的$\lg p-h$

图中,临界点都未标出。饱和液体线与干饱和蒸气线将 lg p-h 图分成三个区域。

(1)饱和液体线的左边——过冷液体区。

(2)饱和液体线与干饱和蒸气线之间——湿饱和蒸气区(湿蒸气区)。

(3)干饱和蒸气线的右边——过热蒸气区。

饱和状态下,制冷剂蒸气与液体的混合物称为湿饱和蒸气。在湿饱和蒸气中,制冷剂蒸气的质量分数称为干度,用 x 表示。显然,饱和液体的干度 $x=0$,干饱和蒸气的干度 $x=1$,湿饱和蒸气的干度 $0<x<1$。在饱和液体线与干饱和蒸气线之间有等干度线(即湿蒸气区内近似平行于饱和液体线或干饱和蒸气线的曲线)。

在 lg p-h 图的纵坐标上,等温线在湿饱和蒸气区域内与等压线重合;在过热蒸气区内,等温线与等压线分开,而成为往右下方倾斜的一组曲线;在过冷液体区,等温线是垂直线,即与等比焓线重合。在 lg p-h 图中还有等比熵线及等比体积线。综上所述,lg p-h 中共有 8 种线条。

(1)饱和液体线($x=0$)。

(2)干饱和蒸气线($x=1$)。

(3)等干度线,参数 x($x=$定值)。

(4)等压线,参数 p($p=$定值)。

(5)等温线,参数 t($t=$定值)。

(6)等比焓线,参数 h($h=$定值)。

(7)等比熵线,参数 S($S=$定值)。

(8)等比体积线,参数 V($V=$定值)。

上述参数中的饱和压力和饱和温度是互不独立的状态参数,只要知道其中一个参数的值,即可从制冷剂的饱和热力性质表中查得另一个参数的值。除此以外,一般只要知道上述参数中的任意两个,即可在 lg p-h 图中找出相对应的状态点,在这个点上可以读出其他有关参数的值。我们可以借助压焓图来描述制冷循环。

2. 单级蒸气压缩式制冷的热力循环

(1)单级蒸气压缩式制冷的理论循环

实际的制冷循环极为复杂,难以获得完全真实的全部状态参数。因此,在分析单级蒸气压缩式制冷循环时,通常采用理论制冷循环,如图 3-1-3 所示(图中,S_A、S_B、S_C 分别为 A、B、C 点的熵值;h_A、h_B、h_C、h_D 分别为 A、B、C、D 的焓值)。理论循环是在以下假设的基础上建立的。

①压缩过程(C-D)为等熵过程,即在压缩过程中不存在任何不可逆的损失。

②在冷凝器(D-A)和蒸发器(B-C)中,制冷剂的冷凝温度等于冷却介质的温度,蒸发温度等于被冷却介质的温度,且冷凝温度和蒸发温度都是定值。

③离开蒸发器和进入制冷压缩机的制冷剂蒸气为蒸发压力下的饱和蒸气,离开冷凝器和进入节流元件的液体为冷凝压力下的饱和液体。

④除节流元件产生节流压降外,制冷剂在设备、管道内的流动没有阻力损失,与外界环境没有热交换。

⑤节流过程(A-B)为绝热过程,即与外界不发生热交换。

(2)单级蒸气压缩式制冷的实际循环

对于单级蒸气压缩式制冷来说,实际制冷循环与理论制冷循环的差异主要表现在以下几个方面。

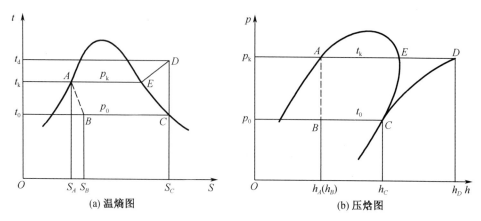

t_0—蒸发温度;t_k—冷凝温度;p_0—蒸发压力;p_k—冷凝压力。

图 3-1-3　单级蒸气压缩式制冷的理论循环

①制冷压缩机的压缩过程不是等熵过程,且有摩擦损失。

②实际制冷循环中,压缩机吸入的制冷剂往往是过热蒸气,节流前往往是过冷液体,即存在气体过热、液体过冷的现象。

③热交换过程中存在传热温差,被冷却介质的温度高于制冷剂的蒸发温度,环境冷却介质的温度低于制冷剂的冷凝温度。

④制冷剂在设备及管道内流动时存在流动阻力损失,且与外界有热量交换。

⑤实际节流过程不完全是绝热的等焓过程,节流后的焓值有所增加。

⑥制冷系统中存在着不凝性气体。

实际循环的冷凝和蒸发过程都是在有传热温差和流阻损失的条件下进行的。蒸发器和冷凝器出口的压力低于进口的压力;蒸气的压缩总是伴随着吸热、放热和流动阻力的产生,故压缩过程为多变过程,而不是绝热过程。

单级蒸气压缩式制冷的实际循环如图 3-1-4 中 B'—C'—C''—D'—D''—A'—B'所示。

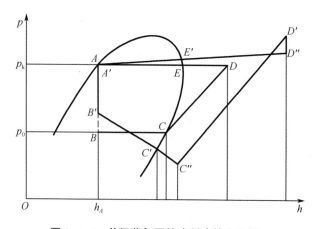

图 3-1-4　单级蒸气压缩式制冷的实际循环

B'—C'为制冷剂在蒸发器内吸热汽化的过程。

C'—C''为制冷剂在回气管、吸气阀中降压和过热的过程。

C''—D'为多变压缩过程。

D'—D''为制冷剂蒸气流过排气阀,在排气通道中降压、降温的过程。

D''—A'为冷凝过程。

A'—B'为节流降压过程。

3.蒸气压缩式制冷循环的工况分析

(1)其他条件不变,蒸发温度对制冷循环的影响

冷凝温度相同,蒸发温度不同的两个理论制冷循环如图3-1-5所示。当蒸发温度从t_0降为t_0'时,循环从A—B—C—D—A变为A—B'—C'—D'—A,可见,随着蒸发温度降低,单位质量制冷剂的制冷量和制冷系数均减小,而单位绝热压缩功增大,这是由于蒸发压力相应降低,液态制冷剂流经膨胀阀节流降压时,蒸发量增大,在蒸发器中的吸热量减小,压缩比增大。吸气压力的降低使装置中制冷剂的循环量G减小,故装置的制冷量Q_0和制冷系数会明显下降。

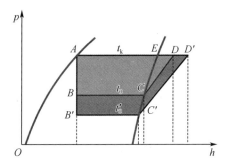

图3-1-5 蒸发温度不同的两个理论制冷循环

(2)其他条件不变,冷凝温度的影响

冷凝温度不同,蒸发温度相同的两个理论循环如图3-1-6所示(图中,h_B、h_B'、h_C、h_D、h_D'分别为各点焓值)。

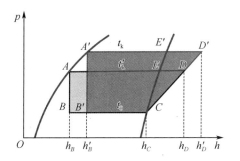

图3-1-6 冷凝温度不同的两个理论制冷循环

当冷凝温度t_k升高至t_k'时,制冷循环由A—B—C—D—A改变为A'—B'—C—D'—A'。可见,在蒸发温度相同的情况下,随冷凝温度的升高,单位质量制冷剂的制冷量和

制冷系数均降低,而绝热压缩功却增大,其原因与蒸发温度降低时类似。一方面,膨胀阀前后压差的增大使制冷剂循环量增大;另一方面,排气压力的升高导致余隙容积的影响增大,使压缩机排气量和制冷剂的循环量减小两方面的影响相互抵消后,制冷剂的循环量 G 没有明显的变化,所以,冷凝温度提高后,装置制冷量 Q'_0 也会降低。可见,采取措施降低制冷剂的冷凝温度,既能提高装置的制冷量,又能提高其运行的经济性。但冷凝温度过低,可能会使膨胀阀前后压差明显下降,进而导致制冷剂流量不足,反而使装置制冷量下降。

(3)过冷循环

将节流前的制冷剂冷却到低于冷凝温度的状态,称为液体过冷。液体过冷的程度用过冷度表示,即冷凝温度与节流前的制冷剂的温度之差。带有液体过冷的循环叫作过冷循环。采用蒸发式过冷器的制冷装置及其 lg p-h 图如图 3-1-7 所示。

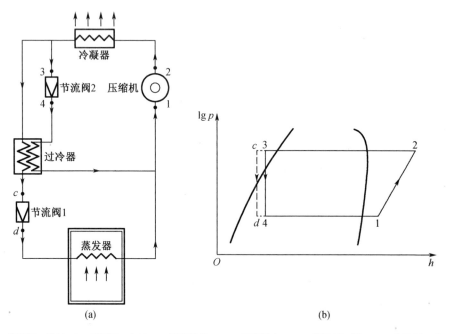

c—节流阀 1 进口;d—节流阀 1 出口;1—压缩机进口;2—压缩机出口;3—节流阀 2 进口;4—节流阀 2 出口。

图 3-1-7 采用蒸发式过冷器的制冷装置及其 lg p-h 图

液体制冷剂在节流后进入湿蒸气区,节流后的制冷剂的干度越小,它在蒸发器中汽化时的吸热量越大,循环中的制冷系数越高。在一定的冷凝温度和蒸发温度下,采用使节流前的液体制冷剂过冷的方法可以达到减小节流后制冷剂干度的目的。

(4)过热循环

被制冷压缩机吸入前的制冷剂蒸气的温度高于制冷剂在蒸发压力下的饱和温度的状态,称为吸气过热。两温度之差称为过热度。具有吸气过热的循环称为过热循环。实际循环中,为了不将液滴带入压缩机,通常液体制冷剂在蒸发器中完全汽化后仍然要继续吸收一部分热量,这样,它在到达压缩机之前已处于过热状态。

过热分为有效过热和有害过热两种。过热吸收的热量来自被冷却介质,产生了有用的制冷效果,这种过热称为有效过热;反之,过热吸收的热量来自被冷却介质之外,没有产生有用的制冷效果,则称为有害过热。

(5)回热循环

参照液体过冷和吸气过热在单级蒸气压缩式制冷循环中所起的作用,可在普通的制冷循环系统中增加一个回热器。回热器又称气液热交换器,是热交换设备,它使节流前常温下的液体制冷剂同被制冷压缩机吸入前的低温制冷剂蒸气进行热交换,同时达到实现液体过冷和吸气过热的目的,这样便组成了回热循环。采用回热器的制冷装置及其 lg p–h 图如图 3-1-8 所示(图中,1—2—3—4—1 为没有回热器时的压焓图;a—b—c—d—a 为有回热器时的压焓图)。

在氟制冷系统实际应用中,回热循环的过冷可使节流降压后的闪发性气体减少,从而使节流机构工作稳定、蒸发器的供液均匀,同时回热循环的过热又可使制冷压缩机避免"湿冲程",保护制冷压缩机。但氨制冷系统是不采用回热循环的,不仅是因为循环的制冷系数降低,同时还因为采用回热循环将使压缩机的排气温度过高。

不同工况对压缩制冷的影响如表 3-1-1 所示。

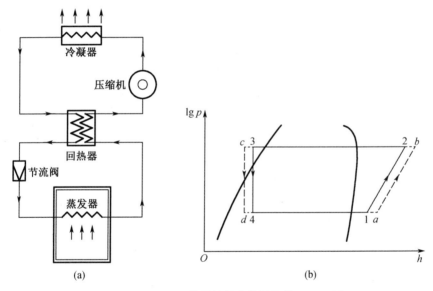

图 3-1-8　采用回热器的制冷装置及其 lg p–h 图

表 3-1-1　不同工况对压缩制冷的影响

温度条件变化	制冷量	轴功率	制冷系数
冷凝温度 t_k 升高	下降(因为 λ 下降,q_0 下降)	升高(因为 w_0 的升高值>G 的下降值)	下降(因为 w_0 升高,q_0 下降)
蒸发温度 t_0 下降	下降(因为 v_1 升高使 G 下降)	当 p_k/p_0>3 时下降(因为 G 的下降值>w_0 的升高值)	下降(因为 w_0 升高,q_0 下降)
供液过冷度升高	升高(因为 q_0 升高)	不变	升高(因为 q_0 升高,w_0 不变)

表 3-1-1(续)

温度条件变化	制冷量	轴功率	制冷系数
吸气过热度升高	R12:(因为 q_0 的升高值>G 的下降值); R22:不变(因为 q_0 的升高值=G 的下降值) R717:下降(因为 q_0 的升高值<G 的下降值)	下降(因为 G 的下降值>w_0 的升高值)	R12:升高(因为 q_0 的升高值>w_0 的升高值); R22 基本不变; R717 下降(因为 q_0 的升高值<w_0 的升高值)

注:表中,λ 为制冷系数;p_k 为冷凝压力;p_0 为蒸发压力;w_0 为单位压缩功;q_0 为单位制冷量;G 为制冷循环质量流量;R12 为氟利昂-12;R22 为氟利昂-22;R717 为氨。

四、常用制冷剂、载冷剂和冷冻机油

1. 制冷剂

制冷剂又称制冷工质,是在制冷系统中不断循环并通过其本身的状态变化以实现制冷的工作物质。制冷剂因在蒸发器内吸收被冷却介质(水或空气等)的热量而汽化,因在冷凝器中将热量传递给周围空气或水而冷凝。船舶常用制冷剂如下。

(1)氨(R717)

氨是目前使用最为广泛的一种中压中温制冷剂。氨有很好的吸水性,即使在低温下,水也不会从氨液中析出而冻结,故系统内不会发生"冰塞"现象。氨对钢铁无腐蚀作用,但氨液中含有水分后,对铜及铜合金有腐蚀作用,且会使蒸发温度稍许提高。因此,氨制冷装置中不能使用铜及铜合金材料,并规定氨中含水量不应超过 0.2%。

纯氨对滑油无不良影响,但有水分时,会降低冷冻油的润滑作用。氨在滑油中不易溶解,故要在装置中设置油分离器,减少滑油进入冷凝器和蒸发器,防止热交换表面因被油污染而传热性能降低。

液氨无色透明,氨蒸气也无色,有强烈的刺激性臭味。氨对人体有较大的毒性,当氨液飞溅到皮肤上时会引起冻伤。当空气中氨蒸气的体积分数达到 0.5%~0.6% 时,可引起爆炸。故机房内空气中氨的质量浓度不得超过 0.02 mg/L。

(2)氟利昂

氟利昂是一种透明、无味、无毒、不易燃烧爆炸且化学性质稳定的制冷剂。化学组成和结构不同的氟利昂制冷剂的热力学性质相差很大,它们可适用于高温、中温和低温制冷机,以适应不同制冷温度的要求。

由于氟利昂在水中的溶解度小,因此制冷装置中进入水分后会产生酸性物质,并容易造成低温系统的"冰塞",堵塞节流阀或管道。

常用的氟利昂制冷剂有氟利昂-12(R12)、氟利昂-22(R22)、R-134a(R134a)、R-404A(R404A)。

①氟利昂-12(R12)

R12 是一种无色、透明、无气味,几乎是无毒性、不燃烧、不爆炸、很安全的制冷剂。

R12 只有在空气中的体积分数超过 80% 时才会使人窒息。但 R12 与明火接触或温度达 400 ℃以上时,则会分解出对人体有害的气体。

R12 能与任意比例的滑油互溶且能溶解各种有机物,但其吸水性极弱。由于 R12 的使用和排放会破坏臭氧层,现已被禁用。

②氟利昂-22(R22)

R22 的许多性质与 R12 相似,但化学稳定性不如 R12,毒性也比 R12 稍大。R22 在水中的溶解度大,能部分与滑油互溶,但在低温制冷系统中仍然可能产生"冰塞"或集油现象,因此在制冷系统中必须安装过滤干燥器和分油器。不过,R22 的单位体积制冷量却比 R12 大得多,接近于氨,且不燃、不爆,使用安全可靠。当要求达到-70~-40 ℃的低温时,利用 R22 比 R12 更适宜,故 R22 被广泛应用于-60~-40 ℃的双级压缩或空调制冷系统中。

③R-134a(R134a)

R134a 是氢氟碳化物(HFC)类制冷剂,可应用于新型中高温固定式商业制冷系统,如冷水机组及家用制冷器具。另外,R134a 还可用于替换现有的 R12 制冷系统及空调系统。

R134a 的毒性非常低,在空气中不可燃,安全类别为 A1,是很安全的制冷剂。此外,R134a 的化学稳定性很好,然而由于它的溶水性比 R22 高,所以对制冷系统不利。即使有少量水分存在,在滑油等的作用下,R134a 也将产生酸、二氧化碳或一氧化碳,会对金属产生腐蚀作用,或产生"镀铜"作用,所以 R134a 对系统的干燥性和清洁性的要求更高。

④R-404A(R404A)

R404A 是一种不含氯的非共沸混合制冷剂,常温常压下为无色气体,贮存在钢瓶内时为被压缩的液化气体。R404A 主要用于替代 R22 和 R502,具有清洁、低毒、不燃、制冷效果好等特点,大量用于中低温冷冻系统。

2. 载冷剂

载冷剂是间接制冷系统中用于传递热量的中间介质。客轮集中式中央空调系统和专业冷藏船往往采用载冷剂传递热量。载冷剂在制冷系统的蒸发器中被制冷剂冷却后,用于冷却被冷却物质,然后再返回蒸发器,将热量传递给制冷剂。由于载冷剂起到了运载热量的作用,故又称为冷媒。采用间接制冷系统既可减少制冷剂的充灌量和降低其泄漏的可能性,又易于解决制冷量的控制和分配问题。

对载冷剂的要求:在使用温度范围内为液态,凝固点低,挥发性小;无毒,对人体无刺激性;黏度小,相对密度小,传热性能好;对金属腐蚀性小;不易燃烧,无爆炸危险;比热容较大;化学稳定性好;价格低廉,易于获得。

常用的载冷剂有:水、盐水、乙二醇或丙二醇溶液、二氯甲烷和三氯乙烯。下面对前三种进行简要介绍。

(1)水

水的性质稳定,安全可靠,无毒害和腐蚀作用,流动传热性较好,并且廉价易得。其不足之处在于凝固点为 0 ℃,与其他载冷剂相比较高,这使之只适用于 0 ℃以上的高温载冷场合,即在 0 ℃以上的人工冷却过程和空调装置中,水是最适宜的载冷剂。

（2）盐水

盐水即氯化钙（或氯化钠）的水溶液。盐水的凝固温度随溶质的质量分数的变化而变化，当溶质的质量分数为29.9%时，盐水的最低凝固温度为-55 ℃；当溶质的质量分数为22.4%时，盐水的最低凝固温度为-21.2 ℃。使用时按溶液的凝固温度比制冷剂的蒸发温度低5 ℃左右为准来选定盐水中溶质的质量分数。

（3）乙二醇或丙二醇溶液

乙二醇或丙二醇的性质稳定，与水混溶后，其溶液的凝固温度随其体积分数的变化而变化，通常用它们的水溶液作为载冷剂，适用的温度范围为-20~0 ℃。虽然乙二醇或丙二醇溶液的凝固点低，可达-50 ℃，但是低温下该溶液的黏度上升非常迅速，因此，一般具有工业应用价值的温度为-20 ℃以上。乙二醇或丙二醇溶液也有腐蚀性。

3. 冷冻机油

制冷压缩机的滑油是专门的冷冻机油，作用如下。

（1）润滑

滑油可润滑压缩机运动件的摩擦面，减小零件磨损。

（2）冷却

滑油能够带走摩擦热，使摩擦零件的温度保持在允许范围内。

（3）密封

在活塞环与气缸镜面间、轴封摩擦面等密封部分充满滑油，以阻挡制冷剂的泄漏。这是制冷压缩机的滑油与空压机的滑油要求不一样的地方，所以，制冷压缩机的滑油比空压机的滑油的黏度要大一些。

（4）兼做压缩机卸载和能量调节的液压动力油

压缩机的制冷工况和所用制冷剂不同，选用的冷冻机油也不同，冷冻机油应满足的主要要求如下。

①倾点（油能流动的最低温度，比凝固点高2~3 ℃）应低于最低蒸发温度。冷冻机油会被制冷剂带入蒸发器，为了能被制冷剂带回压缩机，在低温下保持良好的流动性很重要。

②闪点应比最高排气温度高15~30 ℃，以免引起排气管爆炸和滑油结焦变质。

③应根据蒸发温度和排气温度选用适当的黏度，制冷压缩机轴承的负荷不高，冷冻机油黏度容易满足润滑的要求，而主要应满足密封要求。黏度过低则活塞环与缸壁间的油膜容易被气体冲掉，氟利昂在较高温度下易溶于油，溶入5%（体积分数）就会使油的黏度降低一半，所以氟利昂压缩机所用冷冻机油的黏度应适当高些。黏度高的油的分子链较长，倾点和闪点相对也会高些。

④含水量要低。这是为了避免在低温通道处引起"冰塞"和防止腐蚀金属。含水的滑油与氟利昂的混合物还会溶解铜，而与钢铁部件接触时，铜又会析出形成铜膜（称为"镀铜"现象），会妨碍压缩机的正常运行。

⑤化学稳定性和与所用材料（如橡胶、分子筛等）的相容性要好。如果油在高温下受金属材料催化而分解，会产生积碳和酸性腐蚀物质。

⑥用于封闭式和半封闭式压缩机时，电绝缘性要好，电击穿强度一般要求在10 kV/cm以上。油中有杂质会降低电绝缘性。

对冷冻机油的其他要求还包括酸值和腐蚀性低、氧化安定性好、机械杂质和灰分少等。

任务 3.2　认识蒸气压缩式制冷装置设备

【任务分析】

船上普遍采用的是蒸气压缩式制冷装置,其设备主要有活塞式制冷压缩机、蒸发器、冷凝器、滑油分离器、贮液器、干燥器、回热器等。本任务主要是掌握各设备的结构、作用、工作原理,为更好地维护与管理制冷装置奠定基础。

【任务实施】

一、制冷压缩机

制冷装置的主要组成部分是制冷压缩机,其功用是压缩和输送制冷剂蒸气。常用制冷压缩机有活塞式、螺杆式、离心式及回转式(如滚动转子式)等。活塞式制冷压缩机因其活塞做往复运动,具有惯性力,并受吸、排气阀等限制,运动速度不能太高,主要用于中小型制冷量场合;螺杆式制冷压缩机转速高、体积小、质量小、效率高、易损件少,适用于中等制冷量场合;离心式制冷压缩机运转平稳、噪声低、振动小、能量调节范围大,适用于大制冷量场合;滚动转子式制冷压缩机体积小、转速高,但制冷量小,仅用于电冰箱和小型空调器。

如图 3-2-1 所示为制冷压缩机的分类。

制冷压缩机(PPT)

活塞式制冷压缩机(微课)

活塞式制冷压缩机结构与组成(动画)

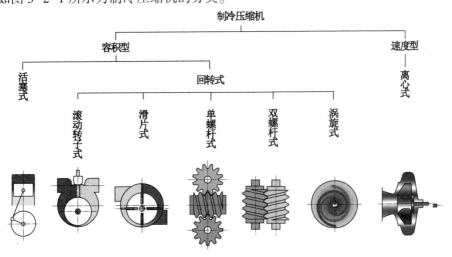

图 3-2-1　制冷压缩机的分类

1.活塞式制冷压缩机结构

目前船舶制冷装置广泛采用活塞式制冷压缩机,本节以 8FS10 型制冷压缩机为例来说明制冷压缩机主要结构。

8FS10 型制冷压缩机的总体结构如图 3-2-2 所示。八个缸分两列,呈扇形布置,相邻两缸的中心线夹角为 45°,缸径 100 mm,行程 70 mm,转速 1 440 r/min,采用 R12 作为制冷剂,标准制冷量为 97.7 kW(采用 R22 作为制冷剂时,标准制冷量为 156.3 kW),属中型压缩机。

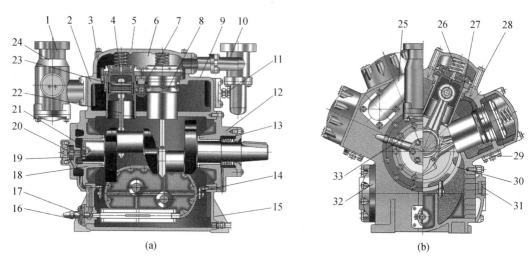

(a)   (b)

1—吸气接管;2—气缸体;3—吸气腔;4—缸头气阀组件;5—气缸盖;6—排气腔;7—能量调节机构;
8—气缸套;9—下隔板;10—排气集管;11—安全阀;12—轴承座;13—轴承;14—滑油管;
15—曲轴箱;16—滑油三通阀;17—吸入滤油器;18—轴承座;19—曲轴;20—油泵传动机构;
21—油泵;22—连杆;23—活塞销;24—吸气滤网;25—吸气集管;26—假盖弹簧;27—活塞;
28—假盖;29—卸载油缸;30—回油均压孔;31—视油镜;32—曲轴箱侧盖;33—油压调压阀。

图 3-2-2   8FS10 型制冷压缩机的总体结构

(1)机体

该机机体由高强度铸铁整体浇铸而成,上有缸盖,下有底板,前后有轴承盖,构成一个封闭的空间。机体由上下两隔板分三层,隔板上各镗有八个缸孔,装有气缸套 8。上隔板以上空间为排气腔,缸套组件用螺栓固定在上隔板上。缸套上部凸缘和上隔板间设有垫片,以防隔板上下空间(吸、排气腔)漏气。该垫片的厚度影响气缸余隙容积,不可随意变动。余隙高度一般为 0.5~1.5 mm。下隔板 9 的上部是吸气腔 3,下部是曲轴箱。下隔板上开有回油均压孔 30,使吸气腔与曲轴箱相通。

(2)活塞

活塞 27 采用铝合金制造,其上装有三道密封环和一道刮油环。图 3-2-3 所示为逆流式机型的活塞部件结构,从上至下分为活塞顶、环槽部和裙部几部分。

(3)双阀座截止阀

如图 3-2-4 所示,吸气管和排气管上分别装有吸气截止阀和排气阀。

该阀为双阀座结构,设有常接通道和多用通道,分别用于接压力表、压力继电器以及充、抽冷剂,充气、排气及添加滑油等。当阀杆朝里旋进时,主阀处于关闭位置,压缩机与系统截止,多用通道开启;若将阀杆退足,则主阀全开,压缩机与系统相通,多用通道关闭;若阀杆退足后又反过来旋进一圈,则主阀与多用通道均开启。常接通道不受主阀位置的影响,与压缩机常通。

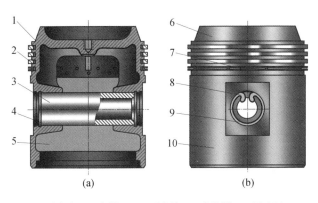

(a)　　　　　　　　　　　　(b)

1—活塞头;2—密封环;3—活塞销;4—卡簧槽;5—活塞裙;
6—活塞顶;7—刮油环;8—卡簧;9—活塞销端面;10—活塞本体。

图 3-2-3　活塞部件结构

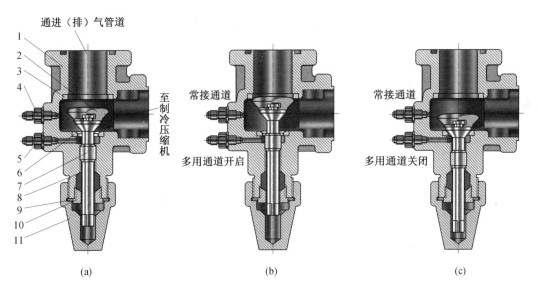

(a)　　　　　　　　　　(b)　　　　　　　　　　(c)

1—阀体;2—阀盘;3—主阀座;4—常接通道;5—多用通道;6—阀座;
7—阀杆;8—填料;9—垫片;10—填料压盖;11—阀罩。

图 3-2-4　双阀座截止阀

(4)缸套和气阀组件

图 3-2-5 所示为 8FS10 型制冷压缩机由缸套组件和假盖组件构成的缸套和气阀组件。

吸、排气阀皆用环阀。在缸套 6 的上端面上有两圈吸气阀座线(图 3-2-5(a)),吸气阀座线间钻有 24 个吸气孔,使气缸与缸套外围的吸气腔相通。缸套上端紧靠吸气阀片限位器 18,限位器上有 6 个座孔,内置吸气阀弹簧 2,将吸气阀片 3 压紧在缸套端面的吸气阀座上。排气阀片 15 的阀座也分内外两圈,外圈位于吸气阀限位器 18 上端面的内边缘,而内圈则位于排气阀座芯 13 的外边缘。排气阀片限位器 12 称为假盖,其下端面上开有座孔,内置排气阀弹簧 1,将排气阀片压紧在阀座上。而在排气环阀内外两侧,假盖都有通道与排气腔相通。假盖与排气阀座芯由阀座螺栓9连在一起,构成假盖组件,并由假盖弹簧7压紧在吸气阀片限位器上。假盖导圈17与吸气阀片限位器18、缸套6由内六角螺钉14连在一起,构成缸套组件,并由螺栓16固定在气缸体上。万一缸内吸进较多的液体制冷剂或滑油,在活塞上行接近死点时就会发生液击,这时只要作用在假盖底部的压力超出排出腔压力0.3 MPa,假盖组件即被顶起,使缸内压力不致过高而损坏零件。这时假盖导圈17起导向和定位作用,在缸内压力降低时帮助假盖落到原来位置,恢复正常工作状态。

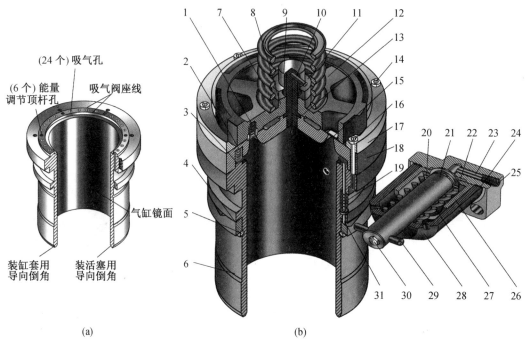

1—排气阀弹簧;2—吸气阀弹簧;3—吸气阀片;4—转环;5—卡环;6—缸套;7—假盖弹簧;
8,24—垫片;9—阀座螺栓;10—开口销;11—铁皮套圈;12—假盖(排气阀片限位器);
13—排气阀座芯;14—内六角螺钉;15—排气阀片;16—螺栓;17—假盖导圈;18—吸气阀片限位器;
19—顶杆弹簧;20—挡圈;21—卸载活塞杆;22—调整垫片;23—卸载油缸盖;25—油管接孔;
26—卸载活塞;27—弹簧;28—卸载油缸;29—横销;30—制动螺钉;31—启阀顶杆。

图 3-2-5 8FS10 型制冷压缩机的缸套和气阀组件

(5)安全阀

船用制冷压缩机装有高压继电器。当排气压力超过正常数值时,它能使压缩机自动停车。但为了防止因高压继电器失灵或误调而使排气压力过高,活塞式制冷压缩机无一例外地都装有安全阀或安全膜片等安全保护器件。

安全阀或安全膜片装在压缩机排气腔与吸气腔之间的隔板上或管路中。当两腔之间的压力差超过规定数值(R12装置为1.5 MPa,R22和氨装置为1.7 MPa)时,安全阀或膜片便使两腔相通,从而降低排气压力。

图3-2-6所示为8FS10型制冷压缩机安装在连通吸、排气腔的管路上的安全阀。当排气压力过高时,安全阀就自动开启。开启压力可通过调整弹簧的预紧力加以调定。安全阀开启以后,由于排气压力下降,阀即自动关闭。

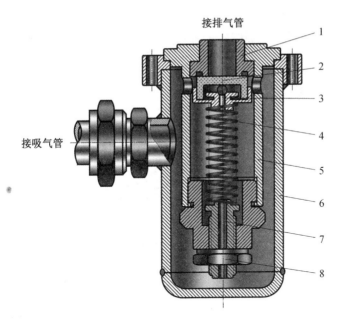

1—阀座;2—塑料密封垫;3—阀盘;4—弹簧;5—阀体;6—外罩;7—调节螺钉;8—锁紧螺帽。

图 3-2-6　8FS10 型制冷压缩机的安全阀

安全阀经拆修后,开启压力差一般需要重做试验加以调定。调定好的安全阀,要用铅封将阀帽锁住,不得轻易调动。

(6)滑油系统

8FS10 型制冷压缩机采用压力润滑,如图 3-2-7 所示。

曲轴箱中的滑油经过网式滤油器 5 和装放油阀 6 被滑油泵 7 吸入。滑油泵排出的压力油一路经手动能量调节阀 9,被分送到卸载油缸 2,同时通过油压表 1 和油压差继电器;另一路由设在曲轴内的油管送到机械轴封的油腔 3 中,再由曲轴 4 中的油孔送到主轴承和连杆大端轴承,并经连杆上的油孔送至连杆小端轴承。滑油从各轴承间隙溢回曲轴箱。为调节滑油工作压力,在油泵端还设有压力调节阀 8,8FS10 型制冷压缩机的最大工作压力由此阀调定,有效润滑压力由油压差控制器限定,油压差定为 0.15～0.30 MPa。

装放油阀 6 是一个为添加和更换滑油而设的三通阀,装在滑油泵 7 下方的曲轴箱上,位于工作油面以下,具体结构如图 3-2-8 所示。装放油阀阀体 8 内装有阀芯 3,阀芯的工作位置由手柄 1 转换,在示位盘上每隔 90°标有"运转""装油"和"放油"三个位置:手柄 1 置于"运转"位置,则使曲轴箱与油泵吸口接通;置于"装油"位置,则使外接管与油泵吸口相通;置于"放油"位置,则使曲轴箱与通机外的接管相通。

正常运转时,阀芯位置如图 3-2-8(a)和(c)所示,曲轴箱内的滑油经过阀芯上部弓形空间被油泵吸入。加油时,阀芯转过 90°,其位置如图 3-2-8(d)所示,机外油桶用软管与管接头 7 接通,桶内滑油经阀芯孔被油泵吸入。放油时,阀芯再转 90°,其位置如图 3-2-8(e)所示。这时机器已预先停车,滑油在曲轴箱内压力的作用下经阀芯的下部弓形空间和管接头被直接放出。

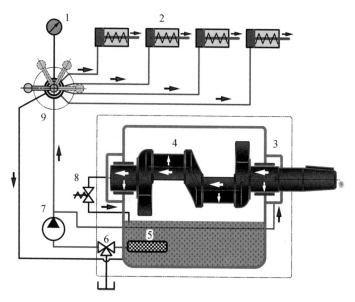

1—油压表;2—卸载油缸;3—油腔;4—曲轴;5—网式滤油器;6—装放油阀;
7—滑油泵;8—压力调节阀;9—手动能量调节阀。

图 3-2-7　制冷压缩机的压力润滑

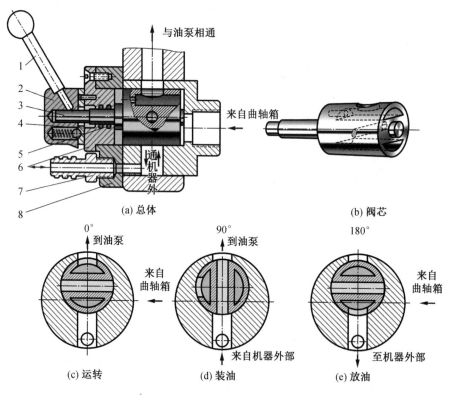

1—手柄;2—转盘;3—阀芯;4—阀盖耐油橡胶圈;5—耐油橡胶圈;6—示位盘;7—管接头;8—阀体。

图 3-2-8　装放油阀结构

二、制冷装置的辅助设备

蒸发器和冷凝器是制冷装置的主要热交换设备。一个完整的制冷装置除了压缩机、冷凝器、蒸发器外,还装有一些必要的附属部件和自动化元件,如图3-2-9所示。下面对蒸发器、冷凝器以及辅助设备如滑油分离器、贮液器、干燥-过滤器、回热器逐一介绍。

制冷装置的辅助设备(PPT)

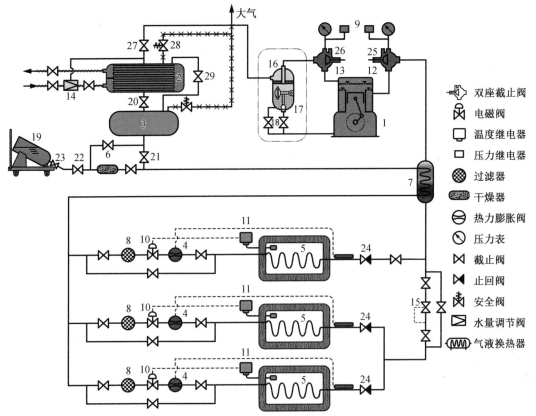

1—压缩机;2—冷凝器;3—贮液器;4—热力膨胀阀;5—蒸发器;6—干燥器;7—气液换热器;8—滤器;
9—压力继电器;10—电磁阀;11—温度继电器;12—吸入截止阀;13—排出截止阀;14—水量调节阀;
15—背压阀;16—滑油分离器;17—浮球式自动回油阀;18—手动回油阀;19—制冷剂钢瓶;20—冷凝器出液阀;
21—贮液器出液阀;22—充剂阀;23—制冷剂钢瓶阀;24—止回阀;25—吸入截止阀上的多用通道;
26—排出截止阀上的多用通道;27—冷凝器进口;28—安全阀;29—平衡管。

图3-2-9 制冷装置系统简化图

1. 蒸发器

蒸发器是使液体制冷剂汽化吸热,被冷却物质或冷媒放热降温,实现热量传递的热交换器。蒸发器的型式与冷库的冷却方式有关,船上的主要冷却方式有直接冷却和冷风冷却。

(1)直接冷却

如图3-2-10所示,蒸发器由装在冷库四周和悬挂在舱顶的蒸发盘管(即冷却盘管)组成。液体制冷剂经膨胀阀流入盘管,在其中蒸发吸热,直接对冷库空间进行冷却。这种方式设备简单,适用于从大型冷库至小电冰箱等制冷量不同的制冷装置,目前仍多用于船舶伙食冷库。

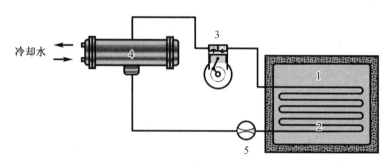

冷却水

1—冷库;2—蒸发盘管;3—压缩机;4—冷凝器;5—膨胀阀。

图 3-2-10　直接冷却式制冷装置

(2)冷风冷却

如图 3-2-11 所示,在冷风冷却式制冷装置中,冷库内无冷却盘管,由循环风机将库内的空气吸至空气冷却器中冷却,降温后再送入冷库冷却货物。由于风机能使空气快速流过空气冷却器,所以它的传热性能比置于冷库中的冷却盘管要高 4~6 倍,不但节约了大量管材,而且缩小了装置尺寸。目前大、中型冷藏舱和伙食冷库大都采用这种方式。图 3-2-11(a)所示为制冷剂直接在空气冷却器中蒸发制冷,所以称为直接式冷风冷却。也有将冷媒水冷却盘管改为空气冷却器的,如图 3-2-11(b)所示,称为间接式冷风冷却。后一种方式大多用于氨制冷装置或大型船舶冷藏舱。

(3)空气冷却器

空气冷却器是用得最多的一种冷却器,如图 3-2-12 所示。

空气冷却器的受热面由许多并联的蛇形肋片管组成,它们集中排列在一个矩形的钢板外壳中。液体制冷剂经热力膨胀阀降压后,由分配器均匀供入各蛇形管,在其中一面流动,在另一面吸热蒸发,然后集中沿吸气管由压缩机吸走。冷却器外壳两侧接有风道,空气由风机送入,横扫冷却管簇,被冷却剂冷却,流出时已为温度较低的冷风。因为空气流过冷却管的速度较快,加上使用肋片管,所以空气冷却器的传热性能良好,外形也紧凑。

这种冷却器通常与 1~2 台循环风机组合成为一个整体,又称为冷风机,如图 3-2-13 所示。

2.冷凝器

冷凝器是使气体制冷剂与冷却介质(水或空气)进行热量传递的热交换器。热量传递包括三个过程:过热制冷剂蒸气等压冷却为干饱和蒸气,干饱和蒸气冷凝为饱和液体,饱和液体进一步冷却为过冷液体。按冷却介质不同,冷凝器可分为水冷式、空冷式和蒸发式三种。船舶制冷装置大都采用卧式壳管式水冷冷凝器(图 3-2-14)。

壳管式冷凝器由一个钢板卷成的圆筒形外壳和一组冷却管组成,冷却管与管板用焊接或扩接法相连接。海水由冷却水泵供入端部水室后,由于水室中分水筋的分隔,多次曲折流过(图 3-2-14 中所示为四次),每次仅经过部分冷却管,这样可在不增加冷却水量的情况下,提高海水在冷却管中的流通面积,以利于增进冷却效果。

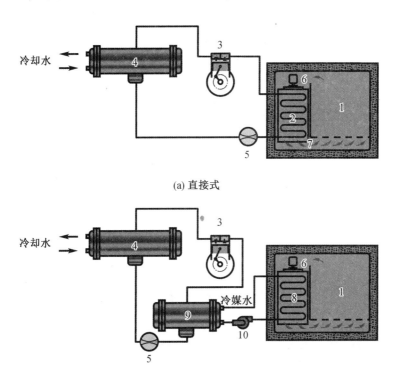

(a) 直接式

(b) 间接式

1—冷库;2—空气冷却器(蒸发器);3—压缩机;4—冷凝器;5—膨胀阀;6—循环风机;
7—风道;8—空气冷却器(冷媒水盘管);9—冷媒水冷却器(蒸发器);10—冷媒水循环泵。

图 3-2-11　冷风冷却式制冷装置

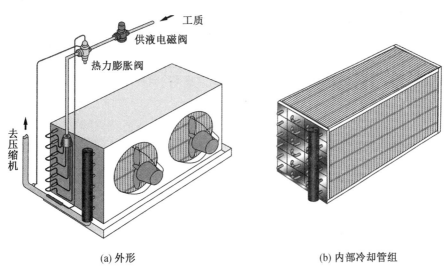

(a) 外形　　　　　　　　　　　　　　(b) 内部冷却管组

图 3-2-12　空气冷却器

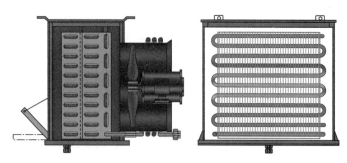

图 3-2-13 冷风机

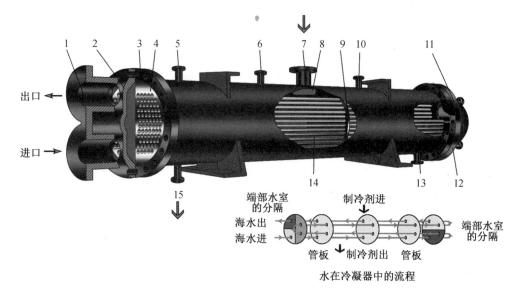

出口 ←

进口 →

端部水室
的分隔

海水出
海水进

制冷剂进

制冷剂出　管板

管板

端部水室
的分隔

水在冷凝器中的流程

1—海水出口;2—端盖;3—垫片;4—管板;5—放空气阀接头;6—安全阀接头;
7—制冷剂蒸气进口;8—挡气板;9—管架;10—平衡管接头;11—水室放气旋塞;
12—水室泄水旋塞;13—泄放阀接头;14—冷却管;15—液体制冷剂出口。

图 3-2-14　卧式壳管式水冷冷凝器

制冷剂蒸气从壳体顶部进入。在进入口正面设有挡气板,以便蒸气沿冷却管长度
分布开来,使各处负荷比较均匀。蒸气在管间从上而下流过,与管壁接触后,温度逐渐
下降,在流过冷凝器进入贮液器时,已具有 2~4 ℃的过冷度。

制冷装置的冷凝器的工作压力较高,是一个高压容器,壳体用锅炉钢板或材质强度
不低于锅炉钢板的材料制成。

冷凝器上应装设安全阀,与安全阀接头 6 相连(有时为安全膜片)。安全阀的开启
压力应按我国钢质海船建造相关规范规定的数值调定:制冷剂为氨和 R22 时,开启压
力小于或等于 2.0 MPa;制冷剂为 R12 时,开启压力小于或等于 1.6 MPa。

安全阀调定后应予锁住并加铅封。在安全阀与壳体间的连接管路上设有截止阀,
此阀在正常情况下应保持开足,并予锁住和铅封,以防误关。

除安全阀外,冷凝器上还需装设下列附件。

（1）放空气阀（或塞头）：装在冷凝器顶部两端处（与放空气阀接头 5 相接），用以放出制冷系统中的不凝性气体。

（2）泄油阀：装在壳体的最低点（与泄放阀接头 13 相连），用以排除制冷剂带入冷凝器的滑油，为氨装置不可缺少的附件。在氟利昂装置中，因滑油在冷凝器工作条件下能与 R12 和 R22 相互溶解，故可以不装。

（3）液位计：当冷凝器底部兼做贮液器时，常在壳体下半部装有玻璃液位计，用以观察系统中制冷剂的多少。

（4）冷却水温度计：装在冷却水管进、出口，用以测量水的温度。

（5）水室放气旋塞：装在两清水室的最高点，用以放出空气，防止空气聚在水室中形成气袋，阻碍冷却水的正常流动。

（6）水室泄水旋塞：装在两端水室的最低处，在检修或冬季停用时用以将冷凝器中的存水放空。

（7）平衡管：从冷凝器的顶部（平衡管接头 10 处）引出，与后面的贮液器相通，使彼此压力平衡，便于冷凝器中的液体流入贮液器。如连接两者的管路短而粗，也可省去平衡管。

3. 滑油分离器

滑油分离器位于压缩机的出口，其作用是将从压缩机排气带出的大部分油滴分离出来，防止滑油进入热交换器而影响传热效果，并使其返回曲轴箱，防止压缩机缺油（图 3-2-15）。

滑油分离器按分离原理分为撞击式、过滤式（氟利昂）、洗涤式（R717）。

氟利昂系统所用的滑油分离器是利用油滴和气体的相对密度不同工作的。由于流道面积突然扩大，流速降低且流向转折向下，较大油滴被壁面、滤网等拦截，落至筒体的底部。气体经滤网折回向上，由顶部出气管流出到冷凝器。筒底积油油位达到一定高度时，浮球升起。与浮球杆连在一起的自动回油阀失灵时，筒内积油过多，被气体大量带入系统。滑油分离器还设有备用的手动回油阀，可定期开启。回油管中设有节流孔板，防止回油过快使部分排气冲入曲轴箱，以及对浮球阀的冲蚀。自动回油阀的常见故障如下。

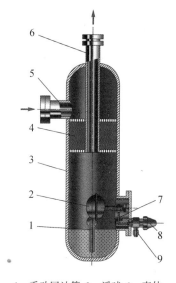

1—手动回油管；2—浮球；3—壳体；
4—滤网；5—进气管；6—出气管；
7—自动回油阀；8—自动回油管截止阀；
9—自动回油管接头。

图 3-2-15　滑油分离器

（1）回油阀卡死在关闭位置，此时回油管始终不发热，同时曲轴箱滑油位有不断下降的现象，大量滑油被带入系统。而正常情况下，回油管是间隔（至少 1 h）进行工作的，对应的回热管应是时热时温的。

（2）回油阀不能关闭或关闭不严，会造成高压排气窜回曲轴箱和吸气腔，使压缩机排气量下降，排气温度升高，并使压缩机启停不止。此时回油管始终是热的。

4. 贮液器

贮液器位于冷凝器出口的下部,供存放制冷剂用。当制冷工况变动时,制冷剂可存入贮液器或由贮液器向外补充,以取得供液量与工况的平衡。比如,当热负荷减小、蒸发压力降低时,蒸发器等低压管路中的制冷剂减少,可防止因冷凝器中液位太高而妨碍气体冷凝,以致排气压力过高;而当系统中的制冷剂有所损失,或热负荷增大、蒸发压力升高、低压管路中的制冷剂增加时,可防止膨胀阀供液不足。贮液器还对供液管起"液封"作用。装置检修或长期停用时可将制冷剂收入贮液器以减少泄漏。小型装置可不设贮液器,而以冷凝器兼之。贮液器内正常的液位控制在 1/3～1/2 处,装置中全部制冷剂储入后不超过总容积的 80%。

图 3-2-16 所示就是利用优质锅炉板卷制成密封圆筒形的贮液器。贮液器的结构简单,除有进、出液管接头外,还有压力表、放气阀、放油阀及平衡管等的接头。平衡管的作用是连通贮液器及冷凝器,以便贮液器中的气体返回冷凝器及液体制冷剂进入贮液器,大型贮液器还常装有安全阀和液位指示器或示镜。贮液器底部有存液井,其作用是液封与污物沉淀。

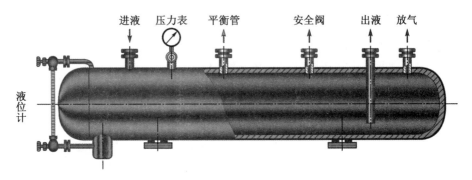

图 3-2-16 贮液器

5. 干燥-过滤器

过滤器和干燥器装于贮液器与膨胀阀之间的输液管上。过滤器用于阻挡铁屑、焊渣和污物等固体物质,以免堵塞通道。干燥器内存干燥剂,用来吸收制冷剂中混入的水分。充制冷剂、添加油等操作不当时,外界湿空气会渗入系统,造成膨胀阀和通道狭窄处发生"冰塞",阻碍甚至完全停止制冷剂的循环。过滤器和干燥器组合在一起,构成干燥-过滤器,其结构如图 3-2-17 所示。干燥剂的两端均装有滤网。

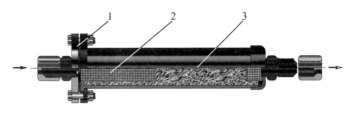

1—封盖;2—滤网;3—干燥剂。

图 3-2-17 干燥-过滤器

　　为避免干燥剂颗粒在液体制冷剂的冲击下因互相摩擦而产生粉末并被带出,填充干燥剂时应墩压结实,安装时应使液流方向与干燥–过滤器上箭头的方向一致,以保证让出口端的毡垫阻止干燥剂粉末进入系统。一般情况下应让干燥器旁通,只有在给系统充制冷剂或发现系统有明显"冰塞"的情况下才将干燥器接入系统,运行一段时间未见"冰塞"发生,宜旁通干燥器或撤除干燥剂,以免制冷剂流动的阻力太大,致使制冷剂"闪气"。

　　常用的干燥剂有硅胶、活性氧化铝、分子筛和无水氯化钙等。

　　硅胶呈颗粒状,吸水后颜色会发生变化,通常加染色剂以便判断吸水程度。按所加入的染色剂的不同,硅胶吸水前后的颜色变化为:白色变黄色,棕色变蓝色,绿色变无色,红色变淡粉色,深蓝黑变桃红色等。吸水后的硅胶在 140～160 ℃下烤 3～4 h 可再生,之后可供继续使用。硅胶凝结水滴后会碎裂。

　　活性氧化铝的吸水性能比硅胶强,但吸足水后易粉化,适宜在临时外接的体积较大的干燥器中采用。

　　分子筛是一种人工合成的泡沸石——多水硅酸盐晶体,其吸水能力比硅胶和活性氧化铝都强,且在 500 ℃下烘烤 6 h,冷却后可再用。因为 R22 与分子筛可发生化学反应,所以分子筛主要用于 R12 系统。

　　无水氯化钙的吸水性能好,但它是化学吸水剂,吸水后易成粉末,甚至生成有腐蚀性的水溶液,故只用于临时性的外接干燥器,在系统中有大量水分时应急用。一般 24 h 内应拆除或更换干燥剂。

　　6. 回热器

　　如图 3-2-18 所示,来自贮液器的温度较高的液态制冷剂走管内,管外是来自蒸发器的温度相对较低的气态制冷剂,两者通过管壁进行热交换,同时获得过冷和过热状态。某些小型制冷装置不设专门的回热器,只将液管与吸气管紧匝在一起,外扎隔热材料。

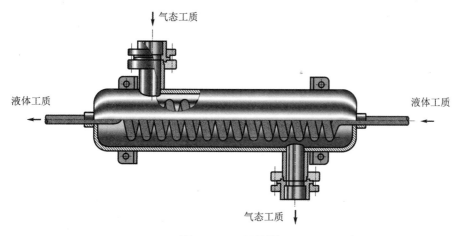

图 3-2-18　回热器

三、制冷装置的自动控制

1. 热力膨胀阀

热力膨胀阀的主要功用是节流降压,根据冷库热负荷变化调节进入蒸发器的制冷剂的流量,并保持蒸发器出口的过热度恒定,防止压缩机液击。热力膨胀阀主要分内平衡式和外平衡式两种。

(1)内平衡式热力膨胀阀

内平衡式热力膨胀阀主要由阀体、针阀组件、调节杆座、调节杆、弹簧、滤器、传动杆、感温包、毛细管和感应膜片等组成。如图3-2-19所示,感温部分由膜片1处的上腔室、毛细传压管15和感温包12组成。阀出口的蒸发压力通过顶杆2与阀体3之间的间隙作用于膜片下方。作用于膜片感温部分的信号压力与蒸发压力的压差经前后两顶杆作用于针阀组件6上。靠压差产生的作用力与调节弹簧力的平衡关系控制针阀的开度。右侧的进液管内装有过滤器13,以滤挡污物,防止堵塞阀的通道。转动调节杆10可以改变调节弹簧的预紧力,即调节关闭过热度。填料8靠压盖压紧,以防止制冷剂沿调节杆与调节杆座7之间的间隙泄漏。

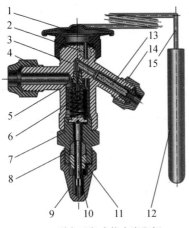

(a)FR型内平衡式热力膨胀阀

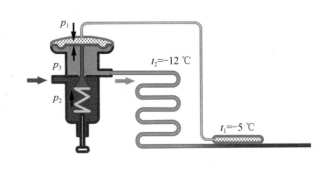

(b) 内平衡热力膨胀阀的控制原理

1—膜片;2—顶杆;3—阀体;4—螺母;5—阀座;6—针阀组件;7—调节杆座;8—填料;
9—帽罩;10—调节杆;11—填料;12—感温包;13—过滤器;14—螺母;15—毛细传压管。

图3-2-19 内平衡式热力膨胀阀及其控制原理

内平衡式热力膨胀阀的工作原理:感温包装在蒸发器出口处,感受蒸发器出口温度(过热温度)t_1。感温包内充注一定的感温介质,感温包内的压力 p_1 随其感受的温度 t_1 变化。这个压力通过毛细传压管传递到阀的膜片上方,力图使阀打开;膜片下方作用着节流后蒸发器进口制冷剂的蒸发压力 p_3(即对应饱和蒸发温度 t_2 的饱和压力)和弹簧张力 p_2,这两个力力图使阀关闭。因膜片重力较小可忽略不计,所以膜片所受力的平衡条件为 $p_1=p_3+p_2$,可知,p_1 成比例地对应过热温度 t_1,p_3 对应饱和蒸发温度 t_2,所以过热度 t_1-t_2 成比例地对应 p_1-p_3,则由这两个压力之差控制的膨胀阀的开度与 p_2 代表的弹簧力成比例。总之,热力膨胀阀根据蒸发器出口过热度成比例地调节开度和供液量,使之与蒸发器的热负荷相适应,保证送入的液体制冷剂在蒸发器中完全蒸发并在出口处维持一定的过热度。从工作原理可知,热力膨胀阀是一种近似的比例调节元件,其在稳态时的开度与蒸发器出口的制冷剂的过热度成正比。

膨胀阀关闭时,弹簧应有一定的预紧力,以保持其关闭严密。故蒸发器出口过热度需要达到一定值时,膨胀阀才开始开启,该值称为静态过热度。蒸发器出口的过热度越大,膨胀阀的开度也越大,其在开启状态时蒸发器出口的过热度称为工作过热度,膨胀阀达到额定开度时的工作过热度与静态过热度之差称为过热度变化量。我国规定过热度变化量为4 ℃时的膨胀阀的开度为额定开度。当蒸发温度一定时,调整弹簧预紧力可改变热力膨胀阀静态过热度的设定值。通常,热力膨胀阀的静态过热度的调整范围为2~8 ℃。

工作过程:当热负荷增加时,蒸发器出口过热度增加,感温包相应的压力 p_1 增加,使 $p_1 > p_3 + p_2$,推动阀杆向开大方向移动,增加向蒸发器的供液量,相反,热负荷减少,阀口关小,减少向蒸发器的供液量。所以我们说,热力膨胀阀能根据过热度的变化自动开大或关小阀口,控制供液量,保持过热度稳定。热力膨胀阀接收的信息(或者说输入热力膨胀阀的信息)是过热度,不是温度,热负荷的变化是通过蒸发器出口的过热度来反映的。热负荷增大,蒸发器管路的蒸发段变短,过热段变长,过热度增加;热负荷减少,蒸发段变长,过热段变短,过热度减小。

(2)外平衡式热力膨胀阀

图 3-2-20 所示为外平衡式热力膨胀阀及其控制原理。感温部分由膜片 4 的上腔室、毛细传压管 1 和感温包 2 组成。在膜片下部分隔出一个平衡压力腔,并在顶杆穿过分隔部分处设填料,将节流后的制冷剂与膜片下部隔断,用外平衡管接头 5 把蒸发器出口的压力直接引到膜片下部,这种阀称作外平衡式膨胀阀。外平衡式膨胀阀和内平衡式的主要区别是:前者膜片的下方通过平衡管与蒸发器的出口相通,承受的是蒸发器出口处的压力;后者膜片的下方则承受的是蒸发器进口处的压力。

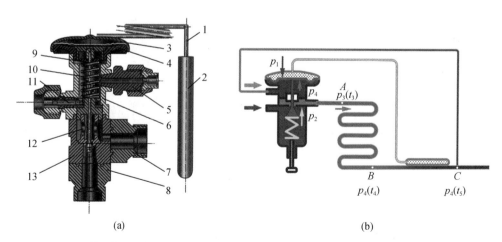

(a)　　　　　　　　　　　　　　　　　(b)

1—毛细传压管;2—感温包;3—膜片上腔室顶帽;4—膜片;5—外平衡管接头;6,13—阀体;
7—出口接头;8—进口接头;9—顶杆;10—调节弹簧;11—调节杆;12—阀座。

图 3-2-20　外平衡式热力膨胀阀及其控制原理

作用于膜片感温部分的信号压力与蒸发器出口外的压力的压差经顶杆9作用于阀芯组件上。靠压差产生的作用力与调节弹簧力的平衡关系控制阀芯的开度。通过调节杆11的转动,可以带动调节弹簧10的下承座的上、下行,从而改变调节弹簧的预紧力,即调节关闭过热度。

图3-2-20(b)为外平衡式热力膨胀阀的工作原理。供入热力膨胀阀的液体制冷剂经开度可变的阀口节流降压后进入蒸发器,在进口 A 处,蒸发压力为 p_3(相应的蒸发温度为 t_3);制冷剂流到接近蒸发器出口 B 处时汽化完毕,成为干饱和蒸气,这时压力降为 p_4(相应的蒸发温度降为 t_4);制冷剂流到蒸发器出口 C 处时成为过热蒸气,压力仍近似为 p_4(因为热力膨胀阀本体组件和平衡管安装集中,且管路较短,可近似认为从蒸发器出口 B 经温包至 C 处,直到平衡管中的制冷剂的压力一样),温度升为 t_5,过热度为 $\Delta t = t_5 - t_4$。蒸发器出口处的压力 p_4 被平衡管引至动力头弹性元件的下方,同时作用在弹性元件下方的还有弹簧张力 p_2,弹性元件上方作用的是感温包压力 p_1。

在上述讨论内平衡式热力膨胀阀时,忽略了制冷剂在蒸发盘管中的流动压力损失。如考虑制冷剂从蒸发器进口到出口的流动压力损失为 Δp,则有:假设在同样的外部环境下,使用如图3-2-20所示结构的外平衡式热力膨胀阀时,对膜片进行受力分析知道,这时的平衡关系式为 $p_1 = p_4 + p_2$,同理,感温包内的压力 p_1 随其感受的温度 t_5 的变化而变化,即 p_1 成比例地对应过热温度 t_5,p_4 对应饱和蒸发温度 t_4,所以过热度 $t_5 - t_4$ 成比例地对应 $p_1 - p_4$,则如前所述,由这两个压力之差控制的膨胀阀开度与 p_2 代表的弹簧力依然成比例;而使用内平衡式热力膨胀阀时,膜片的受力分析平衡关系就变为 $p_1 = p_3 + p_2$,因为近似有 $p_4 + \Delta p = p_3$,所以平衡式也为 $p_1 = p_4 + \Delta p + p_2$,这时 $p_1 - p_4 = \Delta p + p_2$,即膨胀阀开度与 p_2 代表的弹簧力不成比例,膨胀阀控制的出口过热度 $t_5 - t_4$ 将大于弹簧 p_2 设定的过热度,由 $\Delta p + p_2$ 确定,相当于关阀力加了 Δp。过热度提高意味着蒸发器出口过热段长,会造成蒸发器的供液量不足,换热面积利用率降低,制冷能力下降,由此引发蒸发温度降低,制冷压缩机装置运行的经济性变差。可见,内平衡式热力膨胀阀只适用于蒸发温度不太低、容量不大和制冷剂流阻不大的盘管式蒸发器。对于通路较长、蒸发温度上下波动较大的蒸发器一般采用外平衡式热力膨胀阀。

2. 电子膨胀阀

如图3-2-21所示,电子膨胀阀是按照预设程序调节蒸发器供液量的,因属于电子式调节模式,故称为电子膨胀阀。它顺应了制冷机电一体化的发展要求,具有热力膨胀阀无法比拟的优良特性,为制冷系统的智能化控制提供了条件,是一种很有发展前景的自控节能元件。电子膨胀阀与热力膨胀阀的基本用途相同,结构上多种多样。但在性能上,两者却存在较大的差异。

图3-2-21 电子膨胀阀

人们对电子膨胀阀的研究和开发主要针对的是电磁式膨胀阀和电动式膨胀阀。在电磁线圈通电前,电磁式膨胀阀的针阀处于打开位置,由线圈上施加的电压控制针阀开度的大小,从而调节膨胀阀的流量。

电子膨胀阀作为一种新型控制元件,早已突破了节流机构的概念。它是制冷系统智能化的重要环节,也是制冷系统优化得以真正实现的重要手段和保证,还是制冷系统机电一体的象征,已经被应用在越来越多的领域中。对电子膨胀阀的采用,突破了以前在空调机组设计过程中存在的某种"系统屈从于热力膨胀阀"的观念,进入热力膨胀阀为系统优化服务的新境界,这对于制冷行业的发展起着重要的作用。电子膨胀阀的优点可以概括为以下几点。

(1)适应温度低

对于热力膨胀阀,当环境温度较低时,其感温包内部的感温介质的压力变化大大减小,这严重影响其调节性能。而对于电子膨胀阀,其感温部件为热电偶或热电阻,它们在低温下同样能准确反映出过热度的变化。因此,在冷藏库的冻结间等低温环境中,电子膨胀阀也能提供较好的流量调节。

(2)过热度设定值可调

过热度设定值可调,只需改变一下控制程序中的源代码,就可改变过热度的设定值,完全不像热力膨胀阀那样要进入冷库并现场调节弹簧的预紧力来改变过热度的设定值。对电子膨胀阀可以彻底实现远距离调节,并且可根据不同需要灵活调整过热度以减小蒸发器表面和冷库内环境之间的温差,从而减少蒸发器表面的结霜,这样一来,既提高了冷库的冷冻能力,也降低了食品的干耗。

(3)节能

采用电子膨胀阀控制压缩机排气温度可以防止因排气温度的升高对系统性能产生的不利影响,也可以省去专设的安全保护器,节约成本,同时节省电耗约6%。

3.温度继电器

温度继电器用于控制库温。其控制方式有两种:一是直接控制压缩机的启停,兼控制电磁阀的启闭,继而控制库温;二是只控制供液电磁阀的启闭,压缩机的启停借助于压力继电器控制,继而控制库温。

RT型温度继电器主要由感温包15、波纹管组件13、调节弹簧5、调节螺钉12、调节旋钮1、幅差调节螺母11和3个电触点等组成,如图3-2-22所示。

RT型温度继电器通过感温包将温度信号转变为压力信号并作用于波纹管,再将动作传给执行机构。RT型波纹管内的压力直接作用于主弹簧,通过幅差调节螺母11及固定圆盘7拨动电触点,以接通或切断电路。假设有触点a、b,为控制回路,在温度低于给定温度最低值时,控制回路被切断。当温度回升时,感温包15内压力增加,波纹管被压缩,并通过顶杆压缩调节弹簧5。此时,固定圆盘7和幅差调节螺母11产生向上的位移,当此位移超过给定间隙(即给定最高温度)时,幅差调节螺母11即拨动微动开关拨臂9,使触点a、b闭合,控制回路被接通。如果控制器是与供液电磁阀配合使用,则供液电磁阀开启,蒸发器得到正常供液。当所控制的温度下降到控制温度给定值下限时,则固定圆盘7向下拨动开关,使触点a、b断开,供液电磁阀关闭。显然通过调节旋钮1改变调节弹簧5的弹力,便可改变温度控制器的断开值。主弹簧弹力越大,触点a、b断开温度越高;反之,触点a、b断开温度越低。幅差调节螺母11可以改变自身与固定圆盘之间间隙的大小,间隙越大,相应电触点的闭合温度与断开温度的差值就越大,故幅差调节螺母11能控制温度的最高值。

RT型温度继电器在安装使用时必须根据控制温度、工作条件来选择正确的接线方式。感温包应能准确感受和传递温度信号。毛细管不应通过比温度继电器更低的库房,也不要与蒸发器进口管接触或一起穿过冷库门壁。当毛细管穿过库房时,应加装套管,并在两头用橡皮密封,并且毛细管弯曲时应保持一定的弧度。

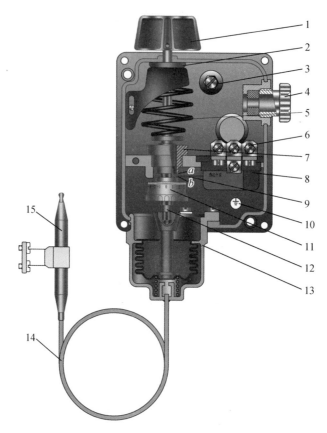

1—调节旋钮;2—主标尺;3—接线柱;4—控制线引入;5—调节弹簧;
6—接线柱;7—固定圆盘;8—微动开关;9—微动开关拨臂;10—地线接线柱;
11—幅差调节螺母;12—调节螺钉;13—波纹管组件;14—毛细管;15—感温包。

图 3-2-22　RT 型温度继电器

4.供液电磁阀

供液电磁阀装在热力膨胀阀前的液管上,根据温度继电器送来的电信号启闭,控制是否向蒸发器供液。

直接作用式供液电磁阀如图 3-2-23 所示,由阀体、电磁线圈、衔铁等组成。库温达上限时,温度继电器触头闭合,电磁线圈通电并产生磁力,吸上芯铁 3,使阀盘 5 离开阀座 6,此时供液电磁阀开启供液。库温降至下限时,温度继电器切断电路,电磁线圈断电,磁场消失,芯铁 3 在自重和复位弹簧 4 的作用下落下,供液电磁阀关闭停止供液。一般直接作用式供液电磁阀只用于小型制冷装置。

密封铜套筒 2 的上端与衔铁焊接,下端与套筒座焊接,套筒座与阀体间垫以密封圈。这种结构虽然形式简单,工作可靠,但启阀力小,只适用于口径为 3 mm 的电磁阀。口径大于 3 mm 的电磁阀需采用间接启闭的方式(即间接作用式供液电磁阀)。

间接作用式供液电磁阀如图 3-2-24 所示。主阀 7 为膜片阀,膜片直径大于主阀座 8 的直径,其中央开有导阀孔 9,边上开有平衡小孔 10,其中导阀孔的孔径比平衡小孔的孔径大。导阀6装在芯铁3的底部。当电磁线圈1通电时,电磁力克服重力、弹簧力和工质进出口压差将芯铁3吸起,开启导阀6。这时主阀上方经导阀孔9与主阀的出口端相通,压力迅速下降。由于平衡小孔的节流作用,主阀膜片在下方和上方的工质压差的作用下被顶开。当电磁线圈断电时,芯铁3落下将导阀6关闭,主阀7上方的压力因平衡小孔10的连通又逐渐升高到主阀7进口端的压力,这时主阀7上方的承压面积比下方大,在上下工质压力差的作用下,主阀7关闭在阀座8上。可见,间接作用式供液电磁阀的主阀7只有在进、出口工质具有一定压差时才能开启。

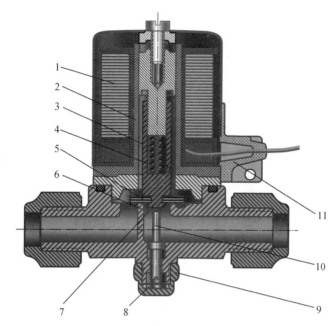

1—电磁线圈;2—铜套筒;3—芯铁;4—复位弹簧;5—阀盘;6—阀座;
7—阀孔;8—垫片;9—封帽;10—强开顶杆;11—接线盒。

图3-2-23　直接作用式供液电磁阀

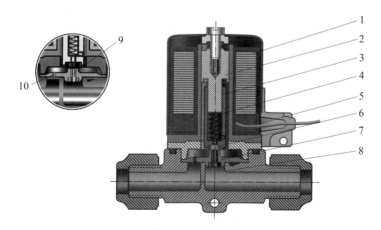

1—电磁线圈;2—弹簧调节柱头;3—芯铁;4—复位弹簧;5—电线;
6—导阀;7—主阀;8—主阀座;9—导阀孔;10—平衡小孔。

图3-2-24　间接作用式供液电磁阀

电磁阀必须线圈朝上直立安装在水平管路上,并保证制冷剂流向是从阀盘上方流向下方的,装反会使电磁阀常开。在选用或更换电磁阀时,应注意其型号、阀门通径、适用介质及温度、允许的工作压力、工作压差和适用的电制(交流、直流、电压)等。

5.高、低压继电器

当被控压力超过或低于调定值时,高、低压继电器动作,起安全保护作用或进行自动调节。高、低压继电器按其控制范围可分为低压继电器、高压继电器及二者组合的高低压继电器等。

低压继电器一般安装在低压管道或容器上;高压继电器一般安装在制冷压缩机的高压管道或容器上。高低压继电器将低压和高压继电器的压力传感和传递部分组装成一个继电器,一般用于压缩机的高压超高或低压过低的保护。图3-2-25是组合式高低压继电器结构原理图。

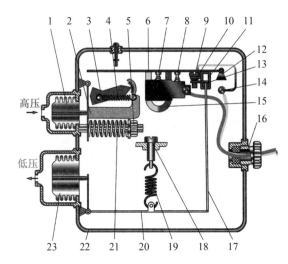

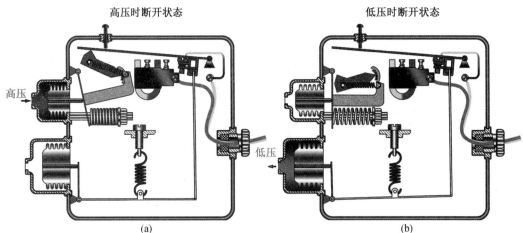

(a)   (b)

1—高压波纹管;2—杠杆;3—跳脚;4—跳簧;5—高压调节螺母;6—动触头板;7—辅助触头;
8—主触头;9—低压差动调节螺钉;10—板形螺母;11—夹持器;12—轴(支点);13—直角拨臂;
14—接线柱;15—磁钢;16—进线孔;17—推杆;18—低压调节螺钉;19—低压调节弹簧;
20—角杆;21—高压调节弹簧;22—外壳;23—低压波纹管。

图3-2-25 组合式高低压继电器结构原理图

当排气压力升至高压给定值或吸入压力降至低压给定值时,控制器触头断开,切断电路,压缩机停机。其动作原理是:低压波纹管23、角杆20、推杆17、低压调节弹簧19及低压差动装置等组成高低压继电器的低压部分。当作用于低压波纹管23上的吸气压力升高到低压设定值上限时,低压波纹管被压缩并推动角杆20,克服低压调节弹簧19的拉力做顺时针转动,带动推杆17下移;在夹持器内走完自由行程后,把夹持器连同动触头板6一起下拉,使触头闭合。磁钢15对动触头板6的吸引作用,加速了触头的闭合,防止产生电火花烧坏触头。反之,当吸气压力低于低压设定值下限时,动作过程相反,使触头断开,切断电源。

低压调节弹簧19的拉力的大小决定低压断开压力的大小。顺时针转动低压调节螺钉18,加大低压调节弹簧19的拉力,断开压力相应增大;逆时针转动则减小弹簧拉力,断开压力就减小。压力调节范围通常是 0.07~0.37 MPa。

高压波纹管1以高压调节弹簧21、高压调节螺母5、跳簧4、跳脚3、杠杆2组成高低压继电器的高压部分。当作用在高压波纹管1上的排气压力升高至设定值上限时,顶针推动杠杆2,克服高压调节弹簧21的弹力做逆时针转动,移动跳簧4的位置使跳脚3起跳,撞击动触头板6使触头断开;当高压低于设定值下限时,触头就闭合。高压设定值的调整是通过高压调节螺母5进行的,高压调节螺母顺时针转动,弹簧压力增加,断开压力也增大;反之则减小。高压部分有差动,则不能调节。高压端压力调节范围通常是 0.59~1.37 MPa。

6. 油压差继电器

油压差继电器是以滑油泵排压和曲轴箱压力(吸入压力)之差为信号进行控制的电开关。如图3-2-26所示为JC3.5型油压差继电器,当压差(50~90 s)低于整定值(大型机为0.15 MPa,小型机为0.1 MPa)时,在经过一定延时后会自动切断压缩机电路,实现保护性停车。因为油压差不足,压缩机各需要润滑部位的滑油量不足,不能工作,如果能量调节机构是以油压为动力的,也不能有效地工作。

JC3.5型油压差继电器的主要技术指标:压差调节范围为 0.049~0.34 MPa;最大工作压力为 1.57 MPa;额定工作电压为交流 220/380 V,直流 220 V;延时时间为 (60±20) s;主触头容量为交流 220/380 V、300 A,直流 220 V、50 A。

JC3.5型油压差继电器的动作原理:高压波纹管18接滑油泵出口,低压波纹管1接曲轴箱,其差值所产生的力由主弹簧20平衡,当压差大于给定值时,角形杠杆19处于的位置会将开关K与DZ接通,一路电流由压缩机电路的c点经K、DZ使正常信号灯12亮,再回到W点;另一路由c点经交流接触器线圈10、X、SX、高低压继电器触头6再回到W点。因为过载保护器H、高低压继电器触头6均处于正常闭合状态,电机电源接通,所以压缩机正常运转。

当压差小于给定值时,角形杠杆19逆时针偏转致使开关K与YJ接通的位置,正常信号灯熄灭,电流由c点经K、YJ、电加热器3、D_1、X、F、K_{sx}、SX,再回到W点,此时压缩机仍能运转,但电加热器通电后发热,加热双金属片,60 s后,双金属片向右侧弯曲程度逐渐增大,推动延时开关K_{sx}与E点接通,切断交流接触器线圈10与电加热器3的电源,接触器脱开,压缩机停止运转,而故障信号灯11亮,同时加热器停止加热。

对双金属片冷却后不能自动弹回复位,再次启动压缩机,待故障排除后,按动复位按钮4,使K_{sx}回复到与F点接通的位置,才能启动压缩机。在油压差继电器正面装有试验按钮,供随时测试延时机构的可靠性。

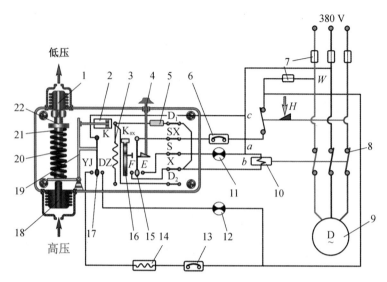

1—低压波纹管;2—实验按钮;3—电加热器;4—复位按钮;5—降压电阻;6—高低压继电器触头;
7—熔断器;8—接触器触头;9—电动机;10—接触器线圈;11—故障信号灯;12—正常信号灯;
13—手动开关;14—滑油加热器;15—延时开关;16—双金属片;17—压差开关;18—高压波纹管;
19—角形杠杆;20—主弹簧;21—可调弹簧座;22—调节轮;H—过载保护器。

图 3-2-26　JC3.5 型油压差继电器

7.蒸发压力调节阀

蒸发压力调节阀也称背压阀,装在高温库的蒸发器的出口管路上,能在阀前的蒸发压力变化时自动调节开度,保持蒸发压力稳定。

图 3-2-27 为 JVA 型蒸发压力调节阀,其左面接管为进口,接高温库蒸发器出口,右面接管是出口,接压缩机吸气总管。当蒸发压力升高到整定值时,通过阀盘 9 上的小孔 C 作用在弹簧座 5 底部的制冷剂蒸气压力会克服调节弹簧 4 的张力而将阀开启。蒸发压力升高,阀开度加大。蒸发压力降低或小于整定值,阀会自动关小或关闭,使压力值控制在一定变化范围内。

为消除阀出口压力变化的影响,阀盘 9 用密封波纹管与出口端隔离。为减轻在调节过程中的振荡,设有气缸活塞式阻尼器 3。

蒸发压力调节阀的调整原则是:当库温达到要求的下限时,阀应恰好关闭。

调整步骤如下。

(1)按库温的上、下限的平均值,加上 5~10 ℃ 的传热温差,初步确定制冷剂的蒸发温度。

(2)按所采用的制冷剂的性质查出该蒸发温度所对应的饱和压力。

(3)装上压力表并开启压力表阀。

(4)转动调节杆或调节手轮,改变弹簧的张力,使压力表显示的数值等于饱和压力的大小。

(5)当库温达下限时,观察压力表的指针是否稳定。若不稳定,说明阀尚未关闭,则应继续调节弹簧的张力,直至指针稳定为止。此时压力表的指示值为蒸发压力的下限,亦即背压阀的调定值。关闭并拆除压力表。背压阀应垂直安装,调节杆在上。制冷剂的流向与阀体上所标的箭头一致。

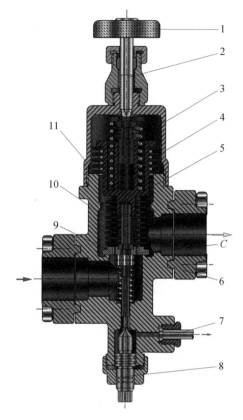

1—手轮;2—调节杆;3—气缸活塞式阻尼器;4—调节弹簧;5—弹簧座;6—出口接管;
7—压力表接头;8—压力表阀;9—阀盘;10—波纹管;11—阀罩壳;C—小孔。

图 3-2-27 JVA 型蒸发压力调节阀

8.冷凝压力调节阀(冷却水量调节阀)

图 3-2-28 为直接作用式冷却水量调节阀的结构原理图。

传压管 1 接在压缩机排气管上或冷凝器顶部。当冷凝压力升高时,压力通过传压管,使波纹管被压缩,并通过波纹管承压板 2 推动调节螺杆 11 下移,调节螺杆 11 则通过卡在其环槽中的片簧 4 带动阀芯 12 下移。阀开大,冷却水流量增加,使冷凝压力降低,反之,当冷凝压力降低时,阀关小,冷却水量减小,使冷凝压力增大,从而保持冷凝压力稳定。

转动调节螺杆 11 底部的六角头调节杆便可使其在阀芯中转动,使可调弹簧座 3 在螺杆上轴向移动,改变调节弹簧张力,从而改变冷凝压力的整定值,此阀可在 0.35 ~ 0.9 MPa 范围内调节。

【知识拓展】 螺杆式制冷压缩机结构与原理

【知识拓展】 离心式制冷压缩机结构与原理

螺杆式制冷压缩
机结构与原理
(PPT)

离心式制冷压缩
机结构与原理
(PPT)

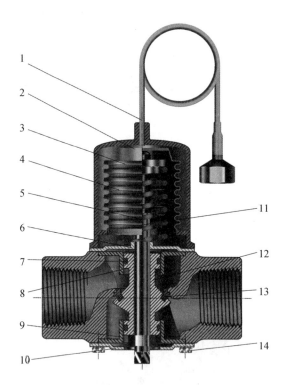

1—传压管;2—波纹管承压板;3—可调弹簧座;4—片簧;5—调节弹簧;6—下弹簧座;7—O形圈;
8—防漏活塞;9—导向套;10—底板;11—调节螺杆;12—阀芯;13—阀盘密封橡胶圈;14—螺钉。

图 3-2-28 直接作用式冷却水量调节阀的结构原理图

四、制冷压缩机制冷量调节

1. 压缩机间歇运行调节

对于活塞式压缩机,最简单的输气量调节方法是使压缩机间歇运行。当系统达到设定的最低温度时,压缩机停机;当系统温度高于设定的最高温度时,压缩机启动。

这种能量调节方法只适用于功率为 10 kW 左右的小型制冷机,对于容量较大的压缩机,机器的频繁启停不仅使能量损失大,而且影响机器的寿命和供电回路中电压的稳定性,进而影响其他设备的正常工作。

2. 吸气节流调节

吸气节流调节是指通过改变压缩机吸气截止阀的通道面积来实现能量调节。当通道面积减小时,吸入蒸气的流动阻力增加,使蒸气受到节流作用,从而使吸气腔压力相应降低,蒸气比体积增大,压缩机的质量流量减小,达到能量调节的目的。吸气节流压力的自动调节可用专门的主阀和导阀来实现。这种调节方法不够经济,在大中型制冷设备中有所应用,但目前国内应用较少。

3. 顶开吸气阀片

顶开吸气阀片是指采用专门的调节机构将压缩机的吸气阀阀片强制顶离阀座,使吸气阀在压缩机工作全过程中始终处于开启状态。这种调节方法是在压缩机不停车的情况下进行能量调节的,通过它可以灵活地实现加载或卸载,使压缩机的制冷量增加或减少。另外,全顶开吸气阀片的调节机构还能使压缩机在卸载状态下启动,这样对压缩机是非常有利的。它在四缸以上的、缸径为70 mm以上的系列产品中已被广泛采用。

顶开吸气阀片调节法,通过控制被顶开吸气阀的缸数,能实现从无负荷到全负荷之间的分段调节。如对八缸压缩机,可实现0、25%、50%、75%、100%五种负荷;对六缸压缩机,可实现0、1/3、2/3和全负荷四种负荷。压缩机气缸吸气阀片被顶开后,它消耗的功仅用于克服机械摩擦和气体流经吸气阀时的阻力。因此,这种调节方法经济性较高。

4. 旁通调节

一些采用簧片阀或其他气阀结构的压缩机不使用顶开吸气阀片来调节输气量,有时可采用压缩机排气旁通的办法来调节输气量。旁通调节的主要原理是将吸、排气腔连通,使压缩机排气直接返回吸气腔,实现输气量调节。

5. 变速调节

改变原动机的转速从而使压缩机转速变化来调节输气量是一种比较理想的方法,汽车空调用压缩机和双速压缩机就是采用这种方法调节输气量的。双速压缩机的电动机分2级或4级运转,以达到转速减半的目的,但这种电动机结构复杂、成本高,推广受到限制。近些年来,以变频器驱动的变速小型全封闭制冷压缩机系列产品已面市,它的电动机转速通过改变输入电动机的电源频率而改变,其特点是可以连续无级调节输气量,且调节范围宽广,节能高效。因此,虽然此类制冷压缩机价格偏高,但考虑其运行特性和经济性,目前仍获得较大的推广。

任务3.3 操作与管理船舶制冷装置

【任务分析】

本任务主要是掌握船舶制冷装置的操作与日常管理,包括制冷系统的验收、加/取制冷剂、加/换滑油、检漏、放不凝性气体、融霜等操作。

无锡舰

(视频)

【任务实施】

一、船舶制冷装置的启动、运行和停车

船舶制冷装置均配有自动控制系统,正常工作情况下的装置的启动、运转、调节与停车是自动控制的,但是当装置经过拆修装复后或较长时间停用后需启动时,或当检修前需停用时,仍需人工进行启、停,同时运行管理中仍有一些检查和调节工作是必须人工进行的。

1. 启动前检查及启动操作

(1)检查油位。压缩机曲柄箱的滑油油位应在示镜的1/3~1/2处。

(2)检查冷却水系统。冷却水系统应在压缩机之前开启,并应正常运转。对于间接冷却系统应开启盐水循环泵。

(3)检查直接吹风冷却的系统,应在压缩机之前开启,并使之正常运转。

(4)检查电器设备状况、电流、电压和绝缘等参数,并使之保持正常。

(5)压缩机吸入截止阀和贮液器出口阀暂不开,排气阀及高低压系统有关截止阀开足(若排出截止阀多用通道接有压力表或压力继电器,则要开足后回旋1/2~1圈),能量调节阀扳到能量最低的位置。

(6)检查机器及其四周有无妨碍运转的因素或障碍物,确认机器处于适合启动的状态。

(7)对于新安装或检修后首次启动的压缩机,应在卸载情况下手动盘车,进一步确认机器正常。

(8)瞬时启、停(点动)压缩机,观察压缩机、电机的启动状态和转向,如有疑问,可反复2~3次,确认正常。

(9)启动压缩机,缓慢开大吸入截止阀,一旦声音异常(有液击声),立即关闭,等声音正常后再缓慢开大,如此反复调节吸入截止阀的开度,直到完全开足且声音正常(若吸入截止阀多用通道上接有压力表或压力继电器,则需开足后回旋1/2~1圈)。控制吸入阀开度的目的是防止可能积聚在蒸发器中的液态制冷剂大量进入压缩机造成液击损坏。确认正常后,开足贮液器出口阀便可投入正常运转。

2. 运行中的管理

(1)检查工作压力,并保持正常。正常值一般为:排出压力方面,R12是0.8~1.00 MPa,最高不超过1.20 MPa,最低不低于0.60 MPa;R717、R22是1.00~1.50 MPa,最高不超过1.60 MPa;吸入压力的具体值与库温有关,但最低不得低于表压力0.01 MPa;油压差(油压力与吸气压力之差)方面,未设油压控制的卸载与能量调节机构的压缩机是0.10 MPa以上,设有油压控制的卸载与能量调节机构的压缩机是0.15~0.30 MPa。

(2)检查工作温度,并保持正常。正常值一般为:冷凝温度,水冷冷凝器是25~30 ℃,风冷冷凝器不超过40 ℃;排气温度方面,国家对活塞式制冷压缩机的规定为130 ℃(R12)和150 ℃(R717、R22);滑油温度方面,开启式压缩机不超过70 ℃,封闭式压缩机不超过80 ℃;库温应符合要求。

(3)检查电流、电压和功率,发现超负荷应立即找出原因并加以解决。

(4)注意机器运转声音,发现异常应及时找出原因并加以解决。

3. 停车

对于短期停车(不超过一星期),在停车前先关闭贮液器(或冷凝器)出液阀,当吸气压力表达到0.02 MPa时,切断压缩机电源,关闭吸、排阀,以将制冷剂收入贮液器。

长期停车与短期停车的操作相似,不同点是需将低压继电器触点常闭,逐次将吸气表压力抽吸到零(或略高于大气压力)时停车。其目的是将制冷剂更彻底地收入贮液器。

二、船舶制冷装置的维护性操作管理

1. 吹除杂质

对新安装或大修后装复的制冷装置,必须用0.60~0.80 MPa(表压力)的干燥空气将系统中的焊渣、铁屑和其他杂质吹除干净。吹污排口位于系统最低处,应多设几个排口,分段进行吹污,吹污后还应做气密试验和抽空试验。

船舶制冷装置
的管理(PPT)

2. 气密试验

一般用氮气或干空气试验,严禁使用氧气等危险性气体。我国海船相关规范规定货物冷藏的制冷装置的气密试验压力为设计压力(低压侧为 1.70 MPa,高压侧为 22.00 MPa),伙食冷库和空调制冷装置可参照执行。试验要点如下。

(1)注意低压侧的蒸发压力调节阀、低压继电器等适用的最高压力,隔离旁通不能承受试验压力的元件。将高压侧的安全阀与其后段管路脱开,用盲板堵死阀出口。

(2)关闭压缩机吸、排截止阀,所有通大气的阀及油分离器回油阀。开启热力膨胀阀的旁通阀和正常工作时应开启的其他各阀。

(3)将装试验用气的钢瓶经减压阀接到系统管路上(如通过充剂阀),然后开钢瓶阀向系统充气到0.30~0.50 MPa。检查系统,若有漏泄应予消除;若没有即进一步加压至要求的试验压力。关闭供液电磁阀前截止阀将系统高、低压侧分隔,分别加压至不同的设计压力。

(4)仔细地对系统各处查漏。可关冷凝器冷却水,开启水室泄水旋塞泄水,在旋塞口查漏,发现漏气应拆下冷凝器端盖检查。查漏可用皂液法,也可在系统中充表压为0.07~0.10 MPa 的氟利昂后再用检漏灯查。如果压缩机内压力升高,则表明其吸入或排出截止阀漏。

(5)查漏结束后利用冷凝器放气阀将高压系统压力适当放低,然后取下安全阀出口盲板,检查安全阀漏否。气密试验合格后,放尽试验用气体。

3. 抽空

气密试验后应将残存气体的压力尽量抽低并保持,使系统中的水分在高真空下蒸发,反复抽气以除去水分。抽空最好用独立的真空泵,其吸气管可接充剂阀或其他适当部位。为防止突然断电导致泵内滑油和外界空气倒灌,可在泵吸入管上装随真空泵电机启停同时启闭的电磁阀。没有合适的真空泵时,可用活塞式制冷压缩机本机来抽空,操作要点如下。

(1)稍开压缩机吸入阀,关闭排出阀,利用排出多用接头供抽空时排气。关闭系统中通大气的各阀(如充剂阀、放气阀等),开启系统中其余各阀(包括旁通阀)。

(2)放尽冷凝器中冷却水,如能利用电热融霜加热器或其他方法对系统适当加温,将有利于加速其中水分的蒸发。环境温度低于5 ℃时不宜进行抽空除水。

(3)将压缩机盘车几转,排气口应有气体排出。将压缩机置于手动位(低压控制器触头被旁通)启动。有容量调节时使压缩机以最小流量工作。慢慢开大吸入阀,防止排气压力过高。注意排气和滑油温度不要过高,调低油压差继电器的断电值(滑油与吸入压力差≥0.027 MPa)。抽空应间断进行。

(4)抽空共需多少时间取决于系统的大小和水分的多少。当系统真空度稳定、排气口无气排出时,关压缩机吸入阀,用手按住排出多用接头,迅速将其关闭后再停机。用真空泵抽气时应先关其通系统阀再停泵。对于氟利昂制冷系统,为进一步减少残留水蒸气和其他气体,停抽后可从充剂阀充入适量氟利昂,使真空度降到 0.04 MPa,然后启动压缩机再抽空一次。

4. 冷库温度回升试验

冷库应空载、关闭库门、堵住泄水口,用制冷装置将库温降至设计温度,然后保温运行至少 12 h(总试验时间不少于 24 h,以使隔热结构充分冷却),然后停压缩机,连续 6 h 每小时记录一次温度回升值。参照对冷藏舱的要求,如 6 h 冷库平均温度总回升值不超过试验开始时与外界大气温差的 24%即为合格。

除新船或冷库大修后应做一次温度回升试验外,最好每年在适当时候再做一次。如果不合格,若非库门、泄水口等关闭不严,则可能是舱壁隔热结构损坏、受潮等原因。

5. 充注制冷剂

对于新修或大修后的制冷装置,应在气密试验和抽空检验合格后进行。正在使用中的装置,经设备检修、更换干燥剂、滑油及清洗滤器、放空气等操作后,制冷剂总有损失,平时轴封处也会有微量制冷剂渗漏(大、中型机不超过 10 滴/h),因此制冷装置使用一段时间后需补剂。

充注制冷剂时,可从系统的专用充剂阀处或低压吸气阀多用通道口处充。前者属高压侧充注,后者属低压侧充注。一般中大型制冷系统都有专设的充剂阀,并接干燥器,充剂的操作如下。

(1)将制冷剂钢瓶瓶口向下斜置于台秤上或倒挂于吊秤下(有的制冷剂钢瓶瓶口由钢管直通瓶底,则充剂时应该正放),用接管连接钢瓶出口阀和系统充剂阀,接后者的螺帽拧紧前,先微开钢瓶阀,用制冷剂吹除接管中空气。

(2)开足冷凝器冷却水。

(3)初次充制冷剂时,可关闭干燥器后面的阀和旁通阀,从充剂阀直接向贮液器转移制冷剂。平时补充制冷剂时,为加快速度,也可以用这种方法(使钢瓶温度和压力高于贮液器即可)。

(4)正常补充制冷剂时,为避免充注过量,一般通过压缩机进行:关贮液器出口阀和干燥器的旁通阀,开干燥器出口阀,启动压缩机,使制冷剂经系统充入并经冷凝器冷凝后储存于贮液器中。

(5)充剂过程中如发现低压管路结霜融化,吸入压力降低,干燥器、充剂接管和钢瓶结霜,但过一会儿又融化,则说明钢瓶中制冷剂已用完。

(6)若制冷剂全部被收入贮液器中,则液位接近 80%表示充注量合适(正常工作贮液器液位为其高度的 1/3~1/2)。

这时可关闭钢瓶出口阀,继续抽吸至钢瓶出口接管结霜,结霜消失表明接管中液态制冷剂已收回,可关充剂阀并开出液阀运行。

对于没有充剂阀的小型装置,可将钢瓶接在压缩机吸入端的合适部位充剂。此时钢瓶阀不要开得太大,以压缩机保持适当的吸气过热度为宜。开启式活塞式制冷压缩机充剂过程中如听到液击声,应立即关小钢瓶阀,减慢充剂速度。图 3-3-1 所示为利用多用通道充加制冷剂。

6. 制冷剂的取出

如果系统中充剂过多,液态制冷剂可能过多地浸没冷凝器冷却水管,会使冷凝压力升高,这就需要取出部分制冷剂。有时装置要大修或长期停用时,可能也需要取出全部制冷剂。图 3-3-2 所示为制冷剂的回收。

取出部分制冷剂可在装置运行时进行,方法如下。

(1)将未满的制冷剂钢瓶瓶口向上放在台秤上或挂在吊秤上,用接管连接充剂阀与钢瓶出口阀,拧紧接管前先用瓶中或系统中的制冷剂吹除管中空气。若有条件则可将钢瓶放在冰水中,或用水连续冷却。

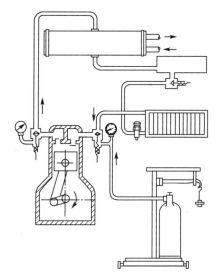

图 3-3-1　利用多用通道充加制冷剂

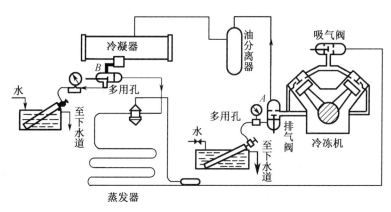

图 3-3-2　制冷剂的回收

(2)开钢瓶阀、充剂阀,关小冷凝器冷却水进口阀,保持较高的冷凝压力,使液态制冷剂进入钢瓶。随着制冷剂的进入,钢瓶内压力会升高,钢瓶质量不再增加表明制冷剂已不能再进入,这时可暂时关闭贮液器出液阀,让压缩机经系统抽吸钢瓶中的气态制冷剂,以使钢瓶降压降温,然后再开贮液器出液阀继续向钢瓶内转移制冷剂。

(3)当从系统中已取出要求的制冷剂量,或钢瓶充注量接近其最大充注量时(装到最大充注量的 80%~90% 即可),关充注阀,停止充注;然后加热接管使其中的制冷剂尽量进入钢瓶,最后关钢瓶阀、拆接管。

当系统中存留的制冷剂不多、压力较低时,若要全抽出系统中残存的制冷剂,可改用以下方法。

(1)将压缩机排出多用接头与钢瓶连接,或在排气压力表接头上装一 T 形接头,使其一端接钢瓶,另一端接压力表。

（2）开钢瓶阀，压缩机的吸、排阀和系统中的各截止阀，手动强开蒸发压力调节阀或使之旁通。

（3）然后手动启动压缩机，以最小容量抽气，并调低油压差继电器的断电值。

（4）缓缓关小压缩机的排出阀，并用冰水冷却钢瓶，使制冷剂充入钢瓶并液化。密切观察压力表以防止排压过高。

（5）当排出阀全关，吸入压力降至表压为零时停机。关钢瓶阀和排出多用接头，然后拆除钢瓶。

7. 滑油的补充和更换

滑油连续使用一段时间后，当黏度下降15%或发现因污油而颜色变深时，应换新油。对于新组装和解体大修后的压缩机，运转3~4天后也应更换滑油。装置运转正常情况下，压缩机滑油耗量很小，不会产生缺油现象，如系统短时间内缺油过多，说明系统可能回油不畅或严重泄漏，应先检查，确定情况后进行处理。

换油的操作步骤如下。

（1）关闭吸入截止阀，瞬时启动压缩机抽空曲轴箱后关排出截止阀。

（2）打开放油旋塞和加油塞，放尽脏油。

（3）打开曲轴箱并清洗干净。清洗油的黏度应比滑油低或用滑油清洗。

（4）装复后从注油孔注入新滑油至示镜高度的1/2。

（5）加完油，打开排出截止阀上的多用通道，开启压缩机，抽除曲轴箱内的空气，开启吸排截止阀后即可正常运行。

添加滑油的方法有三种。

（1）利用系统的装放油阀加油。中大型制冷装置的滑油系统往往自带滑油泵，设专用的装放油阀，如采用8FS10型制冷压缩机的制冷系统，其相关操作如下。

①将加油管一端接装放油阀外接管，一端插入油桶油面下。

②将油阀先转至"放油"位置，驱赶管内空气，再将油阀转至"装油"位置，泵开始吸油。

③当曲轴箱油位上升至刻线时，立即将加油阀转至"运转"位置。

（2）利用压缩机曲轴箱的加油孔加油。

①关压缩机吸入截止阀，把压缩机内的制冷剂收入贮液器，直至低压压力表指"0"时停机。

②关排出截止阀，旋出加油孔旋塞，从加油孔注入滑油，直至油面达油位线为止。

③开启吸入截止阀，用制冷剂驱赶进入曲轴箱的空气，并旋紧加油孔旋塞，开启排出截止阀。

（3）用压缩机多用通道加油。对没有装放油阀和加油旋塞的小型压缩机，可用压缩机多用通道加油，如图3-3-3所示。

用压缩机多用通道加油的具体操作如下。

①关压缩机吸入多用通道，装T形接头，接好加油管和真空表，稍开多用通道即关，用压缩机内制冷剂驱除接管内空气，之后立即用拇指封住接管口。

②关压缩机吸入截止阀，隔断压缩机与回气管通路。

③把转换开关置于"手动"位置或短接低压继电器，点式启动压缩机2~3次，防止制冷剂将滑油带进气缸导致液击，直至达稳定真空后停机。

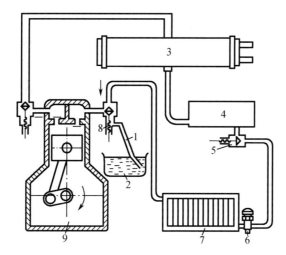

1—吸油软管;2—油池;3—冷凝器;4—贮液器;5—出液阀;
6—热力膨胀阀;7—蒸发器;8—吸入双阀座截止阀;9—制冷压缩机。

图 3-3-3 充加滑油

④松开拇指,滑油即经接管、多用通道和回油孔被吸入曲轴箱。若漏油的吸入量不足,可用拇指封住管口,重复以上操作。

8. 系统中不凝结气体的危害与排除

系统中混入不凝结气体,会引起冷凝压力升高、压缩机排温升高、热阻增加,使冷凝器传热系数降低、压缩机制冷量减少、耗电量增加。排放不凝结气体方法如下。

(1)关出液阀。

(2)启动压缩机,将制冷剂及不凝结气体压入冷凝器中后停机。

(3)供给冷凝器冷却水,使制冷剂凝结,并使不凝结气体聚集在上部。

(4)开冷凝器顶部放空气阀,几秒后关闭,重复多次,当压力表值接近水温所对应的制冷剂饱和压力时,结束操作。注意:压缩机运行中不可排放空气。

9. 检漏

氟利昂渗透性强。连接处因振动而松动、阀杆处因填料未压紧等均可造成氟利昂泄漏,轴封等处均有泄漏可能。检漏是经常性的维护工作,其方法如下。

(1)油迹检漏。原理是氟利昂与滑油互溶。

(2)卤素灯检漏。该灯以乙醇或甲醇为燃料,氟利昂气体与其火焰接触会分解为氟氯气体。气体中的氯与铜反应生成氯化铜气体,使火焰颜色发生变化(浅蓝—淡蓝—深绿—绿紫)。使用卤素灯检漏时,先旋下其底部旋塞,注入甲醇后旋紧;在黄铜杯内注入酒精,点燃烧完后,开调节阀,用吸气软管在可能泄漏处移动。操作中应注意如下事项。

①检漏前舱室应通风,舱室内不允许吸烟。因为大量氟利昂遇火会产生有毒气体,被人体吸入后会造成中毒。

②因为喷嘴上方的铜片在卤素灯工作时参与反应,所以必须事先擦净,并且火焰高度应调到正好在铜片之下。为验证效能可先人为从钢瓶中放出微量制冷剂。

③发现火色变绿,说明附近存在泄漏点,应仔细寻找。如果火色变成紫绿色和亮蓝

色,说明泄漏严重,此时应关掉检漏灯,换用皂液法等检漏,以免中毒。

④检漏后,熄火并关调节阀,注意不要关太紧,以免冷却后卡死。

⑤卤素灯检漏法对不含氯离子的制冷剂(如 R134a 等环保型无氯制冷剂)无效。

(3)皂液检漏。将皂液涂于环境温度在 0 ℃以上和系统压力为 0.35~0.40 MPa 以上处,对微小渗漏查不出。

(4)电子仪检漏。此方法对卤素的检漏灵敏度极高,能检出 0.3~0.5 g/年的微漏;对不含氯的制冷剂(R134a 等)的检漏灵敏度较低,但仍可以使用。

10. 换干燥剂

船用制冷装置须定期更换干燥剂,以防制冷剂含水导致冰塞,其操作如下。

(1)关闭贮液器出口的出液阀。

(2)启动压缩机,将制冷剂排入贮液器。

(3)关闭干燥器两端的截止阀。

(4)拆除干燥器后,用挥发性好的洗涤剂对其进行清洗。

(5)填充新的干燥剂,加装时必须充满压实。

(6)更换过程中要防止空气进入系统。

11. 融霜

由于蒸发器管壁的温度均在 0 ℃以下,空气中水汽会在其上结成霜层。霜层导热系数不到金属管壁的 1%,极大地阻碍了传热,膨胀阀会因出口过热度减小而关小,导致制冷量减小,所以蒸发器必须定期融霜,常用的方法如下。

(1)自然融霜。利用回升库温或开启库门让热空气进入,使霜层融化。此方法简单易行,但融霜时间长。

(2)电热融霜。此方法是利用电加热器对冷却盘管加热,使霜层融化,具有操作简单方便、易于自动控制等优点,缺点是需增设电热设备、耗电。

电热融霜需在冷风机翅片管间和风扇、泄水盘、泄水处设电加热器。一般都采用融霜定时器自动控制每天融霜的次数和融霜的启、停时间,通常每 24 h 融霜一次,冷库刚进货或夏天库外湿度高而开门频繁可每 24 h 融霜两次。融霜时间一般为 20~30 min。

达到调定融霜时间,定时器使融霜库的风机断电停转、供液电磁阀断电关闭,各融霜电加热器通电。到调定融霜结束时间,定时开关使加热停止,打开供液电磁阀和启动风机。若融霜结束时间未到而霜已融完,蒸发器内的温度和压力会迅速升高,对此可在冷风机出口管路上接融霜保护压力继电器,当蒸发器内压力升至较高(如为制冷剂温度为 3 ℃左右时的饱和蒸气压力)时,提前中断加热器供电;也可设融霜温度继电器,在其感受到蒸发器翅片间的温度升至调定值时提前使融霜电加热器断电。

(3)热气融霜。此方法是把压缩机排出的高温制冷剂蒸气引回蒸发器,利用排气热量使霜层融化,是船用制冷装置常用的方法。热气融霜按热气流向的不同可分为两种方式,即顺流式热气融霜和逆流式热气融霜。

①顺流式热气融霜

顺流式热气融霜系统原理图如图 3-3-4 所示。

这种系统的特点如下。

a.融霜热气管通到膨胀阀后,其流向与正常工作时制冷剂的流向相同。

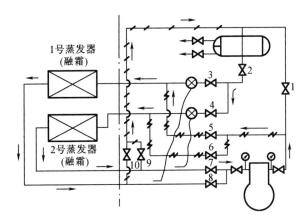

1—冷凝器进口阀;2—冷凝器出口阀;3,4—供液阀;5,6—融霜热气阀;7,8—回气阀;9,10—融霜回液阀。

图3-3-4 顺流式热气融霜系统原理图

b. 融霜后凝结的液体制冷剂不允许被吸回压缩机,因此必须设回液管。当冷凝器位置较低时,融霜回液管可接到冷凝器进口,这样融霜蒸发器与冷凝器串联,融霜后期霜层不多时也不必担心排气压力过高,操作比较安全;但若冷凝器位置较高,为避免融霜时产生的制冷剂凝液聚集在蒸发器内,回液管必须通至冷凝器出口管,这样,融霜蒸发器与冷凝器并联,融霜后期霜层不多时排气压力可能过高,应注意适当开启冷凝器进口阀以分流。

②逆流式热气融霜

逆流式热气融霜系统原理图如图3-3-5所示。

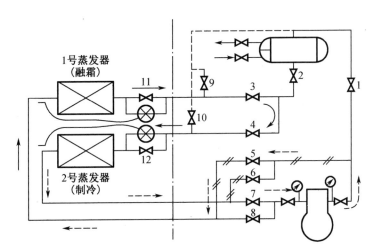

1—冷凝器进口阀;2—冷凝器出口阀;3,4—供液阀;5,6—融霜热气阀;
7,8—回气阀;9,10—融霜回液阀;11,12—热力膨胀阀旁通阀。

图3-3-5 逆流式热气融霜系统原理图

这种系统的特点如下。

a. 将融霜热气管接到蒸发器后吸气管上的吸气阀前,融霜热气在蒸发器中的流向与正常工作时制冷剂的流向相反。吸气阀就在冰机间,故膨胀阀离冰机间较远的冷藏舱制冷装置也可以适用。其融霜操作步骤和要领与顺流式相同,差别仅在于融霜期间要开启膨胀阀的旁通阀(有的冷藏舱为简化操作,采用单向阀)让制冷剂流过。

b. 可以不设融霜回液管,让热气融霜的制冷剂凝液逆向流过该库供液阀,向工作库供液。但这样融霜蒸发器和冷凝器即成并联,融霜后期,融霜蒸发器的结霜大部分已融化,压缩机的排气会因冷却不好而排压过高。这时必须适当开启冷凝器进、出口阀以帮助冷凝。所以,当冷凝器是低位时,有的逆流式热气融霜系统也加设回液管,通至冷凝器进口(如图3-3-5中虚线所示)并与之串联,以保证融霜后期操作简便、安全。

三、常见故障分析和排除

制冷装置可能发生的故障有多种形式,其原因也各异,一定要仔细鉴别,下面介绍几种常见故障及其排除方法。

1. 冰塞

冰塞最易发生在膨胀阀处。膨胀阀孔道狭窄,又是节流降压元件,液管上滤器脏堵也可能因节流而导致冰塞。当冰塞尚未完全堵死通道时,进入蒸发器的制冷剂流量减少,压缩机因吸压下降而停车。停车后,冰塞处的冰一部分融化,少量制冷剂流入蒸发器,压缩机吸压回升,重新启动,但冰塞会继续加重,不久就会停车。如冰塞通道完全堵死,则压缩机完全不能正常工作。判断冰塞具体部位时,可先关闭膨胀阀前截止阀,清除该阀后管道阀件的霜层,再突然开启该阀,由于冰塞处流道狭窄,起节流降压作用,因此其后面管道必然结霜,则此处即为冰塞部位。消除冰塞的办法如下。

(1)拆下冰塞元件除冰。用纯酒精清洗冰塞元件,再用压缩空气吹干装复。

(2)化冰后用干燥剂吸水。在冰塞部位外敷毛巾并用热水浇,使冰融化,接着启动制冷装置,使水分随制冷剂流动并被干燥剂吸收。采用这种方法时,往往很快又在原来冰塞处后面形成新冰塞,需反复进行上述操作。

(3)用解冰剂(纯甲醇)消除冰塞。应急时可加入占制冷剂总体积1%的纯甲醇以消除水塞。此方法对机械设备有损,不提倡。

(4)用干燥气体吹除水分并换新制冷剂。系统大量进水时,上述方法不起作用,这时只能将系统中的制冷剂放掉或收入钢瓶,然后用0.6~0.8 MPa的二氧化碳或氮气吹扫系统,最后用抽空除水法使系统干燥。

冰塞以预防为主,应及时更换失效的干燥剂,拆修和日常操作时要防止湿气和水分进入系统,并在充冷剂和拆修后用干燥器吸收可能进入系统的水分。

脏堵常发生在膨胀阀进口管中滤器或阀孔处,其特征相似于冰塞,但不会因时间延长而加重,不能用热敷法消除。

油堵是由选用凝点高的滑油、滑油分离器分离效果差等引起的。系统中存油过多会造成传热变差、制冷剂循环量减少,压缩机会产生油击。

2. 系统中制冷剂不足

制冷剂严重不足时,系统中制冷剂的循环量减少,进而导致库温难以降低。其具体症状如下。

(1)蒸发温度低于0 ℃的蒸发器的后部结霜融化。

(2)吸气过热度增加。

(3)吸入压力、排气压力均下降。

(4)贮液器中液位低于1/3。

(5)膨胀阀因制冷剂中夹有过多气体而发出较明显的"嗞嗞"声。

(6)开启膨胀阀的旁通阀,吸气压力无明显的回升。

3. 压缩机启动不久就停,接着无法启动

第一种情况:由高压继电器断开引起,原因如下。

(1)排出阀未开或开度不足。

(2)冷凝器冷却水中断或水量不足。

(3)高压继电器上限调得太低或未人工复位。

第二种情况:由低压继电器断开引起,原因如下。

(1)低压继电器下限调得太高。

(2)供液阀故障,供液过少。

第三种情况:由油压差继电器断开引起,原因如下。

(1)曲轴箱缺油或奔油,或吸油滤器阻塞。

(2)油压调节阀调压过低或泄漏。

4. 压缩机长时间运转不停

根本原因在于制冷量不足或冷库热负荷过大,具体如下。

(1)蒸发器结霜太厚或存油过多。

(2)制冷剂循环量不足或管路不畅通。

(3)压缩机实际排气量显著减少。

(4)冷库隔热层损坏,库门关不严或放入大量热货等。

(5)温度继电器、低压继电器调节不当,感温包安放不当等。

5. 压缩机运转中有异响

(1)液击。

(2)余隙过小,运动部件间隙过大造成敲击。

(3)缸内有异物。

(4)连杆大端螺栓松动。

(5)机座螺栓松动、滑油泵磨损等。

【练习与思考】

一、选择题(请扫码答题)

二、简答题

1. 试述压缩式制冷装置的基本构成和工作原理。

2. 如何判断热力膨胀阀的开度调节合适与否?

3. 现代活塞式制冷压缩机在构造上有哪些重要特点?

4. 氟利昂制冷装置有哪些重要的自动化元件?各起什么作用?

5. 如何给氟利昂制冷压缩机添加滑油?

任务3.3
选择题

项目 4　船舶空气调节装置

【项目描述】

　　船舶航行于各个海域,气象条件复杂多变。同时,船上人员和机器设备也不断散发出大量的热量和水蒸气。为了能在舱室内创造适宜的人工气候,以便为船员、旅客提供舒适的工作和生活环境,现代船舶大都设有空气调节(简称空调)装置。所谓空气调节,就是对空气进行必要的处理,然后以一定的方式将处理后的空气送入舱室,使室内空气的温度、湿度、气流速度和清新度适于工作和生活。空气调节装置的操作与管理是轮机员必须掌握的技能。

　　通过本项目的学习,你应达到以下目标:

　　能力目标:

◆认识并熟悉船舶空调装置主要类型与设备;

◆掌握船舶空调装置冬、夏温度自动控制方法;

◆掌握船舶空调装置冬、夏湿度自动控制方法;

◆具备对船舶空调装置使用管理的能力;

◆能够分析和处理船舶空调装置常见的故障。

　　知识目标:

◆了解船舶空调装置的主要类型;

◆了解船舶空调装置基本设备的作用、结构、原理和特点;

◆了解船舶空调常见故障和处理方法。

　　素质目标:

◆培养严谨细致的工作态度和精益求精的工匠精神;

◆提高团队协作能力与创新意识;

◆树立安全与环保的职业素养;

◆厚植爱国主义情怀和海洋强国梦。

【项目实施】

　　项目实施遵循岗位工作过程,以循序渐进、能力培养为原则,将项目分成以下三个任务。

　　任务 4.1 了解船舶空气调节基础知识

　　任务 4.2 认识船舶空气调节装置设备

　　任务 4.3 操作与管理船舶空调装置

任务 4.1 了解船舶空气调节基础知识

【任务分析】

本项目的主要任务是了解船舶空调的相关理论知识,为进一步学习船舶空调装置及其管理奠定良好的基础。

【任务实施】

国产大型邮轮(视频)

一、船舶对空调装置的要求

空调"气候"条件取决于若干气象因素的变化及其组合情况。在讨论人的舒适感时,涉及的气象因素主要有空气温度、相对湿度、空气流速及空气新鲜、清洁程度。实际上,人与空调"气候"条件的关系,就是人体与周围环境之间保持必要的热平衡(即人体热平衡)。人体热平衡是保证人健康舒适的最基本的条件之一,而取得这种热平衡及人体对周围环境达到热平衡时的状态又取决于许多因素的综合作用。这些因素包括环境因素(空气温度、湿度、流速等)及人的因素(人的活动、适应性、衣着等)。

船舶空调基础知识(PPT)

一般而言,船舶空调仅用于满足卫生和舒适的需要,为船员和旅客创造良好的工作和生活环境,称为舒适性空调,它对空气条件的要求并不十分严格,一般应满足以下几方面。

1. 空气温度

空调使人感觉舒适与否,取决于能否在一般衣着条件下自然地保持人体的热平衡,对此影响最大的空气参数是温度。在湿度适中和空气稍有流动的条件下,通常人在一般衣着时感到舒适的空气温度:冬季为 19~24 ℃,夏季为 21~28 ℃。从节能角度考虑,空调设计参数可偏近舒适范围的上限。我国国家标准《船舶起居处所空气调节与通风设计参数和计算方法》(GB/T 13409—1992)中规定,无限航区船舶空调舱室的设计标准是:冬季舱内干球温度为 22 ℃,夏季舱内干球温度为 27 ℃;居住舱内地板以上 1.8 m 内及距四壁 0.15 m 以上的中间空间内,各处温差不超过 2 ℃。此外,夏季人进出舱室一般不加减衣着,为防止感冒,舱内外温差不宜超过 6 ℃。

2. 空气湿度

人对空气的湿度不十分敏感,相对湿度以 50% 左右为宜,而在 30%~70% 的范围内,人也不会明显感到不适。但如果湿度太低,人会因呼吸时失水过多而感到口干舌燥;而湿度太高则其接触的衣被等都会潮湿,而气温稍高时汗液难以蒸发,人更容易感到闷热。冬季靠喷汽或喷水加湿,舱内湿度设计值通常取 50%,实际可控制在 30%~40% 范围内,以减少淡水耗量,并防止与室外低温空气接触的舱壁结露。夏季空调靠冷却除湿,舱内湿度可按 (50±5)% 设计,实际保持在 40%~60% 范围内即可。

3. 空气清新程度

空气清新程度包括空气清新(少量含有粉尘和有害气体)和新鲜(足够的含氧量)两项要求,满足人呼吸对氧气的需要,新鲜空气供给量每人 2.4 m³/h 即可,要使二氧化碳、烟气等有害气体降到允许值以下,新风量要求每人 30~50 m³/h。

4. 空气流速

舱室内,空气有轻微的流动可使人感到不气闷,要求气流速度以 0.15~0.2 m/h 为宜,最大不超过 0.35 m/h,否则人也会感到不舒服。

5. 噪声

距室内空调出风口处,测试的噪声应不大于 55~60 dB(A)。

二、湿空气的基本知识

完全不含水蒸气的空气称为干空气。实际上,空气中总有少量的水蒸气。含有水蒸气的空气称为湿空气。空气中水蒸气的分压力如果达到空气温度所对应的水蒸气饱和压力,水分即不再向空气中蒸发,称为饱和空气。水蒸气分压力尚未达到该空气温度所对应的水蒸气饱和压力的湿空气称为未饱和空气,它可以允许水分继续向其中蒸发。下面介绍湿空气的常用状态参数。

1. 压力

(1)大气压力

地球表面的空气层在单位面积上的重力称为大气压力。通常以纬度 45°处海平面上常年平均气压作为一个标准大气压或物理大气压,等于 101.325 kPa。

(2)水蒸气分压力

湿空气是干空气和水蒸气的混合气体,按照物理学中道尔顿定律,混合气体的总压力等于各组成气体分压力之和,则湿空气的压力 p 等于干空气的分压力 p_g 加水蒸气分压力 p_c,即

$$p = p_g + p_c$$

水蒸气分压力的大小反映了空气中水蒸气的含量多少,也反映了空气的潮湿程度,它是空气湿度的一个指标。

2. 温度

温度是表示空气冷热程度的标尺,常用 t 来表示摄氏温度(℃),用 T 表示空气绝对温度(K),它的高低对人的舒适度和健康影响很大,是空调中的一个重要参数。

3. 湿度

湿度是用来表示干湿程度的物理量,有下面几种表示方式。

(1)绝对湿度

1 m³ 湿空气中含有的水蒸气的质量称为空气的绝对湿度,单位是 kg/m³,用 Z 表示。

(2)含湿量

1 kg 干空气所含水蒸气的质量称为含湿量,单位为 g/kg,常用 d 表示。含湿量 d 几乎同水蒸气分压力成正比,而同大气压力成反比。它表达了空气中实际含有的水蒸气量。对某一地区讲,大气压力基本上是定值,那么空气含湿量 d 仅同水蒸气分压力有关。

含湿量是空调技术中的一个重要状态参数,对空气去湿或加湿处理时,干空气的质量是保持不变的,仅是水蒸气含量发生变化,因此,在空调工程计算中,常用含湿量的变

化来表达加湿或去湿程度。

（3）相对湿度

相对湿度是指空气的绝对湿度 Z 和同温度下饱和绝对湿度 Z_B 之比,用 ϕ 表示。ϕ 反映了空气潮湿程度,在一定条件下,ϕ 越高,Z 越大,空气越潮湿,离饱和程度越近。

（4）露点温度

露点温度是指将空气等温冷却至 $\phi=100\%$ 时的温度,用 $t_露$ 表示。湿空气达到露点后继续冷却,其中的水蒸气因过饱和而形成小水滴并析出,在空气中即形成雾,在固体表面即结成露。

4. 焓

空气的焓表示单位质量的湿空气所含有的总热量,对含湿量为 d（g/kg）的湿空气,其焓等于 1 kg 干空气的焓和 d（g）水蒸气的焓的总和,即 $(1+0.001d)$ kg 的湿空气,它的焓 $h\approx C_p \cdot t+2.5d$。

三、湿空气的焓湿（h-d）图及其应用

如上所述,空气基本状态参数中的温度、相对湿度 ϕ、含湿量 d、水蒸气分压力 p_c 和焓 h 是空调的主要参数,彼此独立而又相互联系,直接反映了空气的热力状态。通过图 4-1-1 的湿空气焓湿图（图中,ε 为热湿比）,可在已知其中任意两参数的情况下计算出其他热力参数。

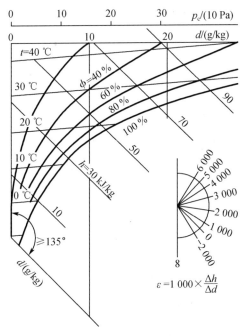

图 4-1-1　湿空气焓湿图

1. h-d 图

(1)等含湿量线

它是一系列与纵坐标平行的直线,从纵轴为 $d=0$ g/kg 的等含湿量线开始,d 自左向右逐渐增加。

(2)等焓线

由于采用 135°斜角坐标,等焓线为一系列与纵坐标成 135°夹角的平行线。通过含湿量 $d=0$ g/kg 及温度 $t=0$ ℃交点的等焓线,$h=0$ kJ/kg,向右上方的等焓线为正值,向左下方的等焓线为负值。

(3)等温线

不同温度的等温线彼此是不平行的直线,其斜率为 $2\ 500+1.84t$,由于 t 值不同,斜率是不同的。由于空调温度为 $-10\sim40$ ℃,$1.84t$ 远远小于 $2\ 500$,温度对斜率影响不大,所以等温线又近似平行。$t=0$ ℃以上,等温线为正值,以下为负值,自下而上温度逐渐增加。

(4)等相对湿度线

它是一系列向上凸的曲线。当 $d=0$ 时 $\phi=0\%$,即 $\phi=0\%$ 的等相对湿度线与纵坐标轴重合,自左至右,ϕ 随 d 的增加而增加,$\phi=100\%$ 的等相对湿度线称为饱和曲线。饱和曲线将 h-d 图分为两部分,上部表示未饱和空气,饱和曲线上各点是饱和空气,下部表示饱和空气。过饱和区的水蒸气已凝结成雾状,故又称为雾区。

(5)水蒸气分压力线

根据 $p_c=Bd/(622+d)$ 可知,当大气压力 B 为定值时,水蒸气分压力仅取决于含湿量 d,因此,在 d 轴上可标出相应的 p_c。

(6)热湿比线

在空调工程中,被处理的空气常常由一个状态变为另一个状态,为了表示变化过程进行的方式与特性,在图上还标有热湿比线。空调舱室的全热负荷 Q 与湿负荷之比称为热湿比 ε(kJ/kg),即

$$\varepsilon=Q/0.001W \quad (kJ/kg)$$

2. 焓湿图的应用

焓湿图是进行空调设计、计算和分析空调设备运行工况的重要工具,如图 4-1-2 所示。下面分别举例来说明焓湿图的应用。

(1)应用焓湿图,确定空气状态参数

在某一大气压力下,只要已知任意两个参数,即可在 h-d 图上确定该状态下的其他参数。例如,已知空气温度 $t=30$ ℃、相对湿度 $\phi=45\%$,由相应的等温线和等相对湿度线,可确定湿空气状态点 A,其焓值约为 61 kJ/kg,其含湿量约为 12 g/kg,相应的水蒸气分压力约为 $1\ 920$ Pa。

(2)应用焓湿图,表示空气状态变化过程

焓湿图不仅能确定空气的状态和状态参数,而且还能显示空气状态的变化过程,其变化过程方向和特征可用热湿比表示。

①干式加热过程。空气调节中,常用电加热器来处理空气。空气在通过加热器时获得了热量,提高了温度,但含湿量并没有变化,因此空气呈等温增焓升温变化,如 A—1 所示,热湿比 $\varepsilon=+\infty$。空气经过表面式热水或蒸汽加热器时的状态变化过程也属

此种情况。

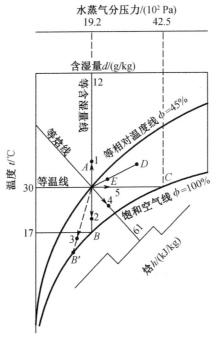

图 4-1-2　焓湿图的应用

②干式冷却过程。湿空气冷却时,如果未冷至露点以下,则不会有水分析出,过程变化为等温减焓降温,如图 $A—2$ 所示,$\varepsilon=-\infty$。

③减湿冷却。如空气冷却器的壁温 t'_B 低于露点 t_B,则贴近壁面的空气的冷却过程按 $A—B—B'$ 进行,从 B 至 B' 段,空气含湿量减小,有水蒸气凝结成水析出。但冷却器出口空气的平均状态并不能以 B' 点表示,而应以 AB' 连线上某点 3 表示。这是不贴近壁面的空气与达到 B' 状态的空气混合的结果。空气冷却器(简称空冷器)管距越小,纵向排数越多,气流速度越小,则出口状态点 3 越接近 B'。$A—3$ 是减湿降温过程,$\varepsilon>0$ kJ/kg。空冷器壁温越低,除湿量越大。

④喷水加湿过程。由于常温水的比焓值不大,加水量又小,故工程上可近似地把喷水加湿过程按等焓加湿过程处理,如 $A—4$ 过程所示,$\varepsilon=0$ kJ/kg。

⑤喷汽加湿过程。喷汽加湿过程是焓湿均增过程,其过程中温度近似不变,因此工程上可把喷汽加湿看作等温加湿过程,如 $A—5$ 过程所示,$\varepsilon>0$ kJ/kg。

⑥混合过程。状态点 A 风量为 G_A(kg/h)与状态点 D 风量为 G_D(kg/h)的两种空气混合后,状态点 E 在 AD 连线上,$AE/DE=G_D/G_A$,即 E 点更接近风量大的状态点。

四、船舶舱室的显热负荷和湿负荷

单位时间内渗入舱室并引起室温变化的热量称为舱室的显热负荷。它主要包括以下几方面。

（1）渗入热。夏季通过船舶围护结构传入的热量占舱室显热负荷的26%~31%。

（2）太阳辐射热。通过外窗渗入的热量占舱室显热负荷的25%~27%。

（3）人体散热量。平均每人约210 kJ/h，人体散热占舱室显热负荷的16%~18%；

（4）照明和其他电气设备散热。这部分热量占舱室显热负荷的4%~5%。

（5）食品、燃烧或其他过程的散热量。

显热负荷用Q_x（kJ/h）表示。夏季，太阳辐射产生的热量及室内外环境温差所产生的渗入热量从外向里传递，显热负荷是正值；冬季，室内外的温差却使热量自里向外散发，虽然太阳的辐射、人体及设备发出的热量的传递方向不变，但与前项相比，其值很小，总体上，冬季舱室是从内向外渗热的，其显热负荷为负值。

空调舱室的含湿量来自人体散发的水蒸气、食物和水以及空气侵入而带入的水分，每小时散出的水蒸气的质量称为舱内湿负荷，用W_x（g/h）表示。人体和食物总是不断散发水蒸气而使舱内含湿量增加，所以无论冬夏，舱内湿负荷总为正值。

不同舱室的显热负荷、湿负荷因其位置、大小、用途不同而不同。如舱室的朝阴朝阳、迎风避风，都会使舱室内显热负荷变化，而舱室的湿负荷也因居住人数不同而有所不同。一般来说，住的人越多，其舱室的湿负荷越大，这些显热负荷、湿负荷的变化都会影响舱室的热湿比（二者之比）。不同舱室的显热负荷、湿负荷可以不相同，但如果二者之比相同，只要改变送风量就可采用相同或相近的室内空气参数。而热湿比相差大的舱室，如采用相同的送风参数，无论如何调节，送风量都不可能使彼此的室内参数相近。所以空调分区的原则主要是：让热湿比相近的舱室置于同一空调区。货船一般按左右舷分设两个空调区，客船还要考虑等级、上下层、防火分区、水密分区等情况。夏季室外气温较高，舱室的显热负荷为正值，空调装置应按降温工况工作，送风温度比室内温度要低；冬季室外气温较低，舱室的显热负荷为负值，空调装置应按取暖工况工作，送风温度比室内温度要高。一般来说，如能提高送风温差，即可减少送风量，这时风机的流量和风管的尺寸均可减小。当然送风温差过大，会使室温均匀性难以保证。根据显热负荷平衡式求出的送风量一般都超过必需的新鲜空气量。从节能角度考虑，可采用一部分回风来减少空调器的显热负荷。特别是当外界的气温过高或过低时，空调舱室的显热负荷超过设计值，送风量也已达设计极限值，要保持舱室的设定温度，采取的措施只能是暂时减少新风（即外界空气）量，增大回风量。而在过渡季节，应尽可能多用新风，甚至全部用新风。此外，空调舱室内应保持一定的正压，防止室外或相邻房间非洁净空气渗入，干扰室内的温、湿度。

任务4.2　认识船舶空气调节装置设备

【任务分析】

本任务主要是认识船舶空调装置的设备及其结构与原理，为空调装置的维护与管理奠定基础。

【任务实施】

一、船舶空调系统概述

船舶空调装置一般是将空气集中处理后再分送到各个舱室,称为集中式空调或中央空调;有的还能将集中处理后送往各舱室的空气进行分区处理或分舱室单独处理,称为半集中式;某些特殊舱室,如机舱集控室,因显热负荷与一般舱室相差太大,需单独设置专用的空调器,称为独立式空调。

图4-2-1所示为船舶集中式空调装置。通风机7由新风吸口6吸入外界空气(称为新风),同时也由通走廊的回风总管4吸入一部分空气(称为回风),二者混合后在空气调节器1中进行过滤,然后经加热、加湿或冷却、除湿,达到要求的温度和湿度,最后被送入若干并列的主风管2,再经各支风管分送到各舱室的布风器3,对舱室送风。而舱室中的空气则通过房门下部的格栅流入卫生间(若有的话)及走廊,走廊中的空气部分作为回风又被空调器吸入,其余排至舱外。

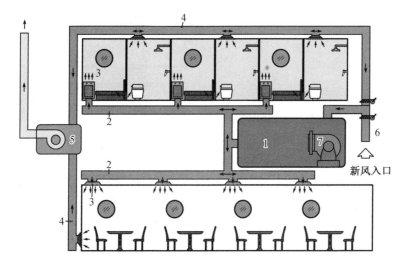

1—空气调节器;2—主风管;3—布风器;4—回风总管;5—抽风机;6—新风吸口;7—通风机。

图4-2-1　船舶集中式空调装置

可能产生不卫生气体或有味气体的舱室(如厕所、浴室、医务室、病房、公共活动舱室、餐厅、厨房等),应设机械排风系统,由排风机5将空气排至舱外,以保持舱室内负压,避免这些舱室的气味散发到走廊和其他舱室。较大客船的走廊也都能机械排风。舱容小而自然排风条件好的处所,可以采用自然排风。

排风舱室的进风可由空调舱室的空气流入(如船员舱室的卫生间)以保持一定的空调效果;或以通风机直接送入新鲜空气(如厨房);或靠空调送风系统直接送风(如餐厅、公共活动舱室、医务室、病房)。医务室、病房的送风管中应装止回风板。

独用的厕所、浴室的最小换气次数为10次;公用的厕所、浴室、洗衣间等的最小换气次数为15次。医务室、病房若设独立排风系统,其设计排风量应比空调送风量大

20%;而餐厅的排风量应等于空调送风量。空调区域内各排风系统所排出的空调空气量之和,不能超过区域内送入新风量的80%,并连同其回风量一起,不能超过区域内空调送风量的90%,以保持空调区域的空气正压。而对于排风量相比于新风量太少的空调系统,在空调区域的适当处需设自然排风口,以使区域内的空气正压不致过高。

二、船舶集中式空调装置的分类

船舶集中式空调装置可按调节方式来分类。

1. 完全集中式单风管空调系统

图4-2-2所示为集中处理的单风管系统,供风在集中式空调器中被统一处理,然后由单风管送至各舱室。

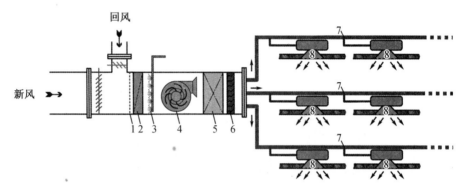

1—滤器;2—加热器;3—加湿器;4—风机;5—冷却器;6—挡水板;7—风管;8—布风器。

图 4-2-2 集中处理的单风管系统

由于各舱室的送风参数相同,因此这种系统具有如下特点。

(1)结构简单,尺寸小,造价低,在货船上用得很普遍。

(2)对各舱室空气参数的个别调节就只能靠改变布风器风门的开度即改变送风量来实现,即只能进行变量调节。进行变量调节时,相邻舱室相互影响。所以这种系统调节幅度不宜过大,否则难以保证舱室的新风供给量和室内空气参数均匀。它适用于温热带海域中取暖工况时间不多的船舶。

2. 分区再热式单风管系统

这种系统是将空气调节器统一处理后的空气,由设在空气调节器分配室的各隔离室内或主风管内的再热器进行再加热,然后再用单风管送至各空调舱室。

这种系统在冬季采用较小的送风温差,对失热量较小的舱室可少进行或不进行再加热,故一般不需要将送风量过分调小。虽然要对舱室进一步调节仍要靠变量调节,但所需调节幅度明显减小,不会影响新风供给量和室温均匀。

3. 末端再处理空调系统

(1)末端再热式空调系统

除在集中式空调器中统一处理供风外,在每个舱室布风器上设加热器且加热方式为电加热最为普遍。这种系统的特点是对取暖工况可进行变质调节,而对降温工况只能进行变量调节,适用于无限航区。

（2）末端再热和再冷式空调系统

这种系统的组成如图4-2-3所示。集中式空调器只对空气参数做预处理，取暖工况为15~25 ℃，降温工况为12~16 ℃。每个舱室的诱导式布风器内设有换热水管，冬季通热水，夏季通冷水。这种系统的特点是冬夏季均采用变质调节，调节质量好，但造价高，管理复杂，常用于空调要求较高的船舶上。

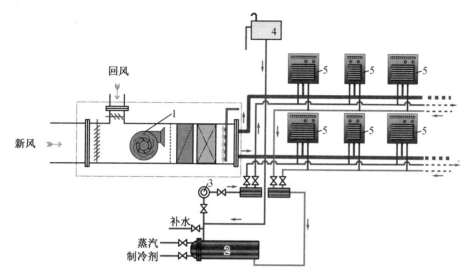

1—空调器；2—换热器；3—循环水泵；4—膨胀水柜；5—具有二次热交换器的诱导式布风器。

图4-2-3　末端再热和再冷式空调系统

4. 双风管系统

图4-2-4所示为集中处理的双风管系统。空调器由前后两部分组成，经前部预热处理（冬季经预热器2，夏季经预冷器3）后，即经中间分配室6通过预处理送风管11送至舱室布风器13，称为一级送风；其余空气则经空调器后部再处理（冬季经再热器8再加热、加湿器4加湿，夏季经再冷却器7冷却、除湿）后，经后分配室10通过再处理送风管12送至舱室布风器13，称为二级送风。取暖工况：一级风温为15 ℃，二级风温为29~43 ℃。降温工况：一级送风为进风（加风机温升），二级送风的风温为11~15 ℃。这种系统的特点是能向舱室同时供送温度不同的两种空气，调节两风管风门开度比例可改变送风温度，调节灵敏，属变质调节，不影响新风送风量、室内风速和温度均匀性，末端不设换热器，可采用直布式布风器，并且其造价较低，噪声也小，适用于对空调要求较高的船舶。

三、集中式空气调节器

加热与冷却的冷热源由系统集中供给，空气处理全部在空调器内进行的空气调节器，称为集中式空气调节器（图4-2-5）。空气调节器由混合室、消音滤尘室、空气处理室及分配室组成，内设风机、空气冷却器、挡水板、空气加热器、加湿器等。

集中式船舶空调系统（PPT）

船舶空气调节装置的主要设备（微课）

集中式中央空气调节器（动画）

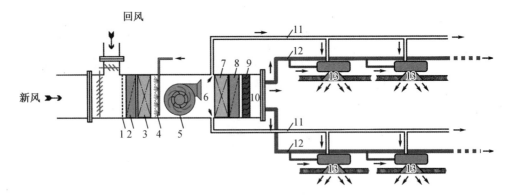

1—滤器;2—预热器;3—预冷器;4—加湿器;5—风机;6—中间分配室;7—再冷却器;
8—再热器;9—挡水板;10—后分配室;11—预处理送风管;12—再处理送风管;13—舱室布风器。

图4-2-4 集中处理的双风管系统

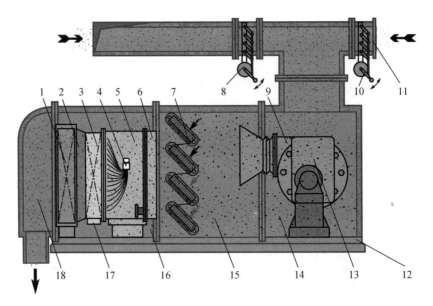

1—空气加热器;2—加湿器;3—挡水板;4—空气冷却器的冷剂分配器;5—空气冷却器;6—制冷剂流出集管;
7—滤器;8—回风量调节门;9—风机;10—新风量调节门;11—具有滤网的新风入口;12—底架;
13—检查门;14—混合室;15—消音滤尘室;16—空气处理室;17—集水盘;18—分配室。

图4-2-5 集中式空气调节器

1.集中式空气调节器的作用

集中式空气调节器的作用是对自然空气进行再处理,以满足设计标准的要求,具体如下。

（1）空气的混合、消音和过滤

新风和回风经各自的调节门由风机吸入,在混合室中混合后进入消音滤尘室。风机常用噪声较低的离心式通风机。高速空调系统中,风速为20~30 m/s,常采用前弯式离心风机放在空调器进口,称为压出式;低速系统中,风速为10~12 m/s,常采用后弯式离心风机放在空调器出口,称为吸入式。压出式对送风的降温有利,吸入式能使空气均匀流过换热器。风机上设有低速挡,常用于通风工况。

气流进入消音滤尘室后,因流通截面积扩大,流速突降,低频声衰减,而中高频声则为四壁的消音材料(泡沫塑料)所吸收。

消音滤尘室内有四块由滤板组成的栅墙,用于滤除空气中的灰尘。滤板材料常为粗孔泡沫玻璃纤维、无纺布等,也有涂以矿物油的金属网格或皱褶钢皮。空调器的空气滤器常设有 U 形玻璃式压差计,一般正常工作时,压差为 20~30 Pa,如果满压则表示滤器脏堵了,这种现象如发生在降温工况,将导致空气风速降低,蒸发器结霜。相反,如果空气滤器穿孔,则会使空调器内气流速度大增而产生惯性的影响,使挡水板失去作用,并使空气及舱室的湿度增加。

(2)空气的冷却与除湿

空气处理室内设有空气冷却器和挡水板,降温工况时,空气流经蛇形肋片管时,被管内低压蒸发的制冷剂冷却。空气的冷却可分为两种情况:一是等湿冷却(干冷却),空气冷却器表面的平均温度高于空气露点温度时,空气被冷却,但含湿量不变,不会在空气冷却器表面结露;二是减湿冷却,当空气冷却器表面的平均温度低于空气露点温度时,空气中的水蒸气一部分凝结在空气冷却器表面,使空气含湿量减小,并且壁温越低,除湿能力越大,但是壁温过低会引起凝水结霜,使管间距离减小,妨碍空气流动,并影响传热效果,因此冷却管的壁温不可低于 0 ℃,直接蒸发式空调制冷剂的蒸发温度不可低于 -2 ℃,一般为 0~7 ℃;间接冷却式空调载冷剂用淡水,温度不可低于 4 ℃,一般为 4~7 ℃,以防淡水结冰。空气冷却器壁面结露所产生的凝水沿管外肋片下流,落入集水盘,由泄水管泄出。上述两种冷却不论含湿量是否变化,相对湿度在冷却后均提高了。这是因为温度越低,越接近空气中水蒸气分压力对应的饱和温度。

冷却器后设有挡水板,挡水板由许多竖立并列放置的曲折板组成,如图 4-2-6 所示。空气气流不断改变,所带水滴便附着在挡水曲板上,流到下面集水盘中。通过挡水板间的风速以 2.5 m/s 为宜,超过 2.8 m/s 则挡水板可能失去作用。集水盘的泄水管设 U 形水封,是为了防止空气"短路"或漏失,即避免凝水被泄空,以致气流从空气冷却器底部绕过。

(3)空气的加热和加湿

当外界气温低于 15 ℃时,空调装置按取暖工况运行。空气处理室中设有空气加热器和加湿器。其中,空气加热器由带肋片的盘管组成,常以 60~100 ℃热水或表压力为0.2~0.5 MPa 的低压蒸汽为加热工质。加湿器实际上是一根直径为 10~20 mm 的短管,迎气流方向钻有许多直径为 1~2 mm 的小孔,从孔中向空气喷入蒸汽或水。为避免孔阻塞,加湿器前管路设有滤器。加湿器如果放在空气加热器之前,空气没有被加热,其吸水能力很弱,加湿量小,难以达到加湿要求。因此,加湿器放在加热器之后较合适,但必须控制加湿量,防止加湿过量,导致空调舱壁结露。

经加工处理后的空气从分配室由主风管、支风管送往各舱室。分配室中常装有测量仪表的感受元件。

2.送风设备

送风设备主要有供风管道与布风器。

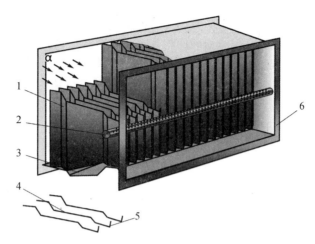

1—挡水曲板;2—加湿器;3—集水盘;4—挡水曲板线条图;5—挡水沟;6—支架。

图4-2-6 挡水板

(1)送风管

送风管由厚度为0.5~2 mm的镀锌铁皮制成,设于天花板中,表面有隔热层,以防散热与结露。送风管的截面有矩形和圆形两种,矩形管占据空间的高度小,管路与支路交接方便,常用于中、低速空调系统;对于圆形管,当流通截面积相同时,其湿周最小,摩擦阻力小,此外其制造、安装和维修均方便,常用于高速空调系统。

(2)布风器

布风器是空调系统最末端的设备,装于空调舱室内,其任务是把加工处理后的空气以一定的流速和方向供入舱室,使送风与室内空气混合良好,温度分布均匀,能保持人的活动区内的风速适宜。此外,布风器能对舱室气候进行个别调节,阻力噪声较小,结构紧凑,外形美观,价格低廉。

布风器按安装位置的不同分为壁式和顶式两类。壁式布风器靠舱壁底部垂直安装,使用方便。顶式布风器安装在天花板上,不占舱室地面,在艺术造型上能与顶灯配合,起到装饰效果,在船舶空调中采用较多。布风器按诱导作用的强弱可分为直布式和诱导式两类。目前,船上普遍采用的是直布式布风器,其价格较低,送风阻力小,噪声也低。单风管直布式布风器如图4-2-7所示。

直布式布风器送风不经喷嘴,其进风管通入处设有容积较大、内贴吸声材料的消音箱,出口做成有利于送风气流扩散的形状,风不直接吹到人身上。送风管中设有挡风板,由船厂按设计要求调试分配各舱室的风量。布风器本身有调节风量的旋钮,由室内人员按需调节。直布式布风器的出口风速较低,一般为2~4 m/s,送风与室内空气混合较慢,故送风温差不宜过大,夏季一般不超过10 ℃。

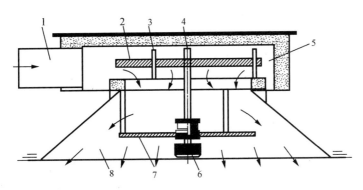

1—进风管;2—调风门;3—风门导杆;4—调节螺杆;5—消音箱;6—风门调节旋钮;7—挡风板;8—出风口。

图4-2-7　单风管直布式布风器

任务4.3　操作与管理船舶空调装置

【任务分析】

在日常使用船舶空调装置的过程中,空调系统的主要参数都是自动调节的,这对轮机管理人员来讲较为方便,但给故障的排除增加了难度。本任务主要是熟悉船舶空调装置温度与湿度的自动控制方法,掌握空调装置使用管理要点,对船舶空调装置可能会发生的故障进行分析,并提出合理的解决方法。

拉萨舰
(视频)

【任务实施】

一、船舶空调系统的自动控制

1.温度控制

(1)降温工况下送风温度的自动控制

降温工况下,用空气冷却器对空调送风进行冷却、除湿。当送风进入舱室后,按舱室的热湿比升温增湿,吸收热负荷和湿负荷,使室内保持合适的空气参数。

降温工况下,空调装置的热负荷受外界气候条件的影响较大,为保持空调舱室内的温度适宜,必须进行自动调节。这种调节根据空气冷却器是采用直接蒸发式还是间接冷却式而不同,前者是将制冷剂的蒸发温度控制在一定范围内,后者则是控制流经空气冷却器的载冷剂的流量,通常都不能完全阻止送风温度随外界空气温、湿度的增减而升降,室内温度也会因送风湿度和显热负荷的增减而升降。降温工况下,这种室温浮动是合乎要求的。

船舶空气调节
装置的自动控
制(PPT)

绝大多数船舶空调系统的空调制冷装置采用直接蒸发式空气冷却器,一般都采用带容量调节的制冷压缩机与热力膨胀阀相配合,通过调节制冷剂流量,使蒸发压力、蒸发温度保持在一定范围内。

鉴于每个热力膨胀阀适用的制冷量范围有限,故有些热负荷变动较大的空调制冷装置的一个空气冷却器配备两组电磁阀和膨胀阀,必要时切换使用。图4-3-1(a)所示的是能三级容量调节的六缸空调压缩机的低压管路简图。

当外界空气温度和湿度较高、送风量较大时,空气冷却器的热负荷较大,这时蒸发压力 p_0 较高,两个容量控制器 P_1、P_2 和低压控制器 <P 的开关都接通,压缩机六缸运行;两个电磁阀 A(2)、B(2) 同时开启,较小的膨胀阀 A(3) 和较大的膨胀阀 B(3) 同时供液。随着外界空气温度、湿度的降低,部分布风器可能关小,空气冷却器的热负荷相应减小,蒸发压力 p_0 随之降低。为了避免 p_0 太低而使制冷系数太小,同时为防止蒸发温度太低而使空气冷却器结霜,当 p_0 降到一定程度时,就会使容量控制器 P_2 的开关断开,压缩机遂变为四缸运行;同时电磁阀 A(2) 关闭,仅剩下较大的电磁阀 B(2) 供液。倘使热负荷进一步降低,则更低的 p_0 又会使容量控制器 P_1 的开关也断开,于是压缩机就变为两缸运行,这时电磁阀 B(2) 关闭、A(2) 打开,空气冷却器改由较小的膨胀阀供液。与上述过程相反,当热负荷增大时,p_0 即增高,于是 P_1、P_2 就会先后接通,使压缩机增缸运行,电磁阀也会相应切换,使投入工作的膨胀阀的容量与装置的制冷量相适应。

为了避免室内温度太低,大多数空调装置还采用控制回风(或典型舱室)温度的温度继电器和供液电磁阀对制冷装置进行双位调节,如图4-3-1(b)所示。当代表舱室平均温度的回风(或典型舱室)温度太低时,温度继电器 5 就自动关闭供液电磁阀 2,于是制冷装置停止工作。

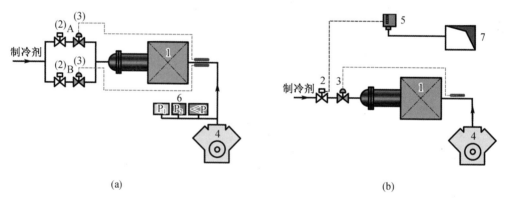

(a)   (b)

1—空气冷却器;2—供液电磁阀;3—热力膨胀阀;4—制冷压缩机;5—温度继电器;6—压力继电器;7—回风管。

图4-3-1　夏季降温送风温度的自动调节

(2)取暖工况下送风温度的自动控制

取暖工况下送风温度的自动控制有以下几种方案。

①控制供风温度。其特点是调节滞后时间短、测温点离调节阀近,可采用比较简单的直接作用式温度调节器。取暖工况下送风温度调节系统如图4-3-2所示。

图4-3-2(a)所示为单脉冲送风温度调节系统。送风温度传感器 1 放在空调器的出口分配室内,感受送风温度,将信号送到温度调节器 2。当室外新风温度变化时,送风温度也会随之变化,在送风温度与调节器调定值发生偏差时,调节器发出信号,改变加热工质流量调节阀的开度,使送风温度大致稳定。但是,外界温度变化还会使舱室热负荷变化,因此,仅控制送风温度大致稳定是不够的,在对室温要求较高的场合,则使用

双脉冲温度调节系统。

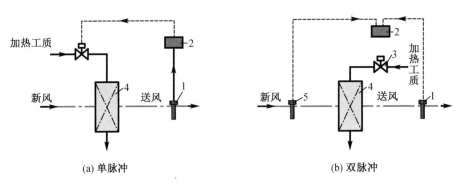

(a) 单脉冲   (b) 双脉冲

1—送风温度传感器；2—温度调节器；3—流量调节阀；4—空气加热器；5—新风温度传感器。

图4-3-2 取暖工况下送风温度调节系统

图4-3-2(b)所示是双脉冲送风温度调节系统,具有两个感温件——新风温度传感器5和送风温度传感器1。新风温度传感器5感受新风温度,送风温度传感器1感受送风温度。调节器同时接受两个信号,综合后再产生信号,操纵流量调节阀。这种系统能够补偿外界气候的变化,如室外气温降低时相应提高送风温度,室外气温升高时相应降低送风温度,进而使室温变动减小,甚至保持室温不变。室外温度的变化是室内温度变化的主要扰动量,在此扰动出现而室温尚未变化时就预先做出调节,称为前馈调节。试验表明,前馈调节能使调节的动态偏差减小、调节过程的时间缩短、调节的动态质量指标得到改善。双脉冲送风温度调节系统中,送风温度变化量 Δt_S 和室外气温变化量 Δt_W 之比称为温度补偿率,用 K_T 表示,它表示新风温度变化1 ℃时送风温度的改变量,即

$$K_\text{T} = \Delta t_\text{S} / \Delta t_\text{W}$$

舱外温度变化同样的数值时,隔热差的舱室的热损失变化大,所要求的送风温度的变化也大,所要求的温度补偿率就高。从经验数据看,单风管系统的温度补偿率为0.60~0.75,即室外温度每变化10 ℃,需使送风温度变化6.0~7.5 ℃;而双风管系统由于需要将两种温度不同的送风进行混合,二级送风管送风的温度补偿率也就较高,有的可高达1.20。

②控制回风或典型舱室温度。回风温度可大致反映各舱室的平均温度,因此,可将感温元件放在回风总管中。当回风温度偏离调定值时,通过改变加热工质流量来改变送风温度,使回风温度(舱室平均温度)大致保持不变。这种方法的测温点也不远,仍可采用直接作用式温度调节器。在采用单脉冲调节时,它比控制送风温度合理,但调节滞后时间较长,动态偏差较大,然而因舒适性空调要求低,使用仍较多。

感温元件也可放在空调分区中热负荷有代表性的舱室中,可直接控制该舱室的温度。这种方法的测温点离调节阀太远,不宜采用直接作用式温度调节器,且典型舱室也不好选。

2.湿度控制

(1)湿度控制方法

降温工况下,空冷器壁温越低,除湿量越大,一般均能使室内相对湿度控制在适宜范围内,因此不做专门的湿度自动调节。

取暖工况下多用蒸汽加湿,只要控制喷入的蒸汽流量就可保持室内空气的湿度适宜,通常加湿蒸汽流量调节阀由湿度调节器控制。取暖工况下温度调节系统如图4-3-3所示。

湿度控制方法有两种,具体如下。

①控制送风相对湿度,如图4-3-3(a)所示。湿度传感器1放置在空调器出口的分配室内,用以感受送风的相对湿度,然后将信号送至比例式湿度调节器2。当送风的相对湿度偏离整定值时,比例式湿度调节器会使加湿蒸汽调节阀3的开度与送风湿度的偏差值成比例地变化,将送风的相对湿度控制在一定范围内。这种方案只要根据送风温度选取合适的相对湿度调定值,即可大致调定送风的含湿量,只要送风量和舱室的湿负荷不变,就可控制室内空气的含湿量,并在室温变化不大时保持室内相对湿度合适。不过如果舱室的湿负荷变化较大,则室内的相对湿度仍会产生较大的变化。显然,这种控制送风湿度的方法不宜采用双位调节,一般都采用比例调节。图4-3-3(b)所示是直接控制送风的含湿量。含湿量确定,露点温度即确定。因此,这种方案往往对送风的含湿量进行调节,也叫露点调节。这种调节系统需采用两级加热,即在预热器7后再设喷水加湿器4。喷水加湿是一个等焓加湿过程,加湿后空气温度会有所降低,但加湿后所能达到的相对湿度一般较稳定。而未能被吸收的水可由泄水管路泄出,只要调节预热器加热介质的流量,控制加湿后的空气温度,即可控制送风的含湿量和露点温度,加湿不会过量。送风的含湿量一般为6.0~6.3 g/kg,即露点温度为6~7 ℃。此方案用温度调节来代替湿度调节,方便可靠,比较适用于采用两级加热的再热式空调系统和双风管空调系统。

②控制回风或典型舱室湿度,如图4-3-3(c)所示。将湿度传感器1放在回风口或典型舱室内,当湿度降至下限值时,调节器使加湿电磁阀开启加湿,使舱内湿度增加,当湿度达上限值时,调节器使电磁阀关闭,加湿停止。这种调节滞后时间长,如果布风器诱导作用不强,送风与室内空气混合不良,室内空气湿度的不均匀性会较大。如果改用比例调节,则可得到改善。

(2)湿度控制(调节)器

常用的湿度控制(调节)器如下。

①干湿球式湿度控制器

干湿球式湿度控制器的感湿元件采用感温包或热电阻,使用时将两感湿件(一干一湿)同时放于湿量点,于是,干湿温差就转换为感温包内充剂的压差,用于控制电触头的通断,从而控制加湿蒸汽管路上的电磁阀的启闭,实现加湿或停止加湿,这种调节器的特点是:双位调节,湿度控制范围误差大,清洁不便,风速的大小也会影响相对湿度的测量值。管理时应保持感湿元件的纱布套始终湿润、清洁和通风良好。

②毛发(或尼龙)式湿度控制器

利用脱脂毛发或尼龙长度随相对湿度的改变成正比变化的特性,将其作为感湿元件使用,并经放大器气动执行机构去控制蒸汽加湿阀的开度。这种湿度控制器属于比例调节器,其特点是价廉可靠,但毛发易老化,使其长度随相对湿度的改变而发生的变化不成线性,调节精度差,灵敏度低。

③氯化锂电阻式湿度调节器

氯化锂电阻式湿度调节器是利用氯化锂等金属盐在相对湿度变化时的吸湿量的改

变,引起电阻值改变的原理来工作的。

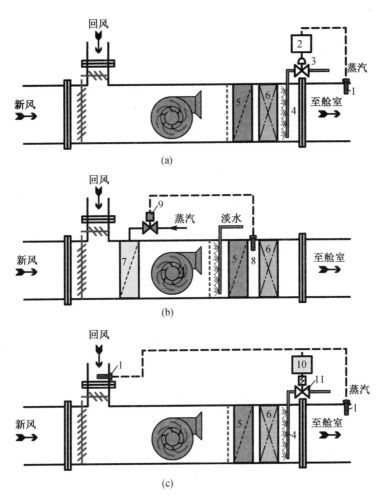

1—湿度传感器;2—比例式湿度调节器;3—加湿蒸汽调节阀;4—喷水加湿器;5—冷却器;6—加热器;
7—预热器;8—感温包;9—直接作用式温度调节器;10—双位式湿度调节器;11—电磁阀。

图4-3-3　取暖工况下湿度调节系统

图4-3-4(a)所示为氯化锂双位式电动湿度调节器。它的感湿元件1是一个绝缘的圆柱体,表面平行缠有两根互不接触的银丝,外涂一层含氯化锂的涂料。当空气相对湿度变化时,氯化锂涂料的含水量随之改变,使其导电性改变,通过元件的电流就成比例地发生变化。此电信号经晶体管放大器2放大后,去控制调湿电磁阀4。当空气相对湿度达到调定值时,信号控制器触头断开,则电磁阀断电关闭,停止向空调器喷湿;当相对湿度低于调定值的1%时,信号控制器触头闭合,则电磁阀开启,蒸汽加湿器工作。

氯化锂的电阻除与含水量有关外,还与温度有关。湿度调节器上设有可改变晶体管放大器中电位器电阻的调节旋钮3,可按当时的环境温度,根据厂家提供的湿温关系曲线(图4-3-4(b))设置旋钮的位置。例如,环境温度为20 ℃时,欲调相对湿度为50%,旋钮应放在刻度2处。

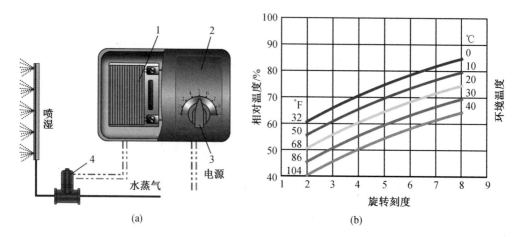

1—感湿元件;2—晶体管放大器;3—调节旋钮;4—调湿电磁阀。

图4-3-4　氯化锂电动湿度调节器及其系统

氯化锂感湿元件反应快,精度很高(-1.5%~1.5%)。最高安全使用温度是55 ℃,过高则氯化锂溶液会蒸发。其每种测头的量程较窄,应按空调的要求选用。使用直流电源会使氯化锂溶液电解,故不能用万用表测量其感湿元件的电阻。用久后氯化锂涂料会脏污或剥落,故对感湿元件需定期进行清洁和更换等保养工作。

3. 送风系统的静压自动调节

各空调舱室布风器的风门开度是可以根据需求不同而分别进行调节的。各舱室布风器风门开度的变化将引起送风静压的波动,不是风太大就是风太小,从而影响空气调节质量,因此需要通过对送风系统的自动调节来保持送风静压的基本稳定。送风调节主要有两种方法。

(1)主风管节流法

风管静压增大时,通过执行机构关小空调器分配室出口处主风管进口的节流风门,减小风管静压,这种方法会使风机风压易提高、噪声增大,稳定性较差。

(2)主风管泄压法

当控制点静压升高时,调节器会使该风管的管道走廊的泄放风门自动开大,降低主风管中的静压。此方法运行稳定,经济性较差,但可改善走廊的气候条件。

送风系统的静压控制除上述两种方法之外,也可以通过风机的进口节流、风机变速、风机进出口间回流等方法来进行调节。

静压调节大多数采用比例调节,控制点选在主风管上两侧布风器数目相等的位置时效果最好。

二、船舶空调装置使用管理要点

船舶空气
调节装置的
管理(PPT)

1. 做好日常管理工作

及时检查空气滤器的阻力。清洁的滤器的前后风压差≤100 Pa。阻力过低说明滤层破损,应检查换新;若阻力上升到初始压降的2.5倍左右,则应清洗。对皮带传动的风机,应及时检查调整皮带的松紧,太松会打滑而使皮带磨损,太紧会降低轴承寿命。有的风机轴承需要定期更换滑油(脂),而有的风机轴承是封闭的,无须加换滑油。此外,还应注意检查和维护自动调节设备,使之工作正常。

2. 保持合适的新风比

在满足新鲜空气需要的前提下,采用较低的新风比可以节省空调耗能。以下情况下可以临时改变新风比。

(1)春、秋季单纯通风工况下可用全新风。

(2)外界空气特别湿热或寒冷时,可适当减小新风比,以保持舒适的温度、湿度。

(3)外界空气特别污浊时,可暂时减小新风比,甚至进行短时间封闭循环。

3. 防止外界空气进入走廊

开空调时,走廊通外界的门应关闭,避免外界空气进入走廊,增加舱室热负荷和恶化回风条件。

4. 采暖工况下的注意事项

启用空调时应先使加热器工作,再开通风机,最后再开加湿阀(蒸汽加热应预热泄放凝水)。停用时先关加湿阀,0.5 min后关停风机,以免留在空调器和风管中的已加湿空气在金属壁面结露,导致腐蚀。

手动加湿时应谨慎调节加湿阀开度,注意控制空调器出口相对湿度。外界气温高时应关小加湿阀,气温在8 ℃以上时无须加湿;外界气温降低时需适当开大加湿阀。

5. 降温工况下的注意事项

启动空调时应先开风机,后启动制冷装置。不允许关闭太多布风器,否则压缩机可能吸进湿蒸汽,容易造成液击。

启动活塞式制冷压缩机时应慢慢开启吸入阀,听到液击声时应立即关小吸入阀,以后再逐渐开大。启动初期应让压缩机按较低容量工作,以后再逐渐调至满负荷。停用时应抽空系统,将制冷剂回收至贮液器中。螺杆式制冷压缩机对湿压缩不敏感,启动时无须担心液击,停用时不用抽空系统。

三、船舶空调装置的常见故障及其分析与处理

空调系统的故障可归纳为如下几个方面。

1. 送风量过大或过小

空调装置中,风机所提供的风压除了用于把空气输送至一定几何高度外,全部用于克服风管的阻力和保证空气以一定的流速从布风器流出,所以风机的运行工况点就决定于风机和风管管路特性,即风管管路的特性的变化,必然会导致送风量的改变。

在有分支管的风管中,若两只管的阻力损失不同,则空气就会涌向阻力损失较小的支管,使该支管的送风量增大而另一支管的送风量减小,直到两支管的阻力损失相等,分支处的压力重新平衡为止。结果是使各分支管的送风量均偏离设计要求。

(1)送风量过大

①所配风机的风量偏大,可用关小总风门、提高风机的工作压力或关小进风门的办法减小送风量。

②分支后各分支风管的风门开度调节不当,造成风门偏大的支管送风量过大。应

重新调节各分支管的风门,使送风量合理分配到各分支管。

③同一分支管的部分舱室负荷减小或部分布风器关闭,造成另一分支管的送风量过大,可采用关小分支前风门开度的办法调节。

(2)送风量过小

①选配风机的风量偏小。对此应更换风机。

②分支后各分支管的风门调节不当,风门偏小的支管的送风量就偏小。应重新调节各分支管的风门,使送风量分配合理。

③送风系统不严密,漏风严重。应检查并消除漏风。

④风机反转、转速不够、空气滤器阻塞或风门开度过小等,造成风机的送风量不足。应查明原因并及时消除。

2. 降温工况下送风温度过高

(1)空调制冷设备的容量过小或热负荷过大。可增加回风量予以补救。

(2)制冷系统工作不正常,制冷量下降。若压缩机运转正常,而蒸发器不冷、冷凝器不热,则往往是过滤器或毛细管堵塞,或制冷剂泄漏所致。

(3)空气为间接冷却,冷媒水的循环量过小。应注意经常排出空气,检查泵的密封间隙和防止吸排管路阻塞。

(4)空气冷却器的热交换面上积灰或有污垢。应定期清洁,确保空气冷却器的热交换效果。

3. 采暖工况下送风温度过低

(1)空气加热器容量过小,或加热蒸汽(或热水)的温度过低或供入量过小。可提高加热介质的温度和流量。

(2)空气加热器的热交换面上积灰或有污垢。应定期清除,确保良好的热交换效果。

(3)气温过低,负荷过大。可适当增大回风量予以补救。

4. 降温工况下空调舱室的空气湿度过大

(1)空调处理的新风量过多或舱室门窗不严。可适当减小新风量,增大回风量,关严门窗。

(2)空气冷却器表面的温度偏高。可降低制冷剂的蒸发温度,使空气冷却器表面的温度低于空气露点温度。

(3)挡水板的间距过大,或折数不够,或与边框间的缝隙过大,或空气的流速过高。应改进挡水板的加工和安装质量,降低空气的流速。

5. 空调器风机能启动,而压缩机不能启动

(1)电源线的容量不够(太细)或零线误作地线,造成启动电压下降很多。应查明原因,更换电源线或纠正接线错误。

(2)电源的电压过低。应提高电源的电压。

(3)压缩机过载,保护器烧断。应更换保护器消除过载因素。

(4)压缩机的电机断路。应拆检修理电动机。

(5)温度继电器或压力继电器的触头断开,在调高其接通温度后压缩机仍不能启动。可短接其触头,若压缩机启动,则说明温度继电器已损坏,应更换。检查压力继电器,若触头断开,则应排除故障或更换压力继电器。

（6）小型压缩机的启动电容器或运转电容器断路，或启动电容器损坏。应检查电路，在消除断路情况后若压缩机仍不能启动，则应检查启动电容器是否损坏。

6. 空调的压缩机间断跳闸

（1）电源的电压过高或过低。应调整电源电压至正常值。

（2）过载保护器失灵。保护器触头断开会使电流过小，若测量工作电流正常，则应调大断开电流或更换保护器。

（3）电动机的启动继电器的触头无法断开，造成工作电流过大，保护器切断电源。应修理或更换启动继电器。

（4）制冷系统的冷凝器的冷却水量过小或断水，或冷却风机不运转，或冷凝器积满灰尘、污垢，冷凝效果差，造成压缩机的排气压力过高，工作电流过大，保护器切断电源。应检查冷却水系统或风机，确保冷却介质的流量，或清洁冷凝器。

7. 空调机出现异常噪声

（1）风机的轴承缺油发出撞击声。应给风机轴承加油。

（2）风机地脚螺钉松动，压缩机未浮动于防振弹簧胶垫，即紧固螺钉压得过紧、空调机放置不平、外壳螺钉松动、面板振动等发出的"嗡嗡"声。应逐一检查校正或紧固。

（3）离心式风机与风道摩擦产生"嚓嚓"声。应校正离心式风机。

（4）轴流式冷却风机的风叶与风罩碰摩产生的"扑啦"声。应校正轴流式风机。

（5）压缩机内部轴承和运动件等过度磨损产生的金属撞击声。应修理或更换压缩机。

8. 空调系统和空调舱室噪声过大

（1）空调器的风机振动过大。应加强风机的减振，更换失效的减振器，检查和校正风机叶轮的平衡情况，更换过度磨损或损坏的轴承。

（2）风管内的风速过高。应调整风量，降低风速。

（3）送风口的开度过小，送风速度过大。可开大布风器的风门，使送风口的风速低于 3 m/s。

9. 船舶空调出现送风口滴水的现象

船舶空调中，舱室送风口出现滴水（或水雾）的现象的主要原因是送风温度低于室内空气的露点温度，其次是挡水板的过水量太大或挡水板损坏。对于直接蒸发式和水冷式表面空气冷却器，集水盘安装不良，泄水管堵塞，或因表面空气冷却器处于负压区而未采取 U 形水封等而造成流水不畅，以及未装挡水板等，都会造成送风口出现滴水或水雾的现象。

排除方法：改变送风温度；堵塞挡水板漏水处；调整挡水板叶片布置。

10. 送风量不稳定

（1）送风量不足，风量供不应求

①风机性能有问题，表现为风机皮带轮松、打滑或因电压不足而造成转速下降，风机电源线路接错而反转，风机的进、出口调节阀门位置调节不当。

②系统实际阻力过大，表现为风管因积尘过多而堵塞，风管连接方式不对，风管断面设计偏小。

③风管系统漏风，表现为管间连接部位密封垫松脱，以及人工检查门装配不严密。

(2)送风量过大,风量供过于求

①风机的设计风量高于额定风量。

②送风系统的阻力小于实际阻力值。

③风机转速高于额定转速。

11. 送风状态参数大于或小于设计参数

送风状态参数大于或小于设计参数可能导致如下问题。

(1)送风湿度过大,导致空调房温度偏低且湿度增高。

(2)逆风温度过高,导致空调房温度偏高。

(3)送风温度可能低于空调舱室内露点温度,导致空调舱室内出现结露、潮湿的现象。

(4)送风中夹带有细小水珠,导致空调舱室内潮湿。

可能导致上述情况的原因如下。

(1)挡水板设计不正确,导致空气中夹带细小水珠。

(2)室外新风和回风比例不协调。

(3)加热器或冷却器的负荷调节不当。

12. 空调舱室内空气流速不稳定

(1)空调舱室内空气流速过大,超过 0.5 m/s。

(2)空调舱室内空气流速偏小,低于 0.1 m/s。

上述情况偏离设计的允许范围,造成空调舱室内工作人员的不舒适。产生这种现象的原因如下。

(1)布风器内静压箱压力过大;喷口尺寸及其布置不正确;出口气流速度大。

(2)调风闸门或回风格栅调节门开度过大,配合不协调;送风量过大且气流组织不均匀等。

13. 空调系统的噪声大

空调系统的噪声大,破坏宁静的环境,对工作人员和旅客的身心健康不利。可能的产生原因如下。

(1)风机技术性能不符合要求,或安装工艺不符合要求。如风机转子静、动态平衡性能差,风机轴承装配不符合要求,地脚螺栓松动,风机与水泵的吸振结构差等。

(2)风机和水泵等设备的振动导致噪声增大。

(3)送风量或高或低引起风速的不稳定导致噪声增大。

(4)风管结构处理不良,某些过渡段局部阻力变化急剧,导致产生噪声。

(5)中央空调器内与风管中的消声装置设计不良,吸声材料选用不正确等。

14. 自动控制元件失灵

自动控制元件失灵不能及时正确地反映工况参数,或不能及时调节并使工况稳定下来,说明温度调节器、湿度调节器、静压压力调节器等有些仪器设备的质量差,或测量元件布置不正确。所以在空调装置投入运行后,工作人员要勤加检查和管理,严格按操作程序操作,对发现的问题和提出的解决措施都得做好记录以供检查之用。

【练习与思考】

一、选择题(请扫码答题)

二、简答题

1.船舶集中式空调装置自动控制涉及哪些内容?

2.采暖工况下,对空调装置的操作中应注意什么问题?

3.船舶由热带向寒带航行时,对制冷装置的管理中应注意什么问题?

4.为何空调在制冷工况下不需要设置专门的加湿装置,而在取暖工况下需要设置专门的加湿装置?

任务 4.3 选择题

项目 5　船舶液压设备

【项目描述】

液压技术是实现现代化传动与控制的关键技术之一,其特性适合各种机械和设备的自动化、高性能、大容量、体积小、质量小等方面的要求,在船舶设备上也得到了广泛应用,如液压甲板机械:舵机、锚机、起货机、绞缆机、吊艇机、舷梯升降机、舱盖板启闭装置等。

通过本项目的学习,学员应具备对上述液压系统、设备进行操作、维护、检修以及排除一般故障的能力。具体如下:

能力目标:

◆掌握液压系统组成及工作原理;

◆掌握液压元件的使用与管理要点;

◆能正确操作、安装与调试液压舵机;

◆能正确操作、维护与管理液压起货机;

◆能正确操作、维护与管理液压锚机与绞缆机。

知识目标:

◆熟悉液压系统组成、工作原理及特点;

◆熟悉液压四大元件的结构与工作原理;

◆了解液压元件常见故障和处理方法;

◆熟悉液压舵机的组成与工作原理;

◆熟悉液压起货机的组成与工作原理;

◆熟悉液压锚机与绞缆机的组成与工作原理。

素质目标:

◆培养严谨细致的工作态度和精益求精的工匠精神;

◆提高团队协作能力与创新意识;

◆树立安全与环保的职业素养;

◆厚植爱国主义情怀和海洋强国梦。

【项目实施】

液压甲板机械种类多,但都有一套完整的液压系统,都以液压能驱动执行机构运动。那么,液压系统由哪几部分组成? 它是如何工作的呢? 本项目将结合学习者的认知,深入浅出,循序渐进,将项目分为以下三个任务展开实施:

任务 5.1 认识液压基础知识

任务 5.2 操作与管理船舶液压舵机

任务 5.3 操作与管理甲板液压机械

任务 5.1 认识液压基础知识

【学习目标】

1. 掌握液压系统组成与工作原理;
2. 熟悉液压元件结构与工作原理;
3. 了解常用液压油型号与特点;
4. 能正确分析液压元件常见故障与排除。

大国工匠·匠心
报国"深海宇
航员"韩超助力
建设海洋强
国(视频)

【任务分析】

要掌握液压系统的组成与原理,看懂船舶液压系统图纸,并会分析液压故障与排除,必须先学习了解液压的基础知识,如液压四大元件的结构与原理,为液压甲板机械的管理和故障分析打下良好的基础。根据知识结构特点,将任务分解为以下五个子任务实施。

子任务 5.1.1 认识液压传动的基本原理
子任务 5.1.2 认识液压阀件
子任务 5.1.3 操作与管理液压泵
子任务 5.1.4 操作与管理液压马达
子任务 5.1.5 认识液压辅助元件及液压油

子任务 5.1.1 认识液压传动的基本原理

【任务分析】

液压机械一个共同的特点是其中都有液压系统,都以液压能作为执行机构驱动能源。要做好液压舵机等液压甲板机械的安装、使用、保养、检修等工作,必须熟悉液压传动的基本原理,掌握液压系统的组成及工作特点。

【任务实施】

一、液压传动的基本原理

液压甲板机械的种类不同,功用不同,其液压系统的种类和复杂程度也会有所不同,但它们都属于液压传动系统,所以它们的最核心和最基本的工作原理是相同的,都是液压传动原理,即帕斯卡原理。

液压基础
知识(PPT)

以图 5-1-1 液压千斤顶为例说明液压传动的工作原理,当在小活塞上施加力 F_1 时,小活塞下腔的油液就产生了压力 p,$p = F_1/A_1$。根据帕斯卡原理"施加在密闭容器内平衡液体中某一点的压力能等值地传递到全部液体",在大活塞下端的油腔中也存在着相同的压力 p,当 $p \times A_2 = W$ 时,就能使大活塞举起重物 W。故有

$$p = F_1/A_1 = W/A_2 \text{ 或 } W/F_1 = A_2/A_1$$

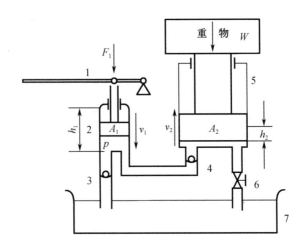

1—手动活塞泵;2—小活塞;3,4—单向阀;5—大活塞;6—截止阀;7—油箱。

图 5-1-1　液压传动原理图

式中　A_1、A_2——小活塞和大活塞的作用面积。

可见,液体压力是随负载 W 的大小而变化的,即液压缸中的压力决定于负载,而与流入液体的多少无关。

由于进出液压缸的流量是相等的,根据质量守恒定律可知:

$$Q = v_1 A_1 = v_2 A_2$$

$$v_2 = v_1 A_1 / A_2 = Q / A_2$$

调节进入液压缸的流量 Q,即可调节活塞的运动速度 v_2,这就是液压传动实现无级变速的基本方法之一。由此我们可知:活塞的运动速度 v 取决于进入液压缸中的流量 Q,与工作压力 p 的大小无关。

二、液压系统基本组成

由图 5-1-1 可知,液压系统由四部分组成:

(1)动力元件:如各种液压泵,其功用是将泵的机械能转换为液压油的压力能(液压能)。

(2)执行元件:液压缸或液压马达,其功用是将液压能转换成机械能以带动工作部件运动。

(3)控制元件:如各种方向、流量和压力控制阀,其功用是控制液压系统中液压油的流动方向、流量大小和压力的高低,以满足工作部件对运动方向、速度和力(扭矩)的要求。

(4)辅助元件:其功用是协助组成液压系统,保证液压系统工作的可靠性和稳定性,如油箱、滤油器、蓄能器、压力表、热交换器、油管和管接头等。

工作介质通常是矿物油,其功用是传递能量、冷却、润滑、防锈、减振和净化。

三、液压系统的表示方法与注意事项

用国家标准或国际标准规定的图形符号绘制的液压系统原理图的方法称为图形符号法。用图形符号绘制液压系统图方便、清晰、简洁、通用,是具有一定液压技术知识的人的首选方法。

使用图形符号法时的注意事项:

(1)图形符号只表示元件的职能特征,不表示结构特征。若要表示其具体结构和参数,可在该元件的符号边加以说明。

(2)符号只表示元件的静止状态或零位状态,不表示过渡过程。

(3)图形符号在系统原理图中只表示各元件间的连接关系,不表示它们的具体安装位置。

(4)所用图形符号要符合国标规定或国际标准,只有在无标准符号的情况下才可用结构简图代替。

四、液压系统分类

液压系统分类方式较多,一般有以下两种:

按油液循环方式的不同,液压系统可分为开式系统和闭式系统。所谓开式系统就是指油泵系统从油箱中吸油,经换向阀输入执行机构(液压缸或液压马达),而执行机构的排油则经换向阀返回油箱;而所谓闭式系统,则是指执行机构的排油并不返回油箱,而是直接返回油泵的吸入口,故油液将在油泵与油马达之间形成封闭的循环。

按液压油流向变换方法的不同,液压系统还可分成阀控型和泵控型。所谓阀控型系统就是指进出执行机构液压油的流向由换向阀控制;而所谓泵控型系统就是指进出执行机构液压油的流向由油泵控制。

五、液压传动的特点

液压传动与电动甲板机械相比有以下特点:

1. 共同的优点

(1)动作灵敏、便于自动控制和远距离操纵;

(2)采用标准化元件;

(3)适合于大功率传动。

2. 液压传动独特的优点

(1)可以微速和无级调速,频繁启停、换向对电网冲击很小,操作性能好;

(2)启动转矩高,便于带负荷启动;

(3)易于实现过载保护(设安全阀),且液体介质本身有一定的抗冲击和吸振能力;

(4)省略机械传动和减速机构,故液压装置结构紧凑、质量小;

(5)液压油能防锈蚀和有润滑性,装置使用寿命长。

3.液压传动的缺点

(1)对油液和系统的清洁要求很高;

(2)元件的精度要求高,漏泄会造成污染;

(3)管理维护的技术要求高。

子任务 5.1.2　认识液压阀件

大国工匠·
大计贵精
（视频）

【任务分析】

　　液压控制阀是液压系统的控制元件,其功用是控制油液的流动方向、压力和流量,以满足执行元件所需运动方向、力、力矩和速度的要求,使整个液压系统能按要求进行工作。在工作过程中,液压控制阀故障往往会造成液压系统在方向、压力、流量等方面的异常或失去工作能力。为更好地掌握液压控制阀件的结构与故障排除,需要充分学习、了解液压控制阀的结构、原理及常见故障。

【任务实施】

液压控制阀按功能可分为三类:

　　(1)方向控制阀:用来控制液压系统中油液的流动方向,以满足执行元件的运动方向要求。

　　(2)压力控制阀:用来控制液压系统中油液的流动方向,以满足执行元件所需力或力矩的要求。

　　(3)流量控制阀:用来控制液压系统中油液的流量,以满足执行元件运动速度的要求。

将该子任务分解为三部分依次实施:

第一部分 认识方向控制阀

第二部分 认识压力控制阀

第三部分 认识流量控制阀

第一部分　认识方向控制阀

【任务实施】

一、单向阀

方向控制
阀（PPT）

单向阀的功用是允许油液正向通过,禁止油液反向通过。

　　单向阀的结构及职能符号如图5-1-2所示。单向阀主要由阀体、阀芯和复位弹簧等组成。当液流正向通过单向阀时,只需克服弹簧力,阻力很小,而当液流企图反向流动时,阀芯在油压与弹簧力的联合作用下被紧压在阀座上,截断液流通道。

　　单向阀的弹簧的刚度一般较小,以尽量减小油流正向通过时的压力损失,正向最小开启压力(单向阀的性能指标)为 $0.03\sim0.05$ MPa。

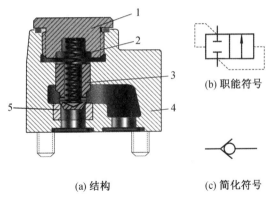

(a) 结构　　　　　(c) 简化符号

1—阀盖;2—弹簧;3—阀芯;4—阀体;5—阀座。

图 5-1-2　单向阀结构与职能符号

单向阀有时也作背压阀使用,常装在回油管中以使其保持一定的回油压力,或与细滤器等附件并联以便在滤器堵塞时能够自动地起到旁通作用。当单向阀作为背压阀使用时,弹簧的刚度按要求的回油压力来选择,比作为单向阀用时要硬一些。我国目前生产的这类阀的开启压力一般为 0.3~0.4 MPa。

方向控制
阀(微课)

方向控制
阀(动画)

二、液控单向阀

液控单向阀的功用是无条件地允许油液正向通过,有条件地允许油液反向通过。

液压单向阀结构和职能符号如图 5-1-3 所示。它在正向过油时,不需控制油压,与变通单向阀一样动作;当需要油液反向通过时,接通控制油,顶杆上升打开主阀芯,让油液反向流出。

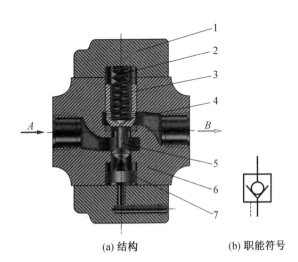

(a) 结构　　　　　(b) 职能符号

1—上盖;2—弹簧;3—阀芯;4—阀座;5—顶杆;6—阀体;7—控制活塞。

图 5-1-3　液控单向阀结构与职能符号

两只液控单向阀可以组成液压锁,功用是锁闭执行元件的进出油路。其结构和职能符号如图5-1-4所示。液压锁中的液控单向阀的结构与单向阀的结构略有不同,即在主阀芯里再加一个卸荷阀芯,其目的是便于在高压使用时,用较小的控制油压力便能稳定地打开主阀芯。

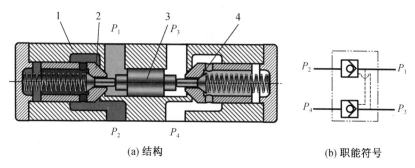

(a) 结构　　　　　　　　　　　　　(b) 职能符号

1—阀体;2—控制活塞;3—卸荷阀芯;4—主阀芯。

图 5-1-4　液压锁结构与职能符号

液压锁在船舶机械液压系统具有广泛的应用,如起货机液压系统用它可靠锁闭主油路以防止重物的坠落;舵机液压系统用它来防止跑舵等。

三、换向阀

换向阀的功用是利用阀芯和阀间的相对运动来变换油液的流动方向,接通或关闭油路。

换向阀的种类很多,根据控制方式的不同,换向阀有手动式、机械式、电磁式、液动式和电液式之分;按阀芯工作位置和控制油路的数目来分,有二位、三位和二通、三通、四通等。

1. 手动换向阀

图5-1-5为三位四通自动复位式手动换向阀的结构和职能符号图。通常规定用P表示通压力油的接口(简称进油口),A、B分别表示通往执行机构(液压缸或液压马达)工作油腔的接口(简称工作油口),T表示通往油箱的接口(简称回油口)。

当手柄向左扳时,阀芯右移(图5-1-5(a)),P和A接通,B和T接通;当手柄向右扳时,阀芯左移(图5-1-5(c)),这时P和B接通,A和T接通,实现了换向。放松手柄时(图5-1-5(b)),换向阀的阀芯在对中弹簧的作用下回到中位。

2. 电磁换向阀

以三位四通电磁换向阀为例,其结构和主要部件如图5-1-6所示。

当电磁铁断电时,两边的对中弹簧4使阀芯2处在中间位置,阀芯工作在中位,油路沟通情况如符号中框所示,各油口互不相通。

当右边电磁铁通电时,衔铁9通过推杆6将阀芯2推向左端,阀芯右侧处在工作状态,油路沟通情况如符号右框所示,即油口P、A相通,B、T相通。

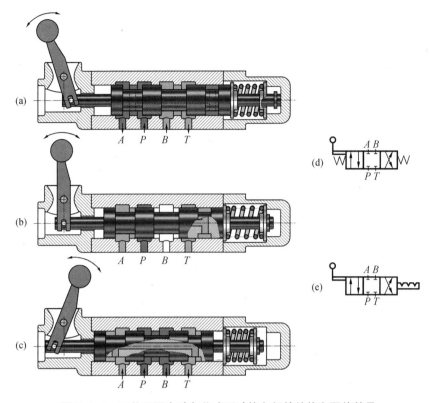

图 5-1-5　三位四通自动复位式手动换向阀的结构和职能符号

当左边电磁铁通电时,阀芯推向右端,使阀芯左侧处于工作状态,油路沟通情况如符号左框所示,即油口 P、B 相通,A、T 相通,于是通往执行机构的油流方向也随之改变。

根据电磁铁适用电源的不同,电磁阀有交、直流两种。

交流电磁阀代号为 O,所用电压一般为 220 V,也有 380 V 或 36 V 的;直流电磁阀代号为 E,使用电压一般为 24 V,也有 110 V 或 48 V 的,电源电压的波动范围一般为额定电压的 85%~105%。电压过高,线圈容易发热和烧坏;而过低又会因吸力不够而难以保证正常工作。交流电磁阀价格较低;其启动电流可为正常吸持电流的 4~10 倍,因而初吸力大;但吸合和释放的时间很短(约 10 ms),换向冲击较大;且当阀芯卡死或衔铁不能正常吸合时,激磁线圈也易因电流过大而烧坏;此外,操作频率不宜超过 30 次/min;寿命较短,吸合数十万次到百万次就会损坏。

直流电磁阀则不会因铁芯不能吸合而烧坏,工作频率可达 120 次/min 以上,吸合动作约比前者要慢 10 倍,故工作可靠,换向平稳,寿命长,吸合可达千万次以上,但却需要专用的直流电源。

3. 液动换向阀

液动换向阀是靠压力油来改变阀芯位置的换向阀,如图 5-1-7 为三位四通液动换向阀的结构与职能符号。

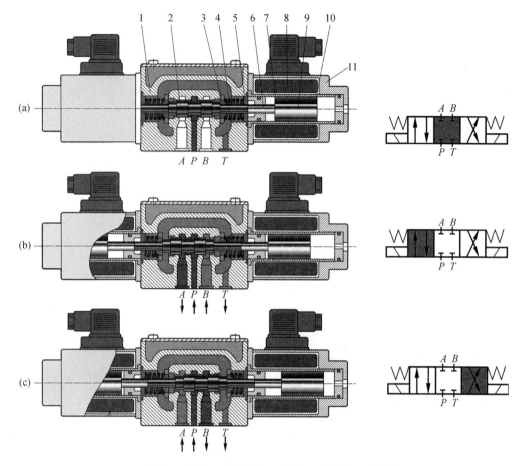

1—阀体;2—阀芯;3—弹簧座;4—弹簧;5—弹簧座;6—推杆;
7—电磁铁;8—电磁线圈;9—衔铁;10—滑套;11—电磁铁。

图 5-1-6　电磁换向阀结构与职能符号

当控制油路的压力油从阀右边的油口 K_2 进入滑阀右腔时,阀芯被向左推,符号右框为工作位,油口 P 与 B 相通,A 与 T 相通。

当控制油路的压力油从阀的左边的油口 K_1 进入滑阀左腔时,阀芯被向右推,符号左框为工作位,油口 P、A 相通,B、T 相通,从而实现了油路的换向。

当两个控制压力油口都不通压力油时,阀芯在两端弹簧作用下恢复到中间位置。

为减缓液动换向阀的阀芯移动速度,减小换向冲击,提高换向性能,可在液动换向阀两端的控制油路中装设可调单向节流阀。

4. 电液换向阀

电液换向阀是电磁换向阀和液动换向阀的组合。电磁换向阀起导阀作用,用来改变液动阀(主阀)控制油路中的油液流向,以改变液动换向阀的阀芯位置,实现高压与大流量油路的液流方向控制。

电液换向阀常用的型式较多。图 5-1-8 为一种三位四通电液换向阀的结构职能符号及简化符号。

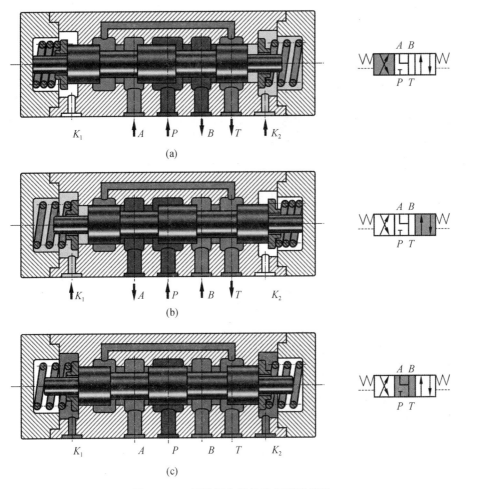

图 5-1-7 液动换向阀结构与职能符号

当左边电磁铁通电时,控制油路的压力油经单向阀进入主阀芯的左腔,将主阀芯向右推,这时主阀芯右端的油经节流阀和电磁阀流回油箱,主阀工作在左位,使油口 P、A 相通,B、T 相通。

当右边的电磁铁通电时.控制油路的压力油就将主阀芯向左推,主阀芯工作在右位,使油口 P、B 相通,A、T 相通,从而实现主油路换向。

当两个电磁铁都断电时,对中弹簧可使主阀芯处于中间位置。

主阀芯向左或向右的移动速度可以分别用两端回油路上的节流阀来调节,这样可控制执行元件的换向时间,并可使换向趋于平稳,以改善电液换向阀的换向性能。在液压阀型号中,电液控制一般用字母 EY 或 DY 表示。

5. 换向阀的机能

换向阀的机能是指换向阀在零位时所能实现的油路沟通情况,如不特别指明,则通常是指三位四通换向阀在中位(零位)时的油路沟通情况。凡中位使 P、T 油口相通的(如 H、M、K 型),能使油泵卸荷;凡中位使油口 A、B 相通的(如 H、P、Y、V 型),能使油缸或油马达"浮动",不通的则使执行机构"锁闭"。

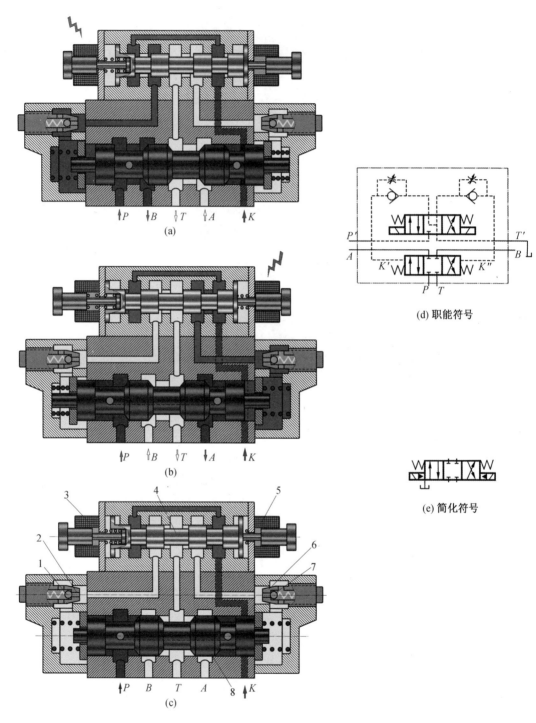

1,7—单向阀;2,6—节流阀;3,5—电磁铁;4—导阀阀芯;8—主阀阀芯。

图 5-1-8　三位四通电液换向阀的结构、职能符号及简化符号

三位四通换向阀的中位机能常以与其油路沟通情况有相似象形的英文字母来表示,其相应的职能符号(又称机能图)与特性见表5-1-1。

表 5-1-1 三位四通换向阀中位机能相应的职能符号与特性

滑阀机能	职能符号	中位油口状况、特点及应用
H 型	A B P T	P、A、B、T 四口全串通;液压执行机构浮动,在外力作用下可移动,泵卸荷
M 型	A B P T	P、T 相通,A 与 B 均封闭;液压执行机构(液压缸或液压马达)闭锁,泵卸荷,也可用多个 M 型换向阀串接工作
X 型	A B P T	油口处于半开启状态,泵基本上卸荷,但仍保持一定压力
Y 型	A B P T	P 口封闭,A、B、T 三口相通;液压执行机构浮动,在外力作用下可移动,泵不卸荷
J 型	A B P T	P 口封闭,A 口封闭,B、T 相通;液压泵不卸荷,液压执行机构锁闭
P 型	A B P T	P、A、B 相通,T 口封闭;泵与液压执行机构进、回油两腔相通,可组成差动回路
K 型	A B P T	P、A、T 三口相通,B 口封闭;液压执行机构闭锁,泵卸荷
N 型	A B P T	P 口封闭,B 口封闭,A、T 相通;泵不卸荷,液压执行机构锁闭
V 型	A B P T	P 口封闭,T 口封闭,A、B 相通,执行机构浮动

6. 换向阀的机能指标

换向阀的主要性能指标有以下 4 个。

(1)额定压力:在考虑阀体强度、操作灵活性和内漏等因素后所规定的最大工作压力。

(2)额定流量:根据允许的压力损失而确定的流量,阀的公称通径越大,额定流量也就越大。

(3)内漏泄量:因换向阀采用间隙密封,不能保证绝对不漏,一般要求在额定压力下,换向阀内的总漏泄量不超过额定流量的 1%。

(4)压力损失:一般要求换向阀在额定流量下的压力损失为 0.3~0.5 MPa。

7. 换向阀的常见故障分析

换向阀的常见故障主要是阀芯不能移动或移动不到位。显然,要使阀芯从中位移开,操纵力就必须大于弹簧力和移动阻力之和。因此阀芯不能移离中位的根本原因是操纵力不足或移动阻力过大,具体原因主要有:

操纵力不足方面:

(1)电路不通或电压不足;

(2)激磁线圈脱焊或烧毁;

(3)控制油压过低。

移动阻力过大方面:

(4)阀芯或阀孔加工精度较差,配合间隙太小;

(5)阀芯或阀孔碰伤变形;

(6)弹簧太硬;

(7)油液太脏,有脏物进入间隙;

(8)油温过高,阀芯因膨胀而卡死;

(9)电磁铁推杆密封圈处的油压过高,摩擦阻力过大;

(10)控制油路中节流阀开度过小或控制油液黏度过高。

换向阀不能回中的原因:回中弹簧太软;阀芯卡阻;电磁铁不能释放;控制油压不能泄压等。

为了减小阀芯的移动阻力,通常都在阀芯的凸肩上开设数圈环形均压槽(一般槽宽为 0.2~0.5 mm,深 0.5~0.8 mm,间距为 1~5 mm),以使阀芯四周所受的液压力大致相等。经验表明,开设一条均压槽,将可使摩擦阻力降低到不开槽时的 40% 左右,而当开设三条均压槽时,就可降低到 5% 左右。均压槽除能均衡作用在阀芯上的径向力之外,还有润滑、贮存污染物的作用,在维修中要注意清洗,保证槽内清洁。

第二部分　认识压力控制阀

【任务实施】

一、溢流阀

溢流阀的基本功用有两个：一是在系统正常工作时常闭，仅在系统油压超过开启压力时开启，即作为安全阀使用；二是在系统工作时保持常开，并借改变开度调节溢流量，以保持阀前系统油压的基本稳定，即作为定压阀使用。根据原理不同，溢流阀可分为直动式和先导式两类。

1. 直动式溢流阀

直动式溢流阀的结构与职能符号如图5-1-9所示。

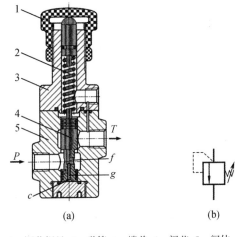

压力控制阀（PPT）

压力控制阀（微课）

溢流阀（动画）

1—调节螺母；2—弹簧；3—端盖；4—阀芯；5—阀体；
P—进油口；T—回油口；f—径向孔；g—阻尼小孔。

图5-1-9　直动式溢流阀的结构与职能符号

P是进油口，T是回油口，进口压力油经阀芯4中的径向孔f与中心阻尼小孔g作用在阀芯底部端面上，形成的启阀作用力为F_o，弹簧作用在阀芯上部端面上，形成的关阀作用力为F_s。

当进油压力较小，$F_o < F_s$时，阀芯在弹簧2的作用下处于下端位置，将P和T两油口隔开。

当进油压力升高，$F_o > F_s$时，阀芯上升，阀口被打开，P腔和T腔接通，将多余的油排回油箱。

油压力超过调定值越多，弹簧压缩量越大，当启阀力与关阀力达到新的平衡（$F_o = F_s$）时，阀芯升程越大，阀的开度越大，泄往油箱的油就越多，从而抑制油压的进一步升高；同理，油压越低，阀的开度越小，直至关闭，从而抑制了油压的进一步降低。溢流阀就是这样来控制阀前的油液压力(简称阀前压力)基本稳定或不超过一定值。

阀芯上的阻尼孔 g 用来防止阀口压力脉动时造成阀芯动作过快,以避免振动,提高阀的工作平稳性。通过调节螺母 1 可以改变弹簧的压紧力,这样也就调整了溢流阀的阀前的油液压力 p。

直动式溢流阀结构简单,灵敏度高,但在高压大流量工作时,阀的弹簧较硬较粗,阀前系统的压力随溢流量的变化较大,所以不适合在高压、大流量下工作。该溢流阀的最大整定压力一般不超过 2.5 MPa。

直动型溢流阀除滑阀式结构外,常用的还有锥阀型结构。锥阀型结构密封性好,但阀芯与阀座间的接触引力大,常作为先导式溢流阀中调压阀、远程调压阀、高压阀使用(这些阀的流量都较小)。滑阀式阀芯用得较多,但其泄漏量较大。

2. 先导式溢流阀先导式溢流阀

先导式溢流阀的结构与职能符号如图 5-1-10 所示。

先导式溢流阀三维动画(动画)

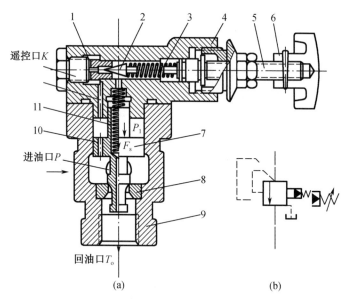

1—调压手轮;2—螺钉;3—调压弹簧;4—锥形阀芯;5—导阀座;6—导阀体;
7—主弹簧;8—主阀芯;9—阻尼孔;10—主阀体;11—主阀座。

图 5-1-10 先导式溢流阀的结构与职能符号

先导式溢流阀由先导阀和主阀两部分组成。先导阀实际上是一个小流量直动式溢流阀,其锥形阀芯在调压弹簧的作用下压在阀座上,拧动螺钉可以调节系统的工作压力。

主阀芯的下部锥形阀面与主阀座相配合,中部圆柱面(又称平衡活塞)与主阀体相配合,上部圆柱面与导阀体(又称主阀盖)相配合,此三处均起密封作用。主弹簧 8 作用在主阀芯的上方,将主阀芯往下压,形成关阀作用力 F_s(即弹簧张力)。

工作时压力油从进油口 P 进入主阀下腔室,并经主阀芯上的阻尼孔进入上腔室,再经通道 a 和缓冲小孔进入先导阀前腔。

当进油压力 p 低于导阀的开启压力 p_0 时,先导阀关闭,阀内无油流动。此时,主阀上下腔和先导阀前腔的压力均等于进油压力 p,又由于主阀上、下腔的承压面积 A 大小相等,所以主阀芯在弹簧力的作用下压在阀座上,主阀也与导阀一样处于关闭状态。

当进油压力 p 超过导阀的开启压力 p_0 时,导阀即被顶开,使少量油液经导阀座和主阀中心孔流到回油口 T。由于阻尼孔的孔径很小(一般为 $0.8\sim1.2$ mm),有节流作用,使主阀上腔压力 p_1 小于下腔压力(即进油压力)p,主阀在这个压力差 $(p-p_1)$ 的作用下便产生一个向上的启阀作用力 $F_0=(p-p_1)A$。随着阀前油压力的继续升高,导阀开度增加,主阀上下腔的压力差 $(p-p_1)$ 也增加,主阀启阀作用力 F_0 也增加。当启阀作用力大到足以克服主阀重力、摩擦力和主弹簧张力 F_s 时,主阀口就开启溢流。此后,只要主阀进口压力稍有增加,导阀的开度和流量就增加,主阀上下腔的压力差就增加,主阀溢流口的开度就增加,主阀溢流量增加;同理,当主阀进口压力稍有减小,导阀开度就减小,主阀开度也随之减小,主阀溢流量减小,从而保持主阀进口的系统油压基本稳定。

由于主阀的开度是有限的,当主阀已经达到最大开度(即最大溢流量)时,若主阀进口的系统油压力再升高,就超出了主阀的调节范围,因此必须为液压系统配置额定溢流量足够的溢流阀。转动调压手轮,改变导阀弹簧的初张力,可在规定范围内改变溢流阀的整定压力。

当溢流阀处于稳定的开启状态时,作用在主阀上的启阀作用力和关阀作用力(忽略重力和摩擦力不计)是平衡的,即 $(p-p_1)A=F_s$。

由于与主阀弹簧的张力 F_s 相平衡的是油压差 $(p-p_1)$,而非主阀进口系统压力 p,所以即使系统压力较高,主阀弹簧也可选得较软;由于阻尼小孔很小,仅 1 mm 左右,通过导阀的流量也很小,一般为溢流阀额定溢流量的 $0.5\%\sim1\%$,故导阀的承压面积很小,导阀的弹簧也比较软,所以先导型溢流阀所控制的阀前系统压力也就变化不大,适用于高压大流量系统。

在先导式溢流阀中主阀与导阀所起的作用是不同的,导阀的作用是根据油压来控制主阀的动作,相当于阀中的指挥机构;主阀的作用是根据导阀的控制信号开大或关小主溢流口,相当于阀中的执行机构。主弹簧主要起复位作用,导阀弹簧主要起调压作用,所以调压性能主要取决于导阀的性能。

由上可知,先导式溢流阀的优点是调压精度高,压力变化量小,适用于高压大流量系统。缺点是溢流动作滞后于压力变化的时间不如直动式的快,瞬时压力超过调定压力的值会较大;另外,结构比较复杂,主阀芯三个密封面要求同心(简称三级同心),加工和装配要求均较高。二级同心先导式溢流阀如图 5-1-11 所示,可以克服三级同心的缺点。其作用原理与前述完全相同,其特点是主阀芯只有两个密封面,阀座与导向部分做成一体,加工比较方便。

3. 溢流阀的性能

(1)溢流阀的稳态特性

溢流阀的稳态特性是指溢流阀在稳定溢流的状态下,阀前系统压力随溢流量变化而变化的规律,常用如图 5-1-12 所示的稳态特性曲线表示。

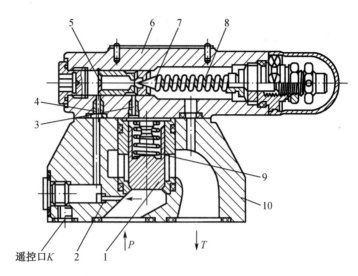

1—主阀芯;2-3-4—阻尼孔;5—锥阀座;6—导阀体;
7—导阀芯;8—调压弹簧;9—主阀弹簧;10—主阀体。

图5-1-11　二级同心先导式溢流阀

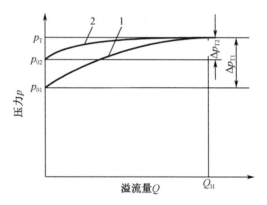

1—直动型溢流阀;2—先导型溢流阀。

图5-1-12　溢流阀的稳态特性曲线

图中:

p_0——开启压力,它是溢流阀的溢流量达到额定流量Q_H的1%时的压力(下标1,2分别表示直动式和先导式溢流阀,下同);

p_T——整定压力,它是溢流量达到额定流量时的压力,故又称为全流压力;

Δp_T——稳态压力变化量或静态压力超调量,它反映了溢液阀稳定工作时可能出现的压力变动范围,是衡量溢流阀稳态性能的重要指标,稳态压力变化量越小越好。

稳态压力变化量的大小主要与溢流阀弹簧的刚度和摩擦力大小有关,刚度和摩擦力越大,压力变化量越大。直动式溢流阀的弹簧较硬,且工作压力越高,需要的弹簧越硬,因此稳态压力变化量较大,约为20%;先导式溢流阀的弹簧较软,因此稳态压力变化量较小,为5%~10%。

（2）溢流阀的动态压力超调量

溢流阀的动态压力超调量是指系统中瞬时最大压力超过阀的整定压力的数值,溢流阀的过渡过程如图 5-1-13 所示。

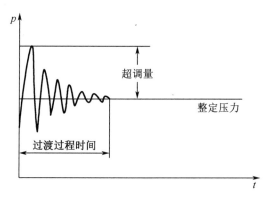

图 5-1-13　溢流阀的过渡过程

导致系统瞬时压力超过整定值的原因是溢流阀阀芯的动作滞后于系统的压力变化。动作滞后时间越长,动态压力超调量越大,从压力波动到稳定所需的时间(称为过渡过程时间)也越长。先导式溢流阀主阀芯的动作滞后于压力变化的时间相对较长,故先导式溢流阀的动态性能不如直动式的好。先导式溢流阀的动态超调量最高可达 10% ~ 15%,过渡过程时间在 0.1 ~ 0.3 s 之间。

（3）卸荷压力

如果将先导式溢流阀的遥控口 K(图 5-1-10)通油箱(称为泄压卸荷),则主阀芯因上腔泄压而全开,系统中的额定流量的油液经阀卸荷回油箱,此时阀的进回油压力差即为卸荷压力。若将回油压力近似当作大气压力,则卸荷压力可看作卸荷时的阀前系统压力。卸荷压力希望越小越好,可减少液压能损失,减少系统发热,一般卸荷压力在 0.15 ~ 0.35 MPa,其大小与阀的结构尺寸有关。

4.先导式溢流阀的常见故障分析

先导式溢流阀的常见故障分析见表 5-1-2。

表 5-1-2　先导式溢流阀常见故障分析

故障现象	分析思路		故障原因
1. 阀全开,系统不能建立压力	依次从液压力(主阀台肩上腔泄压或无压)、弹簧力和阻力异常以及误安装等四个方面造成阀不能关闭进行分析	主阀台肩上腔无压或泄压,使关阀液压力异常	1. 阻尼孔堵塞,使主阀台肩上腔无油压; 2. 主阀盖处严重泄漏,使主阀台肩上腔泄压; 3. 外控口泄漏严重,外控管破裂,使主阀台肩上腔泄压; 4. 导阀阀口冲蚀、泄漏严重等,使主阀台肩上腔泄压; 5. 调压弹簧漏装、断裂,使主阀台肩上腔泄压

表 5-1-2(续)

故障现象	分析思路		故障原因
		弹簧断	6. 主弹簧折断、失效,使主阀芯不能复位;
		阻力大	7. 主阀芯处有污物,限制了主阀芯移离全开位
		误安装	8. 安装操作不当,溢流阀装反,系统油压直接顶开主阀
2. 系统压力调不高	因为不能建压是系统压力调不高的特例(极限情况),所以在分析故障1的基础上去掉极限情况即可	主阀台肩上腔油压降低	1. 主阀盖处泄漏; 2. 外控口泄漏,外控管泄漏,外控阀泄漏; 3. 导阀阀口冲蚀,存在泄漏等; 4. 调压弹簧调不紧
		阻力大	5. 主阀芯处有污物,限制了主阀芯开度关小
3. 系统压力过高而调不低	从主阀卡住和主阀台肩上腔油压不能调低两方面分析	主阀台肩上腔油压不能调低	1. 导阀与阀座粘住; 2. 调压弹簧弯曲而卡住,使导阀不能开启
		阻力大	3. 主阀卡死在半闭位
4. 压力波动,不稳定	从导致主阀台肩上腔液压力不稳定和主阀芯接触阻力和间隙不稳定进行分析	主阀台肩上腔液压力不稳定	1. 主阀芯阻尼孔时堵时通; 2. 主阀阻尼孔孔径太大,压力波动快; 3. 主阀台肩与阀体间隙太大,压力波动快; 4. 导阀调压螺钉锁紧松动或弹簧弯曲,导致开启压力不稳定
		间隙不均匀	5. 主阀与阀座磨损不均匀,接触情况不稳定; 6. 导阀与阀座磨损不均匀,接触情况不稳定
		阻力不稳定	7. 主阀芯动作不灵活; 8. 导阀芯动作不灵活
5. 振动与噪声	从液流超速和压力波动两方面进行分析	液流超速	1. 主阀偏斜、偏磨,产生局部液流超速; 2. 导阀偏斜、偏磨,产生局部液流超速; 3. 阀通过的流量过大,液流超速
		压力波动	4. 回油管不畅,压力波动; 5. 外控油管通径过大(一般取6 mm),流速突变,压力波动; 6. 供油压力波动与阀芯弹簧发生共振; 7. 系统中有空气,产生气穴现象

二、减压阀

减压阀的功用是使流经阀的油液节流降压,并保持阀后压力或压差基本恒定,以便从系统中分出油压较低的支路。

减压阀主要用在需要提供多种压力的液压系统油路中,例如在泵控型液压舵机中,泵的控制油路需要较高的压力,而补油油路则需要较低的压力,这就需要在油路中安装减压阀,通过调整来获得所需的压力。

减压阀主要有定值输出和定差输出两种。定值减压阀能根据阀出口压力的变化改变阀的开度,以使阀后油流减压并保持压力稳定。定差减压阀能根据阀的进、出口压力差的变化改变阀的开度,以使阀后油流减压并保持压差稳定。定值减压阀较为常用,故通常就将其简称为减压阀。下面将以先导式减压阀为例进行介绍。

减压阀
(动画)

先导式减压
阀三维动画
(动画)

1. 先导式减压阀的结构与工作原理

先导式减压阀的结构与职能符号如图5-1-14所示。

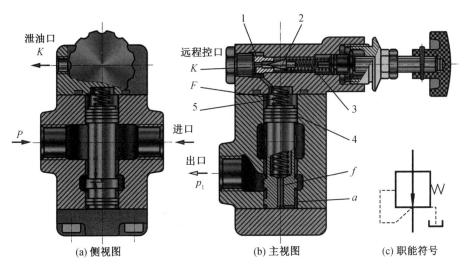

(a) 侧视图   (b) 主视图   (c) 职能符号

1—导阀阀座;2—导阀;3—导阀弹簧;4—主阀;5—主阀弹簧。

图5-1-14 先导式减压阀的结构与职能符号

先导式减压阀也由主阀和导阀两部分组成。先导阀起设定压力的作用,主阀起减压作用。从进口来的压力为 p 的高压油流经主阀4的阀口 X 节流后,压力降为 p_1,由出口流出。出口端已经降压的油液,沿主阀下部的轴向沟槽 a 进到主阀下方的油腔,再经主阀中心的阻尼孔 f,到达主阀上方的油腔 F 和导阀2的左腔。正常工作时,出口压力大于导阀开启压力,导阀被顶开,少量油液经阻尼孔 f 和导阀2向泄油口泄油。由于阻尼孔 f 的节流作用,主阀下腔的油压就会高于上腔油压。如果 p_1 升高,导阀的开度将增加,泄油流量就会增加,主阀上下的油压差随之增大,主阀就会克服弹簧5的张力而关小,以阻止 p_1 增加;反之,如果 p_1 降低,则主阀就会开大,以阻止 p_1 降低。这样,依靠主阀自动调整节流口的开度,即可使出口压力基本稳定在调定压力附近。转动手轮,改变导阀弹簧3的张力,即可改变减压阀的调定压力。当然,如果阀后的压力 p_1 过低,致使导阀关闭,则主阀上下腔油压相等,主阀也就会在本身弹簧的作用下处于最下端,使减压口全开,这时也就超出了阀的调节范围,因而也就无法维持阀出口压力的稳定。

减压阀的泄油口须直通油箱(外泄),这与溢流阀(内泄)不同,减压阀工作时导阀的外泄流量一般小于 $1.5\sim2$ L/min。先导式减压阀也有外控口 K 可实现远程控制。

2.先导式减压阀常见故障分析

先导式减压阀常见故障分析见表5-1-3。

表5-1-3　先导式减压阀常见故障分析

故障现象	分析思路		故障原因
1.无出口压力(有进口压力)	阀本身是常开型的,但阀因液压力、弹簧力或阻力异常而被始终顶在或卡在了减压口全关位置	主阀上腔无油压或过低	1.阻尼孔堵塞,使主阀上腔无油压; 2.导阀弹簧断裂或松脱,使主阀上腔油压过低; 3.导阀卡在全开位置,使主阀上腔油压过低
		无弹簧力	4.主弹簧断裂,使主阀处在全关位置而不能复位
		阻力过大	5.主阀卡在全关位置
2.出口压力调不高	本故障是故障1的一般情况,所以可按同样思路分析,仅程度不同而已	主阀上腔油压较低	1.导阀弹簧过弱,使主阀上腔油压较低; 2.导阀卡在不能关小位置,使主阀上腔油压过低
		弹簧力过弱	3.主弹簧过弱失效,不能克服阻力将减压口开大
		阻力过大	4.主阀卡在减压口关小位置
3.不起减压作用	与故障1相反	主阀上腔油压过高,等于下腔压力	1.导阀打不开; 2.泄油阻力过大或不通; 3.泄油管接错,直接回油箱
		弹簧力过大	4.主弹簧弯曲、卡住,将主阀顶在了全开位
		阻力过大	5.主阀卡在全开位

表 5-1-3(续)

故障现象	分析思路		故障原因
4.出口压力不稳定	从主阀和导阀动作不灵敏以及进口油液方面进行分析	主阀移动不灵敏	1. 阀芯或阀体几何精度差； 2. 主阀弹簧太弱或弯曲受卡,受不均匀阻力影响大
		导阀移动不灵敏	3. 导阀与阀座接触不良； 4. 导阀弹簧太弱或弯曲变形,受不均匀阻力影响大
		进口油液有问题	5. 油中含气太多,有气穴现象； 6. 进口油压波动太快

三、顺序阀

顺序阀是一种用油压信号控制油路接通或隔断的阀,故也可将其看成是一种液动的二位二通阀。同时这种阀常用来以油压信号自动控制液压缸或液压马达的动作顺序,故称为顺序阀。顺序阀也有直动式和先导式之分。

顺序阀(动画)

1. 先导式顺序阀结构与原理

直动式和先导式顺序阀的典型结构与职能符号见图 5-1-15,下面以先导式顺序阀为例说明其工作原理。

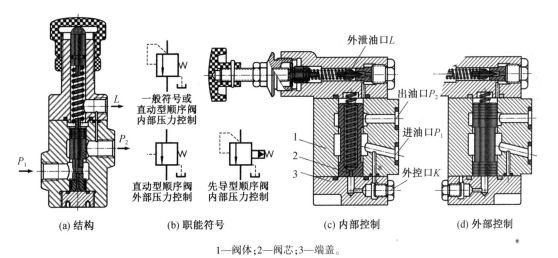

(a) 结构　　　(b) 职能符号　　　(c) 内部控制　　　(d) 外部控制

1—阀体;2—阀芯;3—端盖。

图 5-1-15　顺序阀的典型结构与职能符号

先导式顺序阀工作时,进口油压经控制油路 a、阻尼孔引至主阀上方,再经上盖的通孔作用于先导阀。

当进油压力低于导阀的开启压力时,导阀关闭,主阀上下油压相等,在弹簧力作用下关闭,进出油路即被隔断。

当进油压力超过导阀的开启压力时,先导阀即被顶开,主阀芯上腔泄压,主阀芯在上下油压差的作用下被顶到全开位置,进出口油路即被接通,相应的执行机构便获得压力油而开始动作,从而实现油路系统的自动控制。

顺序阀根据控制信号来自阀的内部还是外部可有内部控制(直控)和外部控制(远控)两种控制方式。上述例子就是内控方式(也称直控方式)。如果该阀要采用外部控制方式,只需将该阀的下盖转90°安装,以便把油路堵住,同时卸除控制油口的螺塞,并从该处接其他油压信号来控制阀的启闭即可。

2. 顺序阀与溢流阀区别

顺序阀的结构与溢流阀基本上相似,它们的区别是:

(1)顺序阀进、出油口间的油压基本相同,而溢流阀出口通常是直通油箱或与低压管相通回油。

(2)顺序阀一旦开启即全开,一旦关闭即全关,主阀芯不会停在全开与全闭之间的位置,故开启时液流的阻力损失很小;而溢流阀工作时,阀芯会根据控制压力大小停在全开、全关及相应的中间位置,故处于溢流状态时液流的压力损失一般是较大的。

(3)顺序阀外控时,只有当外控油路中的油压达到调定压力,顺序阀才会全开,而溢流阀外控时,只有当外控油路泄压,溢流阀才会全开。

(4)顺序阀只有作为平衡阀或卸荷阀使用时,才可将泄油经内部通道引至阀的出口(内泄式),因为作平衡阀或卸荷阀使用时,其出口是通油箱的。作顺序控制阀时,其出口是通执行机构的,而溢流阀通常是内泄式的。作卸荷阀使用时的符号如图5-1-16所示。

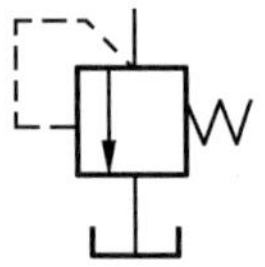

图5-1-16　外控内泄式顺序阀作为卸荷阀时的符号

3. 顺序阀的应用

顺序阀与单向阀的组合称为平衡阀或单向顺序阀,其结构与职能符号见图5-1-17。

平衡阀装于单向负载液压系统中的下降工况时的回油管路上,如图5-1-18所示,用于控制重物下降时的回油速度,起平衡重物和节流限速作用。其工作原理如下:

停止工况时,通往平衡阀C腔的控制油压力很低,内部顺序阀关闭,单向阀也关闭,故平衡阀闭锁,液压缸不能回油,重物被支持住。

下降工况时,泵供油进入液压缸上腔和平衡阀C腔,当压力升高到调定值时,C腔的控制压力使主阀打开,使下腔得以回油,重物下降,若重物下降速度过快以致泵供油跟不上时,C腔压力下降,主阀芯趋于关闭方向移动,增大回油节流效果,降低重物下降速度,以防止重物超速下降。

上升工况时,泵供油正向通过平衡阀中的单向阀,进入液压缸下腔,推动重物上升,液压缸上腔的油经换向阀回油箱。

目前船舶机械使用的平衡阀,从结构上分有锥阀式、滑阀式和组合式三种。

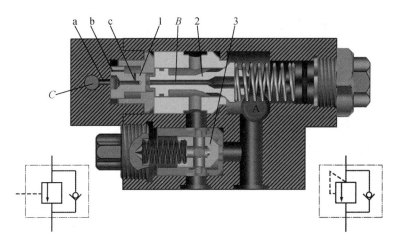

1—导控活塞;2—主滑阀;3—单向阀。

图 5-1-17 组合式平衡阀

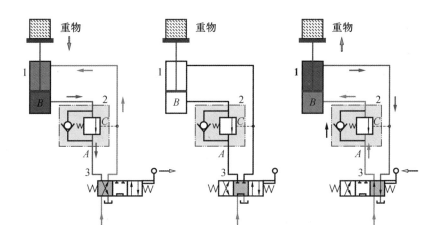

(a) 下降工况　　　(b) 停止工况　　　(c) 上升工况

1—液压缸;2—平衡阀;3—手动三位四通阀;4—油箱。

图 5-1-18 举升机液压系统

第三部分 认识流量控制阀

【任务实施】

一、节流阀

1. 节流阀的结构与工作原理

节流阀的功用是利用移动或转动阀芯的方法直接改变阀口的通流面积与阻力,来控制流经阀口的液体流量。

节流阀的结构与职能符号以及与定量液压源配合使用的情况见图 5-1-19。该阀节流口的形式采用的是轴向三角沟式。油从进油口流入，经阀芯左端的节流沟槽从出油口流出。调节阀芯的轴向位置可以调节节流程度。

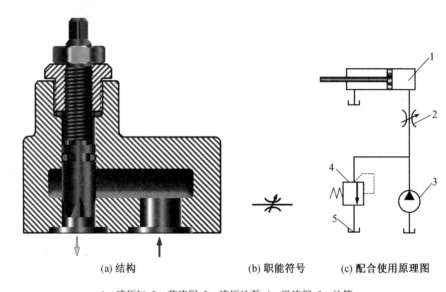

(a) 结构　　　　　　　　　(b) 职能符号　　(c) 配合使用原理图

1—液压缸；2—节流阀；3—液压油泵；4—溢流阀；5—油箱。

图 5-1-19　节流阀的结构与职能符号

节流阀只有装在定压液压源后面的油路中或定量液压源的分支油路上才能起流量调节作用。禁止将节流阀装在定量液压源的总管上，因为那样不仅不能调节流量，而且导致阀前油压超高而损坏设备和管路。

在液压起货机中还会用到一种板式结构的不可调节流器。这种节流器实际上就是在板上钻一个适当的小孔，装在管路的接头处，其作用是分配液流量，建立背压，滤除压力波动，增加系统的阻尼来提高其工作的稳定性。

2. 节流阀的流量特性

节流阀的流量特性可用以下特性方程式表示：

$$Q = \mu A \Delta p^m$$

式中　Q——通过节流口的容积流量；

　　　μ——随节流口形状和油液黏度而变的流量系数；

　　　A——节流口前后的压差；

　　　m——由节流口形状决定的指数，薄壁小孔（孔长小于孔径的一半）$m = 0.5$；细长孔（孔长远大于孔径）$m = 1$；一般节流口 m 介于二者之间。

由流量特性方程式可知，影响节流阀流量稳定的因素主要有：

（1）节流阀前后的压差

节流阀前后的压差对流量的影响最大。用普通节流阀来调节执行机构的运动速度时，节流阀前后的压差会因负载的变化而变化，因此执行机构的速度也会相应改变。由特性方程式可知, m 值越小, Q 受 Δp 的影响越小,所以节流孔越接近薄壁孔越好。

（2）油温

油温的变化将会引起油液黏度的变化。对细长孔来说,当黏度增加时流量就会减小;而对薄壁孔来说,流量一般与黏度无关。节流口通常接近薄壁孔,故除流量较小时外,油温对流量的影响不大。

（3）油液的状况

当油液受压、受热或老化时易产生带极性的极化分子,会在阀口产生易堵塞的吸附层,并因吸附层的不稳定而造成流量不稳定。此外,油中的固体杂质也极易堵塞节流口。为防止阀口堵塞,就应使用不易极化的油液;注意防止油温过高;对油进行精滤,定期换用新油;减少每级节流口的压降;选用合适的阀和阀口材料(即采用电位差小的金属,例如钢对钢就比钢对铜好)。此外,应尽可能选用薄壁型节流口,以提高抗堵塞性能。

二、调速阀

节流阀虽可通过改变节流口大小的办法来调节流量,但当阀前后压差变化时,调定后的节流阀并不能保持流量稳定。对速度稳定性要求较高的执行机构,就不能以普通节流阀来作为调速之用了,如果把定差减压阀和节流阀串联,或把定差溢流阀和节流阀并联,以使节流阀前后压差近似保持不变,则节流阀的流量即可基本稳定。这两类都属于压力补偿式调速阀。

1. 串联式调速阀(普通调速阀)

串联式调速阀是由定差减压阀和节流阀串联而成的。串联式调速阀必须与定压液压源配合使用。其结构与职能符号如图5-1-20所示。

串联式调速阀的基本工作原理是:来自定压液压泵压力恒为 p_1 的油液,先经定差减压阀1节流降压至 p_2,然后再经节流阀2降压至 p_3。在此过程中,利用定差减压阀阀芯1的自动调节,使节流阀前后的压差 (p_2-p_3) 基本保持恒定,从而使节流阀的流量也大体保持稳定。

定差减压阀的工作原理是:定差减压阀阀芯1上端的油腔 b 经通道 a 与节流阀2后的油液相通,压力为 p_3;定差减压阀阀芯 l 一端的油腔 c 和油腔 d 经通道 f 和 e 与节流阀2前的油液相通,压力为 p_2。当载荷增大时,压力 p_3 也增大,这时 p_3 通过通道 a 作用在定差减压阀阀芯1上端的作用力增大,使定差减压阀阀芯1下移,减压阀的开口 x 加大,压力差减小,因此 p_2 也增大,结果保持节流阀前后的压力差 (p_2-p_3) 基本不变。相反地,如果载荷减小,则 p_3 减小,定差减压阀阀芯1上部的油压减小,于是定差减压阀阀芯1在油腔 c 和 d 中的压力油(压力为 p_3)的作用下上移,使减压阀的开口 x 减小,压力差增大, p_2 减小,所以仍能保持 (p_2-p_3) 基本不变。

因为弹簧很软,当定差减压阀阀芯上下移动时 F 变化不大,所以节流阀前后的压力差值 $\Delta p=p_2-p_3$ 基本上为一常量,也就是通过调速阀的流量可以基本不变,从而使执行机构的运动速度可以保持稳定。

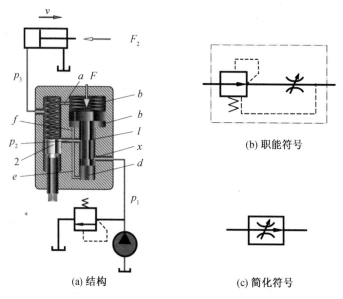

(b) 职能符号

(a) 结构　　　　　　(c) 简化符号

1—定差减压阀阀芯；2—节流阀。

图 5-1-20　串联式调速阀结构与职能符号

2. 并联式调速阀(溢流节流阀)

并联式调速阀由定差溢流阀与节流阀并联组成。并联式调速阀必须与定量液压泵配合使用。其结构图与职能符号如图 5-1-21 所示。

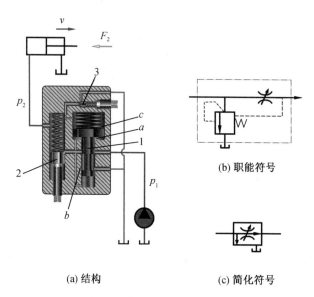

(b) 职能符号

(a) 结构　　　　　　(c) 简化符号

1—定差溢流阀；2—节流阀；3—安全阀。

图 5-1-21　并联式调速阀结构与职能符号

并联式调速阀的工作原理是:来自定量液压源,压力为 p_1 的油液,进阀后分成二路。一路经节流阀降压至 p_2 后进入执行机构;另一路经溢流阀的溢流口泄回油箱。在此过程中,定差溢流阀根据节流阀前后的压力差 (p_1-p_2) 来控制溢流阀阀芯的动作,自动调节溢流量,以保持节流阀前后的压差基本恒定,从而保持节流阀的流量基本恒定。

定差溢流阀的工作原理是:溢流阀阀芯上腔 c 与节流阀的出口相通,油压为 p_2;下腔 a 和 b 与节流阀的进口相通,油压为 p_1。当 p_2 因负载增加而升高时,会将溢流阀阀芯往下压,使溢流口减小,从而使节流阀前压力 p_1 增加,从而使节流阀前后压差 (p_2-p_1) 保持基本恒定。反之,当 p_2 减小时,溢流口增大,p_1 也减小,p_2-p_1 仍保持基本恒定。

由上可知,与溢流阀弹簧力相平衡的是油压差,故即使工作压力较高,溢流阀弹簧力也不太高,所以溢流阀阀芯在不同开度时的油压差 (p_2-p_1) 变化不大。

由于并联式调速阀必须与定量源配合工作,故当负载过大时或排出管堵塞时,p_1 和 p_2 可能会因升得很高而危及设备安全,为此在阀内装有安全阀3。

【练习与思考】

一、选择题(请扫码答题)

二、简述题

1. 单向阀在液压系统中有何应用?

2. 试述 M 型、O 型、H 型、Y 型三位四通换向阀中位机能。

3. 溢流阀在液压系统中有何功用?

4. 试比较先导型溢流阀、减压阀、顺序阀在原理、功用、连接和泄油方式上的异同。

5. 串联式与并联式调速阀有什么结构特点?

子任务 5.1.2
选择题

子任务 5.1.3 操作与管理液压泵

【任务分析】

在液压甲板机械中,液压泵的主要任务是为液压系统供给足够流量和足够压力的液压油。容积式泵因其能够产生较高的工作油压,且流量受工作压力的影响很小,故适合用作液压泵,如齿轮泵、柱塞泵、叶片泵和螺杆泵。其中,柱塞泵是液压机械中应用最广泛的动力元件,如 CY 型轴向柱塞泵。液压泵在工作过程中,较为常见的故障主要是泵升不起压或压力提不高、压力脉动或流量不足、轴封漏油等。通过对 CY 型轴向柱塞泵的故障分析,我们发现可能的原因是配油盘及缸体或柱塞与缸体之间磨损、进油管堵塞、柱塞与油缸卡死或滑靴脱落、柱塞球头折断等。为进一步了解及排除液压泵故障,我们需要认识液压泵的结构与原理,掌握液压泵维护与管理的能力。

大国工匠·舰机零件加工（视频）

【任务实施】

液压泵按输出流量能否调节分为定量泵和变量泵,按输出液流方向是否可变分为定向(单向)泵和变向泵,有单向定量、双向定量、单向变量和双向变量形式,其职能符号见图 5-1-22。

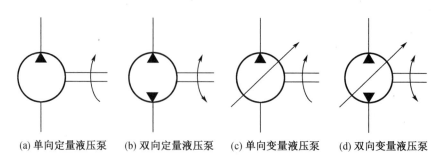

(a) 单向定量液压泵　(b) 双向定量液压泵　(c) 单向变量液压泵　(d) 双向变量液压泵

图 5-1-22　液压泵职能符号

柱塞泵是液压机械中应用最广泛的动力元件,它与普通的往复式柱塞泵在结构上显著的不同之处在于,采用多作用的回转式油缸形式,取消了泵阀,从而在性能上取得了突破,满足了提高转速、均匀供液和减小体积的要求,并可做成变量泵。

柱塞泵按其柱塞布置方式的不同而分为轴向式和径向式两大类,下面分别进行介绍。

一、轴向柱塞泵

液压泵(PPT)

轴向柱塞泵可分为斜盘式和斜轴式两种,现就目前船上常用的斜盘式为例进行结构与原理分析。

1. 斜盘式轴向柱塞泵工作原理

斜盘式轴向柱塞泵的工作原理如图 5-1-23 所示,主要由传动轴 5、配油盘 1、缸体 8、柱塞 7、斜盘 9、泵壳 4 等零部件组成。斜盘 9 和配油盘 1 是不转动的,传动轴 5 带动缸体 8、柱塞 7 一起转动,柱塞 7 靠机械装置或在低压油作用下压紧在斜盘上。其吸入、排出和变量原理如下:

轴向柱塞泵
(动画)

斜盘式柱塞
泵变向原理
(动画)

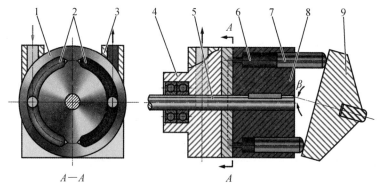

1—配油盘;2—配油阀口;3—吸排油口;4—泵壳;5—传动轴;6—工作腔;7—柱塞;8—缸体;9—斜盘。

图 5-1-23　斜盘式轴向柱塞泵工作原理图

（1）吸入过程——当传动轴按图示方向旋转时，柱塞7在其自下而上回转的半周内逐渐向外伸出，使缸体孔内密封工作腔容积不断增加，产生局部真空，从而将油液经配油盘1上的配油窗口吸入。

（2）排出过程——柱塞在其自上而下回转的半周内又逐渐向里推入，使密封工作腔容积不断减小，将油液从配油盘窗口向外压出。缸体每转一周，每个柱塞往复运动一次，完成一次吸油和压油动作。

（3）变量方法——当泵的转速一定时，改变斜盘的倾角 β 的大小和方向，就可以改变泵的排量大小和方向。倾角 $\beta=0$ 时，排量 $Q=0$，故轴向柱塞泵可以做成变向变量泵。

2. 斜盘式轴向柱塞泵的流量

$$Q = \pi/4 \cdot d_2 \cdot h \cdot z \cdot n \cdot \eta_v = \pi/4 \cdot d_2 \cdot D \cdot z \cdot n \cdot \tan \beta \cdot \eta_v (\text{m}^3/\text{min})$$

式中　d——柱塞直径，m；

　　　h——柱塞行程，m，$h = D\tan \beta$；

　　　D——柱塞中心分布圆直径，m；

　　　β——斜盘倾角；

　　　z——柱塞个数；

　　　n——油泵转速，r/min；

　　　η_v——油泵的容积效率，当工作油压 $p<20$ MPa 时，为 0.95~0.98，当 $p>20$ MPa 时，为 0.92~0.95。

在泵的结构尺寸和转速一定时，改变斜盘倾角 β 的大小，即可改变泵的流量；而当斜盘的倾斜方向改变时，泵的吸排方向也就改变。

轴向柱塞泵的瞬时流量也是脉动的。轴向柱塞泵的柱塞个数一般多取为 7 个，流量大时也有取 9 个或 11 个的。

3. 斜盘式轴向柱塞泵实例

图 5-1-24 所示为国产 CY14-1 型斜盘式轴向柱塞泵，它由主体部分和伺服变量机构两部分组成。该泵的结构和工作情况如下：

（1）主体结构

主体部分由传动轴 1、配油盘 3、缸体 4、柱塞 20、回程盘 8、斜盘 16 等部件组成。

缸体用花键连接装在传动轴 1 上并被带动旋转，也使均匀分布在缸体上的柱塞 20 绕转动轴中心线转动。每一柱塞的球状头部装有滑履 19。装在内套 7 和外套 5 中的定心弹簧 6，一方面通过内套 7、钢球和回程盘 8 将每个滑履紧紧地压在与轴线成一定倾角的斜盘 16 上，弹簧力使柱塞处于吸油位置时，滑履也能保持和斜盘接触，从而使泵具有自吸能力；另一方面，弹簧力通过外套和油缸内的压力油一起作用在缸体上，使缸体 4 压向配油盘 3，并保持缸体与配油盘端面间一定厚度的静压油垫，从而既保证提供启动时的初始密封压紧力和运行时的密封压紧力，减少泄漏，又改善了受力，减少了磨损。

缸体 4 由铝铁青铜制成，外面镶有钢套，并装在滚动轴承上，这样倾斜盘给缸体的径向分力可以由滚动轴承承受，使传动轴和缸体不受弯矩，保证缸体端面能较好地和配油盘接触。

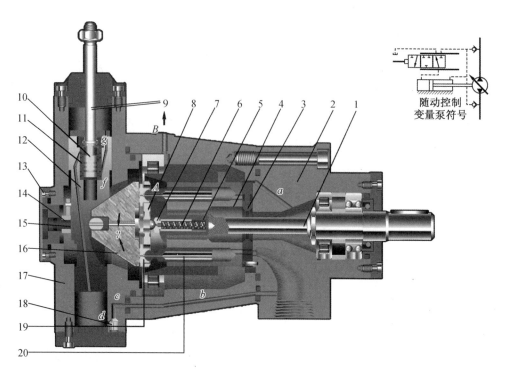

1—传动轴；2—泵体；3—配油盘；4—缸体；5—外套；6—定心弹簧；7—内套；8—回程盘；
9—拉杆；10—伺服滑阀；11—伺服滑阀套；12—差动活塞；13—刻度盘；14—拨叉；
15—销；16—斜盘；17—变量机构壳体；18—止回阀；19—滑履；20—柱塞。

图 5-1-24　CY14-1 型斜盘式轴向柱塞泵结构

配油盘 3 和柱塞副是主体部分的重要部件，在结构上采取了一定的措施，以提高其可靠性和耐用性。

①配油盘

如图 5-1-25 所示为配油盘的结构图。图中 A、B 为配油窗口，α 为配油盘上油封区的夹角（油封角），β 为油缸体上配油孔的包角，N—N 为配油盘中线，M—M 为斜盘中线。D 为消除困油现象的阻尼孔，E 为储油盲孔。

配油盘的作用：保证准确合理地对泵进行配油，防止困油现象；承受柱塞缸体对它产生的轴向力，保证与缸体间的动密封和与泵体（进出油道）间的静密封。

配油盘的结构特点（CY14-1 型）：负重叠非对称。所谓负重叠是指封油角 α 比油缸体上配油孔的包角 β 小 $0°\sim-1°$（即 $\alpha\leqslant\beta$）。通常，$\alpha>\beta$，能保证密封，但会产生严重的困油现象；$\alpha=\beta$，既保证密封又不产生困油现象，但加工和安装精度难达到；$\alpha<\beta$，无困油现象，不能正常密封（即吸排沟通）。所以，采用负重叠（$\alpha\leqslant\beta$）结构的配油盘，一定要解决吸排沟通问题。CY 型采取的是用阻尼孔（也可用阻尼槽）来控制吸排沟通量的办法，即因 $\alpha<\beta$ 产生的吸排沟通最多是经阻尼孔 D 的微量沟通，且将阻尼孔 D 开在配油窗口迎接油缸配油孔转入的一侧。这样既消除了困油现象又保证了密封。所谓非对

称是指配油盘的中线 N—N 相对于斜盘中线 M—M 朝缸体旋转方向偏转了一个 β 角，以保证当缸体配油孔处在对称于斜盘中线 M—M 的中间位置时，是刚刚和一个配油窗口脱开，并和另一配油窗口的阻尼孔重叠 $0°$~$-1°$。非对称是因为仅在配油窗口的一侧开阻尼孔，而不是两侧都开，从而造成了配油窗盘中线的偏移。

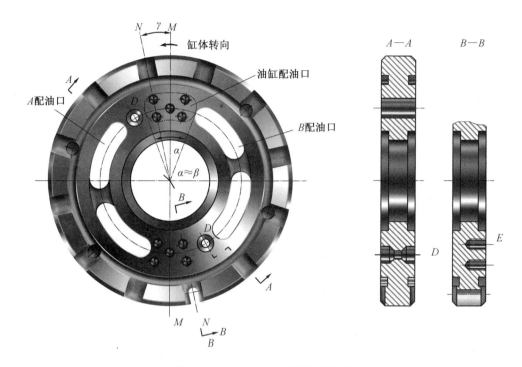

图 5-1-25 CY14-1 型泵的配油盘

由于配油盘是非对称的，所以 CY 型泵必须按规定方向转动，不可逆转，并且该泵不能当液压马达使用。

盲孔的作用：在配流盘的密封区上还有几个盲孔，直径为 1.5~2 mm，深度为 2~3 mm，这些盲孔在工作中储存着油，当缸体完全遮盖它们时，其盲孔中的油压会比油膜压力高一些，这样就形成了一个液体垫，起着润滑和缓冲作用。

②柱塞副

如图 5-1-26 所示为柱塞副的静压支承示意图，在滑履和柱塞的中心都钻有小孔，使压力油经小孔通到柱塞与滑履及滑履与斜盘之间的摩擦面上，从而起到润滑和静压支承作用。通过适当设计油压作用面积，可使压紧力比撑开力大 10%~15%，从而既保证密封又减少磨损。

（2）变量机构

如图 5-1-24 所示，CY 型柱塞泵采用液压伺服变量机构控制泵的排量大小与排液方向。其变量机构由拉杆 9，伺服滑阀 10，差动活塞 12，变量机构壳体（即差动液压缸体）17 及液压缸的上、下端盖等主要部件组成。

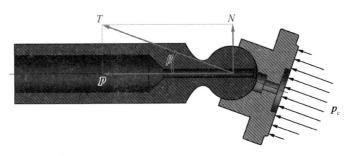

图 5-1-26　柱塞副的静压支承示意图

当高压油通过孔道 b、c 及单向阀 18 进入油腔 d 作用于差动活塞的下端,力图将差动活塞往上推。此时,若伺服滑阀处于图示位置,油孔 f 关闭,差动油缸上腔处于封闭状态,所以活塞保持不动,油泵保持原排量不变;若伺服滑阀经拉杆被往上拉移一定行程,则油孔 f 被滑阀打开,油腔 g 中的油液就会泄入兼作贮油腔的泵体中,差动活塞在下方油压力的作用下被往上推移,并带动斜盘转动,改变倾角 β 的大小,从而改变排量的大小;当活塞上移的行程正好等于滑阀上移的行程时,油孔 f 正好被随差动活塞一起上移的滑阀套关闭,油腔 g 封闭,活塞停止上移并保持不动,油泵的斜盘也被转至新的位置并保持不动,油泵便以改变后的排量稳定工作;若伺服滑阀经拉杆被往下推移一定行程,则油孔 e 被滑阀打开,油腔 d 中的压力油便会经 e 孔进入油腔 g,使 d、g 两腔油压相等,由于差动活塞两侧面积不相等,即差动活塞在 g 腔中的作用面积大于在 e 腔中的面积,所以差动活塞在压力油的作用下被往下推移,并带动斜盘往相反方向转动,改变倾角 β 的大小,从而改变排量的大小,当活塞下移的行程正好等于滑阀下移的行程时,油孔 e 正好被随差动活塞一起下移的滑阀套关闭,g 腔封闭,活塞停止下移并保持不动,油泵便以改变后的排量稳定工作。

液压伺服变量机构起到力的放大作用,即只要用很小的力来拉动滑阀上行或下行一定行程,就能控制差动活塞上行或下行同样的行程,并输出较大的力来带动斜盘正转或反转,从而控制倾角的大小和方向,实现泵的排量和排向的改变。

【知识拓展】　斜轴式轴向柱塞泵的结构与原理

二、径向柱塞泵

斜轴式轴向柱塞泵的结构与原理(PPT)

如图 5-1-27 所示为径向柱塞泵的工作原理简图。径向往塞泵的主要部件为柱塞 1、定子(也称浮动环,变量环)2、缸体 4、泵轴 6 和配油轴 5 等。柱塞 1 径向安装在缸体 4 中。泵轴(驱动轴)6 与缸体的一个端面相连接。配油轴从缸体的另一端插入缸体的中心的衬套中。配油轴固定不动,泵轴带动缸体及其中的柱塞一起旋转。柱塞靠离心力的作用(或低压油的作用)紧贴定子 2 的内壁。定子中心与缸体中心的偏心距可通过移动定子的左右位置来进行调节。定子可由柱塞头部摩擦力带动而绕自己所中心转动(称浮动),以减轻柱塞头部的磨损。

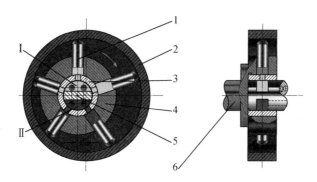

1—柱塞;2—定子;3—衬套;4—缸体;5—配油轴;6—泵轴。

图 5-1-27 径向柱塞泵工作原理

该泵的吸入、排出和变量原理如下:

1. 吸入过程

当缸体按图示方向旋转时,由于定子与缸体间有偏心距 e,柱塞转到上半周时向外伸出,工作腔容积逐渐增大,形成部分真空,油液经衬套 3 上的油孔,从配油轴 5 的吸油口 Ⅰ 吸入。

2. 排出过程

当柱塞转到下半周时,定子内壁将柱塞向里推,工作腔容积逐渐减小,便向配油轴的压油口 Ⅱ 压油。当缸体旋转一周时,每个柱塞吸、排油各一次。只要缸体连续不断运行,泵就可连续不断地吸排油液。

3. 变量方法

当泵的转速一定时,改变偏心距 e 的大小或方向就可改变泵的吸排油量的大小或方向,故径向柱塞泵可以做成变向变量泵。

径向柱塞泵由柱塞和缸体组成工作腔,密封性好,容积效率一般可达 $0.94 \sim 0.98$。但径向柱塞泵存在着一个难以克服的配油机构的径向负荷问题,影响它的使用范围。所以径向柱塞泵的使用受到了一定的限制,现已基本被轴向柱塞泵所替代。

斜轴式柱塞泵变向原理(动画)

三、变量泵的变量控制方式

变量泵的变量控制机构按控制力是否通过液压放大来区分,有直接变量(如海尔休泵)和伺服变量(如 CY14-1)之分。

按变量机构控制信号的形式区分,又有手控、机控、电控、液控等多种。

按变量泵的流量特性来看,普通变量泵的流量特性即容积式泵流量特性——随着泵工作压力的升高,输出流量因漏泄增加而略有降低。除此之外,根据工作需要,还设计了各种自动变量泵,如限压式、恒功率式、恒压式、恒流量式等。

1. 恒压式变量泵

恒压式变量泵在工作压力低时全流量工作,当工作压力超过整定值时,压力稍一增加,流量即迅速降低,可使泵的工作压力基本保持不变。

2. 限压式变量泵

限压式变量泵与恒压式变量泵基本相同,只是工作压力会在一定范围内变化,并控制排出压力不超过限定值。

3. 恒功率变量泵

泵的自动变量机构设计成使流量 Q 随排出油压产生变化,近似地符合功率 $P = pQ$ 为一常数的恒功率式,称之为恒功率变量泵。

四、柱塞式液压泵的使用和管理

柱塞式液压泵在使用和管理中除应遵守容积泵使用与管理的一般原则外,还应特别注意柱塞泵的特殊性,主要有以下 6 个方面。

1. 油

油品应按规定选用,并不得随意改换和掺用。油质应保持高度清洁,油质不良和受污染是液压泵及系统的故障之源,会产生堵、卡、磨等故障。油位应正常,平时应保持各润滑部件充分润滑,启动前必须检查泵壳及油箱内油位,检修后务必记住要灌油。为保证泵壳内油位适当,安装时,应使泵壳回油管的位置高于轴承;

2. 压力

吸入压力不能过低,吸油高度一般应小于 125~500 mm,吸入管上不应加设滤器,如果吸入压力过低,不仅容易产生"气穴现象",而且因轴向柱塞泵的柱塞就要全靠铰接端强行从缸中拉出,易造成损坏,因此,轴向柱塞泵推荐采用辅泵供油。排出压力不能超出规定时,绝不能关阀启停,否则排出压力会高到毁泵的程度。零位时泵不宜长时间运转,因为泵空转时不产生排出压力,各摩擦面也因此得不到泄漏油液的润滑与冷却,容易使磨损增加,并使泵壳内的油液发热。

3. 温度

油温应符合规定,过高和过低都会影响泵的正常工作和寿命。

4. 转向与连接

检修时应注意电动机接线不要接错,转向必须与标定转向一致。泵轴与电动机轴应用弹性联轴器直接相连并保持良好对中,同心度误差不得超过 0.10 mm。

5. 重要部件

柱塞偶件、配油盘和变量伺服机构滑阀与差动活塞是应特别关注的部件。这些部件多经淬火,硬度很高,且经研配,拆装时不应用力捶击和撬拨,严防划伤密封面和换错偶件。

6. 重要间隙

主要为柱塞与油缸的径向间隙、柱塞头部的铰接间隙、配油盘与油缸体的轴向间隙、滑阀与阀套间隙,这些间隙都是研配间隙,发现过松(过度磨损)应按规定更换,过紧通常是配合面不清洁或划毛引起的,故在装配前各零件应用挥发性洗涤剂清洗并吹干,然后装配时在配合面涂布清洁的液压油进行润滑。不宜使用棉纱等擦洗。

五、轴向柱塞泵故障诊断与排除

轴向柱泵故障诊断与排除见表5-1-4。

表5-1-4 轴向柱塞泵故障诊断与排除

故障	原因分析	排除方法
排油量不足	1.箱油位过低; 2.泵体内没有充满油,有残存空气; 3.吸油管堵塞或阻力太大; 4.油温不当或有漏气; 5.柱塞与油缸或配油盘与缸体间磨损; 6.中心弹簧弹力不足,引起缸体与配油盘间失去密封; 7.变量机构失灵,达不到工作要求	1.检查油量,适当加油; 2.排除泵内空气; 3.排除油管阻塞; 4.根据温升实际情况,选择合适的油液,紧固可能漏气的连接处; 5.更换柱塞,修磨配油盘与缸体的接触面保证接触良好; 6.更换中心弹簧; 7.检查变量机构是否灵活,并纠正其误差
噪声较大	1.泵内有空气; 2.吸入管堵塞或阻力大; 3.油液不干净; 4.油液黏度过大; 5.油液的油位过低或有漏气; 6.泵与电机安装不同心,使泵增加了径向载荷; 7.管路振动; 8.系统工作压力大	1.排除空气,检查可能进入空气的部位; 2.清除堵塞; 3.抽样检查,更换干净的油液; 4.更换黏度较小的油液; 5.按油标高度注油,并检查密封; 6.重新调整同心度在允差范围内; 7.采取隔离消振措施; 8.重新调整压力阀的调定值
内部泄漏	1.缸体与配油盘间磨损; 2.中心弹簧损坏,使缸体与配油盘失去密封性; 3.柱塞与油缸磨损	1.修整接触面或换新; 2.更换弹簧; 3.更换柱塞或重新配研
温升过大	1.内部漏损较大; 2.有关相对运动的配合面有磨损	1.检查和研修有关密封配合面; 2.修整或更换磨损件,如配油盘、滑靴等

表 5-1-4（续）

故障	原因分析	排除方法
变量机构失灵	1. 在控制油路上，可能出现堵塞现象； 2. 变量机构和斜盘耳轴磨损； 3. 伺服滑阀、差动活塞以及弹簧芯轴卡死	1. 净化油，必要时冲洗管路； 2. 更换部件； 3. 若为机械卡死，可用研磨方法修复，如果油液污染，则应更换
泵不能转	1. 柱塞与缸体卡死（可能是油污染或油温变化）； 2. 柱塞球头折断（可能因柱塞卡死或有负载启动）； 3. 滑靴脱落（柱塞卡死或有负载启动所引起）	1. 更换新油，更换黏度较小的液压油； 2. 更换； 3. 更换或送制造厂维修

【练习与思考】

子任务 5.1.3
选择题

一、选择题（请扫码答题）

二、简述题

1. 轴向柱塞泵拆装应注意哪几个方面问题？

2. 液压泵的实际工作压力为什么不能比额定压力低许多？

3. 如何按照"先外后内、先简后繁"等原则分析寻找故障真正原因，再对症下药排除？

4. 为液压设备选择液压泵时，主要考虑哪些因素？

子任务 5.1.4 操作与管理液压马达

【任务分析】

船舶甲板机械液压系统中，执行元件包括液压缸和液压马达两大类。液压缸输出的是直线运动，液压马达（亦称油马达）输出的是回转运动。在船上，为了能直接拖动工作机械（如起货机卷筒或锚机链轮等），需要使用低速大扭矩液压马达。液压马达的使用、保养、检修等工作是轮机员必须要掌握的内容，为此，我们必须熟悉液压马达的分类、基本原理及工作特点，掌握低速大扭矩液压马达的管理要点。

【任务实施】

一、液压马达基础知识

1. 作用

将液压油的压力能转换为驱动机械设备的机械能。液压马达和液压缸都属于液压系统的执行机构。

2. 要求

能产生足够大的转矩和适当的转速,转矩均匀,启动转矩大,低速稳定性好,效率高,体积小。

3. 分类

船舶机械中使用的液压马达主要分为两类:

液压马达
（PPT）

(1) 低速大扭矩液压马达($n \leqslant 500$ r/min)。主要有活塞连杆式、静力平衡式、内曲线式、叶片式等形式。低速大扭矩液压马达的特点是输出扭矩大,转速低,可不经减速机构而直接与工作机构连接。低速大扭矩液压马达的每转排量很大,故外形尺寸也很大。它适用于各种低速、大负载的机械,如起货机、锚机、绞缆机和滚装船的甲板绞车等。

液压马达
（动画）

(2) 高速小扭矩液压马达($n>500$ r/min)。主要为轴向柱塞式,需与紧凑型减速器配套使用。

此外,液压马达也可按排量是否可变分为定量液压马达和变量液压马达,按转向是否可变分为单向和双向液压马达。因此,液压马达常有单向定量、双向定量、单向变量和双向变量等形式,其职能符号如图5-1-28所示。

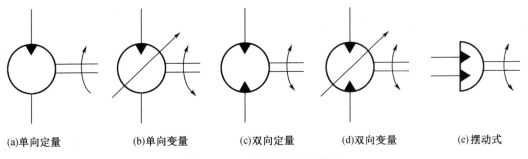

(a)单向定量　　　(b)单向变量　　　(c)双向定量　　　(d)双向变量　　　(e)摆动式

图5-1-28　液压马达职能符号

4. 液压马达的工作性能参数

(1) 转速

如供入液压马达的油流量为Q_M,液压马达每转排量(简称排量)为q_M,则液压马达理论转速n_t为

$$n_t = 60 Q_M / q_M$$

液压马达工作时存在内部泄漏,扣除泄漏损失后为有效流量,故液压马达的实际转速为

$$n = 60 Q_M \eta_m / q_M$$

(2) 扭矩

液压马达的理论扭矩:

$$M_t = \Delta p q_M / 2\pi$$

液压马达的实际扭矩:

$$M_t = \Delta p q_M / 2\pi$$

式中，Δp 为液压马达的进、回油压力差；q_M 为液压马达每转排量；η_m 为机械效率。

（3）输出功率

考虑液压马达的泄漏损失、摩擦损失、水力损失，液压马达的实际输出功率等于实际扭矩 M 与实际角速度 ω 之积。

液压马达工作性能：

①液压马达的实际转速 n，主要取决于供入液压马达的流量 Q_M、液压马达的每转排量 q_M 和容积效率 η_v。要改变液压马达的转速，可采用的方法有容积调速，如采用变量油泵改变其流量，或采用变量油马达改变其排量；也可以采用节流调速即通过流量控制阀来改变供入油马达的流量。

②液压马达输出的实际扭矩取决于油马达的排量 q_M、工作油压差 Δp 和机械效率 η_m。液压马达回油压力变化很小，故液压马达负载越大，其进油压力就越高。

③在液压马达额定的扭矩、转速和功率既定的前提下，提高其最大工作压力，则可减小其 q_M、Q_M，使液压元件和管路尺寸相应减小，但对元件的精度、强度、密封性和管理工作都会提出更高要求。

④增大液压马达的容积，亦即提高液压马达的每转排量 q_M，则可在工作油压不变的情况下增大扭矩，转速则相应较低，从而构成低速大扭矩液压马达。

二、活塞连杆式液压马达

1. 工作原理

活塞连杆式径向液压马达的工作原理如图 5-1-29 所示。

在壳体 1 的圆周沿径向均布五个缸，缸中的活塞 2 通过球铰与连杆 3 连接，连杆端部的圆柱面与偏心轮 4 的表面接触。偏心轮的一端是输出轴，另一端通过十字接头与配油轴连接，配油轴上的隔板两侧分别为进油腔和回油腔。图 5-1-29 中，1 号、2 号缸处于进油位置，3 号缸处于过渡位置，4 号、5 号缸处于回油位置。

高压油经配油轴的轴向孔和缸体上的流道进入 1 号、2 号缸中，作用在活塞顶部的压力油产生一个作用力，通过连杆传递到偏心轮上，指向偏心轮的中心 O_1。由于 3 号缸处于过渡位置，偏心轮的中心 O_1 上作用着由 1,2 号缸产生的作用力 F_1、F_2，其合力为 F。力 F 对输出轴中心 O_2 产生力矩，推动液压马达转动，输出扭矩。配油轴随偏心轮一起旋转，进油腔和排油腔分别依次与各缸接通，从而保证偏心轮连续旋转。

改变进出液压马达的油流方向，可以实现液压马达的反转。由于液压马达转一转，工作腔容积变化一次，故该液压马达为单作用式。

2. 典型结构

活塞连杆式液压马达是一种应用较早的液压马达，国外称斯达法（Staffa）型，国内型号为 JMD 型。JMD 型液压马达有新老两种结构。它们的额定工作压力为 21 MPa，最大工作压力为 31.5 MPa，转速成为 0~400 r/min，每转排量为 0.20~6.14 L。

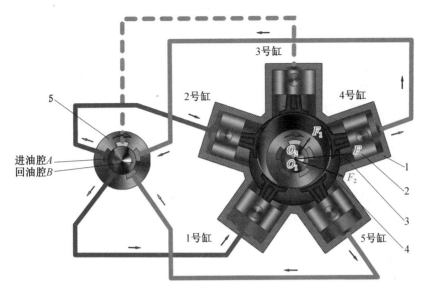

1—壳体;2—活塞;3—连杆;4—偏心轮;5—配油轴套。

图 5-1-29　活塞连杆式液压马达工作原理

JMD 型老结构如图 5-1-30 所示,外形呈五星状的马达壳体 1 有五个沿径向均匀布置的柱塞油腔连杆 2 与活塞 3 以球头铰接,并以卡环 10 锁紧。连杆 2 大端做成鞍形圆柱面、紧贴在偏心轮 5 上,并用两个挡圈 4 夹持住。偏心轮 5 支持在两个滚动轴承 6 上,其一端外伸,即为输出轴,另一端通过十字联轴器 9 与配油轴 7 连接,使其和偏心轮一起转动。活塞上有两道活塞环,保证良好密封,从而提高容积效率、降低加工精度要求。

配油轴 7 支承在两个滚针轴承 8 上,结构形状见图 5-1-30 中的立体图。配油轴有两条槽 A、B(见剖面 A—A),经轴向孔分别通到环槽 D、C,继而通过轴套上的径向孔与马达壳体上进回油口相通。五个活塞油腔的顶部各有一条径向通道 E 通到配油轴 A 或 B 槽,使其最终与壳体上的进回油口相通。

采用静压支承的活塞连杆式液压马达结构如图 5-1-31 所示,该结构中的连杆大小端采用静压支承,支承用油由活塞中心孔引至球铰,再经连杆中心油道引至大端,在连杆中心油道中设置了阻尼器。采用静压支承后,液压马达的机械效率有较大提高,低速稳定性也大有改善。新结构的液压马达除连杆大小端采用静压支承外,在配油轴上也以静压支承法取代老结构中的滚针轴承。采用新结构液压马达的额定转速、容积效率、机械效率均有较大的提高,最低稳定转速降低到 3 r/min 左右,目前在船舶机械中使用的活塞连杆液压马达以新结构为多,但采用新结构后,对油液的清洁度要求较高。

3.特点

(1)结构简单。

(2)启动扭矩比较小,机械效率低。连杆下端马鞍形底面摩擦损失是引起液压马达扭矩损失的主要原因,除此之外,柱塞和油缸侧面之间、柱塞和连杆球头之间、配油轴和轴套之间均有摩擦,所以这种液压马达启动扭矩较小,通常只有理论扭矩的80%~85%。

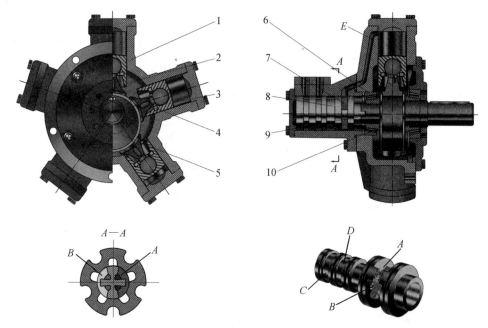

1—壳体;2—连杆;3—活塞;4—挡圈;5—偏心轮;

6—滚动轴承;7—配油轴;8—滚针轴承;9—十字头联轴器;10—卡环;

A、B—配油轴槽;C、D—环槽;E—通道。

图 5-1-30　活塞连杆式液压马达结构

(3)转矩和转速脉动率(最大和最小转矩或转速与其平均值之比)大,约为7.5%。

(4)低速稳定性较差。在3~10 r/min 以下即会产生所谓低速"爬行"现象。引起"爬行"的原因不仅是受液压马达脉动率影响,另一个重要原因是连杆底面比压较大,低速时润滑条件差,即滑动配合面处油膜厚度减小,甚至被破坏,以致转化为干摩擦,引起摩擦和发热急剧增大,从而造成液压马达转速不稳。摩擦力变化还会产生油压波动,加剧漏损,促使液压马达低速稳定性更差。因此,这种液压马达不宜在3~10 r/min 以下工作。

(5)受力条件不好。连杆大端与偏心轮接触面处和小端球铰处的比压较大,磨损较严重,有时会发生咬合。径向力不平衡。径向载荷较大,影响轴承寿命。

三、五星轮式(静力平衡式)液压马达

1. 工作原理

图 5-1-32 为静力平衡式液压马达的基本结构和工作原理示意图。

液压马达的偏心轴 5 具有曲轴的形式,既是输出轴,又是配油轴。五星轮 4 滑套在偏心轴的凸轮上,在它的五个平面中各嵌装一个压力环 3,压力环的上平面与空心柱塞

五星轮液
压马达(动画)

2 的底面接触,柱塞中间装有弹簧,以防液压马达启动或空载运转时柱塞底面与压力环脱开。高压油经配油轴中孔道通到曲轴的偏心配油部分,然后经五星轮中的径向孔、压力环、柱塞底部的贯通孔而进入油缸的工作腔内。在图示位置时,配油轴上方的三个油缸通高压油,下方的两个油缸通低压回油。

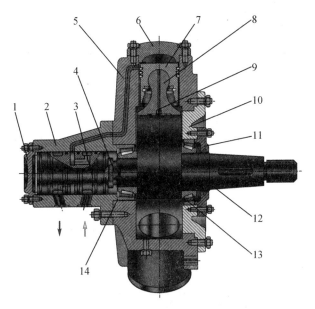

1—闷盖;2—配油缸体;3—配油轴;4—十字头;5—泵壳;6—缸盖;7—活塞;

8—连杆;9—阻力孔;10—轴承端盖;11—轴封端盖;12—偏心轴;13—轴承;14—垫片。

图 5-1-31 采用静压支承的活塞连杆式液压马达结构

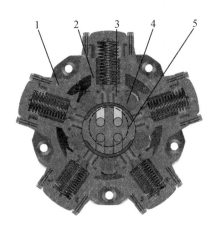

1—壳体;2—空心柱塞;3—压力环;4—五星轮;5—偏心轴。

图 5-1-32 静力平衡式液压马达基本结构和工作原理

此时,在每个高压油缸中各形成一个高压油柱,其一端作用在缸盖上,另一端作用在偏心轮表面上,并通过偏心轮中心,各缸形成一个合力,推动偏心轮绕着输出轴中心转动。输出轴回转时,五星轮做平面平行运动,柱塞做往复运动、产生容积变化,使其完成进回油。只要连续不断供油,就能使液压马达连续转动,改变液压马达的进、回油液流方向,液压马达就反向旋转。液压马达转一转,每个工作容积变化一次,所以静力平衡式液压马达也称为单作用液压马达。

从以上结构与工作原理分析中可知,柱塞和压力环之间,五星轮和曲轴偏心圆之间,基本上不靠配合表面金属直接接触传力,而是通过密封容积中的压力油柱产生的作用力直接作用于偏心轮表面和缸盖上。液压马达的柱塞、压力环和五星轮等在运动过程中仅起油压的密封作用。为改善这些零件的受力情况,减少摩擦损失,通常将它们设计成静力平衡状态,所以这种马达称为静力平衡式液压马达。

2. 典型结构

图 5-1-33 为船用起货机所用的 10JYM-135 型静力平衡式液压马达的结构。它的工作压力 14~17 MPa,排量 7.15 L/r,转速 0~90 r/min,柱塞直径 $d=135$ mm,偏心轴的偏心距 $e=25$ mm。这种液压马达是一种双排结构,两偏心轮偏心方向相差 180°,有利于改善轴承的受力条件,每排油缸各有自己的进排油孔,液压马达可以单排工作,也可以双排工作,在供油量相同的情况下,单排工作时转速可提高近一倍。

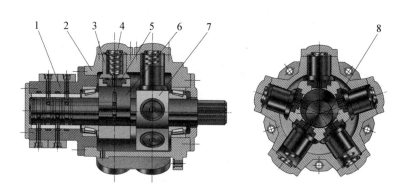

1—回转接头;2—壳体;3—空心柱塞;4—弹簧;5—压力环;6—偏心轴;7—五星轮;8—配油轴颈。

图 5-1-33 10JYM-135 型静力平衡式液压马达的结构

壳体中每排有五个沿圆周均匀分布的径向柱塞,用一个正五边形的五星轮滑套在偏心轴的偏心圆上,五星轮和偏心轮可以相对自由转动。五星轮在工作时本身不转动,在液压马达壳体内平动。在五星轮的五个沿圆周均布的径向孔中,各装一个压力环,压力环上面装有尼龙挡圈和 O 型密封圈,上面用定位套固定。定位套用弹性挡圈固定在五星轮中。空心柱塞依靠弹簧和油压作用力紧紧压在压力环的端面上,并压紧 O 型密封圈,其最大压缩量由内套的高度确定。

偏心轴用一对滚动轴承支持,它的一端为输出轴,另一端有两个环形槽作配油轴的回转接头。从进油口输入的压力油,经回转接头和曲轴内部的轴向孔进入偏心圆(即配油轴颈)的切槽部分,再经过五星轮上的径向孔和柱塞底部的通孔进入油缸,同时,从其他油缸排出的油则经过相应的通道经回转接头排出。

静力平衡液压马达也可做成壳转液压马达,即偏心轴固定,壳体旋转,这样配油更为简单,可以省掉配油套。在偏心轴上直接开孔引油即可。应用时可将外壳直接和卷筒等旋转机构直接固定,布置极为方便。

3. 工作特点

(1)启动扭矩大。

(2)转矩和转速脉动率比连杆式小,为4.9%。

(3)最低稳定转速为2 r/min。

(4)主要部件实现油压静力平衡,具有较高的机械效率。柱塞、压力环、五星轮等处的摩擦力显著减小。采用双列式可使轴承负荷大为减小,工作寿命延长。

(5)外形尺寸大。

(6)柱塞受较大的侧向力(是相同参数连杆式液压马达的7~14倍),缸壁易磨损,柱塞易卡死;日本研制的SH型液压马达将缸体和柱塞置于五星轮中,可解决柱塞承受侧向力的问题。工艺性较好,取消了带球铰的连杆,壳体内无流道,可做成双出轴轴转式或壳转式。

(7)柱塞与压力环的密封不易保证,在采用油压封闭制动时,易出现压力环啃伤和因此产生的喷油现象,容积效率较低;故宜采用机械制动。

(8)弹簧往复频繁,易产生疲劳损坏。

四、内曲线式液压马达

内曲线式径向液压马达(动画)

1. 工作原理

内曲线式液压马达是一种多作用的径向柱塞式液压马达,其基本结构和工作原理如图5-1-34所示。它主要由凸轮环(壳体,其内表面上分布有导轨曲面)、柱塞副、缸体(布置有径向油缸,与输出轴固定为一体)、配油轴等组成。

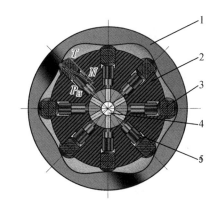

1—凸轮环;2—缸体;3—柱塞副;4—配油轴;5—油缸。

图5-1-34 内曲线式液压马达基本结构和工作原理

凸轮环(壳体)内壁由 x 个(图中 $x=6$)均匀分布的形状完全相同的曲面组成,每一个相同形状的曲面又可分为对称的两边,其中允许柱塞组向外伸的一边称为工作段(进油段),与它对称的另一边称为回油段。每个柱塞在液压马达转一转中往复次数就等于凸轮环的曲面数 x(x 称为该马达的作用次数)。

缸体 2 的圆周方向有 z 个均匀分布的径向油缸(图中有 8 个油缸,又称柱塞孔),每个油缸的底部有一配油窗口,并与配油轴 4 的配油孔道相通。

有一个作用就应一个进油窗孔和一个回油窗孔与之相配,所以配油轴 4 上有 $2x$ 个均匀布置的配油窗孔,其中 x 个窗孔与进油孔道相通,另外 x 个窗孔与回油孔道相通,这 $2x$ 个配油窗孔的位置分别与凸轮环曲面的工作段和回油段的位置严格对应。

柱塞组 3 以很小的间隙置于缸体 2 的油缸中。作用在柱塞底部上的液压力经滚轮传递到凸轮环 1 的曲面上。

当高压油进入配油轴,经配油窗口进入处于工作段的各柱塞油缸时,使相应的柱塞组顶在凸轮环的曲面的工作段上,在接触处凸轮环曲面给予柱塞一反力 N,这个反力 N 是作用在凸轮环曲面与滚轮接触处的公法面上,此法向反力 N 可分解为径向力 P_H 和圆周力 T,P_H 与柱塞底面的液压力相平衡,而圆周力 T 则克服负载力矩驱使缸体 2 旋转。在这种工作状况下,凸轮环和配油轴是不转的。此时,对应于凸轮环回油区段的柱塞作反方向运动,通过配油轴将油液排出。

当柱塞组 3 经凸轮环曲面工作段过渡到回油段瞬间,供油和回油通道被闭死。为了使转子能连续运转,内曲线液压马达在任何瞬间都必须保证有柱塞组处在进油段工作,因此,作用次数 x 和柱塞数 z 之间不能有奇数公约数或 $x=z$ 的结构出现。

柱塞组 3 每经过一个曲面(工作段和回油段),柱塞在油缸中往复运动一次,进油和回油各一次。当改变进出液压马达的油流方向,液压马达的转向随之改变。

上述为轴转式内曲线液压马达的工作原理,轴转式的特点是油缸体与输出轴固定为一体,油缸体转动便带动输出轴转动,而配油轴与壳体(凸轮环)是固定不转的。

若将缸体 2 固定,而允许壳体和配油轴旋转,则可做成壳转式内曲线液压马达。

2. 典型结构

图 5-1-35 为八作用轴转式内曲线液压马达结构图。

该液压马达有 10 个柱塞,8 段内曲面,配油轴上有 8 个进油窗孔和 8 个回油窗孔,进、回油窗孔相间排列,其位置与凸轮环严格对应,配油轴上的进排油窗孔之间的区域为密封区,该区的中点对应于凸轮环工作段与回油段之间的过渡圆弧段中点,圆弧与配油轴同心,故柱塞处于该位置时,没有往复运动,故理论上讲没有困油现象,但一旦配油轴与凸轮环的相对位置出现误差便会出现严重的困油现象。

为补偿这种加工和安装上的误差,在配油轴与壳体之间设有偏心销 8,转动偏心销 8,使卡在配油轴凹槽中的偏心轮随之转动,即可对配油轴与壳体的相对位置进行微调。微调通常在试车时进行,应先将锁紧螺母 9 松开,然后稍稍转动偏心销至噪声和振动最小时再锁紧。为便于微调配油轴的周向位置,在配油轴和端盖之间,仅设置了弹性的 O型密封圈 11 且并不固接,同时在进排油口和外接油管之间以软管相连。如不设偏心销,则为了补偿加工和安装误差,须将凸轮环上的过渡段放大一点。

3. 工作特点

(1)径向力完全平衡,机械效率高,启动转矩高。只要作用次数与柱塞数目的最大

公约数 $m \geqslant 2$，则全部柱塞可分为受力状态完全相同的 m 组，使作用在壳体、油缸体和配油轴上的径向力完全平衡，这对适用更高的工作压力和提高机械效率十分有利，启动扭矩可达理论值的 90%～98%。

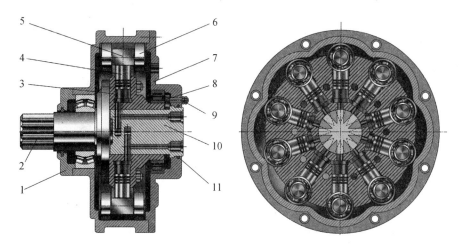

1—输出轴;2—壳体;3—油缸体;4—柱塞;5—横梁;6—滚轮;
7—端盖;8—偏心销;9—锁紧螺母;10—配油轴;11—O 形密封圈
图 5-1-35　内曲线式液压马达

(2)无扭矩脉动,低速稳定性好。选用合适的凸轮环曲面,能使瞬时进油量保持不变,扭矩脉动率理论值为零,量低稳定转速可达 0.5 r/min 左右。

(3)扭矩范围大,可方便地做成双列或三列结构。多列多作用式可使液压马达的每转排量 q_m 较大,从而使输出扭矩较大,增大了液压马达的扭矩应用范围。

(4)调速范围广,可方便地做成有级变量液压马达。例如,用滑阀改变多列油缸的进油列数;或将一列油缸配油轴内的进油通道做成两根,分别通往依次隔开的配油窗孔,必要时停止一组配油窗孔的进油,并使停止进油的配油窗孔与回油口相通,就能改变一列油缸的有效作用次数。改变有效作用列数和有效作用次数,都将改变液压马达的每转排量。每转排量减小,则输出扭矩减小,转速增加;每转排量增加,则输出扭矩增加,转速减小。采用这些方法很容易实现有级变量,从而实现有级变速。

(5)适用场合广,轴转壳转易实现。

(6)零件数目较多,结构复杂,对工艺和材料要求较高,尤其是内曲线部分受柱塞滚轮的压力较大,表面处理的要求高。

【知识小结】

船用低速大扭矩液压马达性能表见表 5-1-5。

表 5-1-5　船用低速大扭矩液压马达性能表

类型名称		单作用液压马达		多作用液压马达	
		活塞连杆式	静力平衡式	内曲线式	叶片式
主要部件受力特点		连杆与活塞、偏心轮间比压大	柱塞、压力环、五星轮基本受力平衡	导轨压力大	
轴承径向负荷		不平衡（单列）	基本平衡（双列）	完全平衡	完全平衡
总效率/%		90	90	90	76.5
容积效率/%		96.8	95	95	90
机械效率/%		93	95	95	85
启动效率/%		85	90	98	80~85
压力/MPa	额定	20.5	17	29	13.5
	最高	24	28	30	18.5
转速/(r/min)	最低	5~10	2	0.5	10~15
	最高	200	275	75	250
单位排量所受的重力/(N/mL)		1.0	1.6	1.35	0.8
双出轴		一般不能	有	不行	可以
壳转式		没有	有	有	没有
变量方式		变偏心距（无级）	变有效列数	变有效列数、柱塞数、作用次数	变作用数

五、液压马达常见故障与排除

液压马达常见故障可归纳为以下几点：

（1）液压马达回转无力或速度缓慢。主要是泵内部泄漏严重、系统中压力控制阀调整压力过低或故障、液压马达内部泄漏严重等原因造成系统供油压力与供油量均下降而引起。解决方法是针对泵与马达内部泄漏严重的原因进行排除，并按液压机械的负载合理调整压力控制阀的整定值。

（2）液压马达的管理液压马达的低速稳定性差。主要是摩擦阻力的大小不均匀与不稳定摩擦阻力的变化，马达的安装质量、零件磨损、润滑条件，内部泄漏增加或泄漏量不稳定，供油压力与供油量脉动，马达回油压力过低等造成的。解决方法是注意观察马达的泄油量以判断马达的内部磨损、润滑条件；选用合适的液压油，保持油液的清洁度；选用合理的回油背压力；找出泵供油脉动的原因并采取相应措施。

（3）液压马达的噪声过大。主要是机械部分的轴承、联轴器与其他运动件的松动、碰撞、偏心;液压部分的压力与流量的脉动、换向、制动所造成的液压冲击以及气蚀等原因引发。在有些液压马达(多作用内曲线柱塞式液压马达)中,当回油压力过低时在惯性力的作用下回油行程柱塞与导轨曲面脱离,而在进油行程发生柱塞撞击导轨曲面而发出撞击声,此时应适当调高液压马达的回油压力。

六、液压马达管理

液压马达在工作过程中除压力和转速不得超过其规定数值以外,还应注意以下几点:

1. 保证机件的正常运转

(1)必须保证输出轴与被拖动机械的同心度,或者采用挠性连接。

(2)轴上承受的径向负荷不能超过规定数值;不能将皮带轮、齿轮等传动零件直接安装在不能承受径向负荷的轴上。

2. 保证油流状态正常

(1)某些液压马达,特别是内曲线液压马达,必须具有足够的背压才能正常工作。背压的数值通常在 0.5~1 MPa 的范围内。转速越高,所需背压越大。排量大的液压马达所需背压也要稍高。

(2)泄油管连接位置,应能保证液压马达壳体中的油液即使在停车后也不会漏失,以使液压马达工作时能够得到润滑和冷却。壳体内的油压通常应保持在 0.03 ~ 0.05 MPa 以下,一般不超过 0.1 MPa。为此,就需将泄油管单独接回油箱,而不与系统的回油管路相连接。

(3)在油路系统中必须采用适当措施,以防在机构启动时产生剧烈的液压冲击而损坏零部件。

3. 液压油必须符合要求

(1)油的黏度应适当。

(2)一般工作油温不宜超过 50 ℃,最高不超过 65 ℃,短时高油温不得超过 80~90 ℃。

(3)在低温场合,启动时应先做轻负荷运转,待温度上升后再使之正常运转;还应注意勿将热油突然供入冷态的液压马达中,以防发生配合面咬伤事故。

(4)液压油品种不得随意更换或掺用,并注意保持清洁,防止污染。

【练习与思考】

一、选择题(请扫码答题)

二、简述题

1. 变化油马达转速的措施有哪些?

2. 根据油路循环方式,液压系统可分为哪几种类型,各有何特点?

3. 简述液压马达与液压泵的主要区别。

子任务 5.1.4
选择题

子任务 5.1.5 认识液压辅助元件与液压油

【任务分析】

船舶液压甲板机械液压系统中,除动力元件、控制元件、执行元件以外的其他设备和构件统称为液压辅助元件,液压辅助元件包括滤油器、油箱、蓄能器、热交换器、油管、管接头、压力表以及密封件等。要做好液压甲板机械中液压辅助元件的使用、保养、检修等工作,必须熟悉液压辅助元件的分类、基本原理及工作特点。此外,液压油作为系统压力传递的介质,其质量与性能对整个液压系统的影响也非常大,不同的液压系统选择什么性能的液压油也非常关键,需要对液压油有比较准确的认识。

【任务实施】

一、滤油器

滤油器的作用是在工作中不断滤除液压油中的固体杂质,保持液压油的清洁度,降低液压元件的故障率,延长液压油和装置的使用寿命。

1. 滤油器的性能参数

（1）过滤精度

过滤比 βx 是滤油器上游油液单位容积中大于某一给定尺寸 x 的颗粒数与下游油液单位容积中大于同一尺寸 x 的颗粒数之比,即

$$\beta x = N_u / N_d$$

式中　N_u——滤油器上游油液中大于某一尺寸的颗粒浓度;

　　　N_d——滤油器下游油液中大于和上游相同的某一尺寸的颗粒浓度。

若对某一尺寸 x 的过滤比 βx 值为 20,则 x 可认为是滤油器的公称过滤精度。若对其一尺寸 x' 的过滤比 $\beta x'$ 值为 75,则 x' 即为滤油器的绝对过滤精度。

（2）额定流量和额定压力

额定流量是指滤油器在压降不超过额定值时所允许通过的最大流量。

额定压力是滤油器所允许的最大工作压力。

（3）压力降

滤油器通常标示以额定流量通过指定黏度、密度的油液时的初始压降。随着使用时间的增长和累积的污垢量增加,压降从初始压降逐渐增加,在达到饱和压降后,继续使用则压降将急剧增加。因此,达到饱和压降时应清洗或更换滤芯,有指示、发讯装置的此时应发出堵塞信号。滤油器带安全旁通阀时,其开启值比饱和压降约大 10%。一般来说过滤精度高则压降较大。

滤芯的强度应能承受饱和压降和可能的液压冲击,但只要不是完全堵塞,就无须承受系统最大工作压力,故强度较低的如纸质滤芯也可用于高压系统。

（4）纳垢量

纳垢量是指滤油器达到饱和压降时所滤除和容纳的污垢量。纳垢量越大，滤器的工作寿命越长。

2. 滤油器的主要类型

按工作原理分，液压系统所用滤油器主要有磁性滤油器、表面型滤油器和深度型滤油器。

磁性滤油器利用永磁材料吸附油液中的铁磁性杂质（吸附式）。

表面型滤油器靠介质表面的孔隙阻截液流中的杂质颗粒，常用的有金属网式和金属缝隙式（金属线绕在框架上）。其特点是过滤精度低、纳垢量小，但压降小，可清洗后重新使用。为便于清洗，油液都是从外向内流过过滤材料。深度型滤油器的过滤层有一定厚度，内有无数曲折迁回通道，杂质的滤除发生在过滤介质的纵深范围内。其特点是过滤精度高，纳垢量大，但压降较大，不易清洗。主要类型有（金属粉末）烧结式、不锈钢纤维型和化学纤维型等。纸质滤油器可认为是介于表面型和深度型之间的中间型，也有粗略地将其划为深度型的。

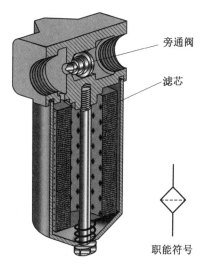

图 5-1-36　圆筒型滤油器结构与职能符号

深度型滤油器具体结构形式主要有折叠圆筒式（图 5-1-36）和圆筒式。折叠圆筒式过滤材料可用浸树脂的木浆纤维纸或化个纤维织品，有的还夹以玻璃纤维或不锈钢纤维复合使用。圆筒式滤芯可采用金属粉末烧结、微孔塑料或纤维做成。

主要滤油器的类型与特点见表 5-1-6。

表 5-1-6　主要滤油器的类型与特点

	类型	过滤精度/μm	压降/MPa	纳垢量	清洗性	应用范围
表面型	网式	80（200 目） 100（150 目） 180（100 目）	<0.025	小	易	吸油滤器
	线隙式	30～10	0.03～0.06	小	不易	低压滤器
深度型	纸质	5～30	0.07～0.2	中	一次性	精滤（应用广）
	烧结式	10～100	0.09～0.2	中	不易	精滤（强度好，耐高温）
	化学纤维	1～20	0.05～0.3	大	不易	精滤（适用大流量）
	不锈钢纤维	1～20	0.006～0.005 5	大	易	精滤（大流量，价高，少用）

3. 滤油器的应用

如图 5-1-37 所示为滤油器在液压系统中的位置示意图。

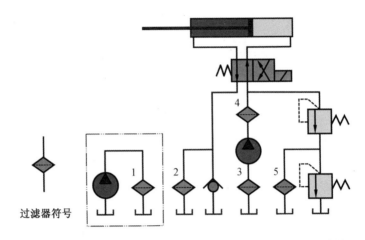

1—单独过滤系统;2—回油滤器;3—吸油滤器;4—排油滤器;5—泄油滤器。

图 5-1-37　滤油器在液压系统中的位置图

4. 使用注意事项

滤油器是保证液压油清洁度的基本保证,除在系统中设置必要的滤油器外,正常的维护工作不可缺少,在正常情况下每 500 工作小时应清洁或更换滤芯一次,清洁或更换滤芯时,应对滤壳内部进行仔细的清洁。当系统进行大修后或液压油遭受污染后可视情况缩短滤芯的清洁及更新周期。在日常管理中要时常注意滤油器进出口压差,或滤油器上的压差指示器工作状况,检查压差指示器的工作状况一定要在系统正常运行时进行,原则上吸油滤器压力降不大于 0.015 MPa,压力油路上的滤油器的压力降不大于 0.03 MPa。低温工况下运行时,应旁通滤油器以防阻力过大损坏滤芯和其他液压元件。

二、油箱

油箱的结构如图 5-1-38 所示。

油箱在液压系统中的主要功能是:储存系统所需的足够油液;散发系统工作中产生的一部分热量;分离油液中的气体和沉淀污物。

为了确保液压系统的正常工作,油箱必须满足如下要求:

(1)油箱容积应能储存足够的油液以满足液压系统正常工作的需要,应便于箱内元件的拆装和检修。为利于油液冷却和分离污垢,总希望油箱大些,一般为泵每分钟吸油量的 2~5 倍。系统停止工作时,油箱中的油位高度不超过油箱高度的 80%。

(2)整个油箱内壁应涂有防锈保护层,所采用的保护层应与所用油有相容性。

(3)在油箱内部要加隔板,其高度通常为油面高度的 2/3,以使油液能在其内部平稳地流动,从而有利于油液散热及油液中气体的分离和污垢的沉淀。

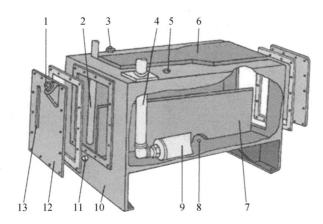

1—加油口;2—回油管;3—溢油口;4—吸油管;5—装空气滤清器的通孔;6—顶板;
7—隔板;8—旋塞;9—滤油器;10—箱体;11—泄油口;12—端盖;13—油位计。

图 5-1-38　油箱的结构

(4)油箱的通气孔应有空气滤网及孔罩,管接头的密封良好,应能防止外部污物的渗入,保证泵的正常工作。

(5)油箱底部宜做成凹形,最低处设有放油塞。箱盖应易于拆卸,以便清洁油箱。油箱应设有玻璃油面计或油尺以供检查油位。

(6)泵的油管和回油管管口应在油面之下适当深度,否则油会混入空气或起泡沫。然而如有必要避免泄油通道增加阻力或产生虹吸现象,泄油管出油口可放在油面之上。吸油管与箱底距离应大于管径的 2 倍,与侧壁距离大于管径的 3 倍,管口装滤油器。回油管出口与箱底距离应大于管径的 3 倍,端头切成 45°角,斜口方向通常使出油流向箱壁而背离泵进油管。

三、蓄能器

蓄能器的功用主要有:减少液压冲击和压力脉动;为系统保压以节省能耗和降低油的温升;短时间大量供油,以节省投资和能耗。

图 5-1-39 为气囊式蓄能器及其图形符号。这种蓄能器内有一个耐油橡胶制成的气囊3,内部常充氮气。下部有一个弹簧控制的菌形阀4,通常工作状态为常开,当油液排空时则关闭,防止气囊被挤出。蓄能器是一种能蓄存和释放液压油压力能的元件,它与液压管路相通,当管路中的压力大于蓄能器内的压力时,部分液压油从管路进入蓄能器;反之,则由蓄能器补入管路中。蓄能器有重锤式、弹簧式和充气式,充气式又有气囊式、活塞式等。

使用蓄能器要注意以下几点:

(1)原则上以垂直安装(油口向下)为宜。

(2)装在管路上的蓄能器需用支架固定。

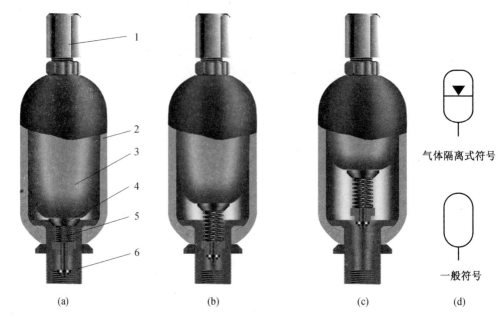

1—充气接头;2—外壳;3—气囊;4—菌形阀;5—弹簧;6—接口。

图 5-1-39 气囊式蓄能器及其图形符号

(3)蓄能器与管给之间应装截止阀,以便系统长期停用以及充气或检修时将其切断。

四、液压油

1. 液压油的种类

L-HH:基础液压油,无添加剂或加有少量抗氧化剂的精制矿物油,质量比一般机械油(L-AN)高,抗氧化和防锈性比汽轮机油差,适用于低压与简单液压系统。

L-HL:长效液压油,加入抗氧、防锈、抗泡沫等添加剂的精制矿物油,寿命比机械油长一倍,主要用于低压齿轮泵系统,适用的环境温度为 0 ℃以上,最高使用温度 80 ℃。

L-HM:为抗磨液压油,在 L-HL 的基础上增加了抗磨添加剂,有较高的抗磨性能,适用于各种液压泵的中、高压系统,适用的环境温度为-10~40 ℃。

L-HV:为低温抗磨液压油,在 L-HM 的基础上改善了粘温性,适用于环境温度更差的中、高压液压系统,每种产品符号后的数字为黏度等级(40 ℃时的名义黏度),例如 L-HV68。

2. 液压油的性能要求

对液压油油质(性能)的主要要求如下:

(1)黏度适中。要满足船舶工作的区域,当船舶工作区域经常变化且跨越纬度较大时,应选用黏温特性良好的液压油。一般选用运动黏度$(20 \sim 30) \times 10^{-6}$ m²/s(50 ℃时),黏度指数在 90 以上的液压油。

（2）润滑性好。润滑性好就要液压油能形成足够强度的油膜,且不含固体物质。

（3）防锈性好。船舶液压管路不经常拆装,液压元件长期封闭于油路中,防锈性差的液压油,易使元件锈蚀,影响系统工作寿命。

（4）抗氧化性。防止经过一段时间工作后,液压油温度升高、氧化变质等原因造成胶泥沉淀。

（5）抗乳化性好。要求液压油中安定性差的物质要少,减少与混入液压油中的水分形成有机酸和皂类,降低液压油的润滑性。

（6）抗泡沫性好。液压油不应含有空气或其他易气化的混合物,否则工作时会造成泡沫、液压系统爬行、颤动和发出噪声。

（7）凝点低。船用液压油的凝固点通常要求比最低环境温度低 10~15 ℃。

（8）闪点高。船舶的防火要求很高,其闪点至少高于 135 ℃。某些明火区域工作的液压系统,液压油要求用防火性能高的非燃性或难燃性液压油作为工作介质。

3. 液压油选择

（1）品种选择

液压油的选择,首先是油液品种的选择。选择油液品种时,优先选购产品推荐的专用液压油,这是保证设备工作可靠性和寿命的关键,如果确无专用液压油,可根据工作环境、工作压力及工作温度范围等因素进行考虑。

确定了液压油的品种之后,就要选择油的黏度等级（液压油的牌号）。黏度高的液压油流动时产生的阻力较大,克服阻力所消耗的功率较大,功率又将转化为热量造成油温上升;黏度太低,会使泄漏量增大,系统的容积效率降低,也会造成系统温升加快。

（2）类型选择

一是根据摩擦副的形式及其材料进行选择。叶片泵的叶片与定子面与油接触在运动中极易磨损,其钢-钢的摩擦副材料,适用于以 ZDDP（二烷基二硫代磷酸锌）为抗磨剂的 L-HM 抗磨液压油;柱塞泵的缸体、配油盘、活塞的摩擦形式与运动形式也适于使用 HM 抗磨液压油,但柱塞泵中有青铜部件,由于此材质部件与 ZDDP 作用产生腐蚀磨损,故有青铜件的柱塞泵不能使用以 ZDDP 为添加剂的 HM 抗磨液压油。同时,选用液压油还要考虑其与液压系统中密封材料相适应。

二是根据液压系统中常用泵的类型,如齿轮泵、叶片泵和柱塞泵,液压油的润滑性对三大泵类减磨效果的顺序是叶片泵>柱塞泵>齿轮泵。故凡是叶片泵为主油泵的液压系统不管其压力大小,选用 HM 油为好。液压系统的精度越高,要求所选用的液压油清洁度也越高,如对有电液伺服阀的闭环液压系统要求用数控机床液压油,此两种油可分别用高级 HM 和 HV 液压油代替。试验表明:三类泵对液压油清洁度要求的顺序是柱塞泵高于齿轮泵与叶片泵,而在对极压性能的要求顺序是齿轮泵高于柱塞泵与叶片泵。

根据泵阀类型及液压系统特点选择液压油,如表5-1-7所示。

表 5-1-7　液压油类型选择

设备类型	系统压力	系统温度	液压油类型	黏度等级
叶片泵	<7 MPa	5~40 ℃	HM 型液压油	32,46
	>7MPa	40~80 ℃	HM 型液压油	46,68
	<7 MPa	5~40 ℃	HM 型液压油	46,68
	>7 MPa	40-80 ℃	HM 型液压油	68,100
螺杆泵	—	5~40 ℃	HL 型液压油	32,46
	—	40~80 ℃	HL 型液压油	46,68
齿轮泵	—	5~40 ℃	HL 型液压油,中高压以上时用 HM 型液压油	32,46,68
	—	40~80 ℃	HL 型液压油,中高压以上时用 HM 型液压油	100,150
径向柱塞泵	—	5~40 ℃	HL 型液压油,中高压以上时用 HM 型液压油	32,46
	—	40~80 ℃	HL 型液压油,中高压以上时用 HM 型液压油	68,100,150
轴向柱塞泵	—	5~40 ℃	HL 型液压油,中高压以上时用 HM 型液压油	32,46
	—	40~80 ℃	HL 型液压油,中高压以上时用 HM 型液压油	68,100,150

4. 液压油的更换

液压油一经生产出来就开始慢慢地氧化变质,而且随着使用时间的增长,其氧化变质的速度大大加快,各种理化性能逐渐下降,直至不能再用。一般认为液压油的品质取决于油液的污染程度与氧化速度。因此液压油使用一段时间后,就需要更换。

目前,常用的换油方法有以下三种:

(1)固定周期换油法

这种方法是根据不同的设备、不同的工况、以及不同的油品,规定液压油使用时间为半年、一年,或者 1 000~2 000 工作小时后更换液压油的方法。这种方法虽然在实际工作中被广泛应用,但不科学,不能及时地发现液压油的异常污染,不能良好地保护液压系统工作,不能合理地使用液压油资源。

(2)现场鉴定换油法

这种方法是把被鉴定的液压油装入透明的玻璃容器中和新油比较,做外观检查,通过直觉判断其污染程度,或者在现场用 pH 试纸进行硝酸浸蚀试验,以决定被鉴定的液压油是否需更换。

(3)综合分析换油法

这种方法是定期取样化验,测定必要的理化性能,以便连续监视液压油劣化变质的情况,根据实际情况何时换油的方法。这种方法有科学依据,因而准确、可靠,符合换油原则。但是往往需要一定的设备和化验仪器,操作技术比较复杂,化验结果有一定的滞后,而且必须交油料公司化验,但国际上已开始普遍采用这种方法。

表 5-1-8　船用液压油换油指标(CB/T 3436—1992)

测定项目	理化性能变化极限指标			测定方法
	L-HV 液压油	L-HM 液压油	L-HL 液压油	
40 ℃时运动黏度允差/%	10	±15	±15	GB 265—1988
酸值增加/(mgKOH/g)	0.3	0.3	0.3	GB 264—1983
水分/%	0.2	0.2	0.2	GB 260—1977
闪点下降(开口)/℃	−8	−8	−8	GB 267—1988
伺服系统污染等级(ISO)	18/15	18/15	18/15	计数法
中高压系统污染等级(ISO)	20/17	20/17	20/18	计数法
低压及一般液压系统污染等级(ISO)	21/18	21/18	21/18	计数法

【练习与思考】

一、选择题(请扫码答题)

二、简述题

1.蓄能器有哪些功能?

2.试比较滤油器结构与性能特点。

3.为确保液压系统的正常工作,油箱必须满足哪些要求?

子任务 5.1.5

选择题

任务 5.2　操作与管理船舶液压舵机

【学习目标】

1.熟悉液压舵机的工作原理;

2.熟悉转舵机构的类型和特点;

3.了解液压舵机的遥控系统;

4.能正确操作、安装、调试液压舵机;

5.能分析判断、排除液压舵机常见故障。

【任务分析】

舵是保持或改变船舶航向的设备,液压舵机是船舶液压机械中最重要的设备之一,其工作的可靠性直接关系到船舶的安全。液压舵机的正确操作与维护管理是轮机员必须要掌握的知识。为更好地理解、掌握液压舵机的基础知识、正确操作与调试、管理要点,本项目由浅入深,将任务分解为以下三个子任务。

子任务 5.2.1 了解液压舵机的基础知识

子任务 5.2.2 认识液压舵机的遥控系统

子任务 5.2.3 维护与管理液压舵机系统

子任务 5.2.1 了解液压舵机基础知识

【任务分析】

大国工匠·为
国铸剑 雕刻火
药的工匠人
——徐之平
（视频）

舵是保持或改变船舶航向的设备,是船舶最重要的安全设备之一,其工作的可靠性直接关系到船舶的安全。掌握舵的作用、分析转船原理、海船建造与入级规范对液压舵机的要求是熟悉液压舵机的基本组成、工作原理和基本技术要求,是为更好地掌握正确操作与调试液压舵机的能力,进一步熟悉液压舵机维护管理,常见故障分析判断和排除,正确调试舵机打下基础。

【任务实施】

一、舵设备的组成和舵的类型

液压舵机工作
原理（PPT）

液压舵机工
作原理（微课）

舵作为保持或改变航向的设备,垂直安装在螺旋桨的后方。为了提高舵效和推进效率,大多采用由钢板焊接而成的空心舵,称为复板舵。这种舵由于水平截面呈对称机翼形,故又称流线型舵。

图 5-2-1 所示为三种典型的海船用舵。舵机经舵柄 1 将扭矩传递到舵杆 2 上。舵杆 2 由舵承支承,它穿过船体上的舵杆套筒 3 带动舵叶 4 偏转。舵承固定在船体上,滑动或滚动轴承及密封填料等组成。此外,舵叶 4 还可通过舵销支承在舵柱 5 的舵钮 6 或舵托 7 上。

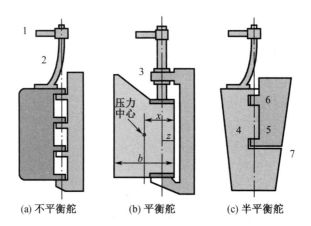

(a) 不平衡舵　　　(b) 平衡舵　　　(c) 半平衡舵

1—舵柄；2—舵杆；3—舵杆套筒；4—舵叶；5—舵柱；6—舵钮；7—舵托。

图 5-2-1　几种舵的示意图

舵的类型很多,如图 5-2-1 所示,舵柱轴线一般就是舵叶的转动轴线。舵柱轴线紧靠舵叶前缘的舵,称为不平衡舵;舵柱轴线位于舵叶前缘后面一定位置的舵称为平衡舵;而仅于下半部做成平衡形式的舵即称为半平衡舵。后两种舵在舵柱轴线之前有一定的舵叶面积,转舵时水流作用在它上面产生的扭矩可以抵消一部分轴线后舵叶面积上的扭矩,从而减轻舵机的负荷。

二、转舵原理

众所周知,转舵可以改变船舶航向,如图5-2-2所示。其原因是:当转舵角(舵叶与船舶中心线间的夹角)$\alpha=0$(因此时舵叶在正中,故又称为正舵)时,舵叶两侧的水流对称,水流压力相等,对航向不产生影响;当$\alpha\neq0$时,舵叶两侧的水流压力不对称,其产生的水压力的合力为F_N,作用于舵叶的压力中心,如不考虑水流摩擦力等次要因素,F_N将船舶重心产生转船力矩M_S(由于F_N与船舶重心不在同一水平面上,故F_N还会对船舶产生横倾和纵倾力矩),使船舶转向;对舵杆将产生水动力矩M_α,使舵叶力图向正舵方向转动。

显然,要使船舶转向,就必须转舵;要转舵并保持舵角,就必须有人力或机械(舵机)来对舵柱施加一定的转舵力矩M,转舵力矩M大小等于舵的水动力矩M_α与转舵摩擦力矩M_f之和,为简化分析,也常常约等于水动力矩M_α。

通过计算和实验表明,转舵角α与转船力矩M_S、水动力矩M_α之间存在如下关系:如图5-2-3所示,对于海船,转船力矩和转舵力矩在0°~±35°舵角范围内,随舵角的增加而增大;而当舵角为±35°时,转船力矩出现最大值,此后将逐渐减小,转舵力矩仍继续随转舵角增大而增大,所以通常规定出现最大转船力矩时的舵角为最大转舵角,海船为±35°,江船稍大。在最大舵角时舵机所能输出的力矩为最大转舵力矩M_{max}。

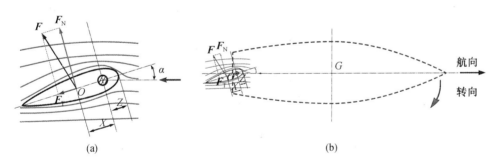

| (a) | (b) |

图5-2-2　转舵变向原理

三、对舵机的基本技术要求

我国《钢质海船入级与建造规范》(2021)根据《国际海上人命安全公约》(SOLAS公约)的规定,对舵机提出了明确的要求,其基本精神就是要求舵机必须具有足够的转舵扭矩和转舵速度,并且在某一部分发生故障时,应能迅速采取替代措施,以确保操舵能力。

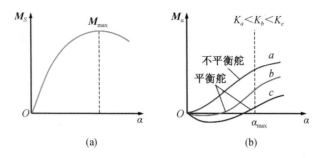

图 5-2-3　转船力矩和舵的水动力矩的关系

基本技术要求如下：

(1)必须具有一套主操舵装置和一套辅操舵装置，或主操舵装置有两套以上的动力设备，当其中之一失效时，另一套应能迅速投入工作。

主操舵装置应具有足够的强度并能在船舶处于最深航海吃水并以最大营运航速前进时将舵自任何一舷35°转至另一舷的35°，并且于相同的条件下自一舷的35°转至另一舷的35°所需的时间不超过28 s。此外，在船以最大速度后退时应不致损坏。

辅操舵装置应具有足够的强度，且能在船舶处于最深吃水，并以最大营运航速的一半但不小于7 kn前进时，在不超过60 s内将舵自任一舷的15°转至另一舷的15°。

在主操舵装置备有两台以上相同的动力设备且符合下列条件时，也可不设辅操舵装置(1万总吨以上油船、化学品船、液化气体船和7万总吨以上其他船必须如此)：即当管系或一动力设备发生单项故障时应能将缺陷隔离，以使操舵能力能够保持或迅速恢复；对于客船，当任一台动力设备不工作时，或对于货船，当所有动力设备都工作时，应能满足对操舵装置的要求。

(2)主操舵装置应在驾驶台和舵机室都设有控制器；当主舵装置设置两台动力设备时，应设有两套独立的控制系统，且均能在驾驶室控制。但如果采用液压遥控系统，除1万总吨以上的油轮(包括化学品船、液化气船，下同)外，不必设置第二套独立的控制系统。

(3)对舵柄处舵柱直径大于230 mm(不包括航行冰区加强)的船应设有能在45 s内向操舵装置提供的替代动力源。这种动力源应为应急电源位于舵机室内的独立动力源，其容量至少应符合辅操舵装置要求的一台动力设备及其控制系统和舵角指示器提供足够的能源。此独力动力源只准专用于上述目的。对1万总吨以上的船舶，它应至少可供工作30 min，对其他船舶为10 min。

(4)操舵装置应设有有效的舵角限位器。以动力转舵的操舵装置，应装设限位开关或类似设备，使舵在到达舵角限位器前停住。

(5)对1万总吨以上的油船、化学品船、液化气体运输船还有如下一些附加要求：

当发生单项故障(舵柄、舵扇损坏或转舵机构卡住除外)而丧失操舵能力时，应能在45 s内重新获得操舵能力。为此，舵机可由两个均能满足主操舵装置要求的独立的动力转舵系统组成；或至少有两个相同的动力转舵系统，在正常运行时同时能满足主操舵装置要求，其中任一系统中液压流体丧失应能被发现，有缺陷的系统应能自动隔离，使其余动力转舵系统安全运行。

有的转舵机构虽不能分隔成两部分,但如经过严格的应力分析(包括疲劳和断裂分析)、密封设计、材料选用和试验,则也可允许用于1万总吨以上、10万总吨以下的油船、化学品船、液化气体运输船。在这种情况下,只对管系或动力设备而不对转舵机构提出下列要求:即当发生单一故障时应能在45 s内恢复操舵能力。

(6)能被隔断的、由于动力源或外力作用能产生压力的液压系统任何部分均应设置安全阀。安全阀开启压力应不小于1.25倍最大工作压力;安全阀能够排出的量应不小于液压泵总量的110%,在此情况下,压力的升高不应超过开启压力的10%,且不应超过设计压力值。

四、液压舵机的工作原理和基本组成

现代船舶几乎全部采用液压舵机,电动舵机仅用于一些小型船舶上。液压舵机是利用液体的不可压缩性及流量、流向的可控性来达到操舵目的的。根据液压油流向变换方法的不同,液压舵机可分为泵控型和阀控型两类。

1. 泵控型液压舵机

图5-2-4所示为泵控型液压舵机的原理。双向变量油泵2设于舵机室,由电动机1驱动作单向持续回转,而油泵的流量和吸排方向,则通过与浮动杆5的点C相连接的控制杆4控制,即依靠油泵控制点C偏离中位的方向和距离,来决定泵的吸排方向和流量。

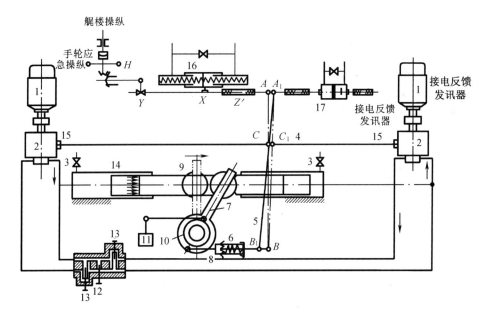

1—电动机;2—双向变量油泵;3—放气阀;4—变量泵控制杆;5—浮动杆;6—储能弹簧;7—舵柄;
8—反馈杆;9—撞杆;10—舵杆;11—舵角指示器的发送器;12—旁通阀;13—安全阀;
14—转舵油缸;15—调节螺母;16—液压遥控受动器;17—电气遥控伺服油缸。

图5-2-4 泵控型液压舵机原理图

液压舵机基本组成与原理(动画)

泵控型液压舵机系统(PPT)

泵控型液压舵机系统(微课)

图示舵机采用往复式转舵机构。它由固定在机座上的转舵油缸14和可在油缸中往复运动的撞杆9等所组成。当油泵按图示吸排方向工作时,泵就会通过油管从右侧油缸吸油,排向左侧油缸。这样,撞杆9就会在油压的作用下向右运动。撞杆通过中央的滑动接头与舵柄7连接,而舵柄7的一端又用键固定在舵杆10的上端。因此,撞杆9的往复运动就可转变为舵叶的偏转。显然,改变油泵的吸排方向,则撞杆和舵叶的运动方向也就随之而变。

对转舵机构尺寸既定的舵机来说,转舵速度主要取决于油泵的流量,而与舵杆上的扭矩负荷基本无关。因为舵机油泵都采用容积式泵,当转舵扭矩变化时,虽然工作油压也随之变化,但泵的流量基本不变(漏泄量随工作油压的变化一般不大),故对转舵速度变化的影响并不明显。所以,进出港和窄水道航行时,用双泵并联,转舵速度几乎可提高一倍。

泵控型液压舵机较多采用浮动杆式追随机构。浮动杆的控制点 A 由驾驶台通过遥控系统控制,但如把 X 孔的插销转插到 Y 孔之中,则也可在舵机室用手轮控制。浮动杆上的控泵点 C 与变量泵的控制杆相连;反馈点 B 经反馈杆与舵柄相连。当舵叶和驾驶台上的舵轮都处于中位时,浮动杆即处在用点划线 ACB 所表示的位置,C 点恰使变量机构居于中位,故油泵空转,舵保持中位不动。如果驾驶台给出某一舵角指令,那么,通过遥控系统,就会使 A 点移至 A_1。由于 B 点在舵叶转动以前并不移动,所以 C 点将移到 C_1,于是,油泵按图示箭头方向吸排,舵叶开始偏转,通过反馈杆带动 B 点向左移动。当舵叶转到与 A_1 点位置所给出的指令舵角相符时,B 也移到 B_1,使 C 点重又回到中位,于是油泵停止排油,舵就停止在所要求的舵角上。这时,浮动杆的位置如图中的实线 A_1CB_1 所示。实际上,浮动杆的动作并不是分步进行的,而是在 A 点带动 C 点偏离中位后,由于油泵排油,推动舵叶,B 点就要移动,只是 A、C 动作领先,舵叶和 B 点追随其后而已。

当驾驶台发出回舵指令时,A 点又会从 A_1 位置移回中位,于是 C 点也偏离中位向左移动,使油泵反向吸排,因此,舵叶也就向中位偏转,使 B 点从 B_1 向右移动。直到舵叶转到由 A 点位置所确定的指令舵角时,C 点重新回中,油泵停止排油,舵叶也就停转。

储能弹簧(图5-2-5)的特点是:两边受拉力或压力作用时弹簧均受压缩。其作用是既有利于大舵角操舵能一次完成,又能提高转舵速度。储能弹簧刚度必须适当,若弹簧太软,则可能使 B 点先于 C 点而移动,小舵角操舵也就无法进行;但如弹簧太硬,则大舵角操舵所需的操舵力又会太大,如无法达到,则反馈杆实际上相当于一刚性杆,储能弹簧不起作用,大舵角操舵则难于一次完成。

有的浮动杆追随机构加设了副杠杆,它起到机械放大作用,可缩小浮动杆及其操纵机构尺寸而保持小舵角操纵的灵敏度。由于浮动杆式追随机构能使油泵在开始和停止排油时流量逐渐增大和减小,因而可减轻液压系统的冲击。但并非所有泵控型舵机都采用浮动杆追随机构,有的是靠电气遥控系统使主泵流量逐渐增大和减小的。

为了防止海浪或冰块等冲击舵叶时,造成舵杆上的负荷过大、系统油压过高和使电机过载,在油路系统中装设了安全阀13(亦称防浪阀,如图5-2-4所示)。当舵叶受到冲击以致使任一侧管路的油压超过安全阀的整定压力时,则安全阀就会开启,使油泵的两侧管路旁通。当舵上的冲击负荷消失后,安全阀关闭,由于追随机构的存在,舵叶在油泵的作用下,又会返回原位。

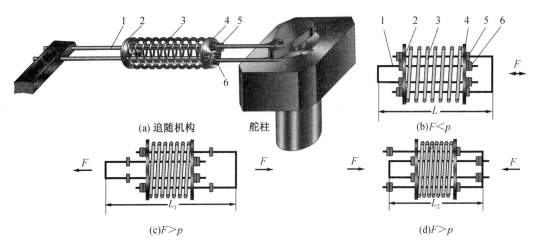

(a) 追随机构　　舵柱　　(b)$F<p$

(c)$F>p$　　(d)$F>p$

1—螺栓叉;2、4—圆盘;3—储能弹簧;5—螺栓凸缘;6—调整螺母。

图 5-2-5　储能弹簧的工作原理图

2. 阀控型液压舵机

阀控型液压舵机(图 5-2-6)使用单向定量油泵,其吸排方向不变,油液进出转舵油缸的方向由驾驶台的换向阀来控制,以达改变转舵方向的目的。当换向阀处于中位时,油泵的排油将经换向阀旁通而直接返回油泵的进口(闭式系统)或回油箱(开式系统);而转舵油缸的油路就会锁闭而稳舵。

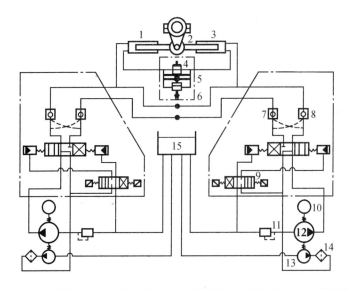

1,3—油缸;2—撞杆;4,9—电磁换向阀;5—手动旁通阀;6—防浪阀;7,8—液控单向阀;
10—电动机;11—溢流阀;12—主油泵;13—辅油泵;14—滤器;15—油箱。

图 5-2-6　阀控型液压舵机原理图

阀控型液压舵机的油泵和系统比较简单,造价相对较低;缺点是用换向阀换向,从而导致液压冲击较大。此外,阀控型液压舵机在停止转舵时,换向阀必须及时回中,主泵仍以最大流量排油,故油液发热较多,经济性较差。所以,阀控型液压舵机适用的功率范围一般比泵控型液压舵机小。但是,随着系统设计的改进,阀控型液压舵机的适用功率范围也在不断增大。

【知识拓展】 数字液压舵机

五、液压舵机的转舵机构

在液压舵机中,转舵机构将液压泵供给的液压能转变成推动舵柱的机械能,以推动舵转。根据动作方式的不同,转舵机构可分为往复式和回转式两大类。

往复式转舵机构较常见的有滑式、滚轮式、摆缸式等几种。

1.滑式转舵机构

滑式转舵机构是目前在船舶舵机中应用最广的一种传统型结构。它又可分成十字头式与拨叉式两种。

(1)十字头式转舵机构

主要由转舵液压缸、液压缸中的撞杆(柱塞)以及与舵柄相连接的十字形框架滑动接头等所组成,如图5-2-7所示。

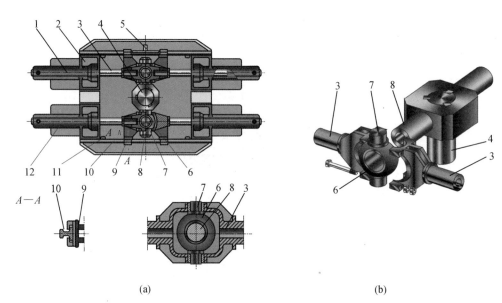

(a)   (b)

1—油缸;2—底座;3—撞杆;4—舵杆;5—机械式舵角指示器;6—十字头轴承;
7—十字头耳轴;8—舵柄;9—滑块;10—导轨;11—撞杆行程限制器;12-放气阀。

图5-2-7 十字头式转舵机构

一般当转舵扭矩较小时,常采用双缸单撞杆(一对液压缸)的形式,而当转舵扭矩较大时,则多采用四缸、双撞杆(二对液压缸)的结构如图 5-2-7(a)所示。为了将撞杆的往复运动转变为舵叶的摆动,在撞杆与舵柄的连接处,设有十字形框架滑动接头如图 5-2-7(b)所示。由图可见,两撞杆 3 通过自己的半圆形端部,用螺栓连在一起,形成上下两个轴承。两轴承环抱着十字头的两个耳轴 7;而舵柄 8 则与耳轴 7 垂直,并横插在十字头轴承 6 中。因此,当撞杆 3 在油压推动下移离中央位置时,十字头就会一面随撞杆 3 移动,一面带动舵柄 8 偏转,继而带动舵杆 4 转动。

撞杆的极限行程由行程限制器(挡块)11 加以限制,它能在舵角超过最大舵角 1.5°时限制撞杆的继续移动。这时液压缸底部的空隙应不小于 10 mm。在导板的一侧还设有机械式舵角指示器 5,用以指示撞杆在不同位置时所对应的舵角。此外,在每个转舵液压缸的上部还设有放气阀 12,以便驱放液压缸中的空气。

滑式转舵机构的受力分析如图 5-2-8 所示。当舵转至任意舵角 α 时,为了克服水动力矩所造成的力 Q'(与舵柄方向垂直),在十字头上将受到撞杆两端油压差的作用力 p。由于力 p 与 Q' 的作用方向不在同一直线上,导板必将产生反作用力 N,以使 p 和 N 的合力 Q 恰与力 Q' 方向相反,从而产生转舵扭矩以克服水动力矩和摩擦扭矩。

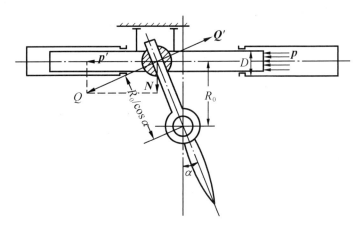

图 5-2-8 滑式转舵机构受力分析

在撞杆直径 D、舵柄最小工作长度 R_0 和撞杆两侧油压差 p 既定的情况下,滑式转舵机构所能产生的转舵扭矩 M 将随舵角 α 的增大而增大,如图 5-2-9 所示。这种扭矩特性恰好与舵的水动力矩的变化趋势相适应。因此,当公称转舵扭矩既定时,滑式转舵机构的尺寸或最大工作油压较其他转舵机构要小。

十字头式操舵机构具有以下特点:

①扭矩特性良好,承载能力较大,能可靠地平衡舵杆所受的侧推力;可用于转舵扭矩很大的场合。

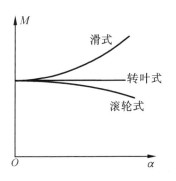

图 5-2-9 转舵机构的扭矩特性

②撞杆和液压缸间的密封大都采用 V 形密封圈,如图 5-2-10。这种密封圈由夹有织物的橡胶制成。安装时开口应面向压力油腔,以使工作油压越高,密封圈撑开越大,从而更加贴紧密封面,故密封可靠,磨损后还具有自动补偿能力。此外,密封泄漏时较易发现,更换也较方便。

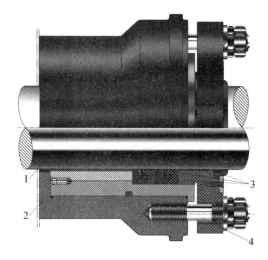

1—撞杆;2—缸体;3—密封圈;4—螺栓。

图 5-2-10 柱塞式液压缸的密封

③液压缸内壁除靠近密封端的一小段外,都不与撞杆接触,故不经加工或仅作粗略加工即可。

④液压缸为单作用,必须成对工作,故尺寸、质量较大。而且撞杆中心线通常都按垂直于船舶纵线方向布置,故舵机房也需要较大的宽度。

⑤安装、检修比较麻烦。

(2)拨叉式转舵机构

在滑式转舵机构中,拨叉式也得到了广泛的应用。如图 5-2-11 所示,它使用整根撞杆,在拉杆的中部带有圆柱销,销外套有方形(或圆形)滑块。撞杆移动时,滑块一面绕圆柱销转动,一面在舵柄的叉形端部中滑动(或滚动)。

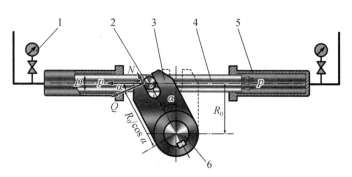

1—压力表;2—耳轴;3—拨叉;4—撞杆;5—舵缸;6—舵杆。

图 5-2-11 拨叉式转舵机构

与十字头式转舵机构相比,拨叉式与其转矩特性相同,但使用拨叉式时,侧推力可直接由撞杆本身承受而无须导板,故结构简单,加工及拆装都较方便;此外,当公称扭矩较小时,由于以拨叉代替十字头,撞杆轴线至舵杆轴间的距离 R_0。就可缩减 26%,撞杆的最大行程也因而得以减小,所以,在公称转舵扭矩和最大工作油压相同的情况下,拨叉式的占地面积将可比十字头式减少 10%~15%,质量亦相应减小 10% 左右。但是,当公称扭矩较大时,则仍以采用十字头式为宜。

2. 滚轮式转舵机构

如图 5-2-12 所示,滚轮式转舵机构的结构特点是用装在舵柄端部的滚轮代替滑式机构中的十字头或拨叉。

工作时受油压推动的撞杆,以其顶部直接顶动滚轮,迫使舵柄转动。这种转舵机构不论舵角 α 如何变化,通过撞杆端面与滚轮表面的接触线作用到舵柄上的推力 p,始终垂直于拉杆端面,而不会产生侧推力。由图 5-2-12 可见,推力 p 在垂直于舵柄轴线方向的分力可写为:

$$Q = p\cos\alpha = \pi D^2 p\cos\alpha/4$$

因此,滚轮式转舵机构所能产生的转舵扭矩为

$$M = ZQR_0\eta_m = \pi D^2 Zp\cos\alpha R_0\eta_m \quad (\text{N}\cdot\text{m})$$

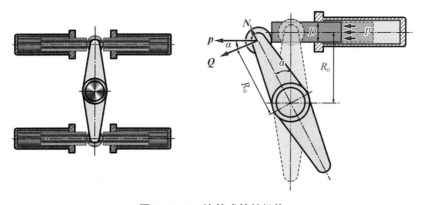

图 5-2-12　滚轮式转舵机构

上式表明,在主要尺寸(D、R_0)和最大工作油压差既定的情况下,滚轮式转舵机构所能产生的转舵扭矩将随 α 的增大而减小,即扭矩特性在坐标图上是一条向下弯的曲线(图 5-2-9)。在最大舵角时,舵的水动力矩较大,而滚轮式这时所能产生的转舵扭矩反而最小,只达到主要尺度(D、R_0)和最大工作油压差 p 相同的滑式机构的 55% 左右。因此,在实际工作中,随着舵角 α 的增大,这种机构的工作油压比滑式机构增加得快。

3. 摆缸式转舵机构

图 5-2-13 所示为摆缸式操舵机构。它的主要结构特点在于采用了与支架铰接的两个摆动式液压缸。转舵时,利用活塞在油压作用下所产生的推力与往复运动,并通过与活塞杆铰接的舵柄,推动舵柱偏转。由于转舵时缸体必须做相应的摆动,故液压缸两

端的油管必须采用具有挠性的高压软管。

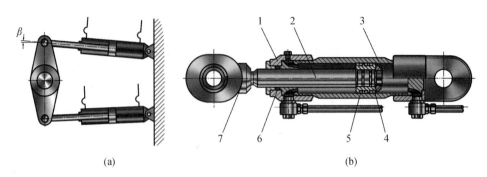

(a)　　　　　　　　　　　　　　　(b)

1—端盖;2—活塞杆;3—油缸;4—活塞;5—活塞环;6—密封环;7—接头。

图 5-2-13　摆缸式转舵机构与双作用液压缸

由图 5-2-13 可见,摆缸式机构转舵时,油缸摆角 β(即任意舵角时油缸中心线与中舵时舵柄的垂直线间的夹角)将随油缸的安装角(即中舵时的油缸摆角)和舵转角 α 而变。一般常使中舵时 β 最大,而最大舵角时 β 为零或接近于零。但不论舵角 α 如何,β 角总是很小的,如果将其忽略不计,则摆缸式与滚轮式的扭矩特性基本相同。

4. 转叶式转舵机构

图 5-2-14 所示为三转叶式转舵机构的原理图。

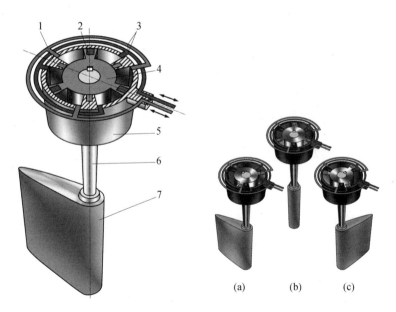

(a)　　　　(b)　　　　(c)

1—定叶;2—转叶;3—油管;4—转毂;5—液压缸;6—舵柱;7—舵叶。

图 5-2-14　三转叶式转舵机构

该机构内部装有三个定叶 1 的液压缸 5,通过橡皮缓冲器安装在船体上。而用键与舵柱上端相固接的转毂 4 则镶装着三个转叶 2,在装于转叶与液压缸体内壁及上、下端盖之间,定叶与转毂外缘和上、下端盖之间,均有保持密封的密封条;转叶和定叶将液压缸内部分隔成为六个工作腔。当液压泵经油管 3 分别从三个工作腔吸油,并把油液排入另外三个工作腔时,转叶就会在液压能作用下通过轮毂带动舵柱 6 和舵叶 7 偏转。

转叶式机构的内部密封问题是其主要薄弱环节,通常所用工作油压都不超过4 MPa,故限制了它在大功率舵机中的应用。近年来,随着密封材料、密封形式与端盖结构(常用的有浮动端盖式与翻边式两种)的不断改进,最大工作油压已可达 10 ~ 15 MPa,转舵扭矩也提高到 3 000 kN·m 左右。目前转叶式舵机已经成功应用于 10 万总吨的油轮上。

表 5-2-1 为转舵机构的主要类型与特点。

表 5-2-1 转舵机构的主要类型与特点

形式		转矩特性	密封性能	侧向力	油缸作用数	外形尺寸	加工维护	备注
往复式	滑式	十字头式	好	输出转矩随舵角增大而增大	V 形密封,如图 7-9 所示。自动补偿磨损。密封性能。更换时,拆装少,以油压压出即可	由导板平衡	单作用	质量大,横向尺寸大,占地多	安装检修麻烦	应用最广泛,转舵力矩很大
		拨叉式			以油压压出即可	由撞杆承受,无须导板		比十字头轻 10%。占地面积少 10%~15%	安装检修比十字头容易	因撞杆承受侧推力,最大公称转矩比十字头稍小
	滚轮式		差	输出转矩随舵角增大而减小		无	单作用	占地比拨叉式少	结构简单,安装检修容易,布置灵活,方便	适用于中、在功率,同尺寸下公称转矩比滑式小。杆与轮可能脱开撞击。但杆与轮间隙可自动补偿

表 5-2-1（续）

	形式	转矩特性	密封性能	侧向力	油缸作用数	外形尺寸	加工维护	备注
	摆缸式		密封性能活塞采用密封环,有内漏,耐压不高,更换不易	无	双作用	占地少	加工精度高	适用于小功率,应用不普遍
回转式	转叶式	中	密封性能差,高压时内漏难解决	无	多作用,一般为三叶六作用	占地少	无外部润滑,管理方便	适用于中、大功率,应用较多
	弧形撞杆式	中	密封性能好,与滑式相同	无	单作用	横向尺寸比滑式小。占地少	加工很困难	适用于大功率,应用不多

注：输出转矩不随舵角变化

【知识拓展】 AEG 型转叶油缸

子任务 5.2.2　认识液压舵机的遥控系统

AEG 型转叶
油缸（PPT）

【任务分析】

现代船舶的舵机,一般装有可由驾驶台遥控的随动操舵系统和自动操舵系统。根据从驾驶台到舵机室传递操舵信号方法的不同,舵机的遥控系统可分为机械式、液压式和电气式等几种。液压舵机遥控系统的日常管理、故障分析与排除是轮机员必须要掌握的知识要点,本环节我们将介绍三种典型的舵机遥控系统,从中学习掌握舵机遥控系统的组成、原理,为进一步分析与理解遥控操纵系统故障分析与排除打好基础。

【任务实施】

一、操舵系统

船舶舵机一般都同时装备有驾驶室遥控的随动操舵系统和自动操舵系统,舵机房还设有机旁操舵(非随动操舵)。

1.随动操舵系统

当操舵者发出舵角指令后,不仅可使舵叶按指定方向转动,而且在舵叶转到指令舵角后还能自动停止操舵的系统。

2. 自动操舵系统

当船舶长时间沿指定航向航行时使用,它能在船因风、流及螺旋桨的不对称作用等造成偏航时,靠罗经测知并自动发出信号,使操舵装置改变舵角,以使船舶能够自动地保持既定的航向。

3. 非随动操舵系统

只能控制舵机的启停和转舵方向,当舵转至所需要的舵角时,操舵者必须再次发出停止转舵的信号,才能使舵停转。非随动操舵系统通常既可在驾驶室,也可在舵机房操纵,以备应急操舵或检修、调试舵机之用。

舵机遥控系统根据远距离传递操舵信号的方式不同,主要有机械式、液压式和电气式。现代船舶大多采用电气遥控系统。泵控式舵机的电气遥控系统常以伺服液压缸或伺服电机等作为在舵机房的控制元件,去控制舵机主泵的变向变量机构;阀控式舵机则以电磁换向阀作为控制元件,直接去控制主油路油液流向。

二、液压式操纵系统

液压式操纵系统是利用油液来传递操舵信号的系统,它由发送器和受动器两部分组成。

图5-2-15所示为液压式操纵系统基本原理图。发送器设置在驾驶室,受动器设置在舵机房。

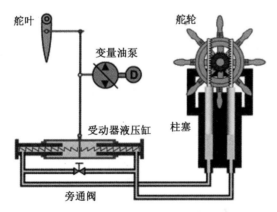

图5-2-15 液压式操纵系统基本原理

操舵时,将受动器处的旁通阀关闭,然后转动舵轮,发送器中的两根柱塞在小齿轮的带动下,一根向下运动,将液压油排至受动器的一侧,克服弹簧力使其运动,并通过杠杆带动浮动杠杆,并带动液压泵的变量机构,控制泵的输油方向和排油量,从而实现操舵;另一根柱塞则向上运动,正好接纳受动器另一侧的回油。

为了保证发送器和受动器运动步调一致和正确性,两者的工作位置要互相对应。

为此必须保证发送器液压缸和受动器液压缸严格密闭,若有泄漏,应及时充满油液,保证不会产生空舵现象。为此,设有油液平衡装置,当受动器、发送器均位于中位时,可打开截止阀,再将手柄提起开启平衡装置中的两只平衡阀,使油箱中的油液补充到液压缸中去,待油液充满后再关闭截止阀,此时发送器、受动器与舵角都应位于零位,工作时应保持三者动作一致。

液压式操舵装置管路布置麻烦,操舵时的扭矩大,舵工的劳动强度大,舵令信号的正确性易受到装置泄漏与油中空气的影响,易造成空舵现象,泄漏易污染环境,需经常开启平衡阀(舵角在零位时开启)来平衡管路中的压力,并需经常对管路进行放气与充液。

二、伺服油缸式操纵系统

图5-2-16所示为典型的伺服液压缸式遥控系统原理图。这种遥控系统适用于带浮动杠杆追随机构的泵控式舵机。

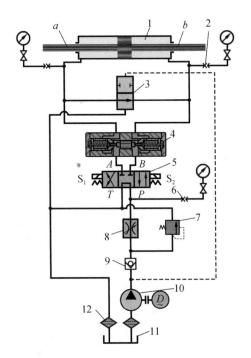

1—伺服液压缸;2—压力表接头;3—液控旁通阀;4—油路锁闭阀;5—电磁换向阀;6—表接头;
7—安全阀;8—溢流节流阀;9—单向阀;10—变量定向液压泵;11—油箱;12—过滤器。

图5-2-16 伺服液压缸式遥控液压系统原理图

控制用变量定向液压泵10定向排出压力油,经单向阀9、溢流节流阀8供至电磁换向阀5。电磁换向阀5的阀芯位置取决于由驾驶室经电气遥控系统控制的电磁线圈 S_1 和 S_2 的通电情况(必要时也可借设在这两个线圈外端的短轴直接顶动),压力油经 P、A 或 P、B 导入伺服液压缸1的相应空间,使伺服活塞向相应方向移动。伺服活塞杆

的一端 a 经浮动杠杆及追随机构操纵舵机变量液压泵。活塞杆的另一端 b 与电反馈装置(自整角机)相连,随时将活塞位置的信号反馈到驾驶室的操舵设备。此外,在活塞杆的相应部位还设有最大操舵角的机械限位器。

当电磁换向阀阀芯处于中位时,液压泵卸荷, A、B 油路不通,液压缸锁闭,伺服活塞不动。

当驾驶室发出指令舵角时,设电磁线圈 S_1 通电,电磁换向阀5阀芯被推至极左位置,来自液压泵的压力油经 P、A 供入油路锁闭阀4左端,顶开左端锥阀,进入伺服液压缸1的左侧,同时还使油路锁闭阀的右端锥阀被顶开,使液压缸右侧油液经油路锁闭阀4和电磁换向阀5的 B、T 油路,回到油箱11。这样,伺服活塞在两侧油压差作用下右移,一方面通过浮动杆追随机构操纵舵机液压泵使舵发生偏转,另一方面则输出电反馈信号。当活塞行至相当于指令舵角的位置时,由于电反馈装置送回的信号正好与舵角指令信号相抵消,电磁线圈 S_1 断电,电磁换向阀5回中,锁闭阀4的两锥阀关闭,形成液压锁,将伺服活塞锁住。于是,舵叶在浮动杠杆追随机构的作用下,将自动地把舵转到并稳定在与指令舵角一致的舵角上。

若操舵舵令要求与上述相反时,则电磁线圈 S_2 通电,油路 P 与 B 及 A 与 T 相通,伺服活塞左移。

系统中主要阀件的作用:

(1)油路锁闭阀4:当伺服活塞位置与指令舵角相对应时换向阀回中,锁闭阀4锁闭伺服液压缸油路(换向阀中位密封可能不够严密),防止浮动杠杆传来的反力使活塞移动。在装有两套使用同一伺服液压缸的遥控系统的装置中,它能把备用系统的换向阀和液压缸隔断,减少换向阀漏泄对工作的影响。

(2)溢流节流阀8:控制输往伺服液压缸的流量,使伺服活塞有合适的移动速度。

(3)安全阀7:当液压泵排出压力超过整定值时,将油泄回油箱,防止液压泵过载。

(4)液控旁通阀3:它靠液压泵排油压力截断液压缸旁通通路使之投入工作。因此,当改用其他控制方式(例如机旁控制)操纵浮动杠杆时,则因变量定向液压泵10停止排油,液压缸通过液控旁通阀3旁通,柱塞即可自由移功。不致妨碍其他控制机构的工作。

(5)单向阀9:启阀压力为 0.6~0.8 MPa,保证工作时即使换向阀在中位,单向阀前的油压仍能使液控旁通阀3截断。

阀控式舵机的遥控系统与此类似,只不过用电磁换向阀直接控制主油路的转舵液压缸而已,电反馈信号发送器直接与舵柄相连,反馈舵角信号。

三、伺服电机式遥控系统

以伺服电动机为执行元件的舵机遥控系统可以采用直流伺服电机,也可采用交流伺服电机。图 5-2-17 所示为用平衡电桥控制的直流伺服电机式遥控系统的原理图。它也用于带浮动杠杆追随机构的泵控式舵机。

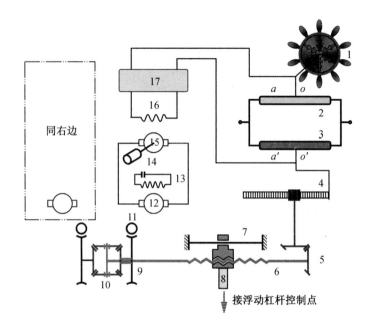

1—舵轮；2—操舵电位计；3—反馈电位计；4—齿轮、齿条机构；5—锥齿轮副；6—丝杆；7—导杆；
8—滑块螺母；9—蜗轮；10—行星齿轮；11—蜗杆；12—直流伺服电动机；13—直流电动机激励绕组；
14—交流电动机；15—直流发电机；16—直流发电机激励绕组；17—放大器。

图 5-2-17　直流伺服电机式遥控系统原理图

　　舵机房设有变流机组。交流电动机 14 驱动直流发电机 15，发出直流电，再去驱动直流伺服电动机 12。直流伺服电动机 12 经蜗杆 11、蜗轮 9 及行星齿轮 10 带动丝杆 6 转动。丝杆上所套滑块螺母 8 因受导杆 7 的限制不能转动，但可在丝杆上移动，从而拉动浮动杠杆的操纵点 A，控制变量泵，使其向相应方向排油转舵。与此同时丝杆 6 的转动还经锥齿轮副 5 和齿轮、齿条机构 4 使反馈电位计 3 的触点移动，向遥控系统送出电反馈信号。

　　当操舵电位计 2 和反馈电位计 3 的触点处于相应的位置（例如中位 o 与 o'）时，直流发电机激磁绕组 16 没有电流通过，输出电压为零，直流伺服电动机 12 不动。当舵轮 1 转动某一角度，给出相应的指令舵角时，操舵电位计上滑动触点从 o 移到 a 点，电桥失去平衡，a 与 o' 之间出现电位差，此偏差信号经放大器 17 放大，使发电机激磁绕组 16 流过一定方向的电流，直流发电机 15 产生一定方向的电压，于是伺服电动机 12 转动，并移动浮动杠杆操纵点 a。当 a 点移动到与指令舵角相应的位置时，反馈机构带动反馈电位计 3 的滑动角点从 o' 移到 a'。因为 a' 与 a 是等电位点，电桥重新平衡，偏差信号消除，电动机 12 因励磁消失而停止转动。另外，浮动杠杆机械追随机构将使舵叶转到与 A 点位置相应的舵角上。

　　当舵轮带动操舵电位计触点反向移动时，绕组 16 的激磁电流方向相反，电动机 12 将接受发电机 15 产生的反向电压而反转，带动 A 点（图 5-2-16）做与上述操舵方向相反的运功。操纵点 A 偏离中位的方向和大小，始终准确地与舵轮给出的指令舵角的方向和大小相对应,再通过浮动杠杆机械追随机构将舵转到与指令舵角相应的舵角。

【知识拓展】 三点式浮动杠杆比较机构的原理

三点式浮动
杠杆比较机
构的原理
（PPT）

子任务5.2.3 操作与管理液压舵机系统

【任务分析】

正确操作舵机是液压舵机管理的主要内容,也是避免液压舵机故障发生故障的关键问题。其在工作过程中,经常出现转舵太慢或舵转不动、滞舵、冲舵等故障,那么,如何正确操作和排除这些故障呢? 这也是轮机员必须要面对的问题,要理解、排除液压舵机常见的故障,我们需要熟悉常见液压舵机系统的组成与工作原理,对典型液压舵机实例进行分析,总结日常维护与管理要点。

【任务实施】

一、泵控式液压舵机系统实例

图5-2-18所示为某国产泵控式舵机的液压系统原理图,它用斜盘式轴向柱塞双向变量泵作为主泵,齿轮泵作为系统的辅泵,采用直流伺服电机式电气遥控系统和浮动杠杆追随机构,液压系统是闭式系统。

1. 工况的选择

本系统设有二台主泵,四个柱塞液压缸。其中1#、3#和2#、4#缸各成一对,分别与主泵的两根主油管相连。为提高系统的工作可靠性,系统中设有专门用于应急工况下使用的工况选择阀箱。

工况选择阀箱中共包括了12个单阀座截止阀。其中与液压缸相接的$C_1 \sim C_4$称缸阀,平时常开;$O_1 \sim O_4$称旁通阀,平时常闭。如果某液压缸因故不能工作(例如严重漏泄),可将它与另一只液压缸(只要不是对角布置的——如1#和4#或2#和3#)一起停用。这时应将停用的一对缸的缸阀关闭,相应的旁通阀要开启。$P_1 \sim P_4$称泵阀,平时常开,以便随时能在驾驶台启用任何一台泵。只有当主泵损坏需要修理时才将其一对泵阀关闭。船舶管理人员总结出的阀箱操作口诀为:油泵泵阀要常开;缸阀一开油缸动;撤出油缸要旁通。阀箱可使该型舵机具有五种工况可供选择,常用的有以下三种:

(1)单泵四缸工况:适于开阔水面正常航行,其最大转舵扭矩等于公称转舵扭矩,转舵时间能满足规范要求。

(2)双泵四缸工况:适于进出港、窄水道航行或其他要求转舵速度较快的场合。转舵速度约较单泵四缸工况提高一倍,而转舵扭矩与上述工况相同。

(3)单泵双缸工况:在某个缸有故障时采用。这时转舵速度约较单泵四缸工作时提高一倍,转舵扭矩则比四缸工作大约减小一半。故必须用限制舵角(或降低船速)来限制水动力矩,否则工作油压可能超过最大工作压力而使安全阀开启。

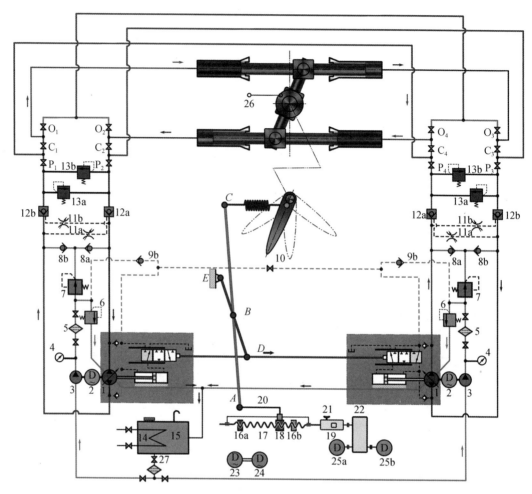

1—主油泵;2—电动机;3—辅泵;4—压力表;5—粗滤器;6—溢流阀;7—减压阀;8、9—单向阀;
10—旁通阀;11—可调节流阀;12—液控单向阀;13—安全阀(防浪阀);14—加热器;15—油箱;
16—限位螺帽;17—螺杆;18—导块;19—操舵角反馈机构;20—连杆;21—手轮;22—减速器;
23—交流电动机;24—直流发电机;25—伺服电动机;26—舵角指示发讯器。

图 5-2-18　国产泵控型舵机液压系统

泵控型液压
舵机(动画)

请扫码学习泵控型液压舵机。

2. 主油路的锁闭

在液压舵机主泵的主油路上,通常装有成对的主油路锁闭阀。本系统中采用双联液压单向阀 12a、12b,当任何一台主泵离开中位向任何一方排油时,其主油路上的那对液控单向阀便能同时开启,保证油路畅通;而当主泵停用或处于中位时,这对阀能自动关闭。这种锁闭阀属主泵启阀式。其可调节流阀 11a、11b 用来调节液控单向阀中控制油的流速,既能使主油路上的单向阀及时开启回油,又使它能在舵叶受负扭矩作用时关闭的速度尽可能减缓。但是当舵叶上负扭矩较大时,回油侧单向阀仍然难免骤然关闭而产生撞击。

主油路锁闭阀(锁舵阀)的作用:

锁闭备用泵油路,防止工作泵排油设备用泵倒流旁通,妨碍转舵。这是因为这种浮动杠杆追随机构,备用泵与工作泵的变量机构是彼此连接同步动作的,二者同时偏离中位。如果不将备用泵油路锁闭,它便会因压力油倒灌而反转,造成油路旁通。

工作泵回到中位时,将油路锁闭,以防跑舵。当舵停在某一舵角时,在水压力作用下,两组转舵液压缸仍存在油压差。此时,泵虽处于中位,但泵内难免有漏泄,如果主油路不锁闭,舵停久了就可能因漏油而跑舵。

以上两点前者是主要的,后者在泵密封性较好时影响不明显。有的舵机主油路锁闭阀采用辅泵启阀式——由与主泵同时工作的辅泵排油来开启。这样主油路压力损失较小,又可在辅泵失压时停止转舵,这时锁闭阀在主泵回中时,不起油路锁闭作用。当主泵装有机械防反转装置——如防反转棘轮时(例如海尔休泵),可不设主油路锁闭阀。

3. 补油、放气和压力保护

闭式系统因为主泵排出油液难免有外漏(如主泵内漏油液经泵壳而泄回油箱),所以需要解决补油问题。若不补充转舵液压缸中柱塞的位移容积,则不足以补偿主泵吸油所需油液容积,从而造成吸入压力降低,以致产生气穴(或漏入空气),造成流量减小,噪声增加,甚至泵的零部件损坏(例如导致轴向柱塞球铰拉坏)。为此,本系统设辅泵 3,经减压阀 7 以及单向阀 8a、8b 向低压侧油路补油。若舵机主泵吸入性能好,允许有较低的吸入压力时,也可不用辅泵补油,而只设高位补油柜、在吸入侧压力降低时进行补油。

系统还在各液压缸顶部和油管高处设放气阀,以便在初次充油或必要时放气,这对闭式系统是必不可少的。

液压系统设有安全阀 13a、13b,其功用是:在转舵时防止液压泵排油侧压力超过最大工作压力过多,以免液压泵过载;在停止转舵时,当海浪或其他外力冲击舵叶而导致管路油压过高时开启,使油路旁通,保护管路、设备安全。

4. 辅泵的作用

泵控式舵机液压系统大多设有辅泵,其流量一般不低于主泵流量的 20%。本系统所设辅泵 3 是齿轮泵,主要作用有:

(1)为主油路补油,补油压力由减压阀 7 调定为 0.8 MPa 左右。

(2)为主液压泵伺服变量机构供油,所供控制油压由溢流阀 6 调定为 15 MPa 左右。

(3)冷却、润滑与冲洗主泵。系统中经溢流阀 6 的溢油进入主泵壳体再流回油箱,起冷却和润滑主泵的作用。

有的舵机辅泵还为伺服油缸式操纵系统或电液换向阀,提供控制油、用油压开启主油路锁闭阀。

392 kN·m
舵机液压系
统的原理
（PPT）

【知识拓展】　392 kN·m 舵机液压系统的原理

二、阀控型液压舵机系统实例

阀控式液压舵机采用定量液压泵为主泵，一般都使用电气遥控系统操纵电磁换向阀或电液换向阀，控制油液流向和转舵方向。油路可以采用闭式、半闭式或开式。

下面以 245 kN·m 舵机液压系统为例进行介绍。

245 kN·m 舵机采用电气控制系统进行操纵，具有自动和随动两种操纵方式，并设有应急手动操舵装置备用，245 kN·m 舵机的主要性能参数如表 5-2-2。

表 5-2-2　245 kN·m 舵机的主要性能参数

性能	参数
最大转舵力矩/(kN·m)	电动-液压操舵为 24 s； 应急手动操舵为 28 s
舵数	2
舵角范围/(°)	−35～35
电动-液压操舵从一舷 35°到另一舷 35°所需时间/s	单机组工作：<30 双机组工作：<15
应急手动操舵从一舷 15°到另一舷 15°所需时间/s	<60
主油路系统最高工作压力/MPa	12.5
主油路安全阀调定压力/MPa	14

如图 5-2-19 所示。它是采用单向定量泵与电液换向阀配合工作的闭式液压系统。从图上可以看出，两个舵叶通过一套拉杆机构与液压缸中的柱塞相连接。柱塞可以在油缸中左右移动。当右边油缸中通入压力油而左边的油缸通回油时，柱塞便向左移动，它带动舵叶向左舷转动(转左舵)。反之，如果左边的油缸通压力油而右边油缸通回油时，则柱塞带动舵叶向右舷转动(转右舵)。

245 kN·m 舵机液压系统是由主油路系统、辅助油泵系统和应急手动操舵装置等组成的。其中，主油路系统采用闭式液压系统，配置有两套电动机一定量柱塞泵机组，辅助油泵系统提供主油路系统所需要的补油、冷却主油泵用油并提供电液换向阀的控制油压，也配置了两套电动机一齿轮油泵机组。一般情况下，一套机组工作时，另一套机组备用，也可以两套机组同时工作，则其转舵速度将加大一倍。一旦电气控制系统失灵或失电时，可改用应急手动操舵装置进行应急操舵。

1. 主油路系统

主油路系统是由主油泵、电液换向阀、柱塞缸和转舵机构组成的闭式液压系统。舵机电气控制系统根据实际舵角与指令舵角的差值和极性控制电液换向阀左电磁铁通电、右电磁铁通电或两个电磁铁都不通电，实现转左舵、转右舵或保持舵角不变。两个单作用柱塞缸通过滑块17、中间传动轴15、同步拉杆机构16和舵柄8，去驱动两个舵轴转动，达到修正舵角误差，实现自动或随动控制舵角的目的。

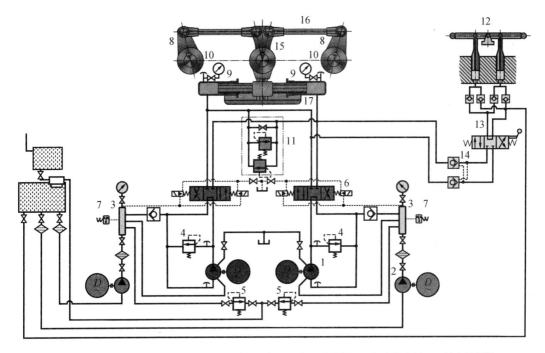

1—主油泵；2—辅助油泵；3—集油器；4—安全溢流阀；5—定压溢流阀；6—电液换向阀；7—压力继电器；
8—舵柄；9—转舵油缸；10—放气阀；11—安全溢流阀组；12—手动柱塞泵；13—手动换向阀；14—双向液压锁；
15—中间传动轴；16—同步拉杆机构；17—滑块。

图 5-2-19 245 kN·m 舵机液压系统的工作原理图

主油泵采用定量轴向柱塞泵，在其排出口和吸入口之间设有安全溢流阀。安全溢流阀的调定压力为 12.5 MPa。主油泵的工作压力是随转舵角度和转舵负载大小而变化的，其最高工作压力是由该安全溢流阀限制在 12.5 MPa 以下。

控制转舵方向的电液换向阀采用 M 形中位机能的三位四通电液换向阀。当舵角达到指令舵角后，左右电磁铁均断电，电液换向阀处于中位。此时，接液压缸的两个油口封闭，因而两个柱塞缸封闭自锁，保持舵角位置不变；同时，电液换向阀的进油口与回油口旁通，使主油泵旁通卸载，从而节省能量消耗和减少油液的发热。在两根主油管之间设置了两个安全溢流阀和一个旁通截止阀。其中，旁通截止阀在向管路系统充油和排气时打开，正常工作时应处于关闭状态。两个安全溢流阀反向并联安装在主油管路之间，调定安全压力为 14 MPa，用于当电液换向阀处于中位时，防止柱塞缸和主管路受冲击（如海浪、冰块及其他撞击对舵叶产生的冲击）而损坏。当电液换向阀处于中位时，如果冲击负载使得主油管压力超过 14 MPa 时，安全溢流阀开启溢流，防止主管路系统和柱塞缸的压力进一步上升而造成破坏。

2. 辅助油泵系统

辅助油泵系统是由辅助油泵(齿轮泵)、压力继电器、溢流阀、储油器、滤油器、单向阀和油箱等组成的开式液压系统。每套电动机-主油泵机组都配置一套电动机-辅助油泵机组。

辅助油泵系统具有以下功能：

(1)向主油路系统补油：因为主油路系统是闭式液压系统，所以，需要补油系统配合其工作，以补偿主油路系统中的漏泄损失(包括油缸、油泵和控制阀等处的漏泄)。辅助油泵从油箱吸油，经过滤油器、集油器和单向阀，向主油泵吸入管路补油，补油压力由补油溢流阀调定为 0.6~1.0 MPa。

(2)供油给主油泵壳体进行冷却：辅助油泵排出的压力油有一分支管路通主油泵的壳体上的下漏油口，冷却主泵后，从主泵的上漏油口流出，经过一截止阀后再回到油箱。调节截止阀就可调节主泵所需要的冷却油的流量大小。

(3)供给电液换向阀的控制油压：辅助油泵排出的压力油有一支管路通电液换向阀，供给其先导电磁阀，去控制液动换向阀主阀芯的换向。

辅助油泵系统中还装有压力继电器，用来保证辅助油泵机组与主油泵机组的协同动作。即当辅助油泵机组启动并建立起 0.6~1.0 MPa 的油压时，压力继电器动作，合上触头，控制主油泵机组投入运行状态。若辅助油泵停车，则压力继电器触头断开，主油泵机组也随之停车。

另外，两套辅助油泵机组共用同一个油箱。

3. 应急手动操舵装置

应急手动操舵装置是由两台手摇往复泵、三位四通 M 形中位机能的手动换向阀、四个单向阀和两个液控单向阀等组成的。当主油泵机组、辅助油泵机组或电气控制系统失灵或失电时，可用手动操舵装置进行转舵。

首先，要打开应急油路截止阀，使手摇往复泵能从油箱正常吸油。四个单向阀分别控制手摇往复泵的两个往复油缸的进油和排油，即进行配油，形成两个并联工作的往复泵，两者交替吸油和排油。

通过三位四通手动换向阀，可控制往复泵提供的压力油是否供给转舵油缸，去实现转左舵、转右舵或保持舵角不变。当手动换向阀处于中位时，因为该阀的中位机能是 M 形，所以，中位时往复泵处于卸载状态。两个液控单向交叉配置，形成双向液压锁。由于舵机采用平衡舵，因此，在操舵时可能出现负的操舵负载，即舵叶上的水动力推着舵减小舵角，因此，双向液压锁就可用来平衡这种负载，防止在应急手动操舵时可能出现的舵角失控。

4. 操纵系统的工作过程(以随动舵为例)

在使用舵机时，可选用单机组工作，也可选用双机组工作。首先，启动辅助油泵机组，当建立起油压时，相对应配置的主油泵机组在辅助油泵出口的压力继电器控制下也投入运转。辅助油泵供给的油压，一路供给电液换向阀控制油压，一路去冷却主油泵，一路给主油路系统补油，另一路经低压溢流阀溢流回油箱，从而保证辅助油泵排出压力稳定在 0.6~1.0 MPa 范围内。

当船舶需要保持一定的航向时，操纵系统的指令舵角为零，实际舵角也应为零，偏差信号为零，电液换向阀的左、右电磁铁均断电，电液换向阀处于中位，主油泵卸载，而两柱塞缸油路封闭，舵将被固定在零位舵角上，船舶才能保持一定的航向。

当船舶需要改变航向时，操纵系统发出转左舵或转右舵指令，因存在偏差信号，使电液换向阀的一个电磁铁通电（假设是左电磁铁通电），电液换向阀换向到左位，主油泵供油给两个单作用柱塞缸进行转舵，直到舵角转到指令舵角位置，使偏差信号到零为止。此时，两个电磁铁断电，电液换向阀回到中位，主油泵再次卸载，舵保持在指令舵角位置上，船舶进行转向。

当船舶接近于转到要求的航向时，操纵系统将发出回舵复零指令，这时将产生一个极性相反的偏差信号，电液换向阀的另一个电磁铁通电，即换向阀换向到右位，舵将反转到偏差信号消失为止。此时，实际舵角和指令舵角均为零，两个电磁铁均断电，电液换向阀回到中位，主油泵再次卸载，舵将被锁定在零位舵角上，至此就完成了一次操舵过程。

综上所述，在操舵过程中主油泵机组和辅助油泵机组一直处于运转之中，依靠操纵系统去控制电液换向阀，实现舵左转、舵右转或停止转舵三种工作状态。在使用随动舵时，有把舵摆出和回舵复零两个操作动作，转舵过程包括把舵摆出、维持所需要的舵角和回舵复零三个工作阶段。

三、液压舵机的操作与管理

舵机是事关安全航行的重要设备，一旦在航行中发生故障对海上人命安全和环境将造成严重威胁或重大损失。因此要做到防患于未然，严格按船上的有关规程进行检查、维护和操作，在开航前 2 h 内应做好启动前的准备工作与试舵工作。就一般情况而言，液压舵机的维护管理和操作除要遵守液压装置的管理原则外，应特别注意以下几点：

1. 启动前的准备工作

（1）检查油位，油箱和兼作油箱的油泵壳体的油位应正常；油润滑部位检查，并在撞杆、舵承等处适当布油或注压油脂；油路检查，消除跑冒滴漏污等现象与隐患。

（2）检查电机、电路、电开关的电器设备，消除绝缘低下等不正常现象。

（3）检查阀件的启闭状态，确保启闭正确可靠。

（4）检查机器设备状态外观，确认其处于适于启动状态。特别注意舵角指示器等指示仪表仪器的情况，确认其指示正常。

（5）盘动油泵，确认各运动部分无卡阻，固定部分无松动。

2. 试舵

在轮机员做好舵机启动前准备后，在舵机房用电话通知驾驶台，会同驾驶员进行联合试舵（驾驶台操作由驾驶员完成）。

(1)将驾驶台操舵仪上操舵转换开关转到手动位置,按启动按钮启动一套油泵机组。

(2)将舵轮从正舵位置分别转到二舷5°、15°、25°、35°处并稍做停顿,然后舵轮回零,停止这套油泵机组。在此过程中,驾驶员和轮机员共同观察检查舵机及其操纵系统、舵角指示器是否可靠地工作,有无异常现象。轮机员应特别注意听声(机器声)、看表(电流表、电压表、功率表、油压表、舵角表)、察动(各机构的动作)、查漏(管接头与撞杆密封处)。

(3)启动别一套油泵机组,作与(2)相同的操作与检查。

(4)再启动一套油泵机组(双泵工况),作与(2)相同的操作与检查。

(5)将转换开关转至应急操舵位置,进行操作,检查应急操舵装置工作是否正常可靠。

3. 试舵中需参照的有关标准

"液压舵机通用技术条件"(CB 3129—1982)对舵的控制及舵角指示、限位有以下要求:

(1)电气舵角指示器的指示舵角与实际舵角之间的偏差应不大于±10°,而且正舵时须无偏差。

(2)采用随动方式操舵时操舵器的指示舵角与舵停住后的实际舵角之间的偏差应不大于±10,而且正舵时须无偏差。

(3)不论舵处于任何位置,均不应有明显跑舵(稳舵时舵叶偏离所停舵角)现象。在台架试验中,当舵杆扭矩达到公称值时,往复式液压舵机的跑舵速度不得超过0.5°/min。转叶式液压舵机应不超过4°/min。

(4)采用液压或机械方式操纵的舵机,滞舵(舵的转动滞后于操舵动作)时间应不大于1 s,操舵手轮的空转不得超过半圈,手轮上的最大操纵力应不超过0.1 kN。

(5)电气和机械的舵角限位必须可靠。实际限位舵角与规定值之差不得大于±30′。

4. 实际舵角与指令航角一致性的调整

如随动舵的实际舵角与指令舵角零位不符,舵角偏差超过±10°,需对操纵系统进行调整。

调整的具体方法会因具体舵机型式不同而有所不同,但调整的基本原则是一致的,即:调零优先,分段调整。

对于不设浮动杠杆式追随机构电气遥控系统,应检查和调节系统的各个环节。当舵轮处在零位时,操舵信号发送器的输出应调整为零;当舵叶在零位时,反馈信号发送器的输出也应调整为零;而在操舵轮位于其他舵角时,只有当舵叶转至指令舵角时反馈信号才应该为零。

对于设有浮动杠杆机构的控制系统,首先应使遥控系统在舵机房的执行元件,以及变量液压泵和舵叶三者同时处于零位。

现以本章所述泵控式舵机实例(图5-2-18)为例来说明具体的调整步骤:

（1）停用驾驶室的遥控机构,采用机旁操舵,使遥控系统在舵机房的执行元件处于中位。

（2）启动左舷液压泵,如舵停止时并不处于零位,则应松开左泵变量机构拉杆的锁紧螺母,然后转动调节螺套,使主泵变量机构动作,直至舵叶能够停在零位时为止。

（3）换用右舷液压泵,如舵不能停在零位时,则用同样的方法调节变量机构的拉杆(注意保持左泵与拉杆的相对位置不变)直至舵能停在零位时为止。

（4）将锁紧螺母锁紧,再次验证两泵的工作,直至确认无误为止。

在按上述要求调整浮动杠杆追随机构以后,将舵转至左、右最大舵角,并在螺杆 17 上的导块 18 实际到达的极限位置,将限位螺母 16a、16b 固定(图 5-2-18)。然后再检查调整电气遥控系统。

四、舵机常见故障分析

1. 舵不能转动

（1）遥控系统失灵,机旁操纵正常。对电气遥控系统,可能是电路断路(保险丝烧断,接点脱焊或接触不良,电气元件损坏等),也可能是其中的机械传动部分有故障(例如导杆卡阻或应插的插销未插好等)。

如果控制系统具有伺服液压缸,还可能是控制油源中断(辅泵损坏,油位过低等),伺服液压缸旁通阀未关,溢流阀开启压力太低或换向阀不能离开中位等。

（2）主泵不能供油。故障症状为舵机无法转动,是否是主泵不能供油造成的舵机不能转动,可通过换用备用泵加以验证。

如果是泵变量机构卡住,而两台主泵又是共用一套浮动杠杆机构,须先将故障泵的变量机构脱开,才能换用备用液压泵。

如果液压泵机组不能启动,可先用盘车的方法判断液压泵是否有机械性卡阻;再查明是否有电路故障,此时应注意有的装置有连锁保护,辅泵未启动前主泵无法启动。

如果液压泵能运转但几乎没有油压,则在排除主油路旁通或泄漏的可能性后,即表明主泵没有供油,对阀控开式舵机液压系统,可先检查循环油柜是否缺油,或吸入管是否堵塞;对泵控式舵机,则应以机旁操纵方法,检查泵的变量机构能否正常动作。若是变量机构卡住,差动活塞控制油中断或油路堵塞,浮动杠杆机构销子断落或储能弹簧太软,则机旁操作也无法使液压泵离开中位,必要时可拆检泵的变量机构或泵本身,以判明损坏工作部件。

（3）主油路旁通或严重泄漏。故障症状为主泵吸,排油压相近(相当于辅泵工作压力)。

主油路旁通的原因可能是因备用泵锁闭不严(反转)、旁通阀开启、安全阀开启压力过低或被垫起,阀控式系统则也可能是因换向阀有故障不能离开中位所造成。

（4）主油路不通或舵转动受阻。故障症状为主泵排出油压高,噪声大,安全阀开启。

主油路不通的最大原因可能是泵阀、缸阀未开或主油路的液控锁闭阀打不开。

2. 只能单向转舵

(1)遥控操舵时只能单向转舵,改用机旁手动操舵则正常。原因可能是电气遥控线路故障(例如电磁换向阀一端线圈断路)或控制用伺服液压缸一侧严重泄漏等造成。

(2)变量泵只能单向排油。原因可能是泵变量机构单向运行发生困难,例如单向卡阻或差动活塞控制油孔堵塞等。

(3)主油路单方向不通或旁通。原因可能是某侧的安全阀开启压力过低,或主油路锁闭阀之一在回油时不能开启。

3. 转舵时间达不到规范要求

(1)主泵流量太小。原因多数是因磨损过度造成泵内泄漏严重,或者是泵局部损坏所致,有时也可能是变量机构行程太短或泵转速达不到额定值的缘故。

(2)遥控系统操舵动作太慢,改用机旁操舵后转舵时间即可符合要求。工作正常时,浮动杠杆的操纵点 A 从一舷满舵位置移到另一舷满舵位置所需时间应在 $22 \sim 24$ s。如果上述时间明显增加,对伺服电机式远操机构,可能是电路有故障、激磁电流不足或反馈信号太强;对伺服液压缸式远操机构,则可能是提供控制油的辅泵流量不足或调速阀调定的流量太小,此外,也可能是伺服液压缸油路泄漏严重等造成。

(3)主油路有旁通或泄漏。这往往同时会引起冲舵、跑舵或滞舵。除外部泄漏外,可能是安全阀、旁通阀等关闭不严,或双作用液压缸、转叶液压缸内部密封损坏,或备用泵油路锁闭不严,主油路换向阀内部泄漏严重等。

4. 滞舵

滞舵的定义为舵叶的转动滞后于操舵动作,原因大多为:

(1)主油路中混有较多气体,这时即使机旁操舵,滞舵现象也不会消除,且转舵时可从高压侧放气阀放出气体。原因可能是充液或检修后放气不够彻底,也可能是油箱中油位太低或补油压力太低。对闭式系统,如系统有泄漏,则撞杆位移就不足以填补低压侧液压缸中被吸走的油液容积,以致使泵吸入侧压力太低而吸入空气。辅泵轴封损坏时也会造成大量空气进入。

(2)遥控系统动作迟滞。例如伺服液压缸或控制油路中存有气体、控制系统机械传动部件的间隙太大等。

(3)泵控式系统主油路泄漏或旁通严重。在这种情况下,由于液压泵在刚离开中位时流量较小,舵可能转不动或转动很慢。

5. 冲舵

冲舵的定义为舵转到指令舵角后冲转过头,即实际舵角大于舵令舵角。原因主要有:

(1)泵变量机构不能及时或不能回中。这可能是变量机构卡住,控制油路故障等所造成。

(2)遥控伺服液压缸的换向阀或阀控式系统主油路的换向阀不能回中。这可能是阀芯在一端卡住,也可能是一端弹簧断裂,张力不足等。

（3）遥控伺服油路锁闭不严（油路泄漏或旁通）。这时，在舵转动后，由于受到浮动杠杆传来的作用力，伺服活塞就会在到达指令舵角后因油路锁闭不住而继续前移，于是液压泵便无法回到中位，舵也会继续冲转。

以上几种情况舵将一直冲到顶住机械舵角限位器为止。

（4）控制系统的反馈部分有故障。例如反馈系统的机械连接件松动、电气元件损坏、触头脏污或断路等。

（5）主油路锁闭不严。舵转到指令舵角时，如果控制系统工作正常，则转舵液压缸就会停止进油，若是主油路存在泄漏或旁通，舵转动惯性大时，特别是舵叶上作用有负扭矩时，就会发生冲舵。但如果反馈机构正常，舵冲过指令舵角后仍会回到指令舵角，此时舵机会出现无法稳舵的症状。

6. 跑舵

跑舵可定义为稳舵期间舵叶偏离给定舵角，即实际舵角与指令舵角不相符。

主要原因可能是主油路锁闭不严或遥控系统工作不稳定所致；此外，两台泵共用一套浮动杠杆控制的变量泵中位调节不一致或调好后松动，在双泵同时工作时也会产生舵停不稳的现象。

7. 舵机有异常噪声和振动

（1）液体噪声。系统产生气穴、闭式系统放气不彻底或补油不足；也可能是油箱中的油位太低，吸油滤油器堵塞或吸油管漏气；另外当油温太低、油黏度太大时，也可能会产生液体噪声。

（2）液压泵机组异常噪声。可能是泵和电动机对中不良，轴承或泵内其他运动部件损坏。

（3）管路或其他部件固定不牢。

（4）转舵液压缸柱塞填料过紧。

（5）某些形式的主油路锁闭阀在舵受负扭矩作用而转动较快时，也易产生敲击。

（6）舵柱轴承磨损或润滑不良。

（7）舵的轴系受外力损伤而变形。

【练习与思考】

一、选择题（请扫码答题）
二、简述题

1. 液压舵机中的防浪阀是如何工作的？
2. 液压舵机的遥控系统由哪几部分构成？若发现批示舵角与实际舵角不符，应调节何处？
3. 试航时应检查哪些内容？应注意什么问题？
4. 电动液压舵机在管理使用中应注意哪些事项？
5. 分析液压舵机达不到最大舵角的常用因素。

任务5.2
选择题

任务 5.3　操作与管理甲板液压机械

【学习目标】

1. 熟悉液压起货机的结构、特点与工作原理；
2. 熟悉液压锚机的结构、特点与工作原理；
3. 熟悉液压绞缆机的结构、特点与工作原理；
4. 熟悉舱口盖液压启闭装置的结构、特点与工作原理；
5. 能正确操作与管理液压起货机、锚机、绞缆机、舱口盖液压启闭装置等甲板机械。

【任务分析】

甲板液压机械主要有液压起货机、锚机、绞缆机、舱口盖启闭装置等，其设备操作、维护与管理是轮机人员必须要掌握的知识内容和技能。为更好地了解甲板液压机械的结构与原理，掌握其操作与管理要点，将本任务分解为两个子任务。

子任务 5.3.1 操作与管理液压起货机

子任务 5.3.2 操作与管理液压锚机与绞缆机

子任务 5.3.1　操作与管理液压起货机

【任务分析】

南昌舰（视频）

　　船舶载运货物的装卸虽可用港口的起货设备来进行，但并非所有港口都具有足够的吊货机械，同时也需考虑船舶在开阔水面过驳及吊运物料、备件等的需要，因此，在一般干货船上仍需安装起货机。对大多数的杂货船、散货船等来说，船上起货机的可靠性和工作效率对缩短港泊时间、加快周转、降低运输成本都具有重要意义。目前，液压起货机在船上广泛应用，正确操作、维护与管理液压起货机是必须要掌握的内容之一。接下来，我们将对液压起货机知识进行介绍。

【任务实施】

一、船舶起货机的分类

液压起货机基础知识（PPT）

　　船用起货机类型很多。按其结构及作业方式，可分为吊杆式起货机和回转式液压起货机（克令吊）。按其驱动机械的能源不同，可分为蒸汽起货机、电动起货机和液压起货机。克令吊的动力源为液压形式，在现代船舶上广泛应用。现主要介绍液压克令吊。

　　如按作业使用吊杆数来分可分为单吊杆式起货装置及双吊杆式起货装置。

1. 单吊杆式起货装置

图 5-3-1 所示为用支索回转的单吊杆式起货设备。

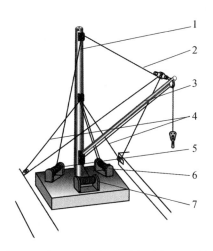

1—起货柱；2—变幅索；3—吊货杆；4—支索；5—变幅绞车；6—回转绞车；7—起货绞车。

图 5-3-1 用支索回转的单吊杆式起货设备

起货绞车 7 收放控制吊钩；回转绞车 6 上装有两个绕绳方向相反的两个卷筒，两卷筒上的绕绳方向相反，当回转绞车 6 带动两直径相同卷筒作同向旋转时，则两卷筒就分别卷入和放出支索 4，可以控制吊货杆 3 旋转角度；变幅绞车 5 卷入或放出可以控制变幅索，从而控制吊货杆 3 的幅度。

单吊杆式起货装置能较快地投入工作，但其装卸的效率较低，且货物在空中易产生较大的振荡。

2. 双吊杆式起货装置

图 5-3-2 所示为双吊杆起货设备作业情况。先将吊货杆 6 调整在货舱口上方，它称为船中吊杆。另一根吊货杆 5 调整伸出舷外位置，它称为船外吊杆。起货绞车 7,8 控制吊货杆的吊货索 1,2 从而控制吊钩。

双吊杆起货装置因吊杆不摆动提高装卸效率，消除了货物在吊运时的振荡，能增加吊杆伸向舷外的跨距，减轻港区内的装卸作业量。缺点是，伸出吊杆需要调整位置时，装卸作业必须中断；可以起吊的货重小于吊杆的安全负荷；作业前准备时间较长。

3. 克令吊

图 5-3-3 所示为双塔克令吊。

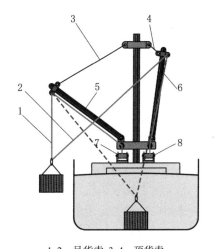

1,2—吊货索；3,4—顶货索；

5,6—吊货杆；7,8—起货绞车。

图 5-3-2 双吊杆起货设备作业情况

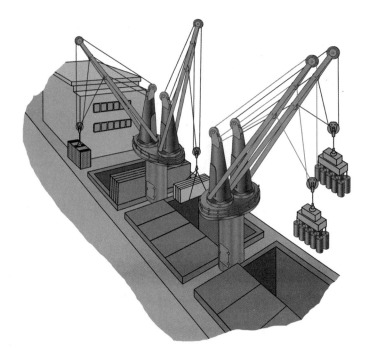

图 5-3-3　双塔克令吊

在回转式起货机中,起货绞车、变幅绞车、回转绞车以及吊杆和索具等装在一个共同的回转座台上,所有各组成部分都可随座台一起回转。旋转起货设备通过旋转马达驱动小齿轮与装在座台上的大齿轮啮合运动,带动旋转平台和整个起货设备一起进行旋转运动,旋转可在 360°范围内进行,除固定式旋转起货设备外,还有其安装座台可沿甲板上铺设的轨道移动的走行式旋转起货设备。另外,也有将两个旋转起货设备安装在同一旋转平台,既可分别独自进行装卸作业,也可并在一起用机械装置连锁同步动作并联工作,使其起重能力提高大约一倍。这样可以把货物调运到要求的位置。

与吊杆式起货设备相比,克令吊具有质量小、占地少、操作灵活、装卸效率较高、能准确地把货物放到货舱的指定地点,并能迅速地投入工作等优点;但也存在结构复杂、投资高、吊臂的横动幅度和起升高度较小以及需要三台绞车等缺点。

4.悬臂式起重机

悬臂式起重机是一种比较新型的甲板起重机,如图 5-3-4 所示。

主要用于集装箱船或可装载集装箱的多用途船装卸集装箱,它利用伸出舷外的水平悬臂和在悬臂上行走的滑车组小车来完成装卸货作业。

5.船舶对起货机的基本要求

(1)功率足够,即能以额定的起货速度吊起额定的负荷。

(2)起降灵敏,即能依据操作者的要求,方便灵敏地起、降货物。

(3)速度可调,即能依据吊货轻重、空钩升降和货物着地等不同情况,在较广的范围内调节运行速度。

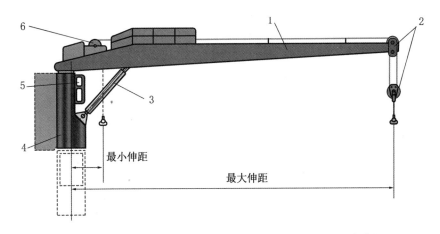

1—悬臂;2—吊货滑车组;3—液压千斤顶;4—立柱;5—控制室;6—起货机。

图5-3-4　悬臂式起重机

（4）制动可靠,即能依据操作者的要求,在起、降过程中随时停止,并握持货重。

（5）操作简便,即能在保证高效安全的情况下减轻操作者的体力和脑力劳动。

上述各项基本要求实际上规定了任何起货机都必须具有足够的功率;必须具有正、反转换向工作的能力;必须能够调速和限速;并需相应设置常闭式制动设备和某种机械性的固锁装置,以便有效制动和锁紧,从而确保安全。

二、起货机液压系统

液压起货机具有工作平稳、操作轻便、能实现无级调速,能抗冲击负荷及防止过载,而且制动能力良好,由于运动部件是在油中工作,其磨损小,传动效率高,且环境温、湿度的变化对其工作性能影响较小等其他类型起货机不能类比的优点,它的应用越来越广泛。

起货机的液压系统(PPT)

常见的起货机的液压系统有两种类型:一类是定量泵、定量马达的开式系统,另一类是变量泵、定量马达的闭式系统。

1. 阀控型开式起货机液压系统分析

图5-3-5所示是采用定量泵与定量油马达的开式起货机系统图,其工作过程包括换向、调速、限速、制动及限压保护等几个过程。

阀控型起升系统(动画)

（1）换向和调速

为了实现变工况,液压油马达的速度应能够调节,在这个采用定量泵和定量油马达系统中,要实现换向和调速是通过操纵换向阀5,以改变流入油马达9的油液的流量的大小和方向实现油马达9的换向和调速。

本系统的转速只随输入到定量油马达9中压力油流量的变化而变化。要实现定量泵3排量不变情况下调节油马达9的速度,以适应不同起落速度的需要,就需操纵换向阀5使用节流调速法来进行调速。根据所用换向阀结构形式不同,节流调速可分为串

起货机的液压系统(微课)

联节流、并联节流和溢流节流。

（2）限速和制动

起货机在起货、落货时，起货卷筒上都将承受着由于货重而造成的单向静负荷。如果落货时油马达排油直通油箱，在重力作用下，货物下降速度就会达到危险的程度。所以必须采取限速措施。常使用的限速方法有：①用单向节流阀限速；②用直控平衡阀或远控平衡阀限速。

①用单向节流阀限速

如图5-3-5所示，在下降工况的回油管路上使用单向节流阀。在起升工况时它能让压力油自由通过，而在下降工况时能对回油进行节流。这时，回油量因重力形成的油马达排出压力有限而受到限制。要想加快下降速度，须增加换向阀向右的位移以增加油马达的进油压力，从而提高油马达回油压力和流量。显然，这种限速方法在轻载下降或油温降低时，要想达到一定的下降速度就得加大进油压力，以致油泵的功率增加，经济性

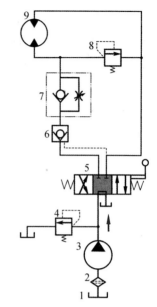

1—油箱；2—滤器；3—定量定向油泵；
4—溢流阀；5—换向阀；6—液控单向阀；
7—单向节流阀；8—制动溢流阀；9—油马达。

**图5-3-5 采用定量泵与定量
油马达的开式起货系统**

差。仅适用于那些重力载荷变化不大以及功率较小或工作不频繁的阀控型开式系统。

②用直控平衡阀或远控平衡阀限速

如图5-3-6所示，直控平衡阀装于靠近执行机构的下降工况时的回油管上。起升时，液压泵的来油直接顶开单向阀，输往液压马达。下降工况时，液压马达的排油，不能反向通过单向阀，只有在油压达到主阀的开启压力时，才能打开主阀芯，使液压马达的排油得以通往油箱。

可见，重物下降时油马达的回油流量不可能大于由换向阀控制的进油流量，否则p_a立即降低，平衡阀关闭。于是，重物下降速度由换向阀的开度来控制。

开式系统无论采用什么方案限制重物下降速度，都是在油马达（油缸）的回油管上进行节流。这会导致节流损失和增加油液发热，称为能耗限速。

液压制动是通过具有中位锁闭机能的换向阀回中实现的。这时油马达的两根主油管被封闭，回油压力迅速升高，实现液压制动。若对油缸锁紧的要求较严，就必须在紧靠单向节流阀的管路上加装液控单向阀，下降时它靠进油压力p_a开启，换向阀回中后进油压力迅速降低，平衡阀即能严密关闭，将油路锁闭。

用油马达作执行机构的液压系统，油马达内部一般都有漏泄，无法实现液压锁紧，必须为油马达加设机械制动器。机构制动器又分即时抱闸和延时抱闸两种。延时抱闸制动器只是在换向阀回中而油马达靠液压制动停转后才起锁紧作用，在停转前的减速

过程中基本上不参与制动工作,这样可避免制动器磨损太快。为此,在图5-3-6所示系统中,要求在机械制动器的管路上,装设单向节流阀。当换向阀离开中位时,油泵所排压力油经单向节流阀自由通入制动器油缸,克服弹簧力,使制动器立即松闸;而换向阀回中时,制动器油缸的泄油必须经过单向节流阀节流,从而延迟抱闸。有时为缩短制动时间,减少重物下滑距离,即使系统能实现液压制动,也希望使用即时抱闸制动器,在油马达完全停住之前就抱闸,以帮助减速。为此,可将此单向节流阀取消。

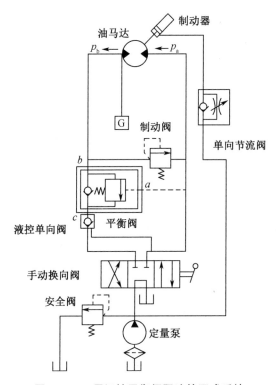

图5-3-6 用远控平衡阀限速的开式系统

如起货机运动部分惯性较大,在下降工况中突然进行液压制动时(如换向阀回中太快),油马达(油缸)回油管路压力急剧升高,有可能导致事故。为此,系统中设有作为制动阀用的溢流阀(图5-3-6中的制动阀),制动时用它限制制动油压。为了缩短制动时间,制动阀的整定压力可以比安全阀高5%~10%。

(3)限压保护

为了防止起货机超负荷时因液压泵排压过高导致原动机过载或装置损坏,故在液压泵的出口处,设有溢流阀4(图5-3-5)。

阀控式开式液压系统虽然设备简单,油液在油箱中亦能较好地散热和沉淀,但必须采用节流调速(能耗限速),工作时能量损失较大,油液容易发热,而且空气渗入机会较多,也易导致油液变质,故多应用于压力较低,功率较小或不经常工作的场合。

2. 泵控型闭式起货机液压系统分析

图5-3-7所示为变量泵与定量油马达的闭式系统。

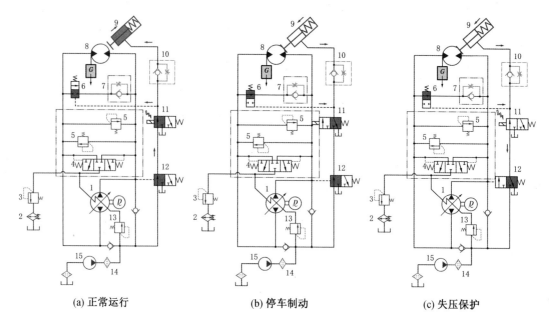

| (a) 正常运行 | (b) 停车制动 | (c) 失压保护 |

1—变量变向油泵；2—冷却器；3—背向阀；4—低压选择阀；5—安全溢流阀；
6—中位阀；7—单向节流阀；8—油马达；9—制动器；10—单向节流阀；
11—二位三通电磁阀；12—失压保护阀；13—溢流阀；14—细滤器；15—辅油泵。

图 5-3-7　采用变量泵与定量油马达的闭式系统

（1）换向和调速

该系统采用变向变量泵供油，所以，只要改变油泵的吸排方向，就可以实现油马达的换向。由于油泵在变向过程中，其排量总是由大变小，然后再向反方向由小变大，所以采用变量泵的液压系统，减小了换向时的液压冲击，换向比较平稳。通过对泵流量的改变，可以实现对起货机的调速。这种调速方法称容积调速，它与节流调速比较没有节流损失，经济性较好，油液发热较少。

（2）限速和制动

变量泵组成的闭式系统，可进行再生限速，即这种闭式系统能在重物下降时回收利用其位能的限速方式称——再生限速。当速度需要限制时油马达 8 变成油泵，排出高压油输送给油泵 1，油泵 1 变成油马达回转拖动同轴的电动机回转而变成发电机工况，将电能反馈给电网输出给其他电器设备使用。电动机产生的反力矩使液压系统中油压升高，以平衡负载，达到限速的目的。

当油泵的排量减少为零时，理论上油马达的下降转速也应降为零。然而，实际上当油泵变量机构采用机械杠杆式远距离操纵时，由于各传动部件之间难免存在一定的间隙，就可能导致油泵回中时产生误差，因此，在系统中加设了中位阀，实现回中后的准确回位。

停车制动：即当操纵手柄回到中位时，二位三通电磁阀 11 随之断电，控制油液泄往油箱，制动器油缸在此时迅速泄油而制动器 9 在其中弹簧力的作用下立即抱闸制动；中位阀6在阀中弹簧的作用下,开启油泵1的吸排油路,从而使油泵旁通卸荷。

启动运行:即当操纵手柄离开中位时,二位三通电磁阀11随即通电,控制油液就推动中位阀6阀芯使吸排油路隔断,旁通卸荷停止;制动器油缸在单向节流阀10的节流影响下进油较缓,而让中位阀6先行动作,并待主管路中建立起油压后再松闸,使起货机得以正常工作,也避免重物的瞬间下坠。

二位三通电磁阀11的作用是在失电、失压、停车的情况下,使制动器9迅速泄压而抱闸,从而防止货物的跌落。

为防止启动松闸后因中位阀失灵不能隔断或停车时因制动器失灵不能抱闸而发生坠货事故,系统中还设有单向节流阀7。当发生上述情况时,由于油马达的排油必须经过单向节流阀7的节流才能旁通,因此可限制货物的坠落速度。此外,节流阀7在下降停车时还将产生液压制动作用,借以减轻制动器的负担。

(3)失电保护

失电保护也由二位三通电磁阀11实现。失电时,电磁阀动作,使制动器泄油抱闸。此外,二位三通电磁阀还起使制动器、中位阀与油泵中位联锁的作用。

(4)失压保护

失压保护由液控二位三通阀12(失压保护阀)实现。在起重类泵控闭式液压系统中,油泵到液压马达之间的高压管路较长,一旦管路破裂或泵突然失压,可能发生重物坠落事故。此时,失压保护阀因控制油路也失压而动作,使制动器泄压抱闸,液压马达被锁住。

(5)限压保护

起重类液压系统属于单向静负载系统,只有下降工况时液压马达的回油管才是高压管,从理论上讲限压保护只要在这根管上设置安全阀即可,但为了防止意外,常常仍装设双向安全阀溢流5。

(6)补油与散热

补油主要是由辅油泵15、溢流阀13和油箱组成的定压源和一对单向阀(称自动补油阀)来实现的。当闭式油路系统发生油液外漏或人为外泄时,会造成低压侧管路压力降低,此时定压源所供油液就会自动顶开相应侧的单向阀进入主系统,补充漏掉的油量。

散热主要是由低压选择阀4、背压阀3和冷却器2并在补油回路的配合下实现的。工作时,低压选择阀在两侧主管路油压差作用下,阀芯总是被推向低压侧一端,并将低压侧主管路中的部分油液经背压阀和冷却器释放回油箱。而冷却油则由补油回路不断补入低压侧。由于低压选择阀能选择低压侧主管路释放热油,所以也称低压选择阀。这种能不断用主系统外的冷却油替换主系统中的热油的闭式油系统也称为半闭式油系统。半闭式油系统在工作频繁、负载较重的液压装置中应用广泛。

补油压力由辅泵定压阀调定,一般为0.6~1.0 MPa。低压选择阀的背压由背压阀调定,一般比补油压力低0.1~0.2 MPa。辅油泵的流量一般为主油泵流量的20%~30%。

对于工作不频繁、负载较轻的阀控式闭式系统也可不设专门的散热回路,并用高位油箱来代替补油回路中的辅油泵。闭式系统的特点是结构紧凑,能实现无级调速和无冲击换向,系统的工作稳定性高,利用再生限速,使能量的利用率提高,所以得到广泛的应用;但系统的组成比较复杂,如一台液压泵只能驱动一个机构,并需设置一台辅油泵、低压选择阀和补油回路。

三、液压起货机操作

1. 启动

(1)先将油泵变量机构调至零位,开启系统各阀。

(2)夏季启动液压起货机应先启动冷却系统,确保正常供水、供风。

(3)检查油箱油位是否正常。

(4)手动盘车,检查油泵有无卡阻现象,有无妨碍运转的外物。

(5)启动油泵,手动操纵起货机,轻载工作。

(6)逐渐加大起货机工作负荷。

2. 运行及停止

(1)检查油箱油位、油温、油压是否在正常范围内。

(2)检查油泵有无异常振动与噪声。

(3)检查系统各元件有无泄漏现象。

(4)检查执行机构运动速度与操纵手柄位置及油泵变量机构位置是否相符。

(5)停用时把起货机吊杆或吊臂放到停用位置。

(6)通过操纵手柄将起货机油泵排量调至零位。

(7)切断电源停止油泵运转,停止冷却水泵,关闭冷却水系统各阀(或关闭风门)。

3. 系统加油

(1)开启系统各放气阀,旁通阀及其他各阀。

(2)使用油泵经过滤器将工作油加入补油箱循环油箱,使之达到最高油位。

(3)启动主油泵以小流量向系统充油,在此过程中应注意油箱油位,防止油泵吸空。

(4)使起货机以小负荷运转,并打开高压侧放气旋塞,有整股油流流出后关闭,改变起货机运转方向,开启放气旋塞,有整股油流流出后关闭。

(5)反复进行第4步操作,直至无气体放出为止。

四、液压克令吊故障检修

常见故障及原因有以下几种。

(1)钩头下滑。可能的原因:控制阀杆磨损或密封损坏致使系统漏油;制动机构调整不好,制动带磨损严重,系统的漏油滴在制动带上或制动油缸部分弹簧片损坏。

(2)吊臂下滑。可能的原因:制吊臂的单向止回阀弹簧损坏,阀与阀座不严密或阀

被卡死;控制阀阀杆拉毛密封被破坏,不能封死油马达的进出油路将导致系统泄漏。

(3)旋转底盘自转。可能的原因:控制阀上的止回阀弹簧断裂,阀与阀口不严密或卡死。

(4)制动油缸制动弹簧片断碎。可能的原因:主油路没有自锁,停住钩头靠机械制动,因此克令吊在工作时制动油缸工作频繁,当克令吊满负荷工作时要将重物及钩头制动,制动油缸需要近2 t的制动力,同时每次制动带来很大振动。

(5)制动打不开克令吊无法工作。可能的原因:控制油泵溢油阀调整不当或弹簧断碎致使进入伺服器和制动油缸的油不足40 kg,导致控制阀不能换向,制动油缸不能松闸使整台克令吊无法工作;三个控制阀伺服器和三个制动油缸任何一个液压活塞上的密封损坏将导致高低压油腔串通致使制动打不开,控制阀不能换向。

(6)控制油压低。可能的原因:控制油泵溢油阀调整不当或故障;滤器堵塞;单向阀卡死;制动油缸液压活塞损坏造成高低压串通;伺服液压活塞损坏造成高低油压串通。

【练习与思考】

一、选择题(请扫码答题)

二、简述题

1.操作液压起货机通常应注意哪些问题?

2.试分析阀控型开式起货机构液压系统工作过程。

3.泵控型闭式与阀控型开式起货机构液压系统有何不同?

4.对船舶起货机的基本要求有哪些?

子任务5.3.1
选择题

子任务5.3.2 操作与管理液压锚机与绞缆机

【任务分析】

为能克服船舶停泊时作用在船体上的水流力、风力和船舶纵倾、横倾时所产生的惯性力,以保持船位不变,就需要设置锚设备;为停靠码头、系带浮筒、旁靠他船和进出船坞等,就需要系缆设备。液压锚机与绞缆机作为船舶液压机械的重要组成部分,有其独特的工作环境和条件,我国船检规范对其也有基本的要求,为掌握液压锚机与绞缆机分析与操作能力,接下来,我们将对液压锚机与绞缆机相关知识进行介绍,同时也对舱口盖液压起舱机构进行知识拓展。

液压锚机与
绞缆机(PPT)

锚机与绞缆
机(微课)

【任务实施】

一、液压锚机

1.锚机概述

为能克服船舶停泊时,作用在船体上的水流力、风力和船舶纵倾、横倾时所产生的惯性力,以保持船位不变,就需设置锚设备;此外,锚设备还可帮助安全离靠码头,或使船舶紧急制动。锚设备及其在船首的布置如图5-3-8所示。锚设备主要由锚、锚链、掣链器、锚链筒和锚机五部分组成,利用锚机收放锚和锚链,即可起锚或抛锚。

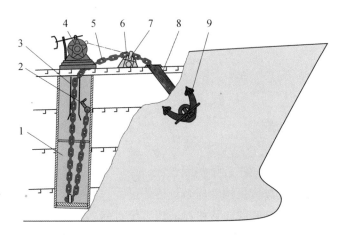

1—锚链舱;2—弃锚器;3—锚链管;4—锚机;5—掣链钩;6—锚链;7—掣链器;8—锚链筒;9—锚。

图5-3-8　锚设备在船首的布置

根据锚机所用动力的不同,目前所用的锚机主要是电动锚机和液压锚机。液压锚机与电动锚机相比具有体积小,占地面积少,容易实现正反转、无级调速和恒功率驱动与启动,制动迅速、平稳,对电站冲击负荷小等优点。但它效率低,耐超负荷能力差,噪声大,制造和维修困难。随着液压技术的逐步推广,液压锚机将应用更为广泛。

按链轮轴轴线布置的不同可分为卧式锚机和立式锚机。

卧式电动液压锚机由液压装置、传动机构和锚链轮等所组成,如图5-3-9所示。将图中的液压马达及其液压系统换成电动机就成为电动锚机。

锚机通常还带有系缆卷筒,当用于系缆时可借手柄使锚链轮的牙嵌式离合器处于脱开状态。浅水抛锚可脱开离合器靠锚链自重进行,用制动手柄调节制动带松紧控制抛锚速度。深水抛锚为了控制抛锚速度,可将离合器合上,由于减速齿轮箱中的蜗轮蜗杆机构有自锁作用,抛锚速度可由原动机转速来控制。

锚机应满足以下基本要求:

(1)必须由独立的原动机或电动机驱动。对于液压锚机,其液压管路如果与其他的甲板机械的管路连接时,应保证锚机的正常工作不受影响。

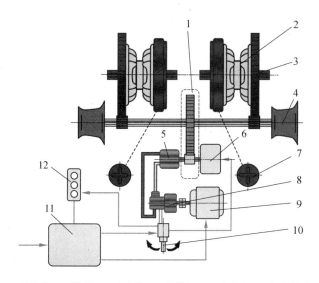

1—齿轮箱;2—链轮;3—离合器;4—绞缆机;5—油马达;6—电磁制动;
7—制动手柄;8—油泵;9—电动机;10—手柄;11—电源箱;12—控制按钮。

图5-3-9 卧式电动液压锚机

(2) 在船上试验时,锚机应能以平均速度不小于 9 m/min 将 1 只锚从水深 82.5 m(3 节锚链入水)拉起至 27.5 m 处(1 节锚链入水)。

(3) 在满足以上规定的平均速度和工作负载时,应能连续工作 30 min;应能在过载拉力(不小于工作负载的 1.5 倍)作用下连续工作 2 min,此时不对速度提出要求。

(4) 链轮与驱动轴之间应装有离合器,离合器应有可靠的锁紧装置;链轮或卷筒应装有可靠的制动器,制动器刹紧后应能承受锚链断裂负荷45%的静拉力;锚链必须装设有效的止链器。止链器应能承受相当于锚链的试验负荷。

2. 液压锚机的工作原理

图 5-3-10 所示为阀控型闭式液压锚机系统原理图。

液压泵 1 采用双作用定量叶片泵,最大工作压力为 6.86 MPa。液压泵设有安全阀 3,泵吸入侧设有磁性滤器 9。

液压马达 4 采用双作用叶片式二级变量油马达,结构与双作用叶片泵类似,也是由定子、转子和叶片等所组成的。在转子上均匀分布的 8 个叶片槽中设置有叶片,为使叶片能紧贴在定子的内表面上,在转子端面的弧形四槽中,每两个叶片之间,设有矩形截面的弧形推杆。工作时,叶片在压力油的作用下,带动转子在定子中转动。由于转子是用键与轴相连,所以当转子转动时,即可直接带动锚链轮回转,从而完成起锚或抛锚任务。

控制阀具有两个阀腔:一个是换向阀腔,内装换向阀 7 和单向阀 8,用以控制油马达的正转、反转或停转;同时,它又是一个开式过渡滑阀,可通过并联节流,对油马达进行节流调速。另一个是换挡阀腔,内装换挡阀,通过换挡阀即可控制油马达的低速或高速工况。

液压锚机组成与工作原理(动画)

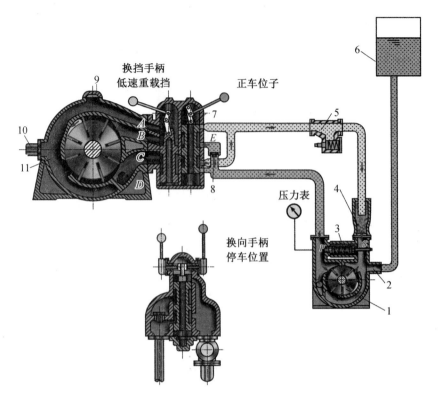

1—液压泵;2—补油阀;3—液压泵安全阀;4—液压马达;5—液压马达安全阀;6—放气阀;
7—换向阀;8—单向阀;9—磁性滤油器;10—回油滤油器;11—重力油箱。

图 5-3-10　阀控型闭式液压锚机系统原理图

　　将换向手柄置于中央位置,则换向阀 7 处于中位,并打开旁通孔,于是自油泵来的压力油经换向阀 7 的下部直接返回油泵,系统不能建立起足够的油压,单向阀 8 处在关闭状态,压力油不能进油马达,则油马达停止不动。

　　将换向手柄向后扳(起锚),这时换向阀 7 上移,逐渐将旁通孔遮闭,于是油泵的排油压力升高,油就会顶开单向阀 8,经换向阀腔和换挡阀腔进油马达,进行起锚,这时油马达的两个腔室同时工作,故为重载低速工况。假如扳动换挡阀手柄,使换挡阀关闭油道 B,则压力油将仅能从油道 A 进油马达,而油道 B 则与回油口相通,亦即油马达只有一个腔室工作,此时即为轻载高速工况。这时,最大输出拉力仅为重载工况的 1/2,但速度却较前者增加一倍。显然,改变换向手柄的操纵角度,控制压力油进入油马达的流量,则可对油马达进行节流调速。

　　将换向手柄向前扳(抛锚),这时换向阀 7 下移,于是自油泵来的压力油,就会经油道 C 进入油马达,使油马达反向转动,进行抛锚。图示情况为重载低速工况。同理,若通过换挡手柄使换挡阀上移,则油道 B 与 C 相通,油马达就会获得轻载高速工况。并同样可通过控制换向手柄的操纵角度而使油马达实现节流调速。

　　重力油箱 11 中的液压油依靠重力产生的静压保持油泵的吸入压力,并对系统进行补油。这种锚机的限速除闭式系统本身能再生限速(向油泵反馈能量)外,靠控制换向手柄节流也可进行能耗限速。起、抛锚过程将换向手柄回中则可进行液压制动,液压马达安全阀5即相当于制动溢流阀。此外,锚机系统还设有手动的刹车手柄,借以控制锚链轮旁的带式机械制动器。

阀控型闭式液压锚机操作要领如表5-3-1所示。

表5-3-1　阀控型闭式液压锚机操作要领

工况		换挡手柄	换向手柄	油液流向	使用注意事项
低速挡	正车(起锚)	左位	右位	泵出口→单向阀8→换向阀7→换挡阀→油口A、B→油口C→换挡阀→换向阀7→磁性滤油器9→滤网→泵进口	拔锚破土或入水锚链长、负载大时用;锚将就位时用
	倒车(放锚)	左位	左位	泵出口→单向阀8→换向阀7→换挡阀→油口C→油口A、B→换挡阀→换向阀7→磁性滤油器9→滤网→泵进口	控制入水锚链长度时用;停车前用
	停车	中位	中位	泵出口→单向阀8→换向阀7油路被滤器封闭	液压制动和停车用
高速挡	正车(起锚)	右位	右位	泵出口→单向阀8→换向阀7→换挡阀→油口A→油口B、C、D(油口B与C为一有效C相通,自我循环,使该作用失效;A口进油,D口回油,故马达仅按单作用工作,扭矩减少一半,转速提高一倍→换挡阀→换向阀7→磁性滤油器9→滤网→泵进口	常在收系锚链时或系缆时用,不可在拔锚破土或重负载时用,否则会造成高压,导致安全阀起跳,甚至油管爆裂
	倒车(放锚)	右位	左位	泵出口→单向阀8→换向阀7→换挡阀→马达进出口B、C、D(由于油口B与C相通,自我循环,油仅从D口进入,故马达呈单作用,扭矩减少一半,转速提高一倍)→马达油口A→换挡阀→磁性滤油器9→滤网→泵进口	放缆初期和系缆用
	停车	中位	中位	泵出口→单向阀8→换向阀7油路被滤器封闭	液压制动时用

电动锚机
（PPT）

【知识拓展】 电动锚机

二、液压绞缆机

1.绞缆机概述

船舶停靠码头或系浮筒时，需靠缆索将船舶固定在码头上，称为系泊。缆索和用于固定、导引缆索的设备以及用于收卷和放出缆索的机械总称为系泊设备。

系泊设备的作用是使船舶与地面（水下地面、码头、浮筒等）牢固地系位以保持船位，在船舶靠离码头和进出船坞时，还可以利用系泊设备，通过收卷或放出不同的缆索使船舶移动或调整位置。系泊设备主要包括缆索、带缆桩、导缆孔和导缆钳、系缆机和缆车。

绞缆机按动力可分为电动系缆机和液压系缆机；按张力是否自动调节可分为普通系缆机和恒张力系缆机（自动系缆机），恒张力系缆机可分为泵控式和阀控式两种；按轴线布置可分为卧式与立式系缆机。

在船首，常用锚机兼作系缆机。此时，系缆卷筒通常和锚机一起，用同一动力驱动，并可以通过离合器啮合或脱开。有的起货机也同时带有系缆卷筒，但在船尾则大多设置独立的系缆机。

对绞缆机的基本要求：

（1）足够的强度。应能保证船舶在受到 6 级风以下作用时（风向垂直于船体中心线）仍能系住船舶。

（2）足够的拉力。其拉力大小应根据船舶尺寸，按《钢质海船入级与建造规范》所推荐的值选取。

（3）足够的速度。系缆速度一般为 15~30 m/min，最大可达 50 m/min，达到额定拉力时速度取下限值。

2.液压恒张力系缆机的基本工作原理

采用普通型系缆机的船舶，即使在船舶停泊期间，也需视潮汐的涨落和船舶吃水的变化，相应调整缆绳的松紧，而且操作时也很难保证各根缆绳受力均匀，若有一根缆绳因过载而拉断，则其他几根也将受到影响，特别是在巨型油船、散装船与大型集装箱船上，由于缆绳的直径很大，更增加了操作上的困难和不安全性。为此，在许多船舶上采用了自动调整张力的系缆机，即恒张力系缆机。

液压绞缆机
组成与工作
原理（动画）

液压恒张力系缆机的形式虽很多，而工作原理基本相同。因为液压马达的输出扭矩是由马达的每转排量和工作油压所决定，故对定量液压马达而言，只要能自动控制液压马达的工作压力，就能控制液压马达的扭矩，即可自动调整系缆张力。

根据具体实现张力调整的方法不同，液压恒张力系缆机可分为两大类：一是阀控式恒张力系缆机，二是泵控式恒张力系缆机。

（1）阀控式恒张力系缆机

图 5-3-11 所示为阀控式恒张力系缆机液压系统。这种系统采用定量液压泵，一般都用溢流阀来控制液压马达收缆供油管的油压。由于系泊期间液压泵的排油仅需补充马达和系统漏泄，而多余的排油都要经溢流阀溢回油箱，为减轻功率的消耗和油液的发热，常在停泊时改用流量小的辅泵供油，或如图所示改用蓄能器维持供油压力，而用压力继电器根据蓄能器压力使主泵间断工作。

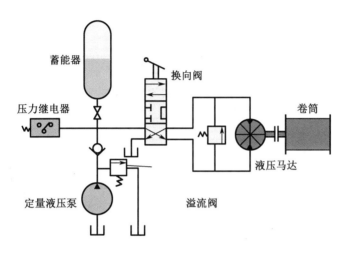

图 5-3-11 阀控式恒张力系缆机液压系统

（2）泵控式恒张力系缆机

图 5-3-12 所示为采用压力继电器控制变量泵的恒张力系缆机液压系统原理图。

主泵采用恒功率变量泵，或采用压力继电器对普通变量泵进行二级变量控制，以使主泵在达到所要求的工作压力时就能改以小流量工作。这虽可省辅泵，但存在主泵价格较高和系泊期间工作时间长，效率低的缺点。为此，在有的泵控式系统中设有大、小二台液压泵，在系泊工况两泵同时供油，在停泊工况只有小泵供油，以减少功耗。

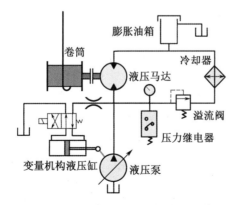

图 5-3-12 泵控式恒张力系缆机液压系统原理图

3.液压恒张力系缆机实例

图 5-3-13 所示为奈尔-三菱重工恒张力系缆机液压系统,它在手动收缆工况采用的是泵控式张力自动控制方式,在自动张力调节工况下采用的是阀控式张力自动调节方式。

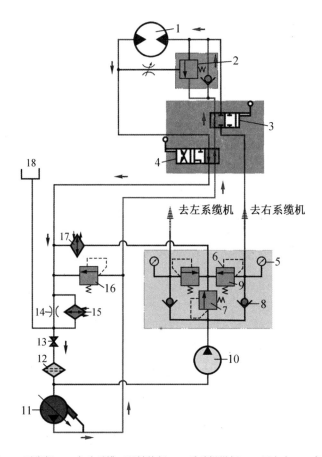

1—油马达;2—平衡阀;3—自动系缆工况转换阀;4—手动操纵阀;5—压力表;6—高压溢流阀;
7—低压溢流阀;8—单向阀;9—张力自动调节阀组;5,6,7—三个溢流阀组成的调节阀组;10—辅油泵;11—主油泵;
12—滤器;13—截止阀;14—节流阀;15—冷却器;16—主泵溢流阀;17—冷却器;18—高置油箱。

图 5-3-13　奈尔-三菱重工恒张力系缆机

主要工作部件与功能:

(1)主油泵 11:起恒功率供油作用,恒功率控制轴向柱塞式定向变量泵,工作压力 13.7 MPa,排量范围 0~389 L/min,手动操纵缆机和锚机时用。

(2)油马达 1:起执行机构作用,既驱动锚机又驱动系缆机,为活塞连杆式,转速范围为 0~111 r/min,起锚时工作油压 10.8 MPa,系缆时工作油压 13.7 MPa。

(3)工况转换阀 3:手动二位四通换向阀,起手动操纵工况和恒张力控制工况转换作用。

(4)手动操纵阀 4:手动 K 形三位四通换向阀,起换向与调速作用。

(5)张力自动调节阀组9:起恒压补油和超压泄油作用,起恒张力控制作用,调定最大收放缆张力。

(6)辅油泵10:高压小排量内齿轮式定量泵,工作压力13.7 MPa,排量为54.5 L/min。起恒张力控制作用。奈尔-三菱重工恒张力系缆机工况与工作原理如表5-3-2所示。

表5-3-2　奈尔-三菱重工恒张力系缆机工况与工作原理

工况		工况转换阀	手动操作阀	主油泵	辅油泵	油液流向	说明
	正车收缆	左位	右位	运转	不运转	主油泵1排油口→操纵阀5右位(收缆位)→转换阀4左位→平衡阀11中的单向阀→油马达正转时进油口→油马达正转时回油口→操纵阀5右位→冷却器14→截止阀17→滤器18→油泵吸油口	收缆速度决定于缆索张力即工作油压,张力越大,油压越高使变量油泵的排量越小,油马达转速越低,直至停转,主泵溢流阀13开启,从而防止收缆时张力过大
手动收放缆工况	停车	左位	中位	运转	不运转	泵出口→操纵阀5中位,从此分①②两路:①操纵阀5中位→冷却器14→油箱;②操纵阀5中位→液压马达(同时进平衡阀外控口,油压很低,平衡阀不开)→平衡阀→油路被阀芯封闭	
	倒车放缆	左位	左位	运转	不运转	主泵排油口→油马达正转时的回油口(同时经节流阀进入平衡阀11的控制油口,使平衡阀开启)→液压马达正转时的进油口(使液压马达反转)→平衡阀11→工况转换阀4左位→操纵阀5左位→冷却器14→油泵吸口	平衡阀11限制油马达反转不能过快,当其反转过快变成油泵运行时,进口油压降低使平衡阀关闭迫使油马达停止,直至进口油压恢复才能重新开启,继续反转

表 5-3-2(续)

工况		工况转换阀	手动操作阀	主油泵	辅油泵	油液流向	说明
自动调节张力工况	正车收缆	右位	中位	不运转	运转	辅泵出口→阀组6→单向阀9→液压马达→冷却器14→辅泵进口	此工况仅发生在缆索张力对应的液压马达高压侧油压小于辅泵定压阀(低压溢流阀)7 的调定压力 10.8 MPa 阶段。缆绳张力低于9.5 t;对应的油压低于10.8 MPa,收缆速度恒为 2.5 m/min
	停转保持	右位	中位	不运转	运转	辅泵出口→辅泵定压阀7→冷却器12→冷却器14→辅泵进口。液压马达被单向阀9和张力调节阀8锁闭	此工况发生在张力对应的油马达高压侧油压大于辅泵定压阀 7 开启压力(10.8 MPa),小于张力调节阀8开启压力 13.8 MPa 阶段。相应的张力在9.5 t至18 t之间,辅泵排出压力保持 10.8 MPa 不变
	倒车放缆	中位	中位	不运转	运转	液压马达→张力调节阀8→冷却器12→液压马达。辅泵出口→辅泵定压阀7→冷却器12→冷却器14→辅泵进口	张力大于张力调节阀8的调定压力13.8 MPa时,相应的缆索张力稍大于18 t

液压舱口盖启闭装置(PPT)

子任务 5.3.2 选择题

【知识拓展】 液压舱口盖启闭装置

【练习与思考】

一、选择题(请扫码答题)

二、简述题

1. 简述阀控型闭式液压锚机的操作要点。

2. 阀控型自动绞缆机是如何工作的?

3. 锚机、绞缆机应满足哪些基本要求?

4. 简述平移式舱口盖液压系统工作原理。

项目6 船舶海水淡化装置

【项目描述】

船舶在大海中航行,每天需要消耗大量淡水,远洋船舶一般都设有海水淡化装置,以提高船舶续航能力,增加货运量,满足船舶航行中的多变性。海水淡化就是要大幅度降低海水的含盐量,目前所采用的方法主要有蒸馏式、电渗析法、反渗透法和冷冻法。本项目主要阐述船用海水淡化装置的工作原理、系统组成和工作分析,说明典型装置的结构特点和管理要点。

通过本项目的学习,学生具体应达到以下要求:

能力目标:

◆能够明确船舶对淡水盐水的要求;

◆能够分析目前海水淡化的种类、工作原理和特点;

◆能够分析真空蒸馏式海水淡化装置的影响因素;

◆能够对典型结构的海水淡化装置进行维护与管理。

知识目标:

◆了解船舶对淡水的要求和常用的海水淡化方法;

◆熟悉真空蒸馏式和反渗透式海水淡化的工作原理;

◆熟悉真空蒸馏式海水淡化装置工作的影响因素;

◆了解典型船用海水淡化装置的系统组成和维护管理。

素质目标:

◆培养严谨细致的工作态度和精益求精的工匠精神;

◆提高团队协作能力与创新意识;

◆树立安全与环保的职业素养;

◆厚植爱国主义情怀和海洋强国梦。

【项目实施】

项目实施遵循岗位工作过程,以循序渐进、能力培养为原则,以阿法拉伐(Alfa Laval)公司生产的 JWP-26-C80 型海水淡化装置为例将项目分成以下三个任务。

任务6.1 了解海水淡化装置基础知识

任务6.2 分析影响海水淡化装置工作的因素

任务6.3 操作与管理海水淡化装置

任务 6.1　了解海水淡化装置基础知识

【任务分析】

"奋斗者"号
极限制造的
能力(视频)

要掌握压缩空气系统工作过程,必须分析空气压缩机的工作原理、系统参数、工作过程的影响因素及系统的工作效率。为压缩空气系统的管理和故障分析打下良好的基础。

【任务实施】

一、船舶对淡水的需求

船舶每天都要消耗相当数量的淡水,以满足船上人员和动力装置的需要。远洋船舶为增加载货吨位,不宜携带过多淡水,一般都设有海水淡化装置(习惯称造水机),以减少向港口购买淡水的费用,并增加船舶的续航能力。

一般含盐量<1 000 mg/L 的水可算是淡水。船上淡水主要用于柴油机和其他辅机的冷却、锅炉补给水、生活洗涤和饮用,有时也用来冲洗甲板。机器冷却淡水和冲洗甲板只要是清洁淡水即可。饮用水必须不含有害健康的杂质、病菌且没有异味,含盐量<500~1 000 mg/L,pH 值为 6.5~8.5。造水机生产的淡水几乎不含矿物质,也不能杀灭病菌。若供饮用则最好经过矿化器和紫外线杀菌器处理;航线不长的船饮用水可由专门的饮用水舱供给,靠港后再补充。船舶对淡水水质要求最高的是锅炉补给水,故船舶海水淡化装置对所造淡水含盐量的要求一般都以锅炉补给水标准为依据。我国船用锅炉给水标准规定补给蒸馏水的氯离子浓度应<10 mg/L,船舶对淡水的需要量是:生活用水每人每天 150~250 L;动力装置用水以主机功率计,柴油机船每千瓦每天需 0.2~0.3 L,汽轮机船每千瓦每天需 0.5~1.4 L;辅锅炉的补水量可按蒸发量的 1%~5% 计,中、高压锅炉按蒸发量的 1%~3% 计。一般主机功率为 7 500 kW 左右的柴油机货船,造水机的容量大多不超过 25 m³/d。机舱设备采用中央淡水冷却系统、厕所采用淡水冲洗的船淡水消耗较多,造水机的容量要大一些。

二、海水淡化装置的分类及应用

海水淡化的方法很多,主要有蒸馏法、电渗析法、反渗透法和冷冻法等,目前,在远洋船舶上主要有蒸馏法和反渗透法。

船用蒸馏式海水淡化装置一般采用真空式蒸馏器。海水的蒸发和蒸汽的冷凝是在具有一定真空度的工作容器内完成的,这既有利于降低海水的沸点温度,减少结垢、便于清除,也利于动力装置冷却水中废热的利用,提高装置的经济性。目前船用蒸馏式海水淡化装置真空度都大于 80%。真空蒸馏海水淡化装置有闪发式和沸腾式两种。目前船上绝大多数采用"真空沸腾式"海水淡化装置。

近年来,反渗透技术发展迅猛,已经大量用于化工工艺的浓缩、分离、提纯及配水制备;以及造纸、电镀、印染等行业用水及废水处理,所以利用反渗透技术进行海水淡化,也是今后发展的必然趋势。

三、船用真空沸腾式海水淡化装置的工作原理

海水淡化基础知识(PPT)

现今的船用真空沸腾式海水淡化装置,之所以让海水的加热、蒸发和蒸汽的冷凝都在高真空下进行,首先是因为真空度高则海水的沸点低,结垢轻,同时可以采用船舶柴油机缸套冷却水的废热来生产蒸馏水。例如当真空度为90%时,海水蒸发温度为45 ℃,可用温度不超过80 ℃的柴油机缸套冷却水作为加热工质,从而提高了船舶动力装置的经济性。另外,加热温度和蒸发温度低,则蒸发器换热面结垢慢,而且不结难于清除的硬垢。

下面以采用壳管式换热器的真空沸腾式海水淡化装置为例,说明真空沸腾式海水淡化装置的工作原理。

图6-1-1所示为壳管结构真空沸腾式海水淡化装置的工作原理图,真空沸腾式海水淡化装置本体的主要部分是蒸馏器,海水的加热和沸腾汽化都在下部竖管式蒸发器内进行,而蒸汽的凝结则在上部横管式冷凝器内完成。

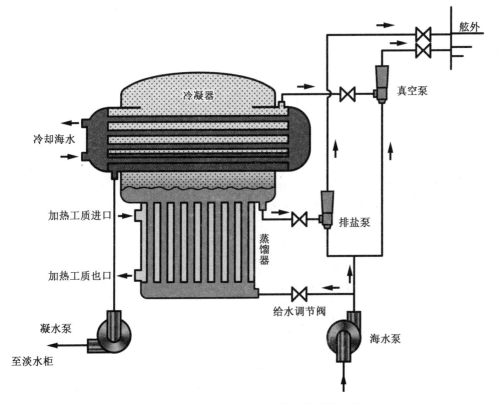

图6-1-1 真空沸腾式海水淡化装置原理图

此种结构的造水机工作时,海水泵首先将所排的部分海水送入真空泵,作为真空泵的工作流体,真空泵首先将蒸馏器抽真空,海水泵将泵送的部分海水经给水调节阀进入

蒸发器的竖管内,自下向上流过。加热介质(主机缸套冷却水)在竖管外自上而下横向往复多次流过,对海水进行加热,被加热的海水达到沸点后开始汽化,产生的蒸汽(称为二次蒸汽,以区别于某些装置加热用的蒸汽)逸出后,绕过横置在蒸发器上方的汽水分离器,从冷凝器壳体上部的开口进入冷凝器。冷却用海水在冷凝器管内流过,将管外的水蒸气冷凝,凝水(淡水)集聚在冷凝器底部,由凝水泵抽送至淡水舱。在蒸发器内,汽化后剩下的盐度相对较高的海水(又称盐水)由排盐泵连续泵送至舷外。蒸馏器中真空度的建立和维持主要由真空泵和冷凝器来共同完成。真空泵和排盐泵通常采用喷射泵,其工作水由造水机海水泵提供,通常冷凝器中冷却用海水也是由海水泵提供。

柴油机船上,海水淡化装置一般都使用主机缸套冷却水作为加热介质,只有在主机停车而又需淡化装置工作时,才采用辅助锅炉的减压蒸汽来加热。对某些淡水耗量较大的船舶,当其动力装置的余热不足以满足装置的需要时,则也可使用低压蒸汽作为补充热源。

四、反渗透海水淡化装置的工作原理

反渗透式海水淡化装置(动画)

1. 反渗透的工作原理

反渗透法又称超过滤法。该法是利用只允许溶剂透过、不允许溶质透过的半透膜,将海水与淡水分隔开的。在通常情况下,淡水通过半透膜扩散到海水一侧,从而使海水一侧的液面逐渐升高,直至一定的高度才停止,这个过程为渗透。此时,海水一侧高出的水柱静压称为渗透压。如果对海水一侧施加一大于海水渗透压的外压,如图6-1-2所示,那么海水中的纯水将反渗透到淡水中。反渗透法的最大优点是节能。它的能耗仅为电渗析法的1/2,蒸馏法的1/40。

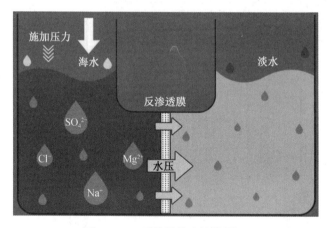

图 6-1-2　反渗透海水淡化原理

2. 反渗透式海水淡化装置的组成

反渗透式造水机的主要工作部件包括反渗透膜、各级粗细滤器、供给泵和增压泵等(图6-1-3)。反渗透式海水淡化装置在制淡过程中,没有加热和相变过程发生,对能量的消耗主要来自对海水的加压过程,即供给泵和增压泵的电功率消耗。反渗透水处理工艺基本上属于物理方法,它在诸多方面具有传统的水处理方法所没有的优异特

点,与真空沸腾式造水机相比,反渗透式造水机不依赖主机缸套水的热量,布置起来比较自由;且由于没有加热环节的存在,不存在结垢的危险,工作过程中只需定期对滤器进行冲洗或对反渗透膜进行化学清洗。

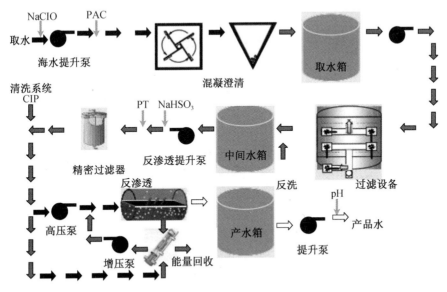

图 6-1-3　反渗透海水淡化装置

3. 给水预处理

反渗透膜是反渗透式海水淡化装置的主要部件,为了保持膜组件良好的设计性能和长时间的安全经济运行,保证膜的使用寿命,必须对海水进行适当的预处理。根据水源的水质条件、膜组件的特性,选择适合的预处理方式。系统通常设有粗滤器、多媒介滤器和细滤器等多级滤器,用于保持反渗透膜的足够清洁,但在长期使用后,仍需要对反渗透膜进行化学清洗。一般情况下,当制淡水产量相对初始产量显著下降或盐分显著增加时,需对系统进行化学清洗。膜的污染、堵塞和侵蚀性因素包括:结垢、金属氧化物、悬浮物和胶体、有机物、生物污染等方面,所以主要针对这些因素采用相应的预处理方式,通常是采用过滤的方式去除,当采用多介质过滤器时,必须在反渗透之前设置5 μm 保安过滤器等特殊的过滤措施;如果用超滤做预处理可以考虑不用 5 μm 过滤器,因为超滤的过滤精度是 0.002~0.1 μm。在系统要长期停用或需要化学清洗时,需要用淡水对管路和反渗透膜进行冲洗,以避免系统腐蚀和反渗透膜脏污。

任务6.2　分析影响海水淡化装置工作的因素

【任务分析】

从产水量、蒸馏器真空度、所产淡水含盐量和加热面结垢等方面,分析影响真空沸腾式海水淡化装置正常运行的因素,为海水淡化装置的维护与管理奠定基础。

【任务实施】

海水淡化装
置工作分析
（PPT）

海水淡化装
置工作分析
（微课）

一、影响装置真空度稳定的因素

真空沸腾式海水淡化装置刚启用时，真空度的建立是靠真空泵抽除装置内的空气来实现。当通入加热介质产生水蒸气后，主要是靠真空泵、排盐泵、冷凝器以及凝水泵的共同作用来维持蒸馏器内部的真空度。

真空蒸馏式海水淡化装置在工作期间，冷凝器使产生的二次蒸汽及时冷凝，并由凝水泵将凝水不断抽出，装置应保持 90% ~ 94% 的真空度，以使蒸发温度控制在 45 ~ 35 ℃，在一定的真空条件下，维持装置的蒸汽产生与凝结能力相当，是保证装置真空度稳定的首要条件；同时，由于海水在低压时会释放出一些原本溶入水中的气体，而且这些气体不会在冷凝中被冷凝或再次溶入水中，而会在海水淡化装置工作过程中越积越多，致使装置内真空度下降，因此，凝水泵和真空泵等应连续地工作，不断排出蒸馏器中的不凝性气体、淡水和盐水，才能维持装置内部必要的真空度。另外，海水淡化装置与系统应具有良好的气密性能，避免工作过程中外界空气的渗入是保持装置真空度的必要条件。综上所述，建立和维持真空蒸馏式海水淡化装置真空度必须：

（1）装置有良好的气密性；

（2）真空泵有足够的抽真空能力；

（3）有与蒸发能力相适应的冷凝能力；

（4）淡水泵的排水能力合适。

实际工作中，真空度应维持在一个合适的范围内。若真空度过低，则蒸发温度高，蒸发器的换热温差小，产水量降低；而真空度过高，则蒸发温度降低，导致蒸发器中海水蒸发过于剧烈，使二次蒸汽携带的水滴增多，会使所产淡水的含盐量增加。

海水温度或流量的变化都会对装置的真空度产生影响，一般通过调节冷凝器的冷却水流量来控制装置的真空度。当船舶在热带航区时海水温度较高，冷凝器的传热温差减小，冷凝能力下降，此时应加大冷却水流量以使真空度维持在正常范围内，如真空度仍无法达到要求，可适当减小加热水流量，以保持装置足够的真空度；而在冬季工况时，冷却水温度较低，冷凝能力增大，而蒸发器则由于海水温度低，产汽能力下降，致使装置的真空度升高，此时应减小冷却水流量以使真空度维持在正常范围内，如真空度仍太高，可稍开真空破坏阀。

海水淡化装置在实际工作中常由于各种原因导致真空度不足（低于 90%），常见原因有：

（1）装置密封性不良；

（2）真空表指示失灵；

（3）冷却水量不足；

（4）冷却管束污垢严重；

（5）冷凝器冷却水侧有空气；

（6）产汽量大于冷凝量，致使蒸汽不能在冷凝器中全部凝结成水；

（7）凝水泵排量不足，导致冷凝器中凝水水位过高；

（8）真空泵喷嘴损坏或安装不当；

（9）真空泵工作水压过低或水温过高，致使抽吸能力不足；

（10）真空泵因通海阀未开足或止回阀过紧，致使排出背压过大；

（11）真空破坏阀关闭不严等。

二、影响装置淡水产量的因素

根据真空沸腾式海水淡化装置工作原理，影响装置淡水产量的因素主要有：海水、加热介质的温度和流量，蒸馏器内真空度的大小，加热器、冷凝器换热效果等三方面。除海水、加热介质温度受外部条件限制外，其他主要与装置技术状况和管理有关。

1. 海水、加热介质温度和流量的影响

海水、加热介质温度对淡水产量的影响反映在海水与加热介质之间温度差、海水与真空压力下饱和温度之间温度差的大小对淡水产量的影响。海水与加热介质的温差越小，海水吸收的热量越少，汽化量减小，淡水产量即随之减小；海水与饱和温度的温度差越小，冷凝效果越差，不仅直接减少冷凝水量，而且还会使真空度减小，饱和温度上升，汽化量减小，进一步使淡水产量下降，甚至使海水蒸馏中断。

海水、加热介质流量对淡水产量的影响主要分为两方面，若加大加热介质和冷凝器中冷却海水的流量，加热器与冷凝器的换热效果增强，可提高装置淡水产量；因此在上述温差减小时，应增大加热介质或冷却海水流量予以补偿。而供入装置的给水流量增大，会使盐水带走的热量加大，使产水量下降，给水倍率一般控制在 3~4 为宜。

2. 蒸馏器内真空度大小的影响

船用真空沸腾式海水淡化装置真空度一般维持在 80%~94%（绝对压力 81.4~95.7 kPa），对应的饱和温度为 60~35 ℃。真空度减小，饱和温度增高，汽化量减小，产水量就会减少，甚至停产；而真空度过高，则饱和温度过低，会导致海水内部汽化过于剧烈，蒸汽携带水珠的量增加，导致淡水含盐量增加，使淡水质量下降。

3. 加热器、冷凝器换热效果的影响

加热器、冷凝器换热效果需同时保持较好的换热效果，才能提高装置的产水量。加热器换热效果良好状况下，传给海水的热量增加，汽化量增加；但蒸汽必须及时被冷凝成淡水，此时如果冷凝器效果较差，会导致装置内真空度下降，饱和温度升高，汽化量下降，产水量则下降。

三、影响蒸发器换热面结垢的因素

海水中的大部分盐类如氯化钙、氯化镁等的溶解度较高，并且溶解度随温度升高而增加，而硫酸钙、碳酸钙和氢氧化镁等盐类，本来溶解度就比较低，而且溶解度随温度升高而减小，从海水中析出，沉积和黏附于换热器表面而形成水垢。水垢的主要成分中碳酸钙和氢氧化镁等主要呈泥渣状沉淀，大部分能随盐水一起排走，而硫酸钙成分则会在加热器表面形成难于清除的硬垢，且其热导率很小，因此蒸馏式海水淡化装置使用管理中要尽量避免和减少硫酸钙水垢的生成。加热面上水垢的生成速度与成分和蒸发温度、传热温差和盐水浓度等有关。

1. 蒸发温度

蒸馏器中的真空度越低,蒸发器中海水的蒸发温度就越高,则难溶盐的溶解度下降越多,水垢生成的速度就越快,而且海水温度的高低还决定了水垢的成分。当水温不太高时,水垢的主要成分是呈泥状的碳酸钙,而氢氧化镁主要呈泥渣沉淀。当水温超过75 ℃时,氢氧化镁水垢的比例就迅速增加,当水温超过83 ℃时,氢氧化镁垢就会取代碳酸钙而成为水垢的主要成分,因此,蒸馏装置不加防垢剂时一般不允许盐水温度超过75 ℃。蒸发温度与结垢成分的关系如图6-2-1所示。

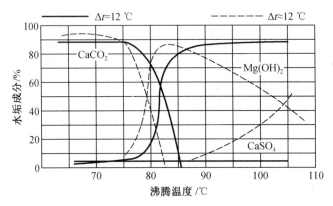

图6-2-1 蒸发温度与结垢成分的关系

2. 传热温差

加热介质与盐水之间的温差越大,则加热面附近的海水就会因汽化而浓缩严重,以致结垢量增加,易生成氢氧化镁和硫酸钙水垢。因此,通常以蒸汽作为加热介质时,应先用蒸汽加热淡水,再以热的淡水作为淡化装置的加热介质。

3. 盐水浓度

如图6-2-2所示,盐水浓度是由给水倍率来控制的,供给海水量与所产淡水量之比称为给水倍率。在同样的蒸发温度和传热温差下,盐水的浓度越大,难溶盐的含量也就越大,生成的水垢就越多。盐水浓度大还表明给水倍率小,盐水流经加热器的时间

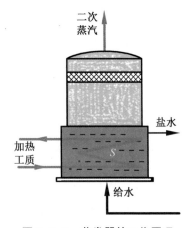

图6-2-2 蒸发器的工作原理

也比较长,盐类也就更容易在加热器表面形成水垢;反之,给水倍率大,盐水流经加热器的时间短,即使有难溶盐析出也无法沉积到换热器表面形成水垢。水垢的成分与盐水的浓度有直接关系,只要在盐水的含盐浓度到海水的1.5倍时,硫酸钙才开始析出,而当盐水的含盐浓度到海水的3倍时,硫酸钙水垢才会大量生成,因此,船用真空沸腾式海水淡化装置蒸发器中盐水含盐浓度一般不允许超过海水的1.5倍。

但需要注意的是,增大给水倍率尽管可减小盐水的浓度,但同时会因排出的热盐水增多,使装置的热量损失和水泵的耗电量增大,产水量下降,因此,一般船用海水淡化装置的给水倍率控制在3~4。

四、影响装置所产淡水含盐量的因素

干饱和水蒸气几乎不含盐分,然而蒸馏器中的盐水在剧烈沸腾时,会产生许多细小的水珠随蒸汽一起向上运动。虽然部分较大的水珠升到一定高度后会重新回落到盐水中,但较细小的水珠仍有机会被气流带到冷凝器中,使冷凝的淡水含有盐分。因此,装置所产淡水的含盐量 S_F 取决于进入冷凝器中被冷凝蒸汽的含水量 $W(\%)$ 和加热器中被加热海水的含盐量 $S_B(\text{mg/L})$,即 $S_F = W \cdot S_B$。由此从管理角度来看,淡水含盐量过高的主要原因有:

(1)装置中海水汽化速度过大,沸腾过于剧烈,可能是加热介质的流量过大、温度过高或真空度过高;

(2)加热器中被加热海水水位过高,造成汽水分离高度不足;

(3)被加热海水含盐量过大,以致细小水珠携带盐量增加;

(4)冷凝器漏泄,使冷却海水漏入凝水侧;

(5)汽水分离器效果差,应检查其与隔板和前盖装配情况是否良好。

任务6.3　操作与管理海水淡化装置

【任务分析】

板式换热器传热系数高,而且易于维修、检查和清洗,故采用板式换热器的真空沸腾式海水淡化装置逐渐取代了壳管式换热器海水淡化装置。本项目的主要任务是分析带竖管蒸发器的真空沸腾式海水淡化装置和 JW(S)P-36 型船用海水淡化装置的结构与原理,从产水量、蒸馏器真空度、所产淡水含盐量等方面说明影响典型设备正常运行的因素,最后总结出典型海水淡化装置操作、维护与管理要点。

向海图强
向海而兴
(视频)

【任务实施】

一、带竖管蒸发器的真空沸腾式海水淡化装置

海水淡化
装置管理
(PPT)

1.装置组成

图 6-3-1 是一种应用较广的真空沸腾式海水淡化装置系统原理图。包括其加热系统、给水系统、冷却水系统、凝水系统、排污系统、真空抽气系统六大部分,核心设备是蒸发器和冷凝器。

造水机海水泵 35 将舷外海水吸入、提高压力,其中小部分经减压阀 34、给水流量计 33 进入蒸发器,供生产淡水用;其流量由给水调节阀 32 调节。其余海水则用作喷射式真空泵 28 和排盐泵 31 的工作水,工作水压力一般不应低于 0.35~0.4 MPa。为防止喷射泵因海水泵提供的工作水压力下降或喷射泵出口背压过高而致使海水经抽吸管倒灌进入蒸发器和冷凝器中,在喷射泵的抽吸管上装有止回阀 26;此外,在喷射泵的排出管上也设有止回阀,用以在泵停止工作时防止海水倒灌。

沸腾式海水
淡化装置
(动画)

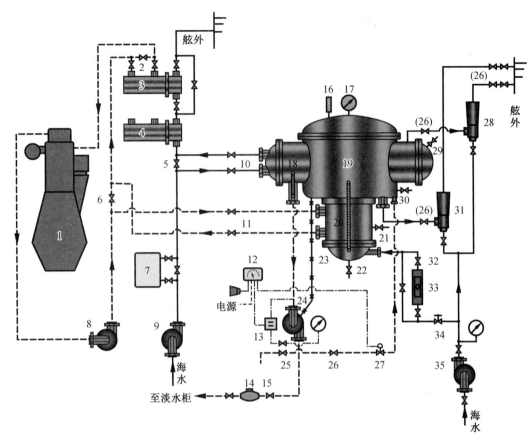

1—主柴油机;2—旁通阀;3—主机缸套水冷却器;4—主机滑油冷却器;5—海水调节阀;6—加热水调节阀;
7—主机空气冷却器;8—主机缸套冷却水泵;9—主海水泵;10—冷却水进、出口阀;11—加热淡水进、出口阀;
12—盐度计;13—盐度传感器;14—凝水流量计;15—凝水排出阀;16—蒸发温度计;17—真空压力表;
18—水位计;19—蒸馏器;20—水位计;21—放气旋塞;22—泄水阀;23—凝水泵平衡管;24—凝水泵;
25—取样阀;26—止回阀;27—回流电磁阀;28—真空泵;29—放气阀;30—真空破坏阀;31—排盐泵;
32—给水调节阀;33—浮子式给水流量计;34—减压阀;35—造水机海水泵。

图 6-3-1　带竖管蒸发器的真空沸腾式海水淡化装置系统原理图

加热工质一般由主机缸套冷却水系统引来,其流量由加热水调节阀 6 调节。冷凝器的冷却水系统大多与主机的冷却海水系统串联,水量由海水调节阀 5 调节。装置所产淡水由凝水泵 24 抽出,经凝水流量计 14 排入淡水舱。由于凝水泵是从真空度较高的冷凝器中抽水,因此泵的安装位置一般较低,以造成一定的灌注吸高。为防止空气漏入泵内,泵的轴封处设有水封环。当凝水泵内积有气体时会发生"气塞",故有的凝水泵还在吸入口上设有通冷凝器汽空间的凝水泵平衡管 23,以使泵内积存的气体能及时排入冷凝器。

为了检测所生产淡水的含盐量,在凝水泵的排、吸口间设有回流管,管上装有盐度传感器 13(也可装在凝水泵排出管上)。盐度传感器实际上是一对测量电极,用导线与盐度计相连接。由于水的电阻值随水中含盐量的增加而减小,所以当凝水中含盐量改变时,盐度计反映的电阻值也就随之改变,指示仪表则直接显示相应的含盐量,单位是

ppm(百万分之一)。当凝水的含盐量超过盐度计所调定的报警值时,报警系统会发出声、光报警,同时使回流电磁阀27通电开启,使不合格的淡水重新流回蒸馏器中(或泄入舱底)。与此同时,由于凝水泵的排出压力降低,排水管路上的凝水排出阀(截止止回阀)15随之关闭,凝水也就会停止输往淡水舱。

2. 装置的启用

(1)启用前的准备

如图6-3-1所示,检查蒸馏器真空破坏阀30、底部泄水阀22及凝水泵出口阀15、给水调节阀32和给水流量计旁通阀是否关闭。开启冷凝器冷却海水进、出阀10,将海水引入冷凝器,再开启蒸发器加热淡水进、出口阀11,将主机缸套冷却水引入蒸发器;然后开启冷凝器、蒸发器的放气阀29、放气旋塞21,直至流出整股水流后关闭。如加热和冷却水进口为三通阀,则可在抽真空和给水后再引入加热、冷却水。

(2)抽空和给水

开启海水泵35的吸入阀、喷射泵的舷外排出阀等,启动海水泵,将工作海水供人两个喷射泵,蒸馏器中开始出现真空;当达到所要求的工作真空度时,开启给水调节阀32,并根据给水流量计33所指示的流量,调节其开度,以保持适当的给水量。没有给水流量计的装置,可调节给水管路节流孔板前的压力至规定值。

(3)供入加热水

蒸馏器中的真空度达到要求时,将通向主机淡水冷却器的旁通阀(即加热水调节阀)6关小,使主机冷却水在蒸发器中通过。此时相对于主机缸套水冷却系统是增加了一个"冷却器",水温会有所降低,如主机冷却水系统未设自动调温三通阀,则应适当开大主机缸套冷却器3的旁通阀2,以保持主机缸套冷却水适宜的温度。

(4)供入冷却水

当海水开始汽化产生蒸汽后,关小冷凝器冷却海水旁通阀5,增加进入冷凝器的冷却水流量,保持合适的真空度。注意通过阀6调节加热水的流量,保持适当的蒸发量,防止海水沸腾过于剧烈而使淡水含盐量过高。

(5)排出凝水

当凝水水位达到冷凝器水位计约一半高时,即可启动凝水泵24,打开其排出阀15,将淡水送入淡水舱,同时应使盐度计投入正常工作。

3. 装置的停用

当船舶驶近港口、河口或离岸不超过20海里时,因海水容易受到油和细菌等污染,应停止海水淡化装置的工作。装置停用的一般步骤如下:

(1)开大加热水调节阀6,然后关闭蒸发器的热水进、出口阀11,停止加热。同时应关注主机缸套冷却水温度,防止升高。

(2)关闭凝水排出阀15,停止凝水泵的工作。

(3)关闭给水截止阀,停止海水泵35。

(4)停止冷凝器的海水供应。

(5)打开真空破坏阀30。

4. 蒸馏器

蒸馏器(加热器-冷凝器组成的整体)是真空沸腾式海水淡化装置的核心部分(图6-3-2)。

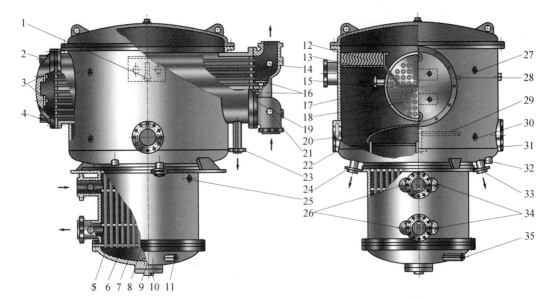

1,14,21,34—温度计安装孔;2,25—放气旋塞接头;3,9,16—防蚀锌板;4—放水旋塞;5—蒸发器传热管;
6—隔水板定位套管;7—隔水板;8—管板;10—泄水阀接头;11—给水进口;12—汽水分离器;13—冷凝器管束;
15—空气抽出口;17—挡板;18—空气冷却管束;19—冷凝器管板;20—汽水分离挡板;22,31—观察孔;
23—凝水出口;24—排盐口;26—压力表接头;27—真空表接头;28,29—凝水水位计接头;30—真空破坏阀接头;
32,35—盐水水位计接头;33—不合格凝水回流口。

图 6-3-2 带竖管蒸发器的真空沸腾式蒸馏器

蒸馏器壳体由钢板焊接而成。在竖管式蒸发器管板的上方设有拱形的汽水分离挡板 20,海水沸腾时飞溅上升的水珠在此会被挡板阻挡后回落,蒸汽则绕过挡板继续向上;再通过波纹板汽水分离器 12,除去蒸汽所夹带的大部分水珠,从上部进入壳管式冷凝器。凝水经出口 23 由凝水泵抽走;而不凝性气体则经空气抽出口 15 由水喷射真空泵抽除。喷射泵除喷嘴采用不锈钢外,其余部分均用锰黄铜制造。为防止海水腐蚀,蒸发器和冷凝器的管子与管板采用锡黄铜或铝黄铜材料,并在壳体内相应的海水空间设置了防电化学腐蚀的锌板 3,9,16 等。某些国外生产的蒸馏器在壳体的内表面涂有塑料防蚀保护层,但涂层耐温性较低,操作时应注意;如有破损,可用环氧树脂予以修补。

蒸馏器壳体上的接头 32,35 以及 28,29 分别用来安装盐水水位计和凝水水位计,接头 27 用来安装真空表;壳体的接头 1 处还装有温度表计,运行中可以以工作温度所对应的饱和压力校核真空表读数。壳体中部的接头 30 上装有真空破坏阀,当蒸馏器中真空度过高时,可稍开此阀放入少量空气,以保持合适的真空度,避免盐水沸腾过剧而影响淡水质量。另外,在以蒸汽为加热介质的蒸馏器壳体上还装有安全阀,以防蒸馏器内压力过高。

蒸馏器停止工作后,如果停用时间较长,应将蒸馏器中的盐水经泄水阀 22 放空;应注意防止加热水和海水漏入,以免引起结垢和锈蚀,甚至使蒸发器的竖管被盐垢堵塞。

二、带板式换热器的真空沸腾式海水淡化装置

目前,板式换热器的真空沸腾式海水淡化装置在船舶上获得了广泛应用,尼莱克斯(Nirex)型海水淡化装置属于此种类型,其中JW(S)P-36型海水淡化装置技术参数见表6-3-1。

表6-3-1　JW(S)P—36型海水淡化装置技术参数表

参数	规格(出、入口法兰直径)/mm		
	125	150	200
淡水产量/(m³·d⁻¹)	10~25	25~35	35~50
加热工质　缸套水流/(m³·h⁻¹)　　蒸汽耗量(压力约0.3 MP)/(kg·h⁻¹)	40~90　　　500~1 350	90~130　　　1 350~1 900	130~185　　　1 900~2 700
海水流量(32 ℃时)/(kg·h⁻¹)	40~90	90~130	130~185
压力降　缸套水/kPa　　　　海水/kPa	22　　22	23　　23	26　　26
淡水泵排量/(m³·h⁻¹)	2.1	2.1	2.1
压力/MPa	0.28	0.28	0.28
海水泵流量/(m³·h⁻¹)	40	57	43
工作压力/MPa	0.53	0.53	0.53
排盐泵流量/(m³·h⁻¹)	—	—	15
压力/MPa	—	—	0.24
总功耗/kW	15	15	15

图6-3-1所示为带竖管蒸发器的真空沸腾式海水淡化装置(JW(S)P-36-125型)系统原理图。该装置的蒸发器22和冷凝器21都采用板式换热器,连同装在前盖上的汽水分离器23一起组装在一扁圆形的蒸馏器壳体20中,因而结构比较轻小。蒸馏器的座框、壳体和前盖由碳钢制成,外覆珐琅涂层;内部使用玻璃粉末加固聚酯混合剂涂覆。换热器板由钛合金材料制成;前盖可以方便地开启,以便维修。该装置的工作系统除增设了可用蒸汽加热的少量设备和管路外,其余与前述沸腾式海水淡化装置并无差异,系统工作参数为:

(1)蒸发温度约40 ℃(真空度93%);

(2)加热水温度55~90 ℃;

(3)加热蒸汽压力0.3 MPa;

(4)每小时1 000 kg淡水产量的平均耗热量767~814 kW;

(5)生产的淡水含盐量<1.5 mg/L。

为了使盐水和汽化的蒸汽能够从蒸发器上方流出,在蒸发器换热板海水一侧的上部不设密封垫;为了使蒸汽能自上而下进入冷凝器中冷凝,在冷凝器侧换热板的凝水一侧上方也不设密封垫。换热板上的载荷,由板上的许多金属触点来支承。

这种蒸馏器不仅可通过孔板严格控制给水量,而且给水通过蒸发器的时间很短,所以换热面上的结垢也就很轻。当装置换用蒸汽加热时,应先关闭缸套水的进、出阀6,并通过泄水阀11放空蒸发器内存留的加热水,以防污染加热蒸汽的凝水。清洁的加热用淡水经加水阀13加入,开启加热循环阀9,再开启供汽阀8,以通人表压约0.3 MPa的低压蒸汽,作为蒸汽射水器10的工作流体,并加热加热用淡水,使其在蒸发器中循环。此时需注意调节加热蒸汽的流量,使蒸发器入口处的淡水温度保持在65~70 ℃。因加热蒸汽凝结所增加的淡水量,经调压阀12流入冷凝器。为了保证蒸汽射水器的循环流量,调压阀的开启压力应不低于0.1 MPa。此外,为了限制加热蒸汽的压力,在进气管上装有安全阀7,其调定压力不大于0.45 MPa。

三、船舶真空沸腾式海水淡化装置的自动控制

随着轮机自动化的发展,使船舶实现了无人机舱,海水淡化装置必须实现自动控制。图6-3-3所示为真空沸腾式海水淡化装置自动控制原理简图,其主要特点如下:

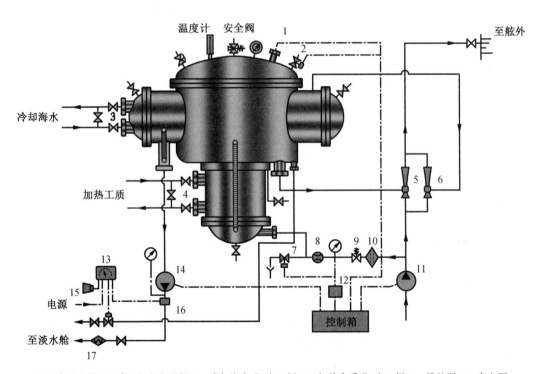

1—温度继电器;2—真空调节电磁阀;3—冷却海水进、出口阀;4—加热介质进、出口阀;5—排盐泵;6—真空泵;
7—液动泄放阀;8—节流孔板;9—减压阀;10—滤器;11—海水泵;12—压力继电器;13—盐度计;
14—凝水泵;15—蜂鸣器;16—盐度计;17—流量计。

图6-3-3 真空沸腾式海水淡化装置自动控制原理简图

（1）在蒸馏器的壳体上装有一个可由蒸发温度继电器1控制的真空度节电磁阀2，当海水温度较低，致使真空度增加到94%时（对应的蒸发温度降到35 ℃），由蒸发温度继电器使电磁阀断电而开启，外部空气进入蒸馏器。直至真空度降至正常范围，对应的蒸发温度上升至调定值（由温度幅差调整）后，继电器使电磁阀重新通电而关闭，从而达到自动调节真空度的目的。冷却海水始终保持额定流量，无须调节。

（2）系统装有压力继电器12和液动泄放阀7，当装置建立起给定的给水压力后，泄放阀7会在水压的作用下自动关闭。在给水系统出现故障，使给水压力下降至调定值时，继电器12接通报警电路。而在装置停止工作，海水泵供水压力消失后，液动泄放阀7会自动开启将蒸馏器中的存水泄空。

（3）装置的加热与冷却系统始终和主机的海水冷却、淡水冷却系统串联（图中未示出），因此在装置停用后，主机的海水、淡水冷却系统流动阻力虽然有所增加，但使装置的操作控制趋于简便，启用、停止时省去了开、关阀件及放气等诸多操作。

装置启动时只需按下机旁或遥控的启动控制按钮，就能使装置按下述程序自动启动：时间继电器开始工作，真空调节电磁阀2保持关闭，海水泵11启动，喷射式真空泵6、排盐泵5开始工作，给水压力建立，泄放阀7关闭，凝水泵14启动，盐度计13通电投入工作。装置停用时，按下停止按钮，真空调节电磁阀断电而自行开启，海水泵断电停车，泄放阀失压开启，放出蒸馏器中的海水，凝水泵和盐度计断电，时间继电器又为下一次启动做好准备。此外，某些装置可根据淡水舱中的水位自动控制装置的启停。

四、盐度控制系统

盐度控制系统主要由盐度传感器、盐度计和回流电磁阀组成。盐度传感器实际上是一对测量水溶液导电性的电极，设在淡水泵的排出管内，利用水的导电率随盐度增大而增大的特性，测出水的电阻值，转换成淡水的含盐量，并由盐度计显示，单位是 ppm。可在盐度计上设定盐度的报警值，如果淡水盐度值超标，盐度计就会报警，同时输出信号控制回流电磁阀开启，淡水返回蒸发器重新沸腾汽化，或人工打开截止阀泄舱底；如果盐度符合要求，则回流电磁阀关闭，淡水流经流量计后顶开弹簧加载阀，此时打开截止阀即可将淡水送至蒸馏水舱。

盐度计的型号较多，图6-3-4为 Alfa Laval 公司生产的 DS-20 型盐度计外形，它监测的含盐量范围是 0.5～20 ppm。水温会影响电阻值，因此盐度计的电路有温度补偿功能，能在水温为 5～85 ℃范围内自动修正读数。

使用时，接通电源开关和报警开关，盐度计即投入工作，相应的指示绿灯亮，可直接显示淡水的盐度值，范围是 0.5～20 ppm。含盐量报警值设定在 0.5～20 ppm 范围内。要试验报警装置时可按住试验按钮，盐度计指示值应为 10 ppm，报警设定值低于10 ppm 则盐度计会发出声光报警，同时电磁阀开启。要重新设定报警值时先接通电源开关，并关闭报警开关，然后通过报警值设定调节开关即可设定报警值。关闭报警开关，即可关闭蜂鸣器，并不影响电磁阀工作。

传感器电极每月应拆出清洁一次，以免黏附污垢使所测电阻值不准。清洁时应在热淡水中用软布擦洗，勿用硬物刮刷，以免损坏电极表面的铂铑镀层。

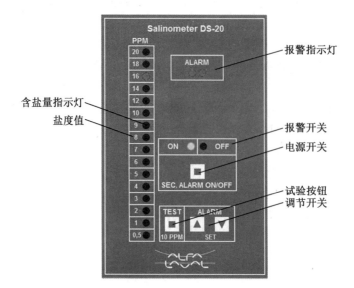

图 6-3-4　DS-20 型盐度计外形图

五、船用海水淡化装置的管理

1. 装置的使用

（1）启用

要使造水机工作，一般要满足两个基本条件：一是船舶定速航行；二是船舶离岸 20 n mile 以上，并不在受污染水域以保证海水的清洁。具体启动步骤如下：

①打开造水机海水泵的吸入、排出阀；

②打开喷射泵的通舷外阀；

③关闭造水机上的真空破坏阀；

④启动海水供给泵抽真空到至少 90%，喷射泵前压力应为 0.35～0.4 MPa；

⑤打开主机缸套冷却水至造水机的进出口阀；

⑥逐步调低集控室控制台"制淡系统温控器"的设定温度，一般不低于 78 ℃；

⑦打开进蒸馏水舱截止阀；

⑧打开盐度计；

⑨启动淡水泵；

⑩打开投药桶出口阀并通过流量指示计调节药液流量。

（2）运行中管理

①给水倍率的控制

给水倍率一般保持在 3～4 范围内。给水倍率太低，则盐水浓度高，易结垢；给水倍率太高，则产水量降低，盐水带走的热量增加。只要给水管路的节流孔板不堵，一般通过弹簧加载阀保证给水压力在 0.3～0.4 MPa 范围内，即可保持适当的给水倍率。

②凝水水位的控制

凝水泵通常是离心泵，正常工作时，流量随凝水水位高度变化有自调能力，不用特意调节。当然凝水泵应定期维护保养,以保证其工作良好。造水机工作中最可能发生的干扰是海水温度变化,它直接影响真空度和产水量。只要真空度稳定,其他各项如冷却水加热水流量、给水量和凝水泵流量等一般都无须调节。故造水机工作稳定后一般不用专人照看,只需定期巡视即可。

③真空度的控制

船用真空蒸馏装置的真空度应控制在90%~94%范围内,即蒸发温度在35~45 ℃,真空度太低则蒸发温度上升,产水量减小,并易于结垢,真空度太大则沸腾过于剧烈,影响二次蒸汽品质,使所产淡水含盐量增加,装置的真空度是通过调节冷凝器的冷却水流量来控制,通常冷却水的温升应在5~6 ℃,真空过大可稍开真空破坏阀。

④产水量的控制

海水淡化装置的产水量主要靠调节热水的流量来控制,在保持相应冷凝能力的前提下增大加热水流量则产气量增加,产水量提高;反之减小加热水流量则产气量减少,产气量下降,通常加热水的进、出口温度降低6~9 ℃。

(3)停止

当船舶离岸小于20 n mile 时、蒸馏水舱已满或备车航行前,应停止造水工作,具体步骤如下:

①逐步调高集控室控制台"制淡系统温控器"的设定温度,一般高于缸套水冷却器温控器的设定温度即可;

②停止进蒸发器的主机缸套水,关闭进出口阀;

③停止淡水泵;

④关闭盐度计;

⑤停止造水机海水泵,关闭进出口阀;

⑥打开真空破坏阀;

⑦关闭喷射泵通舷外阀;

⑧关闭进蒸馏水舱截止阀。

2. 装置的维护

(1)漏气及其防止

对装置抽真空,真空度达93%停止,以在1 h内真空度下降不超过10%为合格。

检查漏气处,可用烛火法或线香法,当烛火或线香沿各结合面慢慢移动时,发现烛火内吸,则该处漏气。最易漏气的地方是凝水泵轴封和阀杆填料处,固定部件结合处的泄露可用油脂、油漆、密封胶等方法来阻塞。有些漏缝或漏孔可先塞上适当的填充物,再在外面涂以油漆或环氧树脂等。

(2)漏水及其防止

冷凝器漏水的检验:停用造水机,关凝水泵出口阀,继续供给冷凝器冷却水,如果淡水水位升高,则表明冷凝器泄露。如果确定泄露的具体部位,可拆下冷凝器端盖,用烛火法或线香法查漏,泄露大多发生在管与管板接头处。

(3)蒸发器的清洗和除垢

每1~2年需对蒸发器进行清洗除垢,否则产水量将因传热减弱而明显下降。

管内侧可用化学除垢剂清洗。水垢经浸泡后即能溶解,如能通入蒸汽搅动加热,效果更好。蒸发器涂有不耐高温层,应用压缩空气来代替蒸汽。

管外侧用 1% 浓度的碳酸钠煮洗 8 h。

(4)盐度计的维护

盐度检测是利用淡化水的导电性来测定含盐量,盐度计一般采用电阻式,淡化水含盐量变化将使电阻值变化,测量电极位于凝水泵出口,控制器控制凝水泵出口回流电磁阀。盐度传感器使用一个月左右应拆出清洁一次,以免黏附异物,测量值不准或误报警。电极上结盐,宜防在热淡水中浸泡,以防电极铂、铑表面涂层损坏。

【练习与思考】

任务 6.3
选择题

一、选择题(请扫描答题)

二、简述题

1.试述影响制淡装置产水含盐量的因素及应采用的措施。

2.使制淡装置产量下降的因素有哪些?

3.使制淡装置保持足够的真空度的条件是什么?

4.会使制淡装置蒸发器结垢加快的因素有哪些?如何避免结硬垢?

项目 7　船 用 锅 炉

【项目描述】

锅炉是将水加热,使之产生蒸汽的设备。在蒸汽动力装置船舶中,锅炉产生的蒸汽主要供蒸汽主机推进船舶之用,这种锅炉称为主锅炉;而现代柴油机船舶动力装置中,锅炉产生的饱和蒸汽用于加热燃油、滑油、主机暖缸和满足日常生活取暖、蒸饭、加热水等,还有些用来制造淡水,这样用途的锅炉称为辅锅炉。

本项目主要阐述船用锅炉的性能参数、工作原理、结构组成、典型锅炉的工作特点,以及锅炉常见故障分析和管理要点。

通过本项目的学习,应达到以下要求:

能力目标:

◆能够正确拆装锅炉各主要附件;

◆能够按照操作程序正确启、停船用锅炉;

◆能够对船用锅炉进行维护与管理。

知识目标:

◆了解船用辅锅炉的性能参数及影响产汽量的因素;

◆掌握船用锅炉结构与附件;

◆掌握船用辅锅炉的燃油设备及系统;

◆掌握船舶辅锅炉的汽、水系统;

◆了解保持锅炉良好汽水循环的措施;

◆掌握辅锅炉与废气锅炉的联系方式;

◆了解保证燃烧质量的主要条件;

◆掌握船舶辅锅炉的自动控制。

素质目标:

◆培养严谨细致的工作态度和精益求精的工匠精神;

◆提高团队协作能力与创新意识;

◆树立安全与环保的职业素养;

◆厚植爱国主义情怀和海洋强国梦。

【项目实施】

项目实施遵循岗位工作过程,以循序渐进、能力培养为原则,将项目分成以下四个任务。

任务 7.1 了解船用锅炉基础知识

任务 7.2 认识船用锅炉的结构及附件

任务 7.3 认识船用锅炉燃油系统

任务7.4 认识船用锅炉汽水系统

任务7.5 操作与管理船用辅助锅炉

任务7.1 了解船用锅炉基础知识

"盛丰油8"
轮机爆炸事
故(PDF)

【任务分析】

内燃机动力装置船舶中,锅炉产生的蒸汽主要用于加热燃油、滑油、主机暖缸,驱动辅助机械及生活杂用等,本项目的主要任务是掌握锅炉的理论知识和锅炉的性能参数,为进一步学习后面的锅炉内容奠定基础。

【任务实施】

一、船用辅助锅炉的功用及分类

锅炉的性能
参数(PPT)

1. 船用辅助锅炉的作用

(1)它所产生的低参数蒸汽可以用来加热主、辅机,所使用的低价重质燃料油或重油,以改善液体油料的流动性能、雾化性能,保证主、辅机安全、可靠、经济地运转。

(2)在内燃机排气管道上设置废气锅炉可以提高内燃动力装置的经济性。

(3)为油船上部分蒸汽动力机械及设备提供汽源,如货油泵、洗舱泵、锚机、原动机等动力机械;还为货油加热器和油舱等设备的清洗提供大量蒸汽。

(4)为某些工作场所和船舶信号设备提供低参数的蒸汽,如满足清洗油池,吹洗海底阀、滤器、油污的机器零件以及汽笛等的需要。

(5)为满足船员、旅客生活上的需要,如船舶利用低参数蒸汽制造淡水、冬季取暖及厨房用汽等。

2. 船用辅助锅炉分类

船舶辅锅炉的型式很多,通常按其结构、水循环方式、工作压力的不同进行分类。

(1)按结构分类。烟管锅炉受热面,管内流动的是高温烟气,管外是水;水管锅炉受热面,管内流动的则是水或者是汽水混合物,而烟气在管外流过;此外,还有一种锅炉,它的一部分受热面管子按水管锅炉方式产生蒸汽,而其余受热面管子则按烟管锅炉方式工作,称之为水、烟管联合锅炉。目前,水管锅炉正被广泛应用。

(2)按水循环方式分类。对水管锅炉而言,管内的水必须沿着一定的方向流动,以保证受热面管子不被高温烧坏。

所谓自然循环锅炉,即其管内水的流动是由于工质的密度差而引起的。而强制循环锅炉的管内水流动是借助泵来实现的。

(3)按压力高低分类。这种分类依据的蒸汽工作压力是随着生产水平的发展而变化的。目前一般蒸汽工作压力在 2.0 MPa 以下为低压锅炉;在 2.0~4.0 MPa 为中压锅炉;在 4.0~6.0 MPa 为中高压锅炉;超过 6.0 MPa 为高压锅炉。船用锅炉主要是低压锅炉。

除上述划分之外,有的锅炉按炉筒的布置方式分类,分为立式锅炉和卧式锅炉;按管群的走向分类,分为横管锅炉和竖管锅炉;按热量的来源分类,分为燃油锅炉、燃煤锅炉和废气锅炉。

二、船用辅助锅炉性能指标

锅炉的性能指标和参数有蒸发量、蒸汽参数、锅炉效率、受热面积、蒸发率、炉膛容积热负荷等。

1. 蒸发量

锅炉每小时产生的蒸汽量称为蒸发量(kg/h 或 t/h),通常标注的是在设计工况的额定蒸发量,即在额定工况下连续运行所能保证的最大蒸发量。额定工况对燃油锅炉来说是指额定蒸汽工作压力和温度、规定的锅炉效率和给水温度,而对废气锅炉来说是指额定烟气流量和进、出口温度。

2. 蒸汽参数

蒸汽参数表示锅炉产生蒸汽的质量。对于过热蒸汽,用蒸汽压力(MPa)和蒸汽温度(℃)表示;对于饱和蒸汽,则以蒸汽压力和蒸汽干度(Ψ)来表示。锅炉一般标注名义工作压力,使用的工作压力范围上限不应超过锅炉的最大许用工作压力。

3. 锅炉效率

在锅炉中,把水变为蒸汽所获得的有效热量与向锅炉所供热量之比称为锅炉效率,用 η 表示;把水变为蒸汽的有效利用热量又可用于向锅炉供给的热量减去各种热损失来表示,各种热损失包括排烟热损失、化学不完全燃烧热损失、机械不完全燃烧热损失、散热损失,其中排烟热损失占比最大。

4. 受热面积

锅炉受热面积是指锅炉产生饱和蒸汽受热面积(蒸发受热面积)以及过热器、空气预热器和经济器等附加设备的受热面积(m^2)。辅锅炉通常不设上述附加设备,其受热面积即为蒸发受热面积。

5. 蒸发率

锅炉的蒸发率是指锅炉单位蒸发受热面积在单位时间内产生的蒸汽量。它用来评价锅炉蒸发受热面积的平均传热强度($t/m^2 \cdot h$ 或 $kg/m^2 \cdot h$)。蒸发率越高,锅炉结构越紧凑。

6. 炉膛容积热负荷

炉膛容积热负荷表示单位容积炉膛在单位时间内燃料燃烧放出的热量,用 q_V 表示。燃油锅炉在燃油耗量和热值一定的条件下,q_V 值越大意味着炉膛相对容积越小,因而燃油在炉膛内燃烧停留时间越短,炉膛内的烟气平均温度也越高,排烟损失也会变大;q_V 太低则炉膛温度过低,会燃烧不良。因而 q_V 是影响燃烧质量、锅炉效率、工作可靠性,以及锅炉尺寸、质量的一个重要参数。

选择燃油锅炉的依据主要是蒸发量和蒸汽参数;选择废气锅炉的依据则是受热面积和蒸汽工作压力。

任务 7.2　认识船用锅炉的结构及附件

【任务分析】

本项目的主要任务是了解锅炉各部件的结构、作用和原理,掌握锅炉叫水操作。

【任务实施】

锅炉按结构形式可分为水管锅炉和烟管锅炉两大类。在柴油机动力装置的干货船上,辅锅炉应以结构简单、维护操作方便为选型的主要原则,当然也要考虑质量和尺寸应尽可能小。立式横烟管锅炉、立式直水管锅炉、D 形水管锅炉是常见的燃油辅锅炉的形式。下面将依次对其结构与性能进行介绍。

一、典型辅锅炉的结构与原理

锅炉的结构
（PPT）

锅炉的结构
（动画）

1. 立式横烟管锅炉

如图 7-2-1 所示为一常见立式横烟管锅炉。炉壳 11 为圆筒形,其内大部分空间容纳炉水,叫作容水空间。容水空间以上是容纳蒸汽的,形成容汽空间 3。容水与容汽空间的分界面称为蒸发面。上下各有一个封头 12,是椭圆形,这样它可以承受更大的压力。炉膛 10 在锅炉底部是球形的,它由钢板压制而成,这是燃油燃烧产生热量的地方。它上面通过出烟口 9 与方形燃烧室 6 相通。燃烧室三面环水,一面用耐火封板(检查门)8 封住,封板可以打开以检查燃烧室情况,或进行烟管的清扫、修理和换新等工作。燃烧室 6 和烟箱 17 中设有前管板 16 和后管板 7,两管板之间装有数十根平烟管 18,烟管中间安装有螺旋扰动片(未画出),使烟气流经烟管 18 汇集在烟箱 17 前产生扰动,提高传热强度。

工作时电动油泵 15 供油,空气由燃烧器 13 和鼓风机 14 送入炉膛 10。雾化的燃油在点火器(未画出)的帮助下燃烧,再由出烟口 9 进入到燃烧室 6。由于出烟口 9 截面积太小,未完全燃烧的成分在此充分混合,在燃烧室 6 内可实现完全燃烧。然后烟气通过烟箱 17,在经烟囱 20 排入大气。进行热交换的场所主要部位有烟管 18、炉膛 10 和燃烧室 6,烟管 18 主要是传导换热,虽然约占锅炉总受热面积的 85%～94%,但其热效果较差,传热量不大于总量的一半。而炉膛 10 和燃烧室 6 主要辐射换热,该处烟气温度达 1 300～1 400 ℃,虽然只占锅炉总传热面积的 6%～15% 左右,但其传热量却占炉水总吸热量的一半以上。炉膛 10 受火焰直接辐射,传热十分强烈,因此炉膛温度较高是烟管锅炉最易损坏的部位。锅炉中的炉水并不是全部充满炉壳,一般是高出蒸发受热面 100 mm 以上,以防止燃烧室 6 顶板烧塌。炉水吸热后沸腾而汽化,产生的蒸汽便聚集在炉壳上部的容汽空间 3,再经集汽管 2 从停汽阀 1 排出。为了便于对锅炉内部进行检查和清洁工作,在锅炉上部和底部都开有手孔门 5。集汽管 2 的作用是进行汽水分离。

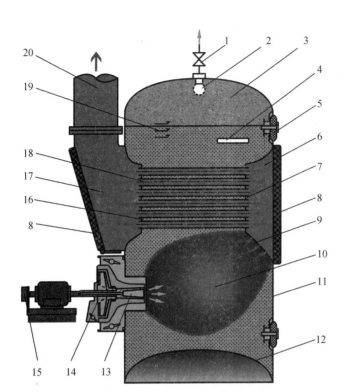

1—停汽阀;2—集汽管;3—容汽空间;4—内给水管;5—手孔门;6—燃烧室;7—后管板;
8—耐火封板(检查门);9—出烟口;10—炉膛;11—炉壳;12—封头;13—燃烧器;14—鼓风机;15—电动油泵;
16—前管板;17—烟箱;18—烟管;19—水位调节器;20—烟囱。

图 7-2-1 立式横烟管锅炉

2. 立式横水管锅炉

如图 7-2-2 所示为 GSL 型立式横水管锅炉的结构图。锅炉本体由圆筒形炉壳 4 和圆筒形炉膛 3 两部分组成,本体外面包扎石棉绝热层。炉膛外壳和炉壳均由 20 铁材料制成。炉壳 4 分成上、下两部分并用螺栓连接,以便锅炉在大修时可以拆开,对锅炉内部进行检修。

炉壳的上端与锅炉封头焊接,锅炉封头 11 与烟道凸缘 10 用螺栓连接。锅炉上部的右侧或左侧设有矩形清理门 16,以便对炉管内部进行清洁和检修。

下炉壳和炉膛底部的一侧设有安装燃烧装置 1 的圆孔 2,燃油由此喷入炉膛内燃烧,产生的大部分热量经炉膛壳传给炉膛外面的炉水。

水管采用 10 号无缝钢管,共有 63 根,分 6 排平行地焊接在炉膛的外壳上。为了有利于炉水循环,水管与水平面成 8°的倾角。

3. D 形锅炉

如图 7-2-3 所示,锅炉的水冷壁管排 6,7,8 的两端分别与汽鼓筒 10 和水冷壁鼓筒 2 上的管板牢固衔接。蒸发管簇 12 两端分别与汽鼓筒 10、水鼓筒 16 衔接。燃烧设备布置在前墙耐火砖衬 3,4,15 处,燃料油及空气由此送入炉膛。燃油在炉膛充分燃烧,产生理论燃烧温度约 1 700 ℃左右高温烟气,以辐射的方式将热量传给炉墙水冷壁和前几排沸水管,到炉膛出口烟气温度降 1 100 ℃左右,蒸发管束 12 中面向炉膛的前几排,受热强烈,形成上升管簇;后几排由于受热较弱,就形成下降管簇,这样汽鼓筒10、蒸发管簇12、水鼓筒16组成一自然水循环回路。同时,燃烧形成的高温火焰对侧面前排水冷壁管7和8进行强烈的辐射换热,管内锅水沸腾汽化产生大量的蒸汽,汽水混合物向上流动,成为上升管,排水冷壁管6受热较弱,形成下降管,这样汽鼓筒10、水冷壁管(下降管)6、水冷壁管鼓筒2、水冷壁管(上升管)7和8组成另一封闭的自然水循环回路。烟气经过经济器及空气预热器排入大气,此时烟气温度已降为150~350 ℃。由于其本体形似字母"D",所以称D型锅炉。这类锅炉具有结构紧凑、质量小、启动迅速、换热强度高及经济高等特点,故可作为大容量的大型内燃动力装置船舶的辅助锅炉。

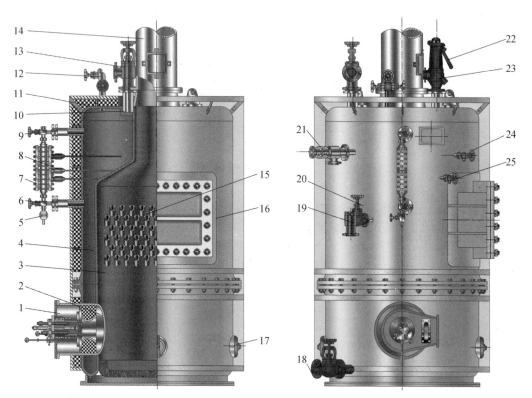

1—燃烧装置;2—圆孔;3—炉膛;4—炉壳;5—水位表冲洗阀;6—水位表通水阀;7—水位表显示器;
8—水位调节器;9—水位表通汽阀;10—凸缘;11—锅炉封头;12—空气阀;13—主蒸汽阀;14—烟囱;
15—水管簇;16—清理门;17—手孔;18—下排污阀;19—给水止回阀;20—给水截止阀;21—上排污阀;
22—安全阀手动强开手柄;23——安全阀;24—上试水阀;25—下试水阀。

图 7-2-2　GSL 型立式横水管锅炉

锅炉的汽包和水筒的材料为20G钢或22G钢,焊接成型,联箱、水冷壁管排和沸水管是10G钢或20G钢制成。炉墙则由耐火材料、绝热材料和密封薄钢板组合而成,它一方面起保温作用,另一方面又有密封功能,我国《钢质海船入级与建造规范》规定,炉墙和炉衣外表面温度不应大于60 ℃。

过热器为提供过热蒸汽而设,它将汽包所产生的蒸汽引到过热器中,再做等压加热,以提高蒸汽中的热能,减少膨胀后的水分。

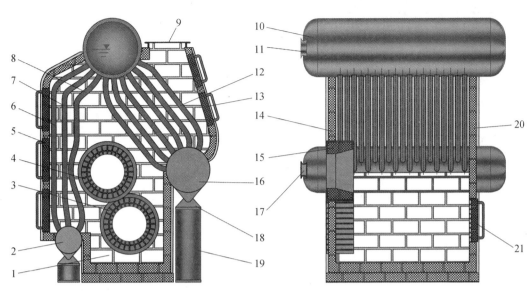

1—炉膛;2—水冷壁鼓筒;3,4,15—燃烧器外耐火砖衬;5—水冷壁炉衣;6,7,8—水冷壁管;9—接烟囱;
10—汽鼓筒;11,17—手孔;12—蒸发管束;13—侧炉衣;14—前炉衣;16—水鼓筒;18—支撑座;
19—底座;20—后炉衣;21—清洁门。

图7-2-3　二鼓筒(单烟道、D形)燃油水管辅助锅炉简图

经济器由钢管和联箱构成,利用烟道中排烟的余热将水温度提高,并减少进入汽包时因温度差而产生的热应力,同时回收余热、提高整体热效率。其缺点是增加了排烟的阻力。

空气预热器将进入炉膛的空气预热,使排烟温度进一步降低,提高了锅炉效率;同时由于空气温度的提高,使炉膛温度上升,改善了燃烧条件。

4.烟管锅炉与水管锅炉的性能比较

烟管锅炉(火管锅炉)烟气在受热面管子里流动,管外是水;水管锅炉则相反。烟管锅炉与水管锅炉的性能比较如表7-2-1所示。

表7-2-1　烟管锅炉和水管锅炉的性能比较

比较项目	烟管锅炉	水管锅炉
1.受热面的蒸发率	较低。烟气系纵向冲刷管子内壁,对流放热系数较小	较高。烟气横向冲刷受热面管子,对流放热系数较大
2.锅炉蒸发量	小于10 t/h。因受热面管子均需为炉水所包围,增加受热面时,锅壳直径和壁厚亦将增大,限制了蒸发量和工作压力	需提高锅炉蒸发量时,增置受热面管子无任何困难
3.锅炉工作压力	小于1.6 MPa。锅壳壁厚与锅炉的工作压力成正比	工作压力的增加易于达到;船用锅炉的工作压力已提高14.5 MPa

表 7-2-1(续)

比较项目	烟管锅炉	水管锅炉
4. 锅炉相对质量(单位蒸发量的质量)	较大,约为 20 t/h。锅壳中盛放的炉水约为蒸发量的 10 倍,受热面管子的蒸发率又较低	较小,仅为 3 t/h
5. 点火升汽时间	较长,约 1010 h。因锅炉蓄水量较大,水循环微弱,锅炉本身结构的弹性欠佳	较短,2~3 h
6. 给水品质的要求	较低。因受热面的蒸发率较低	较高

二、废气锅炉

一般大型低速增压二冲程柴油机的排气温度为 250~380 ℃,四冲程中速柴油机的排气温度可达 400 ℃,有大量余热可回收,因此在机舱顶部柴油机排气管中安装了废气锅炉,同时对柴油机起到排气消音作用。废气锅炉产生的蒸汽量在满足加热和日常生活需要之外,一般还有剩余,有的船将多余蒸汽用于驱动一台汽轮发电机。常见的废气锅炉有立式烟管式和强制循环盘香管式。

1. 立式烟管式废气锅炉

立式烟管废气锅炉是我国海船上普遍使用的一种废气锅炉。

如图 7-2-4 所示,在圆筒形锅壳中贯穿着数百根烟管,锅筒两端的封头兼作管板。为了使封头不致凸变形并减少烟管所承受的拉力,在管群中的少量厚壁管子与封头中采用牵条管。锅炉的上下两端还装有出口和进口联箱,柴油机排气自下烟箱流经烟管,然后从上烟箱排出。当主机为双机时,一般在进口联箱中加一隔板,有两个进气口,形成双路进气。

2. 强制循环盘香管式废气锅炉

强制循环盘香管式废气锅炉由许多水平放置的盘香管组成,每一根盘香管的进出口分别与两个直立的联箱相连,如图 7-2-5 所示。柴油机排气在管子外侧流过,炉水由专门的循环水泵从汽水分离筒吸入,压送到进口分配联箱 3,由此再送至各盘香管,水在管内被加热,然后进入出口集合联箱 4,汇集后流回汽水分离筒进行汽水分离。这种锅炉的优点是盘香管中的水是强迫流动,蒸发率大,并且可以在一定的空间内布置较多的受热面,因而体积小;缺点是其受热面管内的水垢清除比较困难,循环水泵因水的温度较高,工作可靠性较差。

盘香管式废气锅炉烟气流过时温度逐渐降低,故上、下各层盘香管的吸热量相差甚大,炉水的汽化程度不同,致使流阻相差很大,会产生偏生流(下层吸热多的进水少),甚至发生水力脉动(进水量脉动)。为此,各盘香管进口设有分为几档口径的节流孔板 5 及节流阀 6,使靠上层的盘香管进口节流程度大,进水量少。调节各层进水量至出口湿蒸汽干度均为 0.1 左右为宜。图中上层盘香管 1 采用双层盘香管以增加长度,从而均衡上、下层流动阻力和出口蒸汽干度。

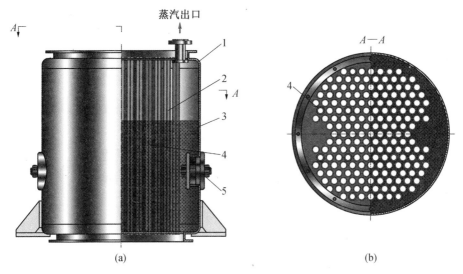

1—封头;2—烟管;3—锅壳;4—牵条管;5—人孔门。

图 7-2-4 立式烟管废气锅炉

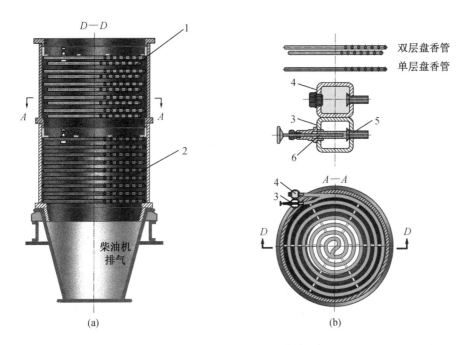

1—双层盘香管;2—单层盘香管;3—进口分配联箱;4—出口集合联箱;5—节流孔板;6—调节阀。

图 7-2-5 盘香管式废气锅炉

3.废气锅炉蒸发量的调节

废气锅炉的蒸发量取决于主机的排气量和排气温度,即主机的功率。在船舶正常航行时,主机功率是稳定的,而船舶对蒸汽的需要量却随着航区、季节、设备、人员生活、时间长短的需求不同而变化,蒸汽供需平衡的变化直接导致蒸汽压力迅速变化。为了使锅炉压力能够稳定在一定范围,当蒸发量和用汽量平衡变化导致蒸汽压力变化时,需对废气锅炉的蒸发量或工作压力进行调节。在远洋船舶上常用的调节方法有以下三种。

(1)烟气旁通法

在废气锅炉进出口间加设一个旁通烟道,如图7-2-6所示。并在废气锅炉入口和旁通烟道入口处安装开、闭相互联动的两个调节挡板。当蒸汽压力升高时,手动或用伺服电机转动挡板使排气经旁通烟道的流量增加,限制蒸汽压力上升;反之当蒸汽压力降低时,改变挡板开度使通过废气锅炉的排气流量增加,限制蒸汽压力下降。在使用烟气旁通法调节蒸发量时由于废气锅炉内烟气流速降低,容易引起积灰增加,所以近些年所造船舶已很少采用此法调节蒸发量。

图 7-2-6 废气锅炉蒸发量烟气旁通调节

(2)改变有效受热面积法

为了适应不同蒸发量的需要,立式烟管废气锅炉可以选择不同的工作水位以改变有效受热面积。盘香管式锅炉则往往在进口联箱上将盘香管分为2~3组,如需减少蒸发量时可停止向上面1~2组供水,只让下盘香管工作。废气锅炉的换热管都是焊接的,而且柴油机排气温度通常远低于碳钢允许工作温度(450 ℃),清洁的废气锅炉即使没有水,柴油机排气流过也无妨,但还是应尽量避免"空炉"运行,以防烟管受热面上积存的烟灰着火引起局部过热而造成损坏。

(3)多余蒸汽溢放法

当未能及时改变废气锅炉蒸发量,导致供大于求使蒸汽压力偏高时,废气锅炉的多余蒸汽可通过蒸汽压力调节阀向冷凝器泄放。

三、废气锅炉与燃油锅炉的联系

废气锅炉与燃油锅炉的联系主要有以下三种。

1. 二者独立

如图7-2-7(a)所示,废气锅炉与燃油锅炉有各自的给水管路,由给水泵分别从热水井供水,所产生的蒸汽由各自的蒸汽管道输出至总蒸汽分配阀箱处才汇集一处。这种方式运行管理方便,故应用较多。不过当废气锅炉水位调节系统失灵时,因其位置较高,航行时的管理就比较麻烦。

2. 废气锅炉为燃油锅炉的一个附加受热面

如图7-2-7(b)所示,锅炉给水仅送至燃油锅炉,废气锅炉炉水由强制循环水泵抽自燃油锅炉的炉水,加热蒸发后,再将汽水混合物压回燃油锅炉。经汽水分离后,蒸汽由燃油锅炉的蒸汽管输出。这种废气锅炉是强制循环式。当废气锅炉的蒸发量满足不了航行用汽需求时,可与燃油锅炉合作向外供汽,油船即采用此法。这种废气锅炉的水位不须调节,但须多设一台或两台热水循环泵。

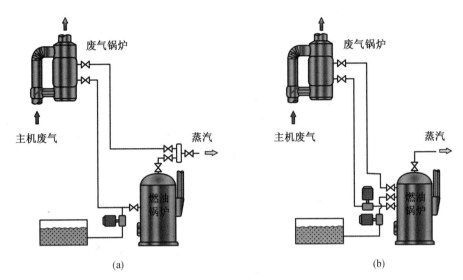

图 7-2-7 废气锅炉与燃油锅炉的联系

3. 组合式锅炉

如图 7-2-8 所示为组合式锅炉,它是将废气锅炉与燃油锅炉合为一体,其只能安放在机舱顶部,因此要求有可靠的远距离水位指示和完善的自动调节设备。目前我国远洋船舶上应用的组合式锅炉大致有两种,其中图(a)为联合式,它既可在航行或停泊时分别用废气或燃油做热源,又可在航行中仅靠排气余热,当蒸发量不足时同时以燃油和废气做热源。图(b)为交替式,则不能同时以燃油和废气做热源使用。

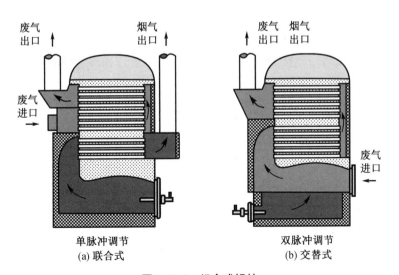

图 7-2-8 组合式锅炉

四、锅炉的附件

锅炉附件是保证锅炉正常工作所必需的若干阀件和装置的总称。例如,安全阀、水位计、给水阀、给水管和给水处理装置、上下排污阀、炉水化验取样装置、空气阀等。如果其中之一出现故障,就会影响锅炉安全、可靠地运行,甚至发生危及人身安全和损伤设备的事故。下面主要对水位计和安全阀予以介绍。

1. 水位计

锅炉工作时,随时了解其中的水位是极为重要的。每台锅炉都规定有最高工作水位、最低工作水位和最低危险水位。正常工作时,锅炉水位应处于最高工作水位与最低工作水位之间。如水位调节失灵或给水系统发生故障,当水位降至最低水位之下的危险水位时,则自动控制系统发出报警信号,并使锅炉自动熄火,以防止锅炉干烧。

锅炉的最低工作水位一般应符合如下规定:水管锅炉最低工作水位应高出最高受热面不少于 100 mm(汽包下降管应视为受热面);横烟管锅炉最低工作水位应高出燃烧室或烟管顶部不少于 75 mm,多回程的可适当减少;竖烟管锅炉最低工作水位应不低于 1/2 烟管高度;混合式锅炉最低工作水位应高出热水管不小于 50 mm。当船舶横倾 4 ℃时,最低工作水位应仍符合上述要求。锅炉隔热层外表面在与水位表相邻处应设置最高受热面标志。

锅炉上至少装有两支水位计并分别布置在左、右两侧。在船舶摇摆和倾斜时,可通过比较两支水位计中的水位来判断锅炉内的水位情况。若两只水位计均已损坏,锅炉应立即熄火。

水位计有玻璃管式、玻璃板式及二色式等。

(1)玻璃管水位计

如图 7-2-9 所示为玻璃管水位计,该水位计仅用于低压锅炉。水连通管和汽连通管分别水平地与锅筒的水空间和汽空间相通,在两个连通管之间装有耐热钢化玻璃管 2。玻璃管与连通管的连接处由填料函保证密封。为了防止玻璃管破裂时炉水大量漏出,在水连通管与玻璃管连接处装有止回阀 3。水连通管和汽连通管上分别装有常开的通水阀 4 和通汽阀 1,底部装有常闭的冲洗阀 5。

安装玻璃管水位计时,应注意不要将插入玻璃管处的填料压盖拧得过紧,否则玻璃管容易被挤碎。

(2)玻璃板水位计

如图 7-2-10 所示为玻璃板水位计,该水位计适用于高压锅炉。装配玻璃板水位计时,玻璃板与金属框架之间的接触面应研平,保证充分贴合。在上紧框架螺钉时,要交叉均匀拧紧,不然玻璃板将会因挠曲变形产生较大的内应力,受热后容易碎裂。压力较高的锅炉可在平板玻璃水位计的平板玻璃靠水一侧加衬云母片,以保护平板玻璃不受炉水腐蚀。

(3)二色水位计

如图 7-2-11 所示为二色水位计,它利用炉水与蒸汽对光线的折射不同而设计,由灯泡、红绿玻璃、聚光镜、外壳与水位玻璃板所构成。两块水位玻璃板相互倾斜安装,水位计中蒸汽部分的绿色光被折射,所以以外部观测时呈现红色;而炉水部分的红色光被折射,其表现为绿色。

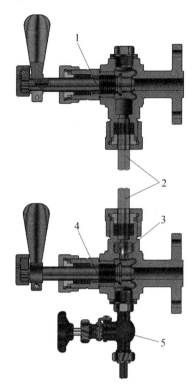

1—通气阀;2—玻璃管;3—止回阀;4—通水阀;5—冲洗阀。

图 7-2-9　玻璃管式水位计

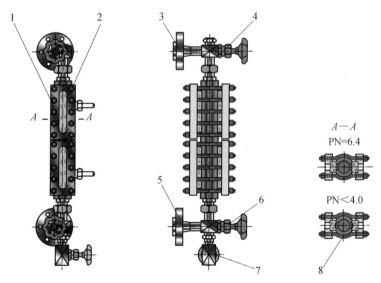

1—玻璃板;2—金属框架;3—汽连通管;4—通气阀;5—水连通管;6—通水阀;7—冲洗阀;8—主连通管。

图 7-2-10　玻璃板水位计

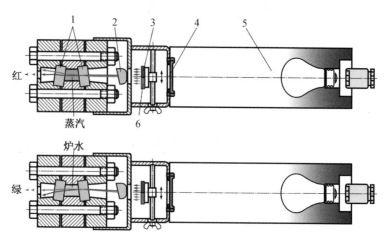

红 ←

蒸汽

炉水

绿 ←

1—玻璃板；2—聚光镜；3—红色滤镜；4—毛玻璃；5—光源；6—绿色滤镜。

图 7-2-11 二色水位计

由于水位计中汽、水的流动很弱，一旦水位计通锅炉的接管被炉水中的污物堵塞，则不能显示真实水位，应及时冲洗。正常情况下，通常每 4 h 至少冲洗一次水位计。

（4）水位计操作（表 7-2-2）

表 7-2-2 冲洗和"叫水"的操作步骤

操作目的	操作顺序	结果	处理意见
通汽路	1. 开冲洗阀，关通水阀，冲洗后关闭通汽阀	听见汽流声甚大，表明汽路通畅	如不通畅，可连续开、关通汽阀或通水阀数次，利用汽水冲击力将污物冲走
通水路	2. 开通水阀，冲洗后关闭	听见水流声甚大，表明水路畅通	
叫水	3. 关冲洗阀，慢慢开启通水阀予以"叫水"	因此时通汽阀关闭，所以如水位高于水连通管，则水位一直升到水位计顶部	可继续进行第 4 步操作
		如无水出现，则炉水已位于水连通管以下，锅炉已处于失水危险状态	如明确知道数分钟前水位仍处于正常位置，则可加大给水量，迅速恢复水位；如失水时间不清楚，应立即熄火，停止供汽

表 7-2-2(续)

操作目的	操作顺序	结果	处理意见
开通汽阀,恢复到通水,通汽阀全开、冲洗阀全关状态	4.开通汽阀	水位下降至水位计中段表明情况正常	可投入工作
		如水位下降至水位计玻璃以下表明炉水少,但水位仍在水连通管以上	加大给水量,迅速恢复正常水位
		如水位仍在顶部不降下来,表明锅炉已处于满水状态	停止供汽,并开启上排污阀放水至满水状态水位恢复正常

为防止玻璃骤然变热而破裂,水位计冲洗时应特别注意通水阀和通汽阀同时关闭的时间应尽量短。另外在换新玻璃管(板)时,也应先稍开一点通汽阀,让玻璃暖一下,再开大通水阀和通汽阀。

2. 安全阀

为防止锅炉内压力过高而发生危险,在某一适当压力时开启安全阀,放出适量的蒸汽,降低锅炉压力,在另一适当压力时,需再行关闭。因为船用锅炉是在摇摆不定的情况下使用,所以安全阀都采用弹簧压力式。

(1)对安全阀的要求

根据《钢质海船入级与建造规范》,对锅炉安全阀的要求主要是:

①每台锅炉本体上应装设两个安全阀,通常组装在一个阀体内。蒸发量小于 1 t/h 的辅锅炉可仅装一只。装有过热器的锅炉,过热器上亦应至少装一只安全阀。

②锅炉安全阀的开启压力可为大于实际允许工作压力的 5%,但不应超过锅炉设计压力。过热器安全阀的开启压力应低于锅炉安全阀的开启压力。

③安全阀开启后应能通畅地排出蒸汽,以保证在蒸汽阀关闭和炉内充分燃烧的情况下,烟管锅炉在 15 min 内,水管锅炉在 7 min 内蒸汽压力的升高值应不超过锅炉设计压力的 10%。所以安全阀不但应有足够大的直径,而且开启后应该稳定且具有较大的提升量。安全阀排气管的通路面积,对升程在安全阀直径的 1/4 以上者,应不小于安全阀总面积的 2 倍,对其他安全阀应不小于其 1.1 倍。

④安全阀要动作准确,并保持严密不漏。

安全阀都是经过船舶检验局调定后铅封的,除非经过船检局特许,船员不能随意重调。

(2)安全阀的结构

安全阀有直接作用式和先导式两种。辅锅炉使用的一般都是直接作用式安全阀。

如图 7-2-12 所示为直接作用式安全阀,它的阀体是由两只安全阀组装成的。弹簧 4 压紧阀盘 13,转动调节螺钉 2 即可调节弹簧压板 3 的位置,从而改变弹簧的张力以调整安全阀的开启压力。安全阀阀盘 13 的外缘直径加大形成唇边,它的作用是使阀能急速开启,并且维持升程的固定。当蒸汽压力达到开启压力后,蒸汽作用在阀盘上将阀抬起,蒸汽从阀盘周围溢出。如果没有唇边,蒸汽压力稍一降低,阀盘很快又关闭,由于蒸汽压力回升阀又开启,这样阀盘将上下不停地跳动。当阀盘外周缘上加上一圈唇边

锅炉安全阀
(动画)

后,就可使阀盘在开启后得到一个附加的上顶力,从而增加了阀盘的升程,阀也不会很快关闭。阀盘上方设有带密封圈的套筒5,阀开启后阀上方不会受蒸汽压力作用。

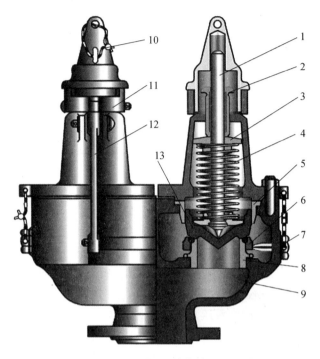

1—阀杆;2—调节螺钉;3—弹簧压板;4—弹簧;5—套筒唇边;6—调节圈;7—调节圈固定螺钉;
8—阀座;9—阀体;10—铅封;11—顶开环;12—手动强开杠杆;13—阀盘。

图 7-2-12　直接作用式安全阀

上述方法虽然解决了开启稳定问题,但因为开启后阀盘的蒸汽作用面积已大于开启前的面积,所以即使当锅炉蒸汽压力恢复至额定蒸汽压力时,阀盘也不能立即关闭,只有当蒸汽压力继续下降,直到作用在阀盘和唇边上的蒸汽上顶力小于弹簧向下的作用力时,安全阀才能自动关闭。安全阀的关闭压力要低于开启压力,这一压力差值称为降低量。

阀座上装有调节圈6,调节圈升高时,阀开启后唇边外沿蒸汽通流面积缩小,作用在唇边上的附加上顶力就大,从而使阀的升程和关闭时的压力降低量增大;反之,调节圈下移时,唇边外沿蒸汽流通面积增大,则阀开启的升程和关阀时的压力降低量减小。因此,通过转动调节圈,改变其位置,可获得开启既稳定、降低量又不太大的工况。一般锅炉安全阀的最小降低量约为额定工作压力的2%。强开杠杆12,在锅炉顶部用钢丝绳分别通至机舱底层和上甲板,以便必要时强开安全阀,将危险减至最低。一般每月需手动强开一次,以防止安全阀长期不起跳咬死。

此外,锅炉还装有至少两个压力表和压力表阀、两个给水阀(蒸发量小于 1 t/h 的辅锅炉可仅装一个)、停汽阀、表面排污阀、底部排污阀、取水样阀、空气阀(设在最高处通大气用,通径一般为 10~15 mm)等。

【练习与思考】

一、选择题(请扫码答题)

二、简述题

1. 试比较烟管与水管锅炉的优缺点？

2. 废气锅炉蒸发量的调节有哪几种措施？

3. 废气锅炉与燃油辅锅炉的联系有哪几种方式？

4. 何种状况下要冲洗水位计？如何冲洗？冲洗时应注意什么？

任务 7.2
选择题

任务 7.3　认识船用锅炉燃油系统

【任务分析】

船用辅助锅炉的燃烧过程是在燃烧设备中完成的,燃烧设备主要由喷油器、配风器及电点火器等部件组成。本任务主要是掌握锅炉的燃烧特点和燃烧设备的使用、特点和管理,以及锅炉燃油系统典型类型和燃烧方面的常见故障分析与处理。

【任务实施】

一、燃油燃烧的机理及影响因素

1. 燃油在锅炉中燃烧机理

经雾化后的燃油喷入炉膛的燃油袖滴先被加热而蒸发成油蒸气,再和空气混合直到被点燃。油燃烧实际上是油蒸汽的燃烧。锅炉内实际油雾的燃烧情况具有如下特点。

锅炉燃油
系统(PPT)

(1)炉膛内气流速度比较高,油滴的质量比较大,不能完全随气体分子一起脉动,与气体之间产生了相对运动,使火焰向油滴的传热加强,油滴的蒸发加快,从而加快了燃烧。气流速度越高,油滴燃烧速度也越快。

(2)炉膛内的温度和氧气浓度是不均匀的。炉膛温度高则油蒸发得快,可使燃烧加快;炉膛温度太低,则不能保证稳定燃烧,甚至可能熄火。所以要求锅炉在低负荷时,炉膛出口烟气温度不低于 1 000 ℃。而氧气浓度低则会使燃烧速度减慢,为了实现低氧燃烧,油雾和空气必须混合得很均匀。

烧重油与烧轻质油的不同是,重油蒸发速度慢,火焰内部的油滴在缺氧的条件下,会热分解产生油焦;焦壳阻碍了内部重油的蒸发,使它的温度升高,更促进了焦壳的生成。焦壳内部产生的气体最终使焦壳破裂,喷出的气体和油液很快烧完,剩余的固态焦壳和煤粉相似,燃烧速度慢,为使它能完全燃烧,应当保证火焰尾部有足够高的温度,并供给足够的氧气。

2. 空气过剩系数

1 kg 燃油恰好与空气中的氧全部发生氧化反应,所需的理论空气量用 V_0(单位为 m^3/kg)表示。实际上,燃油在炉膛内燃烧时由于与空气混合不均匀,空气中的氧分子不可能都有机会与燃油中的可燃成分接触,因此就会有部分可燃成分没有机会完全燃烧,造成化学不完全燃烧损失。为了使燃油完全燃烧,就要向炉膛内多送入一部分空气,使燃烧在有多余氧的情况下进行。平均供给 1 kg 燃油的实际空气量 V_k 与所需的理论空气量 V_0 之比称为空气过剩系数。

空气过剩系数是保持锅炉经济运行的重要指标。空气过剩系数越大则风机的耗能越多,锅炉的排烟损失也越大;但空气过剩系数太小则锅炉的不完全燃烧损失又可能太大。燃油锅炉合适的空气过剩系数一般为 $1.05 \sim 1.20$。

3. 燃油在炉膛中的燃烧过程

燃油在炉膛中的燃烧是以火炬的方式进行的。燃烧过程可分为如下所述两个阶段。

(1)准备阶段

雾化的油滴被迅速加热、气化,与空气相混合,同时进行热分解。

(2)燃烧阶段

油气与空气的混合气体的浓度达到一定数值,并被加热到一定温度,遇明火着火燃烧。燃烧器由喷油器、配风器和点火装置等组成,一般装在锅炉前墙或顶部。喷油器将油雾化成细小油滴,并使油雾以一定的旋转速度从喷油嘴的喷孔中喷入炉内,形成有一定锥角的空心圆锥。油雾在前进中不断与空气掺混,离喷嘴越远,油雾层厚度越大,而浓度越小。

空气经配风器进入炉膛,被挡风罩或挡风板分为两部分。其中,一部分紧贴着喷油器吹出,称为一次风(根部风),它的作用是保证油雾一离开喷油器就有一定量的空气与之混合,以减少产生炭黑的可能性,并使喷油器得到冷却;另一部分从外围沿炉墙喷火口进入炉膛,称为二次风,其作用主要是提供燃烧所需的大部分空气。

空气可经配风器的斜向叶片形成与油雾反向旋转的气流,以利于油的蒸发和油与空气的混合。旋转气流在离心力作用下向外扩张,形成一定的扩张角,气流旋转越强烈,扩张角越大。这样气流中心便形成低压,吸引炉膛内高温烟气回流,形成回流区。也有的燃烧器采用圆环形挡风板分隔一、二次风,气流并不旋转,只靠挡风板后形成的低压区造成回流。回流区内高温烟气加速了油雾的升温、蒸发、分解和油雾与空气混合,进而着火燃烧。

油气和空气混合形成的可燃气被点燃后形成的燃烧带称为着火前沿,它一方面要向燃烧器方向扩展,另一方面又随气流向炉膛内移动,当二者速度相等时,着火前沿便稳定在一定位置。可见,喷油器前的火炬可分为两个区域:准备区和燃烧区。在准备区进行油雾与空气混合物的加热、气化和分解。

4. 保证燃烧质量的主要因素

综上所述,要使燃油在炉内燃烧得充分主要取决于以下因素。

(1)油的雾化质量良好。油液雾化得越细,分布均匀性越高,则油滴的蒸发速度越快,与空气混合也越好。

(2)要有适量的一次风和二次风。一次风量占总风量的 $10\% \sim 30\%$、风速在 $10 \sim 40$ m/s 为宜。一次风量太小则油雾着火前就会在高温缺氧条件下裂解,产生大量炭黑,烟囱冒黑烟;太大又会因火炬根部风速过高而着火困难,甚至将火炬吹灭。二次风量大小,关系到过剩空气系数合适与否,直接影响不完全燃烧损失和排烟损失。

（3）油雾和空气应该混合均匀，着火前沿的位置和火焰长度应合适。着火前沿如离燃烧器太近，则可能使喷火口和燃烧器过热烧坏；太远又会因气流速度衰减，与油气混合的强烈程度减弱，以致火炬拖长，燃烧不良。

（4）炉膛容积热负荷要适合，太高会使油在炉膛停留时间太短，来不及完全燃烧；太低又不能保证足够高的炉膛首烟气温度，也不利于完全燃烧。燃烧器主要由喷油器、配风器及电点火器等部件组成。

二、燃烧器

燃烧器主要由喷油器、配风器、点火器和火焰感受器等部件组成。现今的船用辅锅炉燃烧器大多采用整装式燃烧器，它同时将油泵、风机及其电动机和调节机构，还有滤油器、除气器、电加热器等部分组装成一体，尺寸紧凑、安装方便。

1. 喷油器

喷油器的任务是使燃油雾化，以利于燃油迅速而完全地燃烧。喷油器类型很多，目前船上经常应用的主要有三类：压力式喷油器、回油式喷油器、蒸汽式喷油器和旋杯式喷油器。

锅炉燃油
系统（微课）

（1）压力式喷油器

压力式喷油器的结构如图7-3-1所示。喷油器的后端有一个管接头与输油管相连，油泵自油箱中抽出压力可达到0.7~2.0 MPa的燃油送进喷油器。首先燃油经过金属滤网6过滤后流入筒身的中央的横孔，流入喷嘴体3的环形空间、充满开有切向槽的雾化片2的背面外围空间，再沿切向槽高速地流入雾化片中央的旋涡室7（图7-3-2），在此产生强烈的旋转运动，然后从雾化片2上中心喷孔中高速喷出。压力油喷出孔口时，油液出口的运动是旋转运动和轴向运动的合运动。热的油液会立刻形成真空，并成为旋转前进的锥形油膜。油膜离喷口越远，在离心力作用下的油膜就越薄，最后迅速破碎。破碎的油膜碎片在其表面张力的作用下，立即形成无数细小油滴而悬浮在炉膛空间里，燃油雾化。

锅炉燃烧器的
结构（动画）

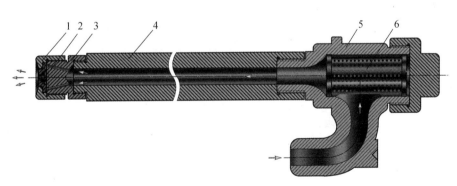

1—喷嘴帽（片）；2—雾化片；3—喷嘴体；4—筒身；5—管接头；6—滤网。

图7-3-1 压力式喷油器的结构图

喷油器头部的喷嘴（包括喷嘴体、雾化片和喷嘴帽）对喷油量的大小和雾化质量的好坏起着决定性的作用，其结构如图7-3-2所示。一台锅炉常配备有不同规格的雾化片,喷孔直径从 0.5~1.2(mm)分为几档,可根据所采用的燃油品种和锅炉蒸发量选用。雾化片的基本特性用标在其上的型号来表示,例如,25-60 号雾化片表示其喷油量为 25 kg/h,雾化角为 60°。

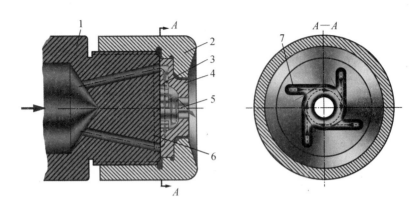

1—喷嘴帽;2—雾化片;3—喷嘴体;4—切向槽;5—在油旋转时产生的空气旋涡;6—环形浅槽;7—旋涡室。

图 7-3-2　喷嘴

利用燃油泵将燃油升压后送入喷油器,使燃油经喷嘴体上的 6~8 个通孔到达前端面的环形浅槽,然后进入雾化片的切向槽和旋涡室,形成强烈的旋转运动,再经细小的喷孔雾化后喷出,旋转越强烈,则雾化角越大。

压力式喷油器的喷油量依油压调整,喷油量与油压的平方根和喷孔的截面积成正比,其调节幅度很少超过 2。

压力式喷油器喷油量的调节方法有三种:改变喷油压力;使用喷孔直径不同的喷嘴(或喷油器);改变投入工作的喷嘴(或喷油器)数目。

(2)回油式喷油器

如图 7-3-3 所示为回油喷油器的喷油头部分结构图。

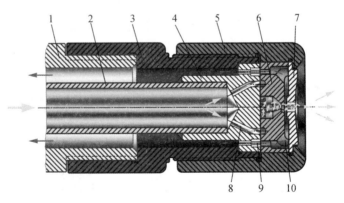

1—外回油管;2—内油管;3—外接短管;4—喷头体;5—喷头螺母;6—雾化板;
7—回油挡板;8—分油孔道;9—回油孔;10—喷油回油腔。

图 7-3-3　回油喷油器的喷油头部分

此种喷油器本体上有两个管接口:一个内油管 2 与外接供油路相通,另一个外回油管 1 与系统回油管连接,在外接的回油管道上还设有流量控制阀,调节该控制阀开度可以改变喷油器的喷油量。另外在喷油头的结构中,还多增设了一个回油挡板 7,目的是使它与雾化板 6 之间形成分油孔道 8,该孔道空间通过雾化板外围回油孔 9 与外回油管 1 连通。当喷油器工作时,将有一部分压力油经分油孔道、回油孔 9 返回回油管 1 内,以使回油管道上的流量控制阀旁通。因此,燃油能在较宽的范围内变化,并仍能保证较良好的雾化质量。

(3)蒸汽式喷油器

蒸汽式喷油器的工作原理相当于喷射器,其结构如图 7-3-4 所示。

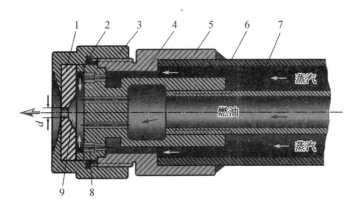

1—喷嘴体;2—垫圈;3—喷嘴头部;4—螺母;5—外管;6—内管;7—油孔;8—蒸汽孔;9—混合孔。

图 7-3-4 蒸汽式喷油器

工作时,0.6~1 MPa 的蒸汽(或空气)从蒸汽孔 8 中高速喷出,被加压至 0.5~2 MPa 的燃油从油孔 7 中流出时"吹"碎。单个喷油器最大喷油量可高达 10 t/h,船用锅炉通常所用为 1~1.5 t/h。油压一般为 0.5~2.0 MPa,一般每 1 kg 油耗汽 0.01~0.03 kg。冷炉点火时,可用压缩空气代替蒸汽帮助雾化。清洗时要特别注意保持每个油孔和气孔畅通。这种喷油器的优点是结构简单,雾化质量较好;平均雾化粒度可达 50 μm,喷油量改变时,不影响雾化质量和雾化角,调节比可达 20。其缺点是要耗汽,工作时噪声较大。

蒸汽式喷油器可分为内部混合式(蒸汽与燃油在喷油器内部的混合室中混合)和外部混合式(蒸汽与燃油在喷油器的喷嘴处才开始混合)两种。

(4)旋杯式喷油器

如图 7-3-5 所示为旋转杯式喷油器结构图。它解决了上述喷油器由于低负荷所引起的喷油出口流速不够高,雾化质量不高的缺陷。

其原理是,旋转油杯和雾化风机可由电动机或其他方式驱动,风机运行供风,油杯高速旋转。燃油以一定的压力经供油油管供入,燃油被均匀分配流至油杯的中央,然后在高速旋转的离心力作用下,在油杯内壁形成一层薄膜,当油膜推进杯口时高速切向甩出,被雾化风机通过一次风入口及调节风门供入的、并在旋转油杯的四周缝隙以 60~80 m/s 的速度喷出的雾化风粉碎成油雾。这里应指出,不论油量如何变化,由于转速恒定,则旋转油杯的出口切向分速度不会变,所以,雾化质量将始终保持良好。一次调节风门可根据燃油情况改变开度,调节一次风量可改变雾化角。一次风量较小,大部分燃烧供风由专门的二次风机经二次风入口及调节风门和导向调节后供入炉内。

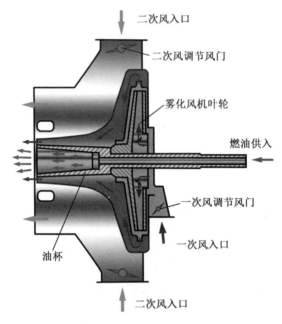

图 7-3-5　旋杯式喷油器

这种喷油器在远洋船舶的辅锅炉中很常见。其优点是调节方便(只需改变进油量),减少油量则转杯内油膜变薄,雾化更好,调节比可达 20 以上;油不通过喷孔之类狭窄流道,对杂质不敏感,对劣质燃油的适应性明显优于其他形式的喷油器,对雾化温度和压力要求不高。其缺点是结构比较复杂,价格较高。

2. 配风器

配风器的作用是控制一次风和二次风的风量,使空气和油雾充分混合,并且使油雾迅速汽化和分解,以便燃料稳定充分的燃烧。除此之外,配风气还需具备以下能力。

(1)在燃烧器前方产生一个适当的回流区,以保证及时着火和火焰稳定。回流区与喷油器出口距离应适当,太近则容易烧坏喷火口和燃烧器,而且喷出的油雾未来得及与一次风充分混合,燃烧预备期太短,会使燃烧恶化;太远又会使着火前沿后移,同样会燃烧不良。合适的回流区要靠配风器设计合理和风速适当来保证。

(2)油雾在燃烧器出口与空气的早期混合必须良好。离燃烧器出口约 1 m 以内是燃烧燃油最多的地方,这里氧气不足最容易发生不完全燃烧。为了使早期混合良好,要使气流扩张角小于燃油雾化角,这样空气才能以较高速度进入油雾中;还应使空气与油雾的旋转方向相反(或空气不转)。喷油器在喷火口的位置也必须合适。如果喷油器位置太靠前,如图 7-3-6(a)所示,由于气流一出喷火口即开始扩散,油雾在离喷火口较远时才能与空气混合,使火炬拉长;如喷油器的位置太靠后,如图 7-3-6(c)所示,油雾会喷在喷火口上结炭;图 7-3-6(b)所示油雾的外缘与喷火口相切才合适,这样油雾在喷火口内就与气流相交而混合,此时的气流速度高,混合较充分。

(3)要有足够大的风速,使燃烧后期也有良好的混合作用。喷油器喷出的油雾集中在环形截面上,进入高温的炉膛后很快就蒸发,产生大量油气,会排挤空气。因此在喷油器出口区域油雾与空气的混合不可能很均匀,在油雾密集为大油滴集中的地方就容易缺氧而发生热分解。这就要求后期混合作用也要强烈,否则,火焰尾部区域缺氧会使未完全燃烧的气体和炭黑不能继续燃烧。使气流旋转可以加强燃烧早期的混合,但由于气流旋转造成的扰动很快就会衰减,因此要使整个燃烧过程的混合都能加强,根本措施是提高气流轴向速度。大、中型锅炉的气流轴向速度要求提高到 35~60 m/s,这就需要降低配风器的阻力。提高气流速度也是提高炉膛容积热负荷和采用低过剩空气系数燃烧的需要。

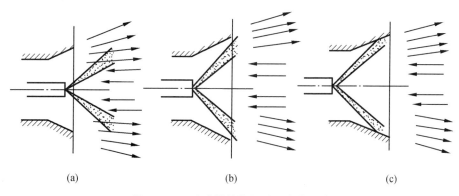

(a) (b) (c)

图 7-3-6 喷油器的位置对混合的影响

配风器根据二次风旋转与否可分为旋流式和直流式(或称平流式)。直流式配风器结构简单,阻力小,便于提高二次风的轴向风速;风速提高后所需风压仍与旋流式配风器相近。

图 7-3-7 为叶片固定型旋流式配风器。空气经配风器进入炉膛,它被挡风罩或挡风板分为两部分:一部分经活动导风叶片 3 上的风孔供入紧贴着喷油器吹出,称为一次风(根部风),这部分空气占总空气量的 10%~30%,它的作用是保证油雾一离开喷油器就有一定量的空气与之混合,从而减少在高温缺氧的情况下热分解产生难燃的炭黑的可能性;另一部分利用固定的中心风罩 3,沿炉墙喷火口从外围进入炉膛,产生适当的旋转,与燃油做良好的混合燃烧,称为二次风,其作用主要是提供燃烧所需的大部分空气,以达到完全燃烧的目的。另外,还需靠二次风来建立回流区。

如图 7-3-8 所示为直流式配风器,直流式配风器的二次风不加旋转直接送入燃烧室,它有两个喷油嘴,可实现二级燃烧的小型直流式配风器。由通风机送入风道的空气中,少部分从挡风板 7 中央的圆孔吹出,形成一次风;其余大部分从挡风板外缘与调风器罩筒之间的缝隙吹出,形成二次风,在挡风板后的低压区形成回流,使着火前沿位置合适。有的挡风板上也适当开有小孔和径向的缝隙,允许少量空气漏入。

直流式配风器在火焰根部即喷嘴出口处装有稳焰器,它是一个轴向叶轮,通过一定量的旋流风作为根部风,可改善风油的早期混合,同时产生一个大小和位置合适的回流区,以保持着火前沿稳定。

3. 电点火器和火焰感受器

电点火器的作用是产生电火花,以便点燃炉内的燃气。它的结构如图 7-3-9 所示。

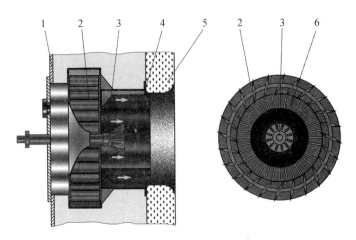

1—炉前风筒；2—活动导风叶片；3—中心风罩(扩散器)；4—内中心圆筒；5—火口；6—固定导风叶片。

图 7-3-7　旋流式配风器

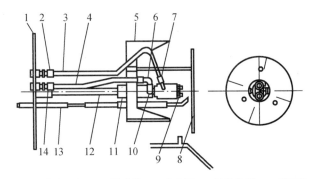

1—燃烧器端板；2—点火电极；.3—漏油管；4—喷油器；5—整流格栅；6—喷油嘴；7—挡风板；

8,13—直通接头；9—高压供油管；10,11—L形接头；12—循环油管；14—弯头。

图 7-3-8　小型直流式配风器

电点火器由两根耐热铝镁合金的电极棒组成电极直接伸入炉膛喷油器前 2~4 mm 处。电极棒前端弯折成 150° 角度，后端套有耐高压的瓷管。两根电极棒安装于点火器支承外盖上，后端瓷管段与油嘴平行，前端弯折的裸体段彼此构成 60° 的夹角，两尖端的距离为 3~4 mm。当两电极棒通以 5 000~10 000 V 高压电时，尖端间产生电弧火花，从而点燃喷入炉膛的油雾。

火焰感受器是用于监视锅炉火焰的自动元件，在锅炉点火过程或正常燃烧过程中，一旦出现点火失败或中途熄火，立即停止向锅炉喷油并发出声光报警。光敏电阻是锅炉上最常使用的火焰感受原件。光敏电阻是由涂在透明底板上的光敏层与其流经的金属电极引出线构成的，如图 7-3-10(a) 所示。光敏层是由铊、镉、铅等硫化物或硒化物制成的，光敏电阻在接受光照时阻值减小，在光敏电阻两端所加电压不变的情况下，流过光敏电阻的电流加大，其特性如 7-3-10(b) 所示。光敏电阻不能承受高温，否则会影响使用寿命。因此光敏电阻火焰感受器装有散热片并利用空气进行冷却。

现代船用辅锅炉的燃烧器很多采用整装式燃烧器，它将油泵、风机、电加热器(有

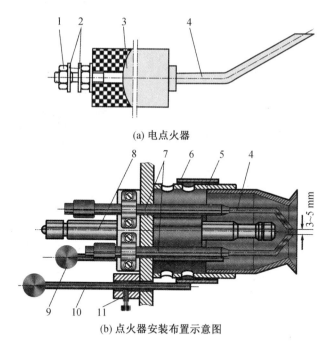

(a) 电点火器

(b) 点火器安装布置示意图

1—螺母;2—垫片;3—耐压瓷管;4—电极棒;5—轴向短圆筒;6—轴向风门挡板;
7—电点火器;8—喷油器;9—扩散器罩调节拉杆;10—轴向风门调节杆;11—压紧螺钉。

图 7-3-9 电点火器及安装布置示意图

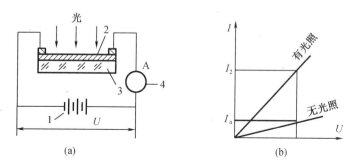

图 7-3-10 光敏电阻及其特性

的不设)、点火装置等组装成一体,十分紧凑。

三、辅助锅炉的燃油系统

燃油供给系统与燃烧器的合理配合,是保证锅炉在各种供油情况下实现完全燃烧的重要条件,也是适应锅炉实现自动控制的必需条件。锅炉的供油系统包括:液体燃料的升压、输送、预热、过滤等设备以及适应锅炉负荷变化的各个自动控制元件、仪表和安全设备。

如图 7-3-11 所示为辅锅炉供油(轻、重油可切换)系统原理图,燃用轻柴油的燃油系统,其管路和设备比较简单,所以这里只介绍燃用重柴油的燃油系统。

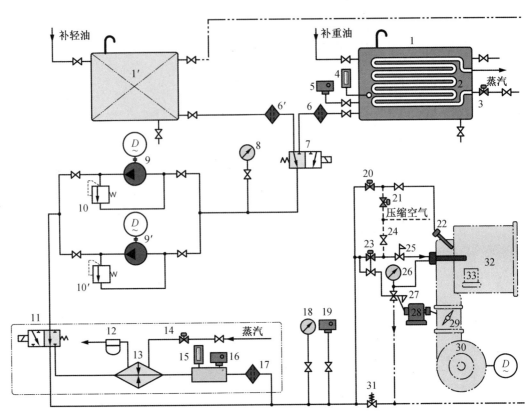

1—重油柜;1′—轻柴油柜;2—蛇形加热管;3,14—蒸汽流量控制阀;4,15—直形温度计;
5,16,19—燃油温度调节器;6,6′—粗滤器;7,11—电磁换向阀;8—真空压力表;
9,9′—油泵;10,10′—溢流阀;12—阻汽器;13—燃油加热器;17—细滤器;18—压力表;
20—辅助电磁阀;21—压缩空气电磁阀;22—辅点火喷油器;23—主电磁阀;24—直通截止阀;
25—速闭阀;26—回油压力表;27—回油调节阀;28—风、油比例调节阀;29—风闸门;
30—风机;31—安全阀;32—辅锅炉;33—点火变压器。

图 7-3-11 辅锅炉供油(轻、重油可切换)系统原理图

首先要给重油预热,重油是由蛇形加热管 2 内的蒸汽进行预热的。预热的温度由燃油的黏度决定,黏度越高,预热的温度越高。通过调节燃油温度调节器 5 来控制蒸汽流量控制阀 3 的开度,从而控制蛇形加热管 2 的蒸汽量,以达到控制重油预热温度的目的。达到调节温度的重油,经粗滤器 6 除去杂质后,通过电磁换向阀 7 切换至被油泵 9(或 9′)吸入,而后它的压力达到 0.7~2 MPa。然后压力油经溢流阀 10(或 10′)稳压后、在经主电磁阀 23、速闭阀 25 进入回油式喷油器喷入炉膛。燃烧需要的相应空气由风机 30 与风、油比例调节阀 28 控制风闸门 29 供给。雾化的燃油与空气均匀混合,由点火器点燃并燃烧。

当锅炉燃用黏度较大的燃料油时,若点火一次不成功,为了确保其迅速点燃,在主喷油器旁设有辅点火喷油器 22,其喷油量与日用最低蒸汽量相适应。当主喷油器熄火之前,辅助电磁阀 20 开启,辅助点火喷油器喷油,并由炉内火焰点火,这样炉内始终不断火,主喷油器再次点火时,就可以靠辅点火喷油器 22 的火焰点燃。当主喷油器点燃后,电磁阀 20 关闭,辅点火喷油器工作停止。只有完全停炉后重新点火,才由电点火器使辅点火喷油器点火,此时用轻柴油。

锅炉在冷态启动时,或者在停炉前几分钟都须燃用轻柴油。轻柴油重油(或燃料油)通过电磁换向阀 7 切换。

锅炉在燃用黏度大的燃油时,在管路系统上的电磁换向阀 11 开始起作用。燃料油首先在重油柜 1 预热一定温度再由油泵 9 泵出,然后由电磁换向阀 11 切换通路,让燃油经燃油加热器 13,再经细滤器 17 除去杂质,最后通过主电磁阀 23、速闭阀 25 进入雾化燃烧器,向炉膛喷入油雾,燃油需要的空气量由风、油比例调节器 28 与控制风机出口的调风闸门 29 来完成。

在燃油管路上还专门设有安全保护装置,如燃油温度调节器 19,当燃油预热温度未能达到规定值时,燃油温度调节器立即发出信号并使燃油供给系统停止工作。装置还装有安全阀 31,当燃油管路阻塞等情况发生时,管路压力突然升高,安全阀可释放高压油回低压油路。当系统中供汽压力突升、锅炉水位过低、油压低、风量不足、锅炉突然熄火等情况出现,安全保护设备都能立即切断主电磁阀 23,令其燃油直接通过回油调节阀 27 回油箱。

四、燃烧器使用管理要点

(1)安装燃烧器时应使喷油器中心线与喷火口轴线一致。在安装完毕后应检查与喷火口的内周径向距离是否相等,以免火焰偏斜喷射在喷火口或炉墙上。

(2)防止喷油器漏油。是否漏油可以从炉膛底部积油量来判断。压力式喷油器漏油可能是因为喷油阀关闭不严,也可能是雾化片平面精度不够或喷嘴帽未拧紧,导致工作时部分燃油未经过雾化片而直接流出;回油式喷油器漏油可能是停用时回油阀漏油;转杯式燃烧器漏油是因为供油电磁阀关闭不严所造成的,需定期清洗与检查供油电磁阀。

(3)防止喷孔结焦。喷孔结焦可从燃烧火炬不对称或其中有黑色条纹来发现,这时应将喷油器取下,拆出雾化片浸在轻柴油内,待结焦泡软后用硬木片或竹片刮去。不能用刮刀、锯条、钢丝刷等工具清除雾化片上的结焦。

(4)修复或更换磨损的雾化片。喷油器使用一段时间后(一般 500 h 以上),应拆下放在专门的试验台上检查其喷油量、雾化角和喷出的油雾圆锥是否变形。喷油量超过额定值约 10%时,应将雾化片更换或研磨变薄,减少其切向槽的深度,以使喷油量减少。若各槽磨损不均匀会使喷出的油雾圆锥形状歪斜。雾化片磨损严重时应予以更换。

(5)在装备多个燃烧器时,为了使不工作的配风器导向叶片不致被炉内火焰烤坏变形,风门关闭时应留有一定的间隙(0.5~2 mm),以便漏入少量空气起冷却作用。

五、燃烧方面的常见故障

1. 运行中突然熄火

锅炉蒸汽压力未到上限而熄火,可能是日用油柜燃油用完;油路被切断,如燃油电磁阀因线圈损坏而关闭,油质太差引起油路堵塞;燃油中有水;供风中断或风量严重不足(包括风道积灰严重堵塞);自动保护起作用(如危险水位、低油压、低风压或火焰感受器失灵等)。

2. 点不着火

点不着火除上述熄火的原因外,还可能是风量过大;喷油器堵塞;电点火器发生故障(点火电极与点火变压器接触不良、点火电极表面被结炭所玷污、点火电极间距离不当、点火电极与燃烧器端部位置不当、点火变压器损坏)。对于锅炉点不着火应注意观察是点火电极没有点火还是点火喷油器没有燃烧;是点火喷油器火焰太小还是主喷油器没有燃烧或燃烧后很快熄火。然后再锁定故障路线进行排除。

3. 燃烧不稳定

由于燃油雾化不良、油温低、油压低、风门调节不当、风压波动、油中有气或水、燃烧控制系统工作不良、配风器位置不当等会引起燃烧不稳定。这时可采取调整风压、风门开度或者燃烧器位置,减小燃油压力后再慢慢增加等措施,使燃烧恢复正常。

4. 炉膛内燃气爆炸

炉膛内燃气爆炸是燃油锅炉会发生的一种危险事故,一般在点火或热炉熄火后发生,亦称"冷爆"。这是因操作不当,使大量燃油积存于炉膛底部,蒸发以后在炉膛内形成可燃气体,一旦被点燃,会突然产生大量烟气,导致压力剧增而爆炸。这可能使火焰从燃烧器向外喷出,严重时能使烟气挡板飞出或把锅炉外壳炸开,危及人身安全或引起火灾。

炉内燃气爆炸的原因主要是点火前预扫风和熄火后扫风不充分;或点火失败后重复点火前没再进行充分的预扫风;停炉后燃油系统的阀件有漏泄,使燃油漏入炉膛又被余热点着;或漏油积存在底部,下次重新点火时预扫风不足,就会发生爆炸。

为了防止锅炉发生燃气爆炸事故,应对锅炉的燃烧器及燃油系统采取下列措施:预扫风要充分,点火失败后要重新预扫风再点火;紧急停用时需先关速闭阀,扫风结束后再停风机;若需要人工用火把点火,操作要正确,即燃油系统准备好后,先稍开风门供小量风,然后将火把点着,侧身从燃烧器点火孔伸至喷油器前,开速闭阀,点着火后再将风门开大到适合的位置;除操作不当外,因为停炉期间有少量燃油漏入炉膛所引起的爆炸,其主要原因是系统油阀尤其是主电磁阀关闭不严,除阀本身原因外,也可能是密封处积渣所致。应加强对燃油系统及燃烧自动控制装置的检查,发现漏油或其他问题应及时修理。

5. 锅炉喘振(炉吼)

锅炉喘振主要是因为燃烧不稳定,导致炉膛内压力波动。引起燃烧不稳定的原因有供油压力波动;燃油雾化不良,大油滴滞燃;风量不足或风压波动。

【练习与思考】

一、选择题(请扫码答题)

二、简述题

1. 燃油锅炉的过剩空气系数的含义是什么? 为什么不适宜过大或过小?

2. 压力式喷油嘴是如何工作的? 其性能上有什么特点?

3. 锅炉燃烧器包括哪些部分? 各起什么作用?

4. 采用回油式喷油嘴有什么好处?

任务7.3
选择题

任务7.4 认识船用锅炉汽水系统

【任务分析】

一个完整的锅炉装置,除具有锅炉机组本身以及相关的附属设备外,还需要有给水系统、蒸汽系统、凝水系统等,这样才能正常工作。本项目的主要任务是了解锅炉运行中锅炉汽水系统结构特点,掌握其常见故障管理与管理要点。

常见船员个人
安全案例
(PPT)

【任务实施】

燃油锅炉和废气锅炉所产生的蒸汽,通过管道输送至各处,供燃油、滑油的加热,以及空调装置、热水柜、厨房等生活用汽。大部分蒸汽在放热后变成凝水,由凝水系统流回热水井,再由给水泵经给水系统送至锅炉水腔。由于少量的蒸汽被直接消耗,以及部分不可避免的泄漏,流回热水井的凝水将少于锅炉向外界提供的蒸汽量,再加上因锅炉排污而损失部分炉水,所以要经常向热水井补水。

一、锅炉汽水系统

如图7-4-1所示为某船锅炉的蒸汽、凝水、给水和排污系统。下面将依次介绍其组成与原理。

锅炉汽、水
系统(PPT)

1. 蒸汽系统

蒸汽系统的任务是将锅炉产生的不同压力的蒸汽送至各用汽设备。辅锅炉和废气锅炉产生的蒸汽,通过锅炉顶部的停汽阀8,沿蒸汽管1和5汇集于总蒸汽分配联箱2内。由此,一部分蒸汽送至油柜加热系统,然后分送至各油舱供加热用。另一部分蒸汽则经减压阀3减压后,送到低压蒸汽分配联箱4,然后送至空调和其他舱室供设备加热和生活杂用。

蒸汽调节阀6调节废气锅炉用汽量,多余气体可直接回到大气冷凝器中。总蒸汽分配联箱上还接有岸接供汽管7,通至上甲板左、右舷,以备锅炉停用时可由岸上或其他船舶供汽。在蒸汽分配联箱底部装有泄水管,用来放去残水,避免通汽时在管道中产生水击。

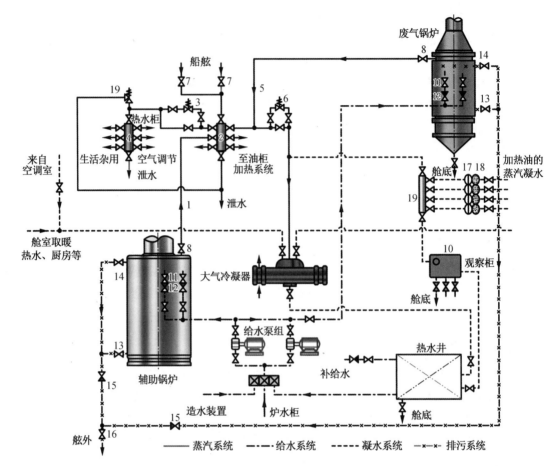

1—辅助锅炉主蒸汽管；2—总蒸汽分配联箱；3—减压阀；4—低压蒸汽分配联箱；
5—废气锅炉总蒸汽管；6—蒸汽调节阀；7—岸接供汽管；8—停汽阀；9—凝水回流联箱；
10—凝水观察柜；11—给水截止阀；12—给水止回阀；13—底部排污阀；14—表面排污阀；
15—止回阀；16—舷旁通海阀；17—阻汽器；18—滤器；19—安全阀。

图 7-4-1　锅炉给水、蒸汽、凝水、排污系统

2. 凝水系统

凝水系统的任务是回收各处的蒸汽凝水，并防止混入水中的油污进入锅炉。蒸汽在加热各设备后放出热量凝结成水，经滤器 18、阻汽器 17 流回热水井。因为阻汽器总会漏过一些蒸汽，并且当凝水流出阻汽器时，因压力降低也会产生二次蒸汽，所以某些温度较高的凝水需先经大气冷凝器冷却，使其中的蒸汽凝结，然后才流回热水井。

加热油的蒸汽凝水，可能因加热管的不严密而漏入油，在循环过程中凝水把油带进锅炉。油黏附在锅炉、受热面上或包含在水垢中，会妨碍炉水对受热面的有效冷却，致使局部受热面温度升高。当受热面管子的壁温长期在 500 ℃ 以上时，管子发生变形甚至爆炸。一般烟管锅炉炉胆变形和烧塌，主要原因是炉胆壁上黏附油污所致。为尽可能避免油进入锅炉，来自油舱的凝水首先要进入观察柜 10，一旦发现观察柜中的玻璃上黏附油污，应将油舱回水放入舱底，待查明原因并清除后，才允许干净的凝水进入热水井中。

3. 给水系统

给水系统的任务是向锅炉供给足够数量和品质符合要求的炉水。每台锅炉一般设有两套给水管路,其中一套为备用。在给水管靠近锅炉处,装有截止阀 11 和止回阀 12,截止阀装在锅炉与止回阀之间,以便在修理给水管路时将锅炉隔断。截止阀要么全开,要么全闭,以保持其水密封;止回阀用以防止给水泵工作时,高压的炉水倒流。

通过给水管路给水泵从造水装置或炉水柜和热水井吸水,并提供给辅锅炉和废气锅炉。由于供入锅炉的给水量与从各处流回的凝水量是不平衡的,所以在凝水和给水管路之间设一个热水井做缓冲器,以便过滤水中的脏污和油污,补充给水和投放炉水处理药剂,并有利于给水加热除氧等。

4. 排污系统

在锅炉的底部和锅筒的上部各有一个排污阀 13 和 14。锅炉工作一段时间后,炉水中含盐量增加,底部会聚集泥渣,产生沉淀物,打开排污阀 13,排出污水。溶解在水中的盐分以及漂浮在水面上的油污、泡沫和悬浮物,可通过设在锅炉上部的表面排污阀 14,用定期放掉一些炉水的方法排除。

底部排污通常要求在停炉或低负荷时进行。因为此时炉水较平静,有更多的沉淀物在底部附近。底部排污应在水位较高时开始,并注意水位的变化,防止失水。每次排污时间不能太长,一般不超过 30 s。对水管锅炉而言,为防止放出大量炉水后破坏正常水循环,一般不允许锅炉在工作时进行底部排污。废气锅炉也要进行排污,但强制循环锅炉一般不排污。

表面排污不受锅炉负荷状态的限制,一般在投入水处理药剂之前、锅炉热负荷大时进行,为了有效地收集漂浮在水面上的油污和泡沫,在高于最低工作水位 25 mm 至低于正常水位 25 mm 的范围内设有浮渣盘。进行表面排污前,先将炉水加至最高工作水位,排污时水经浮渣盘沿内部接管和表面排污阀流出。排污时,应密切监视锅炉水位的变化。

排污阀的直径为 25~40 mm。为防止排污阀由于冲蚀而影响密封,一般不用排污阀来调节排污流量,而在排污阀后另装一个调节阀,用它来调节流量。在排污时应先全开排污阀,后开调节阀。而关阀时,应先关调节阀,后关排污阀。

各处的排污管都汇集到排污总管,经舷旁通海阀排到舷外。在排污总管上装有止回阀 15,以免锅炉中无汽时海水倒灌。排污时,应先开舷旁通海阀 16,以防开启排污阀时管内发生水击。

二、锅炉汽水系统常见故障

1. 失水

锅炉水位低于最低工作水位时称为失水。这是一种严重的事故,因为失水会使部分受热面失去炉水的冷却而烧坏。此时切不可向炉内供水,以防赤热的受热面遇水而产生裂纹,甚至锅炉爆炸,应立即停炉,自然冷却,并查明原因。失水对废气锅炉并不要紧是由于柴油机排烟温度不会将受热面烧坏。

2. 满水

锅炉水位高于最高工作水位称为满水。锅炉满水虽没有失水时那样危险,但亦须及时发现和处理。满水会使所供蒸汽品质下降,导致水击、腐蚀管路设备等。发现满水应立即停止送汽,进行上排污,直到水位恢复正常;同时开启蒸汽管路和设备上的泄水阀泄水;然后查明原因。

3. 受热面管子破裂

受热面管子破裂指因结垢严重、水循环不良等导致管壁过热,或腐蚀严重都可能引起受热面管子破裂。若破口甚小,仅少许渗水,则可允许锅炉继续运行,但应严加监视,否则应立即停炉。炉冷后,可将其中水放光,进入炉内堵管。堵水管的钢塞有一定锥度,塞在破管两端,再用手锤敲紧。对烟管锅炉,用堵棒将破管堵死。堵管时,在堵棒的盖板和管板之间垫上石棉垫,收紧螺钉后即可。

4. 炉水异常减少

炉水异常减少指在正常的给水条件下,产生异常低的水位,发生的原因是水位计通水阀和通汽阀开关有误;吹灰器、安全阀及锅炉受热面管子漏泄;给水泵、阀及自动给水装置发生故障。

5. 水位计玻璃破损

水位计玻璃因炉水的腐蚀而变薄,安装时有内应力,温度剧变或震动剧烈等都易使玻璃破损。安装新玻璃管时,先使下侧的金属轻轻接触玻璃管,而后装上侧。安装新玻璃板时,注意板框螺钉要对称均匀上紧,升压后再紧一次,以免膨胀不均顶坏玻璃板。

6. 锅炉汽水共腾

锅炉运行时,锅筒上部蒸发面会产生泡沫,泡沫层积累而不断加厚,当泡沫层达到某一高度时,锅炉内呈现出汽水界面不分,水中带汽、汽中带水的状态,这种蒸汽携带大量水滴而使蒸汽品质显著恶化的现象称为汽水共腾。汽水共腾发生时一般会产生以下现象:水位计内的水面剧烈波动;上锅筒输出的饱和蒸汽的湿度与蒸汽含盐量均明显升高;可能引发蒸汽管道的水击事故,发出很大的敲击声。

(1)汽水共腾的原因

汽水共腾的原因可能是水质不良,即炉水中碱性物质、油污、盐分过高导致炉水起沫;供气量突增使气压下降过快,引起水位瞬间上升;水位过高;燃烧过强。

在沸腾状态下,纯净水的水面不会形成泡沫。水中起泡物质的浓度较高时,水面上会形成泡沫层。容易引起水面起泡的物质为有机物、微小粒径的渣和悬浮物、溶解固形物与碱性物质等。一般情况下,炉水水面的起泡大多是由于溶解固形物或碱性物质的浓度过高所致,而其他起泡物质的浓度不容易达到起泡的浓度。溶解固形物浓度升高,炉水的黏度就升高,炉水的表面张力增大,气泡不容易破裂,即气泡的"寿命"较长,导致气泡层变厚。这就使气泡破裂时飞溅出的水滴总量增多,且水滴群中能随蒸汽一起流动的最大直径的水滴的份额也增多,最终使蒸汽携带水滴的总质量增多,从而引发汽水共腾。

(2)汽水共腾事故的处理

当发生了汽水共腾,但未引发蒸汽管道水击事故时,应按以下的操作进行处理。

①减弱燃烧,降低锅炉的蒸发量。当锅炉蒸发量降低时,上升管内产生的气泡数量减少,上锅筒内的气泡量减少;减少了由于气泡破裂而飞溅出的水滴的量,可以降低锅内饱和蒸汽的湿度;锅内蒸汽上升速度降低,则水滴的飞升直径变大,即蒸汽携带的水滴的量减少。

②停止向锅内加药。锅炉化学药剂多含有 Na^+、K^+ 离子或有机物,这些物质会使炉水表面泡沫的产生量增多。

③全开蒸汽管道上的手动疏水阀。其目的是将汇集于蒸汽管道内的水及时排出,防止由于管道内积水过多而引发蒸汽管道水击事故。

④全开表面排污阀。其目的是为了将出锅筒水面下能引起发泡的高浓度的物质,如溶解固形物、碱性物质等,以最快速度排出,使炉水水质迅速好转,以减少由于炉水的水质差而导致的泡沫产生量,消除发生汽水共腾事故的根源。

⑤缩短炉水水质监测的间隔时间。

⑥应冲洗水位表并校对锅筒上的两只水位表的水位是否相同,防止出现虚假水位。

三、炉水化验与处理

1. 锅炉水质控制

在锅炉的管理维护工作中,定期对给水和炉水水质进行化验与处理是不可忽视的。水质控制得好,可显著减轻水垢的生成,防止发生腐蚀和汽水共腾。炉水质量控制好坏直接影响锅炉工作的安全性、热效率和使用年限。低压锅炉的水质控制主要项目包括硬度、碱度和含盐量。

(1)硬度

水的硬度是指水中 Ca^{2+} 和 Mg^{2+} 的浓度,它表明水在锅炉中的结垢能力。

Ca^{2+}、Mg^{2+} 形成的碳酸盐、硫酸盐、硅酸盐等极易在锅炉受热面上生成水垢。水垢的导热系数很小,使受热面传热系数降低,同时也破坏了锅炉正常的水循环。会产生以下损害:

①锅炉排烟温度升高,效率降低,燃料耗量增加;

②蒸发管壁过热甚至烧裂;

③结垢后垢下炉水浓缩,会促使电化学腐蚀作用加强,引起"垢下腐蚀",加速受热面管子的损坏。

为了减少水垢的生成,低压锅炉一般要求将水的硬度控制在 0.25 °H 以下。常用的方法是在炉水中加入磷酸钠($Na_3PO_4 \cdot 12H_2O$,也称磷酸三钠)或磷酸二钠($Na_2HPO_4 \cdot 12H_2O$),它们在水中离解后生成的磷酸根与 Ca^{2+}、Mg^{2+} 结合生成分散的胶状沉淀,当炉水 pH 值为 10~12,过剩 PO_4^{3-} 在要求的范围内时,能生成松软而无附着性的泥渣,可通过底部排污除去。因此,有的炉水处理方法只测量和控制水中过剩 PO_4^{3-} 的浓度,而不再直接控制硬度。

(2)碱度

水的碱度是使水带碱性的 OH^-、CO_3^-、HCO_3^-、PO_4^{3-} 的浓度。将炉水控制在适当的碱度范围内,有利于抑制电化学腐蚀。炉水碱性不足,将会促进锅炉受热面发生电化学腐蚀。炉水的碱性太强,会加剧腐蚀,发生苛性脆化。

锅炉水处理常以磷酸钠在降低炉水硬度的同时,提高炉水碱度。有时为了迅速提高碱度,也使用 Na_2CO_3,如果投药不当使碱度太大,则须上排污并补充淡水,使碱度下降。

（3）含盐量

含盐量的多少通常用化验氯离子浓度的方法来反映,单位用 mg/L（NaCl）表示。含盐量太大会引起汽水共腾,恶化蒸汽品质,加剧管路设备腐蚀。这时可以用表面排污、加强补水的办法来降低,因此,限制补给水的含盐量也是十分重要的。

蒸发量较大、工作压力较高的锅炉应每天化验一次;蒸发量小、工作压力较低的辅助锅炉,可 2~3 天化验一次。一般低压锅炉含盐量放宽至低于 1 000~7 00 mg/L（NaCl）,但大多数公司在含盐量超过 400 mg/L（NaCl）即要求上排污。

2. 锅炉水质测验

目前,船舶辅锅炉炉水化验的实际做法是,大多数船舶采用化学药剂公司提供的简易方法进行。即每天取水样,待样品冷却后立即按照药剂公司提供的化验说明书的方法进行化验,并将结果记录在药剂公司提供的记录表上,然后按照结果进行相应的投药作业。这种药剂一般都具有控制锅炉水的碱度、硬度和泥渣等综合性能。这种方式的具体操作十分简便,在实际操作中,只需仔细阅读药剂公司提供的说明书,并按照其方法进行。

3. 锅炉炉水处理

目前世界各船公司采用的控制标准、化验方法和处理药剂大同小异。国外各化学品公司提供的船用低压锅炉水处理方法大多采用单一的混合药剂,主要成分多为磷酸钠,根据酚酞碱度决定投放量,可同时提高碱度、降低硬度、增加泥渣流动性并防止其生成二次水垢等的作用。我国各船公司主要采用磷酸三钠或磷酸二钠(后者在碱度已够时使用),需药剂掺配拷胶使用。拷胶外观呈黄棕色,是粉状或块状的酸性天然有机物,可溶,毒性很低,其主要成分是单宁（占 65%~70%）。单宁可吸附和凝聚炉水中 Ca^{2+}、Mg^{2+},阻止炉水中 Ca^{2+}、Mg^{2+} 以水垢的形式沉析出来,使它们变成流动性好的泥渣而随下排污排出炉外。同时单宁在碱性介质中能吸附水中氧,并与过剩 PO_4^{3+} 一起组成中性保护膜,防止了金属表面的腐蚀。

【练习与思考】

任务 7.4
选择题

一、选择题（请扫码答题）

二、简述题

1. 请简述汽水共腾的含义、产生条件、危害及避免措施。

2. 锅炉运营中为什么要排污? 排污有哪几种? 应如何正确操作?

3. 为什么炉水要保持一定的碱度? 如何保持?

4. 炉水中硬度过高有什么危害? 如何消除?

任务 7.5　操作与管理船用锅炉

【任务分析】

船用锅炉是一个高温高压的容器,它的安全可靠是至关重要的。由于操作管理和维护保养方面的失误往往会造成严重的事故。因此,轮机人员应有高度的责任感,严格按照锅炉的操作程序及维护保养方面的规定及要求行事,决不疏忽大意。本项目的主要任务是对锅炉进行正确的操作与维护管理。

【任务实施】

一、船用锅炉的基本操作

1. 点火前的准备

（1）新炉或经开放检查修理后的锅炉（冷态点火）

仔细检查锅炉本体各部分受热面及炉膛内的砖墙等是否完好无损，各有关设备和自动控制系统工作是否正常，炉舱中的防火设备是否齐全并处于备用状态。只有在确认上述一切正常之后，才能上水（即向炉内供水）。上水温度应与锅炉本体温度相差在30 ℃以内。

船用辅助锅炉的管理（PPT）

上水时，最好先、后使用两套给水系统，以确认它们的工作均正常。对于烟管锅炉，应上水至水位计的高水位，以使在升汽后通过底部排污，分数次将位于锅炉底部温度较低的炉水放掉，促使整个锅炉的温度均匀。对于水管锅炉，上水至水位计的低水位，因为产生蒸汽后，炉水会因产生气泡而膨胀，使锅筒内水位上涨。对装有经济器的锅炉，上水时经济器应充满水并保持畅通，以免点火后它处于干烧或由于水受热膨胀而遭到破坏。上水时还应查看水位计是否完好无损，表面是否清晰透明。在船舶无倾斜的状态下，两只水位计的水位高度应一致。上水结束后，再添加基本使用量的炉水处理剂。同时要观察水位情况，确认各承压部件没有发生泄漏。

船用辅助锅炉的运行与管理（微课）

点火前，应检查日用油柜油量和温度是否已加热至符合要求，并开泄放阀泄放残水。同时确认燃油系统中的各种设备均处于适用状态。将主、辅停汽阀关闭后再打开1/4转，防止咬住。

完成上述各项工作后，锅炉即可点火。

（2）熄火停炉后，再点火的准备（热态点火）

检查水位计的水位指示是否正确，试验自动水位控制装置的动作是否确实可靠。检查遥控及自动控制系统，并试验各部分动作是否确实可靠。启动鼓风机，打开全部烟道挡板，使炉膛及烟道彻底通风，排除存在的任何残留可燃性气体。试验自动－手动转换器，检查燃油系统各阀及启动燃油系统，加热至适当的黏度。

2. 点火升汽

冷炉点火升汽时，锅炉各部分的温度变化很大，为使各处温度均匀，以人工手动控制为宜。燃油锅炉在开始点火前，一定要先预扫风5 min以上，将炉内积存的油气彻底吹净。如果点火失败，再次点火前仍要进行预扫风至少3 min。当多次点火失败时，应查明原因排除故障后再点火。万一发生爆炸回火，应立即关闭燃油速闭阀并停油泵，以防火灾。燃烧不要过猛，也不要连续，一般是烧0.5~1 min，停10~15 min。对蒸发量为1~2 t/h的辅锅炉，烟管锅炉从点火到满压所需时间大约为2 h，水管炉因水循环良好，约需15 min左右。其中从点火到产生蒸汽压力的时间约占整个点火升汽时间的2/3。如不控制燃烧，从冷炉至产生蒸汽压力的时间一般烟管锅炉仅需0.5 h，有的水管锅炉仅需6 min左右，而这种快速升汽对锅炉保养是十分不利的。大蒸发量烟管锅炉升汽时间正常不少于8~12 h，D形水管锅炉约需2~3 h。

在点火升汽过程中,应随时注意水位的变化,以防因底部排污阀或给水阀泄漏而失水。在升汽过程中应冲洗水位计数次,使水位计逐渐加热,同时也可防止水位计堵塞。蒸汽压力开始产生后,应关闭汽包上的空气阀。待蒸汽压力逐渐上升,锅炉由冷态进入热态后,对于停炉时曾拆卸过的入孔和手孔门螺栓以及其他紧固螺栓均应再次旋紧,这些工作必须在蒸汽压力未达到 0.5 MPa 以前进行。当锅炉达到工作蒸汽压力后,应冲洗水位计检查水位。必要时,可使蒸汽压力提高将安全阀自动顶开,以检查其灵敏性。进行表面排污,以排除锅筒水面上的杂质和油污,随后即可送汽并改为自动操作。

在送汽前应暖管:将蒸汽阀稍开,供汽加热管路,同时开启蒸汽系统中各泄水阀进行疏水。暖管时间不宜过短,否则管壁和管路上的法兰及螺栓会产生较大的热应力,而且管路内凝水可能未排净,开大停汽阀正式供汽时,在高速蒸汽冲击下会出现"水击",可能损坏阀门、管路和设备。暖管时间一般不应少于 15~20 min。

如果两台锅炉同时投入工作,应先使两者蒸气压力相同之后再并汽。如果升汽的锅炉与另一台已在工作的锅炉并汽,锅炉中的蒸气压力应比主蒸汽管中压力高出 0.05 MPa 左右再并汽。

3. 运行中的管理

锅炉正常运行时应注意监视蒸气压力、水位和燃烧,随时调节至正常工况,并检查各部件和系统是否正常工作。

锅炉工作时水位计的水位总应在波动,若发现水位计水位长久静止不动,则表明通水接管堵塞或上、下两个接管同时堵塞;若发现水位一直在上升,则有可能是通汽接管堵塞。出现这种情况应冲洗水位计。

锅炉蒸气压力如果超过安全阀的开启压力,但安全阀尚未开启,则必须用人力强行开启。如安全阀虽自动开启,但蒸气压力长久降不下来,则应立即停炉。

锅炉燃烧好坏主要是通过观察炉膛中火焰颜色、火焰流型和对烟气成分进行分析来判断。燃烧良好的标志是火焰稳定并呈橙黄色;火焰轮廓清晰,炉膛内略显透明,依稀可见炉膛的后壁;烟囱排烟呈浅灰色。如果炉内火焰发白、炉膛内极透明、烟色太淡几乎看不见,则表明空气量太多。如发现火焰呈暗红色、火焰伸长跳动并带有火星、炉内模糊不清、烟色加深直至浓黑,则表明空气量太少或燃油雾化不良,与空气混合不好。为获得完全燃烧,应保持燃油系统中的油压、油温和风压稳定在规定的数值。经常注意滤器前后的油压差,一般超过 0.05 MPa 时要及时换洗滤器。若发现喷油器雾化不良、火焰歪斜、变长,应检查喷嘴是否磨损或局部堵塞。

4. 熄火停炉

停炉前应改用柴油,以免重油留存在管路内。熄火时应加水至水位计最高水位,以免因锅炉内水冷却收缩而看不到水位。熄火后有压缩空气吹扫系统的应将喷油嘴吹扫干净。

当锅炉需要做内部检查或检修时,应让锅炉自然冷却,决不可让温度急剧降低而损伤锅炉。待锅炉中已无蒸气压力时,打开空气阀,以免锅筒内产生真空。一般只有当炉水温度降至 50 ℃ 左右时才允许打开底部排污阀放空炉水。水管锅炉在急需停炉时可在蒸气压力降至 0.5 MPa 以下后放空。

二、停用锅炉的保养

锅炉运行时靠热力除氧和化学除氧,水中含氧很少,若保持炉水碱度合适,则钢铁的锈蚀甚微。然而,放完水的锅炉经过一昼夜就会生锈。钢铁在空气中的锈蚀是由于相对湿度较高,表面出现液膜(受表面粗糙和脏污程度影响很大),空气中的氧和其他腐蚀性气体、氯离子等溶入液体而产生。相对湿度小于30%通常不会产生锈蚀,湿度大于70%,钢铁表面会出现薄的液膜,容易腐蚀。

1. 干燥保养

如果锅炉停用时间较长或需要内部检修;或环境温度可能降至冰点以下,则应采用干燥保养法。干燥保养法的要点是保持锅炉的内部干燥,防止潮气造成锅炉腐蚀。经验证明,干燥保养法对停用一年以内的锅炉防蚀是有效的。

采用干燥保养法应在锅炉蒸汽压力降至 0.3~0.5 MPa(温度 140~160 ℃)时放空炉水,保持炉膛严密,防止冷空气进入使炉膛散热太快,然后打开锅筒上的人孔盖和联箱上的手孔盖,用余热使锅炉内水分蒸干,在关闭入孔盖和手孔盖之前,可以在锅筒内放置一盘燃烧的木炭,以耗尽封闭在锅炉内部的氧气。若停用时间长应在锅炉内放置干燥剂。有的干燥剂吸湿后对钢板有腐蚀作用,应盛在开口容器内,不得与锅炉钢板直接接触。也有使锅炉内部充满氮气或专用腐蚀抑制剂来保养停用的锅炉。具体操作方法,可以根据相关的说明书进行。

2. 满水保养

满水保养法适用于短期(1~3个月)停用的船用锅炉。满水保养法就是将锅炉的汽水空间全部充满不含氧的碱性水,以防腐蚀。它的操作要点是彻底排除锅炉中的空气和保持炉水合适的碱度,pH 值为 9.5~10.5。满水保养时,先打开锅炉上的空气阀,向锅炉泵送加碱性药物的蒸馏水或凝结水。水加满前点燃一个燃烧器,将炉水加热至沸腾,使水中的药剂混合均匀,并且尽量减少溶解的氧气,同时利用产生的蒸汽将锅炉中的空气从空气阀驱除。待空气阀连续冒出蒸汽时熄火,用给水泵将水注满,然后关闭空气阀,在锅炉中建立 0.3~0.5 MPa 的压力。炉水冷却后,压力可降低至 0.18~0.35 MPa,以保证空气不漏入锅筒内。

如果满水保养已超过 1 个月,但仍需继续保养,那么必须放掉部分水再加热除氧,然后化验碱度和磷酸根的含量,决定补水时是否需要加药。

3. 减压保养法

减压保养法适用于停炉期限不超过一周的船用锅炉。减压保养时保持锅炉的余压在 0.01~0.1 MPa,炉水温度稍高于 100 ℃ 以上,炉水中不含有氧气。由于锅内的压力高于周围环境的压力,故可以阻止外界空气进入。为了保持炉水的温度,可以定期在炉膛内生微火、间断点火或利用相邻锅炉的蒸汽加热炉水。

减压保养前应加水至最高工作水位,以免因锅炉内水冷却收缩而看不到水位。压力降低后,炉水中悬浮杂质和泥渣会沉淀,应进行下排污。排污后化验炉水,视需要加入水处理药剂。减压保养期间间断点火来保持炉内低蒸气压力时,如果点火次数过于频繁,可以将蒸气压力适当提高,但升压最多至工作蒸气压力下限即熄火。若升压过高,熄火后可能因炉膛散热而使蒸气压力继续升高顶开安全阀。

三、锅炉受热面的低温腐蚀和积灰复燃

1. 低温腐蚀

锅炉的低温腐蚀是指烟气温度较低区域(约 500 ℃)的受热面的一种腐蚀。低温腐蚀是因为受热面的壁温低于烟气中硫酸蒸气的露点,管壁上结有酸露而引起的。

为防锅炉的低温腐蚀,应采取以下措施。

(1)改善燃烧工况,采用低过量空气的燃烧方式,它能减少二氧化硫的进一步氧化,从而减少硫酸的生成,有效地降低酸露点。

(2)要及时进行吹灰,经常保持受热面的清洁,尽量减少其对生成硫酸的催化作用。在停炉检修时,要清除受热面上的铁锈和积灰。

(3)对装有空气预热器的锅炉,可以采用装设空气再循环管道的方法来提高空气入口温度。也可以采用旁通烟道或旁通空气道的方法,当锅炉点火升汽或处于低负荷运行时,将烟气或空气旁通,不经过空气预热器。

2. 积灰复燃

燃油中含有 0.3% 左右的灰分,由于灰分中含有硫、钒、钠成分,它们的化合物熔点很低,极易在高温受热面烟气侧结存灰渣。

当燃油灰分中含有钙时,燃烧后成为氧化钙,它与三氧化硫作用形成硫酸钙,可在管壁上形成牢固的积灰;当燃烧恶化时,还会生成大量的炭粒子,其对烟灰数量的影响会超过燃油中的灰分。当沉积的烟灰中有可燃物时,在一定条件下会在尾部烟道中重新着火燃烧,把受热面烧毁。

即使在较低温度下,炭粒等可燃物质也会缓慢氧化,放出热量。但是在正常运行时,由于烟道的烟气流速很高,散热条件好,放出的热量很快被烟气流带走,不会着火燃烧。但当停炉后,烟气停滞不动,散热条件很差,因氧化放出的热量不能散走,温度逐渐上升,使氧化加速,最后可能导致着火复燃。所以大多数尾部受热面着火复燃不是发生在运行过程中,而是在停炉一段时间之后。

防止积灰着火复燃的主要措施是有以下几点:

(1)保证在各种工况下的良好燃烧。

(2)及时进行吹灰,防止可燃物的积存。

(3)停炉后 10 h 内应严密关闭烟道和风道挡板以及各种孔门,防止空气漏入时,应进行蒸汽灭火。

四、锅炉的清洗

锅炉运行一段时间后必须停炉清洗,其目的一是清除水垢、泥渣和烟灰,二是检查锅炉内各处是否有腐蚀、裂纹和变形。这种内部检查应每年至少进行两次。

1. 水垢的清洗

水垢清洗的方法有机械清洗法、碱洗法和酸洗法。

(1)机械清洗法

如炉内水垢较薄,可用刮刀、钢丝刷、管刷和电动(气动)铣刀等清垢。清洗应在锅

炉刚冷却时进行,如冷却过久,水垢会变硬,遇硬垢时,切勿用工具硬敲,以免损伤金属的平滑表面,降低使用寿命。机械清洗法劳动强度大,目前已很少采用。

(2)碱洗法

当水垢坚硬不易刮除时,可用碱煮后机械清洗。对于较厚水垢,可用碳酸钠和苛性钠混合投入炉内。炉内水位保持在最高水位,加热升压至 0.3 MPa,然后慢慢降至 0 MPa,又升至 0.3 MPa,再降至 0 MPa。如此每隔 1~2 h 交替升降一次,以松动附着的水垢。每当压力降至 0.1 MPa 时进行一次表面排污,并补水至原位。碱洗完毕,进行最后一次表面排污,然后停火并使锅炉自行冷却。当压力降至 0.05~0.1 MPa 时,开启底部排污阀,放去碱水以及松脱的水垢。如水垢不多,则可用磷酸钠碱洗,但在排污后补充给水时,需补入磷酸钠。

(3)酸洗法

酸洗除垢最彻底,但对金属具有极强的腐蚀性,只在不得已时采用,如盘香管锅炉,因内部空间小,又必须清洗。自从美国研究出腐蚀的抑制剂之后,酸洗法才被广泛采用,是清洁锅炉的最佳方法。

酸洗是用热盐酸(或柠檬酸)水溶液来溶解水垢。酸的浓度视水垢厚度和性质而定。如水垢成分主要为碳酸盐,则盐酸浓度为 2%,温度为 20~40 ℃;水垢成分主要为硫酸盐和硅酸盐时,浓度可大些,但不应超过 10%。

酸洗时用泵强制循环酸溶液,直至酸度不变,表示酸洗已近结束,该过程约 8~10 h。

酸洗后酸溶液先泵到岸上,然后用淡水冲洗锅炉,再用浓度超过酸液浓度 3%的热碱水,中和残余酸液 6~8 h,最后用热淡水清洗一遍。

酸洗时不能用原有锅炉汽水管路系统,必须另设一套酸洗循环系统,炉上铜质附件应拆除或隔开。如果锅炉有不严密、裂缝和腐蚀损坏部位,则不允许进行酸洗,以免造成不良后果。

2.烟灰的清洗

锅炉运行一段时间后,在受热面的水侧和烟侧会分别结有水垢和黏附灰渣,这些物质对锅炉的经济性和安全性均有不利的影响,因此必须定期(应每年至少进行两次)检查锅炉结垢和积灰的情况,再决定是否需要清洗。

烟灰的清除可采用吹灰器法、机械法和水洗法进行。

吹灰器所使用的工质是锅炉自身产生的蒸汽或船上的压缩空气。使用蒸汽吹灰器时,在开始吹灰前必须将吹灰系统中的蒸汽凝水排出。吹灰器的使用顺序是自炉膛内下方开始,依顺序向上向外吹灰。由于吹灰器很难彻底清除积灰和灰渣,所以仍须定期停炉,用机械方法和水洗方法清除。

机械法除灰可用小锤、凿子、刮刀等工具来清除,还可以用压缩空气喷枪将吹灰器吹扫不到的地区的浮灰吹掉,对于非常坚硬的灰渣,不宜用清扫工具过分地敲击。

水洗法除灰应在炉膛的耐火砖上罩以帆布,防止水洗时砖墙过分潮湿。同时在炉膛底部设泄水阀,及时将污水泄放。

五、锅炉的检验

锅炉检验的内容包括锅炉本体、主要部件、附件和指示仪表(水位计、安全阀、压力表)等。检验的目的不仅是找出可能存在的腐蚀、裂纹、变形和漏泄等,还要确定是否要修理和修理的范围,此外还要研究其产生的原因和以后如何妥善地维护管理。

根据规定,设计压力大于 0.35 MPa 且受热面积大于 4.65 m² 的锅炉,船龄在 8 年以内者,每两年要进行一次检验,超过 8 年时,每年检验一次。检验由专职的验船师进行。

1. 锅炉内部的检查

进入锅炉检查之前,如有其他并联的锅炉在使用,应隔断它们之间的蒸汽管路和给水管路,用铁丝等将所关的截止阀绑住,并挂上告示牌,以防造成事故。锅筒内有人工作时,锅筒外应有人协助。进入锅筒之前,一定要对内部进行充分的通风以保证有足够的空气。锅筒内只允许使用电压不超过 24 V 的工作灯。带入的工具和物件出锅筒时要逐一清点。

(1)水垢

当炉水处理良好时,金属表面仅附有一层薄而稀松的水垢,用钢丝刷就可刷掉。如果水垢厚度超过 2 mm,呈结晶状态,并牢牢地附在金属表面上,则说明炉水硬度太高,过剩磷酸根离子不足。如果水垢厚而不紧密,且略带半透明的大晶粒,放在淡水中 2~3 h 后极易破碎,则说明含盐量过大。如果水垢是光滑薄瓷片状的坚硬水垢,则说明炉水中含有硅盐,这种水垢的导热性很低,是非常危险的。如果锅筒水位附近壁上黏附有油污,则应查明原因并予以解决。如果在锅筒水位线以上壁面黏附有泥渣,则说明炉水在沸腾时有很多泡沫,应加强表面排污,降低炉水含盐量。若底部堆积泥渣很多,可能是下排污不足或下排污管布置不合理。

(2)腐蚀

检查锅炉内部的腐蚀和裂纹,在水垢未清除之前就要进行。若有细微的裂纹存在,水垢的颜色在该处呈深红色或深褐色的条纹,而其余地方则为均匀的淡黄色。如果是局部腐蚀,那么腐蚀部位上面的水垢由于含有氧化铁成分,会局部变为深色。如果腐蚀是处于活化阶段,则水垢呈褐色,轻轻一敲即掉下来,在水垢的下层有黑色氧化铁。如果水垢牢固地贴附在麻点上,颜色淡,是一个老麻点。

测量局部腐蚀麻点深度的常用方法有两种:

①压铅法——将软铅合金压入麻点内,用手锤敲平,然后取出测量其厚度;

②金属浇铸法——将低熔点的金属(如焊锡)熔化后注入麻点中,凝固后取出,并测量其厚度,大面积的均匀腐蚀可以用测厚仪测定受热面现存的壁厚。

锅筒、联箱等厚度普遍减薄超过原厚度 10% 以上时,应重新验算强度,必要时降压使用。如因腐蚀减薄量不超过原厚度 30%,可堆焊修补,但面积不允许超过 2 500 cm²。个别腐蚀凹坑最大直径不得超过 3 倍厚度,相邻凹距离不得少于 120 mm。

(3)裂纹

裂纹有表面裂纹和穿透裂纹。多出现在应力集中、冷热变化较剧烈的区域以及管端扩管处。因其不易发现,故检查时要特别仔细。除了可从水垢的颜色间接地显示裂

纹的位置以外,还可以用下列两种方法判断是否有裂纹:

①煤油白粉法——先用14%的硫酸溶液浸入裂纹处,然后用煤油浸湿,第待25 min后擦干,再涂上白粉,如有裂纹,则煤油会透过白粉显示出裂纹的轮廓;

②超声波探伤法——可用超声波探伤仪来发现平行于锅筒表面的内在裂纹。

原则上锅炉不允许有裂纹存在。如仅发现少数几处有裂纹且未穿透筒壁,征得验船师同意后可用补焊方法修理。若多处出现裂纹而且其深度较大,或裂纹发生在管板管孔间,则应考虑予以更换。发现有裂纹的管子应更换。

(4)变形

水管锅炉的水、冷壁和靠近炉膛的前几排沸水管等地方大多热负荷较强,容易因过热产生鼓包和变形,这可以在炉膛中观察到。管子变形的允许值为管子下垂量不超过管径的两倍,管距变化不超过25%~35%。还应注意管端扩接处有无漏泄,这可以从烟气侧有无盐渍来判断,如有漏泄,可重新扩管,如扩管无效或管子其他部位漏泄,则需换管。暂时不能换管,可临时堵管使用。

2. 锅炉的水压试验

使用的锅炉在每次大修后,或在检验时发现有必要,又或经过长期停用,都要进行水压试验。水压试验时安全阀要用专用夹具锁紧,并取下所有不能承受超压的零件和仪表。试验前先打开空气阀,用手摇泵向锅筒内充水,检查并确认排污阀和泄放阀无泄漏。待空气阀溢水后将其关闭,再分数次加压至试验压力,保压5 min,如果压力不下降则为合格。

水压试验压力为1.25倍锅炉设计压力,如锅炉损坏经过重大修理后进行水压试验,试验压力为1.5倍锅炉设计压力。

【练习与思考】

一、选择题(请扫码答题)

二、简述题

1. 锅炉停用时的保养方式有哪几种?

2. 简述燃油辅锅炉平常管理要点。

3. 锅炉内受热面水管损坏时有什么迹象?如何应急解决?

4. 分析锅炉缺水的原因有哪些。

任务7.5 选择题

项目 8　船用分油机

【项目描述】

船舶柴油机所用的燃油在使用前必须经过净化处理,还要除去其中的水分和杂质。而柴油机系统润滑油在使用过程中应循环净化,并除去其在润滑过程中产生和进入的各种杂质。油料净化中的核心环节是离心分离,离心分离的最主要设备是离心式分油机,分油机的操作、维护与管理是轮机人员必须掌握的基本技能。

通过本项目的学习,应达到以下目标:

能力目标:

◆能够正确拆装分油机;

◆能够按照操作程序正确启、停船用分油机;

◆能够对船用分油机进行维护与管理。

知识目标:

◆了解离心式分油机的基本结构及工作原理;

◆了解提高分油机分离效果的主要方法;

◆了解如何对自动排渣分油机进行人工操作。

素质目标:

◆培养严谨细致的工作态度和精益求精的工匠精神;

◆提高团队协作能力与创新意识;

◆树立安全与环保的职业素养;

◆厚植爱国主义情怀和海洋强国梦。

【项目实施】

项目实施遵循岗位工作过程,以循序渐进、能力培养为原则,以各型分油机为例将项目分成以下三个任务。

任务 8.1　了解船用分油机基础知识

任务 8.2　认识船用分油机类型、结构与控制

任务 8.3　操作与管理船用分油机

"威望"号油轮
事件(PDF)

任务 8.1　了解船用分油机基础知识

【任务分析】

本任务主要是了解燃油净化的基本方法,掌握离心式分油机的工作原理,正确分析分油机分离工况,为学习各种型号的分油机结构、分油机净化系统工作过程打下良好的基础。

【任务实施】

一、油料进行净化处理的方法

船舶动力装置所用的燃油和滑油若含有水分和固体杂质,将严重地影响机器的运转和使用寿命。因为燃油中含有水分和杂质,将使喷油器磨损加剧,燃油的雾化质量下降,燃烧恶化;滑油中含有杂质和水分,将破坏运动部件油膜的建立,加速磨损,甚至引发发热咬死等严重事故。而燃油和滑油在运输和贮存过程中,总是不可避免混入一些水分、铁锈和泥沙等杂质。此外,滑油随着机器的运转,其中的水分和柴油机磨损产生的金属屑、燃烧后的碳结渣等机械杂质的含量也会不断增加。所以,对这些油类的净化处理,是保证动力装置可靠运行,延长机器使用寿命,降低船舶营运成本的一项重要技术措施。

燃油、滑油净化处理的方法有过滤器过滤、重力沉淀和离心式分油机分离。

(1)过滤器过滤只能净化油中粗粒杂质,一般只作为辅助净化之用。

(2)重力沉淀:当把混有水和机械杂质的油放入油柜静置一段时间后,油、水、机械杂质三者会在密度差的作用下而分层,密度最小的油在最上层,密度最大的机械杂质在最底层,而水则处于两者之间,船舶上的燃油沉淀柜就是利用重力分离原理来实现对油粗净化处理的,分离出的水通过底部的放水阀排放,杂质则在积聚较多时人工排空油柜清除。

如果将沉淀柜做如图 8-1-1 所示的改进,当含有水和机械杂质的油不断由入油口加入,其速度能保证分离过程的完成,那么沉淀柜将能实现连续的分离工作,净油由净油口排出,分离出的水则由污水口排放。

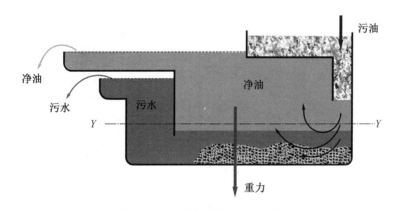

图 8-1-1 重力连续分离示意图

为了保证油不会从出水口排走(跑油),油与水之间的油水分界面 $Y—Y$ 应保持在左侧隔板下边缘以上一定距离的位置。在出油口高度不变的情况下,油水分界面的位置受油的密度和出水口高度的影响。当油的密度增加时,要保持该分界面位置不变,就需相应增加出水口高度,否则分界面将移出左侧隔板下边缘处而造成跑油;反之则应降低出水口高度,否则分界面上移,有效分离距离缩短,将降低分离效果。这种方法虽然能将水分和杂质分离出来,但沉淀速度慢、历时长,在船舶摇摆时净化质量无法保证。

(3)离心式分油机(简称分油机)分离:油的净化程度高、净化速度快、受船舶摇摆的影响小。

二、分离筒离心分离原理

如图 8-1-2 所示是分离筒离心分离原理示意图。由图左侧分离筒径向截面可以看出,分离筒内部基本结构与图 8-1-1 所示的沉淀柜相似,当分离筒以 6 000~8 000 r/min 的速度高速旋转时,分离筒内的油、水、机械杂质会因密度不同而在离心力差的情况下呈油在最内层、水在中层、机械杂质在最外层的分布,达到水、机械杂质与油分离的目的。当需要净化的油不断地由分离筒中心孔道引入分离筒内,油、水、杂质就会连续不断地获得分离,净油由净油口排出,污水由污水口排出。

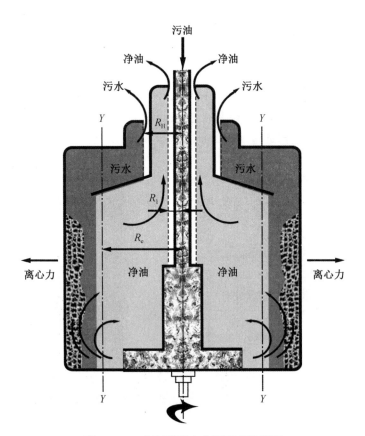

图 8-1-2　分离筒离心分离原理示意图

与沉淀柜重力分离一样,内层净油与水之间存在一油水分界面,所不同的是该分界面是一与转轴同心的圆柱面;其直径 R_e(即位置)大小,在出油口直径 R_1 不变的情况下与油的密度和出水口直径 R_H(实际分油机称为重力环内径)大小有关。油的密度越大,R_H 应越小,否则 R_e 增大,分界面外移会造成"跑油";反之,油的密度越小,R_H 应越大,否则 R_e 减小,分界面内移会造成分离效果下降。

三、离心式分油机的工作原理

混合液在离心力场的作用下,不同密度的液体在离心惯性力作用下将迅速沿径向重新分布,分层速度快,而且不容易掺混。因此离心式分油机就是根据油、水、杂质密度的不同,在高速回转的离心力场作用下,依靠离心惯性力不同,而将油、水、杂质沿转轴径向重新分布。杂质离心惯性力最大被摔到最外圈,纯油的离心惯性力最小,汇聚在转轴附近,水分则位于两者之间,从而将油、水和杂质分离出来。混合液依据这一基本原理完成净化处理工作。由于杂质和水分所产生的离心惯性力比本身的重力大几千倍,因此用分油机分油就能缩短燃油或滑油净化时间并提高净化效果。根据混合液体的这一特性,船舶上通常采用叠片式(也称转盘式)分油机净化燃油或滑油。这种分油机的核心部件是分离筒,它是利用离心分离原理来完成分油作业的;实际的分离筒内部工作空间由数十片碟形分离盘将其分隔成许多瓦片状的分离流道,大大提高了分离速度和效果。如图 8-1-3 所示是实际分离筒基本结构图。

离心式分油
机的结构
原理(动画)

分离筒结构
(动画)

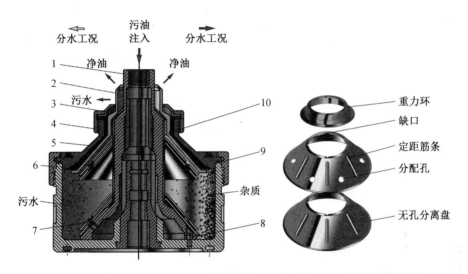

1—盘架;2—颈盖;3—重力环;4—重力环锁紧螺母;5—分离筒盖;6—分离筒盖锁紧螺母;
7—分离盘;8—盘架定位销;9—橡胶密封环;10—分杂密封环。

图 8-1-3 分离筒基本结构图

分离筒本体为一有底的圆柱形筒体,上部由分离筒盖锁紧螺母 6 压紧的分离筒盖 5 与其配合形成内部工作空间。筒内装有一个倒置漏斗形的盘架 1,盘架底边缘处有一个盘架定位销 8 使其与筒体底部连接。盘架上,由下而上装有数十片碟形分离盘 7。为保证分离筒工作时的动平衡,装配时必须按分离盘编号顺序装入,并使分离盘内缘的缺口对准盘架外周的键条,以保证分离盘上的分配孔轴向对正形成油的分配通道。各分离盘的外表面有 6 条厚 1~2 mm 的定距筋条,以构成分离盘之间等距的瓦片状的分离流道。

分离盘最上一片与分离筒盖之间装有颈盖 2,其外表面与分离筒盖内表面之间的间隙是被分离出的污水的排出通道;而颈部的内表面与盘架之间则构成了净油的排出通道,其出口内径不能改变。分离筒盖上端口由重力环锁紧螺母 4 将重力环 3 固定,重力环内径可通过更换不同内径的重力环而进行调整,以满足不同密度的油或不同加热温度时的需要,一般每台分油机配有七只不同内径的重力环。

待净化的油由分油机自带的齿轮泵送入盘架颈部的中心通道进入分离盘下部,经分配孔通道(分水工况)或分离盘外缘(分杂工况)进入各分离流道,随分离筒一起高速旋转;与油一起进入分离流道的水或杂质在这里实现与油的分离,分油机根据用途不同可分为分水机(purifier)和分杂机(clarifier)。当需净化的油中所含水分较多时,使用分水机,分离油中的水分和杂质;当需净化的油中所含水分较少时,使用分杂机,分离出的杂质和少量水分从排渣口排出。分水机的分离盘靠外边缘附近开有若干分配孔。分水机和分杂机主要结构相同,差别只是:分水机盘架有一圈分配孔,分杂机无孔;分水机有重力环和出油口、出水口,分杂机只有出油口,不需要重力环。因此,两者只需要更改个别元件即可互换。例如可以将无孔盘架代替分水机的有孔盘架,并将出水口用分杂密封环 10 封死,就可以将分水机改装为分杂机。如图 8-1-4 所示为分油机工作原理图。

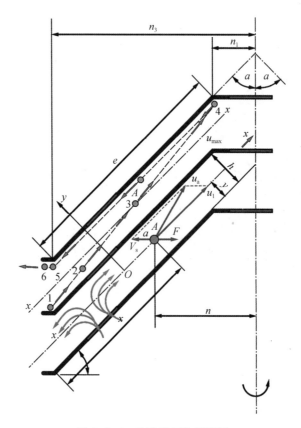

图 8-1-4　分油机工作原理图

设水或杂质颗粒 A 在随油一起进入分离流道后,在油的携带作用下具有向前运动的速度 u_1;同时在与油之间的离心力差的作用下,克服油的黏滞阻力,具有向外运动的径向速度 V_s;其实际运动速度 u_a 的大小和方向将是 u_1 和 V_s 的向量和;u_a 的方向将逆时针偏离油的流动方向,当颗粒 A 随油向前流动的过程中将向上方的分离盘内表面偏移,有可能在未流出流道前就会抵达内表面。由于油在流道中向前的流动速度在流道高度方向呈抛物线分布,在分离盘上、下表面处为零,因此抵达分离盘内表面的颗粒 A 失去了油流携带作用的影响,在离心力差的作用下克服盘面和油的阻力沿分离盘内表面下滑向外移动,最后离开分离盘外缘而与油分离。

实际的分油机采用分离盘片将分离筒分离空间分隔成许多相同的流道,由于流道高度非常小,微小颗粒非常容易抵达分离盘内表面,所以这是实际分油机大大提高离心分离速度和效果的根本所在。

四、分油机工况及提高分离效果的措施

1. 分油机工况

船舶上分油机的任务是分离燃油和滑油中的水和机械杂质,而一般实际需要净化处理的滑油含水量极少,主要是要分离油中的机械杂质。燃油含水量相对较多,水和机械杂质都需要分离,然而当燃油中微量的水以乳化状态存在时,对其燃烧并无大的影响。因此船舶上对燃油进行净化处理时,多在较低的加热温度(小于 60 ℃,防止水汽化而难以分离及油水分界面遭破坏而跑油)或在不加热的情况下首先分离出绝大部分水和较大颗粒杂质,然后对油进一步加热(燃料油可达 85 ℃),降低燃油黏度以提高分离效果,从而分离油中细小的机械杂质。

依据上述情况,船舶分油机工作时将有两种工作状况,即以分离水为主的分水工况和以分离机械杂质为主的分杂(渣)工况。大多数船舶上设有专门的分油机舱室,一般布置两台滑油分油机,互为备用。燃油分油机视单机分离能力和日消耗量一般设 2~6 台,分水和分杂工况的分油机各为一半,通过管路连接互为备用。船舶上将油分油机分为分水机和分杂机是因工况不同而进行的区分,实际使用的是同型号设备,仅对分离筒个别部件和操作进行调整。

分水工况主要是分离油中的水和较大颗粒杂质,分离出的污水必须由污水口排出。为了保证油不会从污水口排出,油水分界面必须保持在分离盘外缘以内,一般在分离盘分配孔外侧边缘处,可依据油的不同密度和加热温度,参照分油机生产厂家在说明书中提供的重力环选择图表,选择不同内径的重力环加以调整。由于分离盘外边缘部分进入水中,油必须由分配孔道进入分离盘,因此分水工况时分离盘最下一片用的是与其他分离盘一样的有孔的分离盘,见图 8-1-3 分离筒左半部分。另外,操作上在油进入分离筒分离前也必须先将水送入分离筒(即建立水封),以形成分水工况所必需的油水分界面。

分杂工况主要是分离油中的机械杂质,为降低油的黏度,提高分离效果,油往往会被加热到更高的温度,水几乎不会被分离,因此分离筒盖与颈盖之间的出水通道将安装分杂密封环 10(图 8-1-3)。为增大分离盘分离流道长度,提高分离效果,分离盘最下面一片用的是无孔分离盘,迫使油从分离盘外缘进入分离流道,见图 8-1-3 分离筒右半部分,操作上无须建立水封,可直接进油分离。

2. 提高分离效果的措施

(1) 正确选定分油机工况

分水工况以分离油中的水为主, 由于油的加热温度低于分杂工况, 分离盘间流道长度也小于分杂工况, 因此分水工况对杂质的分离效果远不如分杂工况, 对黏度较高的重油、燃料油就更为明显。而分杂工况加热温度一般较高, 水难以被分离。因此应根据油的品种、油中含水和杂质的比例来正确选定分油机的工况。一般含水量大于 2%、杂质含量小于 0.03% 时, 可选择分水工况; 含水量小于 0.3%、含杂质量大于 0.2% 时, 可选择分杂工况。当含水量和含杂质量都较大时, 可选择先分水、后分杂的两级分离。

(2) 确定最佳的加热温度和分油量

燃油或滑油在分离前, 要经分油机加热器进行加热, 降低黏度, 扩大杂质、水与油的密度差, 以提高分离效果。油温不能太高, 以免水分蒸发破坏油水分界面, 造成跑油。加热温度取决于油的品质和水的沸点。分油机的分油量越小, 分离效果越好。但对于燃油而言, 分油量必须满足主机的耗油量; 对于滑油而言, 采用循环分离后, 分油量越小, 循环分离的次数越少, 因此, 不能追求过小的分油量。一般来说, 油的黏度越大, 质量越差, 加热温度应适当增高, 分油量也应酌情减少。不同油料加热温度范围及分油量, 如表 8-1-1 所示。

表 8-1-1　不同油料加热温度范围及最大分油量

品种			黏度/(mm^2/s) (≤13,40 ℃；≥30,50 ℃)	加热温度/℃	建议的最大分油量占额定分油量的比例/%
柴油机用燃油			1.5～5.5	20～40	78
			13	40	70
			30	70～98	62
			40	80～98	62
			60	80～98	47
			100	90～98	45
			180	90～98	31
			380	98	26
			460	98	22
			600	98	18
			700	98	16
滑油	十字头式	抗氧防锈添加剂		80～90	35
		清净剂		80～90	30
	筒式	清净剂		80～90	21

（3）正确选择重力环

由分油机的原理可知，分水机的分油质量取决于油水分界面的位置，而分界面的位置由重力环的内径确定。根据油、水分界面不动时，油、水对分界面压力相等的关系，可以推导出下式：

$$D_2 = \sqrt{D_3^2 - \frac{D_3^2 - D_1^2}{E}}$$

式中　D_1——出油口直径；

　　　D_2——出水口直径（重力环内径）；

　　　D_3——油、水分界面的直径；

　　　E——分离温度时油、水密度的比值。

由上式可知，为了使油水分界面总是处于最佳位置，根据所分油的 E 值，即可求出所需重力环的内径 D_2。所用燃油的密度愈大，所选用的重力环的内径应愈小。因此，每台分油机均附带有一套不同内径的重力环，以备选用。一般在分油机的说明书中都附有重力环选择的图表。在分油机的运行管理中，要根据所分离油密度，正确选择重力环。

因此，船舶加油后一般都会得到供应商提供的加油料的基本参数，应依据油的不同密度和最佳的加热温度，参照分油机生产厂家提供的重力环选择图表，正确选择重力环。

（4）合理确定排渣和停机清洗周期

油中分离出的杂质绝大部分聚集在分离筒圆周内壁上，很少量的会黏附在分离盘下表面，使流道截面减小，甚至部分堵塞，严重影响分离效果，应定期通过排渣或停机清洗予以清除。在已知油中含杂量时，可根据实际分油量由分油机说明书给出的图表来查得排渣时间间隔作为参考。实际上排渣分离盘下表面的杂质是难以彻底清除的，经过一段时间后，特别是溢油口溢油时，必须停机进行人工清洗，因此应根据停机清洗时观察的情况及时调整排渣和清洗周期。

任务8.2　认识船用分油机类型、结构与控制

【任务分析】

本任务是要了解分油机的类型，熟悉各类型离心式分油机的结构特点，进一步掌握典型分油机控制原理与工作过程。很好地掌握以上知识，能为学习如何使用操作分油机、掌握分油机维护管理要点打下良好的基础。

【任务实施】

一、船用分油机的类型

目前船舶上广泛采用的离心式分油机与油、水、机械杂质的分离原理相似，按排渣方式进行分类主要有人工排渣型、自动排渣型、部分排渣型。由于排渣方式的不同，分

离筒与排渣有关的部分结构必然存在较大差别,其工作过程也有所不同。

（1）人工排渣型

人工排渣型分油机分离筒内分离出的杂质须定期停机、拆开并予以清除,国产 FYR-5 型、DRY-15 型即属此类型,由于它须停机人工排渣,分离量较小,故此类分油机仅适用于杂质含量较小的润滑油和轻柴油的净化。

（2）自动排渣型

自动排渣型分油机分离筒内分离出的杂质可不停机,但须在停止进油的情况下,手动操作控制阀或由时序程序控制系统控制分离筒排渣口启闭,进行定期排渣,国产 DZY-30（或 50）型属此类型。国外也有相似类型的分油机,其结构和工作过程大致相同。

（3）部分排渣型

部分排渣型分油机分离筒内分离出的杂质可不停机,完全由自动控制系统进行周期性排渣,可瞬间启闭排渣口,部分地排出分离筒内杂质和水,国产 DBY-30 型属此类型。国外相同类型的分油机,其结构和工作过程也大致相同。

二、离心式分油机的结构

离心式分油机的基本结构主要由分离筒、机架、传动装置、输油系统、排渣控制装置、自动控制系统等组成,此外还有转速指示器、制动器、止动器等附属机构。

1. 人工排渣型

如图 8-2-1 所示为 DRY-15 型分油机结构图,属人工排渣型分油机。

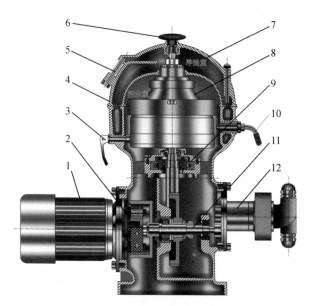

1—电动机;2—摩擦联轴器;3—制动器;4—机身;5—溢油管;6—螺塞;
7—机盖;8—分离筒;9—缓冲橡皮圈;10—止动器;11—水平轴;12—齿轮油泵。

图 8-2-1 DRY-15 型分油机结构图

它的分离筒(结构见图8-1-3)安装在机身中央的立轴上端;与立轴上端的配合为锥轴-锥孔配合,在分离筒内用反旋向螺母锁紧,分离筒内部清洗时无须拆卸。为防止其锈蚀损伤,每次装配时该轴、孔需擦净并涂黄油防锈。

分离筒锁紧螺母以下部分由机身(机架)围住,以上部分全部伸入机盖(集油器)7。机盖与机身通过铰接连接,可以向上侧立打开,方便分离筒拆卸。机身上缘装有耐油橡胶密封环,机盖倒下与机身合上后用手轮压块压紧,并保持密封。机盖内由隔板将其分隔成上、中、下三层,分别对应与分离筒进油口、净油排出口、污水排出口。工作时,油、水靠离心力甩入隔层,汇集后排出。

分离筒需要经常打开清洗(排渣),拆装时应注意下列事项(其他类型分油机拆装分离筒时也须遵照):分油机未完全停止前禁止打开分油机机盖,不得用制动器长时间或单边制动;打开分离筒前,止动器应对称旋入分离筒本体外表面的凹槽内,安装完成后必须旋出;必须使用分油机生产厂家提供的专用工具拆装;安装时检查盘架定位销并正确落位;分离盘必须按编号1,2,3,…由下至上安装,不得缺片;分离筒盖外缘的定位块必须落入分离筒本体内壁的凹槽内;分离筒锁紧螺母不得过分旋紧,预紧后以大螺母与分离筒盖上的记号对准即可;压紧重力环的重力环锁紧螺母,上紧时与分离筒锁紧螺母一样,预紧后以螺母和分离筒盖上记号对准即可。

机身是分油机的主体承力构件,电动机、传动系统、油泵、制动器、止动器等都安装在上面,底部设有润滑油池,侧面有污水排放通道。

离心式分油机的传动系统都差不多,如图8-2-2所示。电动机通过摩擦联轴器2带动水平轴11(图8-2-1),再由用销钉固定于水平轴中部的大螺旋齿轮2带动与立轴3制成一体的小螺旋齿轮4(图8-2-2),大、小螺旋齿轮传动比约为1:5。由于立轴(即分离筒)转速很高,加之质量较大的分离筒位于立轴顶端,重心高,因此在立轴上部轴承处装有缓冲橡皮圈9(图8-2-1),以吸收分离筒的径向振动。在立轴下部装有向心止推轴承,它被装在轴向可移动的轴承座内,轴承座下面设有能承受轴向冲击的板簧6(图8-2-2),改变板簧底盖与机身间的垫片厚度即可调整立轴的高度。

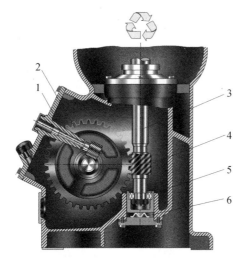

1—转速计数器;2—大螺旋齿轮;3—立轴;4—小螺旋齿轮;5—轴承座;6—板簧。

图8-2-2 传动系统

水平轴的自由端通过传动齿轮带动两台齿轮油泵 12(图 8-2-1),其中一台吸入待净化的油,首先送至加热器加热,然后引至机身,再通过机盖的内通道经顶部短管引入分离筒盘架中央孔道。另一台泵作为净化后的净油输油泵。

水平轴的输入端装有摩擦联轴器的摩擦筒,电动机输出轴上连接的离心摩擦块套入该筒内;电动机则固定在机身上,如图 8-2-3 所示。当电动机启动后,摩擦块受离心力作用以短轴为支点向外展开紧压摩擦筒内壁,依靠摩擦力带动水平轴转动。由于分离筒质量和直径较大,具有相当大的运动惯性,由静置到额定转速通常需要数分钟时间,在此过程中摩擦块与摩擦筒内壁相对滑动速度由大到小,最终达到同步。采用摩擦联轴器,是为了防止电动机在启动过程中发生堵转或严重过载,同时也是为了保护传动装置的安全。由于启动时间较长,摩擦块与摩擦筒内壁始终处于相对滑动状态,摩擦发热和摩擦片的磨损较为严重,因此启动过程中有橡皮焦煳味逸出是正常现象,特别在新更换摩擦片后的磨合期内。为保证摩擦联轴器正常工作,应防止油或油脂黏附到摩擦筒内壁和摩擦片上,及时维修或更换失效的摩擦片。

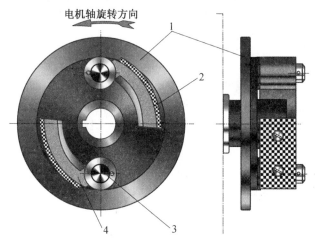

1—凸缘;2—摩擦片;3—短轴;4—飞块。

图 8-2-3　摩擦联轴器结构图

2. 自动排渣型

如图 8-2-4 所示的 DZY-30 型分油机属自动排渣型分油机,它可以在不停机的情况下通过操作人工控制阀 18 或由时序程序控制系统控制实现自动排渣。其基本结构与 DRY 型分油机相似。为了实现自动排渣功能,分离筒本体结构较 DRY 型有了较大改进,如图 8-2-5 所示为 DZY-30 型分油机分离筒结构图,图的左半部分为分水工况,右半部分为分杂工况。

分油机分离出的杂质绝大部分聚集在分离筒内周壁上,极少量会黏附在分离盘下表面。自动排渣就是在分离筒依然高速旋转时能将这些杂质清除出分离筒。分油机工作时分离筒内的流体具有非常大的离心力,一旦失去筒壁的约束将会以极高的速度喷射出去,筒内流体高速向外流动时对筒壁及分离盘下表面的冲刷和携带作用将完成杂质的自动排放过程。因此 DZY 型分油机分离筒本体四周都设有能控制其启、闭的排渣口,启、闭排渣口由分离筒本体 1 和分离筒底 22 之间的活塞 2 上、下移动来完成。

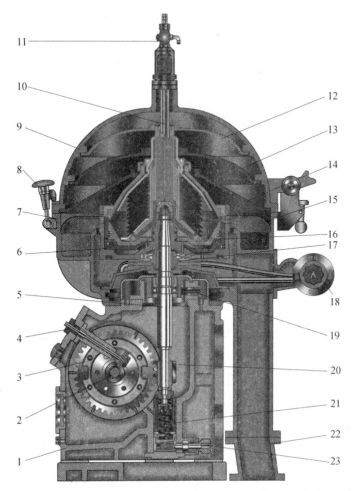

1—底座;2—水平轴;3—大螺旋齿轮;4—转速计数器;5—直立轴;6—分离筒;7—本体;
8—手轮压块;9—集油器;10—进油导管;11—进油旋塞;12—上隔板;13—中隔板;
14—下隔板 15—排污挡板;16—活塞;17—配水盘与分流挡板;18—控制阀;
19—缓冲弹簧;20—小螺旋齿轮;21—直立轴轴承弹簧;22—排污接管;23—调节螺杆。

图8-2-4 DZY-30型自动排渣分油机

活塞、分离筒底的外圆表面分别装有密封环3和4,为增强密封性能,密封环内侧分别设有衬簧19和20,并有小孔向密封环底部引入由离心力产生的高压水,将环的外侧推向密封面。由图8-2-5可以看出,分离筒底与活塞、活塞与分离筒本体之间分别形成了上、下两个环形空间,活塞上、下移动就是依靠活塞下部或上部环形空间引入工作水而产生的离心压力的推动。工作水的引入由固定在机身上的配水盘和随分离筒一起旋转的分流挡板及分离筒本体上的通道完成,其结构如图8-2-6所示。

分油机的类型有很多,但其基本结构和工作过程大同小异。现仅以a-LAVAL WHPX型自动排渣分油机为例加以说明,如图8-2-7所示为其主要结构。分油机机体下部安装着分离筒的传动机构。分离筒由马达A经摩擦离合器E、蜗轮机构D驱动,以较高速度旋转。

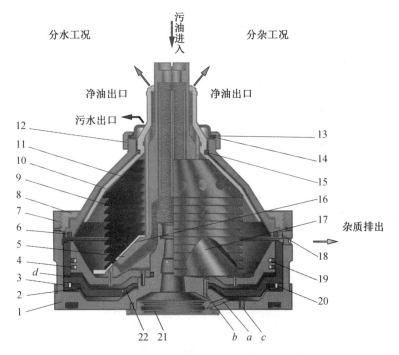

1—分离筒本体;2—活塞;3、4、6、13—密封环;5—盘架;7—分离筒盖;8—分离筒盖锁紧螺母;9—分离盘;
10—颈盖;11—无边分离盘;12—重力环锁紧螺母;14—重力环;15—橡胶密封环;16—有孔底分离盘;
17—无孔底分离盘;18—定位块;19、20—密封环衬簧;21—分流挡板;22—分离筒底。

图 8-2-5 DZY-30 型分油机分离筒结构图

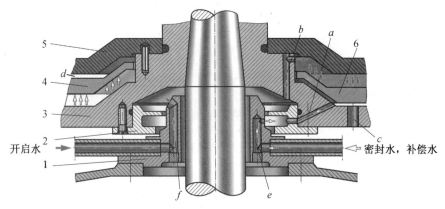

1—配水盘;2—分流挡板;3—分离筒本体;4—活塞密封位置;5—分离筒底;6—活塞开启位置;a~f—流道。

图 8-2-6 DZY 配水盘和分流挡板结构

  如图 8-2-8 所示为该分油机分离筒和自动排渣系统的结构。这种分油机由分水机改为分杂机只需将重力环改为分杂盘即可。分离筒本体 7 和分离筒盖 26 用大锁紧圈 24 紧固在一起。筒内安装配油器 28、配油锥体 9 和分离盘组 25,待分油流过配油器、配油锥体,在分离盘组内进行分离。分离盘最上端为顶盘 27,其颈部与液位环 29 形成油腔 31,向心油泵 5 将油腔中的净油泵出分离筒。分出的水沿分离盘组的外缘上升,经顶盘流至油腔上部的水腔 34 溢过重力环 32 由向心水泵 4 泵出。分出的渣朝筒内四周运动,汇集在分离盘组外缘的渣空间 22,通过排渣口 23 定时排出。重力环或分杂盘被小锁紧圈 30 固定在分离筒盖上,此锁紧圈也构成水腔的上盖。其自动排渣系统主要由滑动底盘 21、滑动圈 17、配水盘 13 及工作水系统等组成。

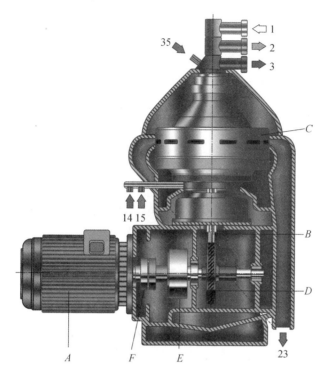

1—油进口;2—净油出口;3—水出口;23—排渣口;
35—水封水/置换水进口;14—开启水进口;15—密封工作水进口;
A—马达;B—垂直轴;C—分离筒本体;D—蜗轮机构;E—摩擦离合器;F—弹性联轴器。

图 8-2-7 a-LAVAL WHPX 型自动排渣分油机主要结构

3. 部分排渣型

DZY 型分油机实现了不停机自动排渣功能,但排渣前需停止进油,并向分离筒注入热水(提高冲洗效果)把分离筒内的油驱赶排净。DBY-30 型分油机为部分排渣型分油机,能在不停油的情况下,全自动周期性地在瞬间(0.1 s)启闭分离筒排渣口,从分离筒中排出预定的部分杂质和水(一般为分离盘外边缘以外容积的 70%),达到排渣工序少,油、水消耗少,有效工作时间长等目的。

如图 8-2-9 所示为 DBY-30 型分油机分离筒结构图。分离筒内控制排渣口启闭的活塞 2 的下部环形空间有两组泄水孔,靠外边缘一组为完全排渣泄水孔 9,向内约 1/2 处的一组为部分排渣泄水孔 3。两组泄水孔的启闭分别由全排和部排导圈上的作用滑块 8 和 4 控制,以控制活塞下部环形空间中工作水的作用面积,使活塞下移或上移,启闭排渣口。

分离筒正常分离油时,密封水进水管总是与高置水箱接通,活塞下部空间充满了工作水,排渣口 10 处于关闭状态。进行部分排渣时,污水出口阀关闭,冲洗水进水阀开启,向分离筒注入相当于排污量的热水,使油水分界面向内移动,以保证排渣口打开时排出的只是污渣和水,且部分排渣结束时不破坏油水分界面。停供密封水约 15 s,部分排渣开启水通过配水装置引入部分排渣作用滑块 4 的上腔,其产生的离心水压力克服弹簧力使部分排渣导圈及作用滑块向下移动,部分排渣泄水孔开启,活塞下部环形空间部分排渣泄水孔以内的工作水经被打开的泄水孔、部分排渣导圈上的平衡水孔 6 和弹簧座外侧的节流孔迅速排出。活塞因失去一部分离心水压力支撑而下移,排渣口打开,污渣和一部分污水被甩出。排渣开始,部分排渣开启水切断,部分排渣导圈上、下作用的离心水压力由平衡孔迅速平衡,在弹簧力的作用下,部分排渣导圈上移,部分排渣作用滑块关闭泄水孔。因密封水已供入,在离心水压力作用下活塞迅速上移关闭排渣口,分离筒重新密封。由于部分排渣时,部分排渣泄水孔以外的活塞下部空间充满工作水,保证了排渣口开启的时间很短。

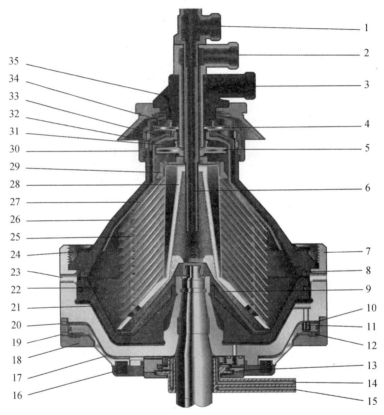

1—油进口;2—净油出口;3—水出口;4—向心水泵;5—向心油泵;6—进口管;7—分离筒本体;
8—筒盖封环;9—配油锥体;10—开启水腔;11—泄水阀;12—密封水腔;13—配水盘;
14—开启工作水进口;15—密封和补偿水进口;16—弹簧座和弹簧;17—滑动圈;18—定量环;
19—外泄孔 M2;20—外泄孔 M1;21—滑动底盘;22—渣空间;23—排渣口;24—大锁紧圈;
25—分离盘组;26—分离筒盖;27—顶盘;28—配油器;29—液位环;30—小锁紧圈(带油腔盖);
31—油腔;32—重力环或分杂盘;33—带翘套筒;34—水腔;35—水封水/置换水进口。

图 8-2-8 a-LAVAL WHPX 型自动排渣分油机分离筒和自动排渣系统

全部排渣时先切断污油的供给,分离筒注入冲洗水驱赶净油;全部排渣开启水引入,全部排渣泄水孔 3 开启,实现活塞下移而打开排渣口,排渣时间增长,分离筒内的污渣、污水和剩油全部排出,且可引入冲洗水对分离筒冲洗。

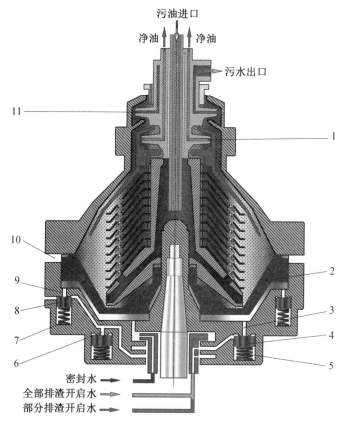

1—水扩压叶轮;2—活塞;3—部分排渣泄水孔;4—部分排渣作用滑块;5—弹簧;6—平衡水孔;
7—弹簧;8—全排渣作用滑块;9—全排渣泄水口;10—排渣口;11—油扩压叶轮。

图 8-2-9　DBY-30 型分油机分离筒结构图

该分油机机盖上无集油隔层,也无输油泵,依靠在分离筒颈盖内装设的两个固定的向心扩压叶轮将净油和污水输送出去。

三、典型分油机的控制原理与工作过程

1. DZY-30 型自动排渣分油机

DZY-30 型分油机工作水来自高位水箱,通过人工控制阀(或时序程序控制系统控制的电磁阀)与配水盘连接,如图 8-2-10 所示。下面以人工控制阀控制为例,说明自动排渣控制系统的工作过程。

(1)密封

密封是指活塞上移,封闭排渣口的过程。将控制阀转至"密封"位置时,工作水由控制阀送至配水盘密封水接口,经流道 e、分流挡板内腔、分离筒本体底部流道 a 进入活塞下部环形空间,直至流道 c 以外的空间充满工作水,活塞在下部离心水压的作用下向上移动,关闭排渣口,活塞上部的水则经流道 d 和活塞与分离筒本体内壁的间隙,从

排渣孔排走(图 8-2-6)。

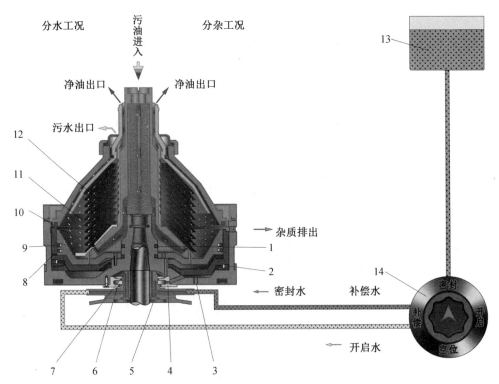

分水工况   污油进入   分杂工况

净油出口   净油出口

污水出口

12

11

10

9

8

杂质排出

1

2

密封水   补偿水   14

开启水

13

7   6   5   4   3

1—盘架密封环;2—活塞密封环;3—泄水孔;4—进水孔;5—配水盘;6—分流挡板;7—进水孔;8—泄水孔;
9—活塞;10—污渣区;11—水封区;12—分离区;13—高置水箱;14—控制阀。

图 8-2-10　DZY-30 型分油机自动排渣控制系统图

(2)补偿

密封完成后,控制阀转至"补偿"位置,它是分油机分油工作位置,此时控制阀的阀口由密封位置的大口转至小口,通过控制阀进入活塞下部的水量明显减少,以补偿活塞下部工作水因泄漏等原因造成的不足,防止分油机分油过程中活塞因工作水量减少,离心水压作用面积减小而下落,打开排渣口。

(3)空位

控制阀转至"空位"位置时,由控制阀控制的所有通路都被截断,互不相通,该位置是分油机停止工作的位置。

(4)开启

开启是活塞下移,打开排渣口的排渣过程。当控制阀转至"开启"位置时,工作水由控制阀送至配水盘开启水接口,此时密封(补偿)水通路被截断。送至配水盘开启水接口的工作水经孔 f 进入分流挡板上部,在离心力作用下迅速通过孔 b 进入活塞上部空间。因孔 d 直径很小,节流作用较强,工作水会迅速充满活塞上部空间。由于活塞上部环形空间面积远大于下部环形空间的面积,在上、下离心压力差作用下活塞下移,打开排渣口排渣,完成自动排渣过程。活塞下部的工作水经孔 c 从排污道排走(图 8-2-6)。

自动排渣后,可将控制阀转至"空位"停机,或再次转至"密封""补偿"等位置,进行重复排渣操作或恢复分油机分油工作。

2.a-LAVAL WHPX 型自动排渣分油机

该分油机的工作过程可以自动控制也可以手动控制,结构名称参照图 8-2-8,具体工作情况有下面几点。

(1)当要进行分油作业时,启动分油机,待达到标定转速后,水阀打开,密封和补偿水进口 15 进水,密封水经配水盘进入滑动底盘下部的密封水腔 12。由于此时在弹簧 16 的作用下,滑动圈将泄水阀 11 关闭,密封水腔形成密封状态。在分离筒高速运转的情况下,滑动底盘下方的压力大于上方的压力,从而使滑动底盘 21 紧压在分离筒盖 26 上,使其保持密封,以进行分油作业。

(2)分离筒密封好后,便可开启进水口 35 进水封水(若为分杂工况可免此项作业)。待分离筒水封好后(一般以出水口 3 有少量水流出为准),便可进油进行正常分油作业。若在分油过程中,密封水有少量泄漏,水阀便打开,从密封和补偿水进口 15 进水进行补偿。

(3)当要排渣时,进油口 1 停止进油,进水口 35 进置换水,进行分离筒内部冲洗和赶油,以利排渣和减少排渣时油的损失。然后水阀打开,开启工作水进口 14 进水,经配水盘进入开启水腔 10,直至滑动圈 17 上部开启水压力大于下部弹簧 16 弹力。此时滑动圈向下移动,打开泄水阀 11,使滑动底盘下部密封水腔的密封水泄出。滑动底盘此时在其上部的压力作用下迅速下落,打开排渣口 23 排渣。

排渣完毕后,若需继续分油作业,可重复上述动作(1)和(2),若需停机,便可直接停机。

目前,大多数船舶上使用的自动排渣分油机的结构和工作过程与上述内容基本相同,且多与一个控制器联合使用。a-LAVAL FOPX 分油机结构和工作过程略有不同,它以流量控制盘代替分杂盘或重力环,与 EPC400 控制单元、水分传感器和排水阀等联合使用。分油机开启,分离筒密封后可直接进油,排渣时也无须停油,所分油的密度最大可达 1 013 kg/m³。

任务 8.3　操作与管理船用分油机

【任务分析】

分油机是船舶燃油系统单元里必不可少的设备,在工作过程中经常会出现一些故障,本任务的主要目的是了解分油机运行管理要素,并会正确操作分油机,保持分油机运行的良好工况,同时也要对分油机常见的故障进行检修与排除。

大国重器
挺进深蓝
(视频)

【任务实施】

一、分油机的操作与运行管理

由时序程序控制系统控制的自动排渣分油机或部分排渣分油机都有较完善的检测、监测和自动控制功能,使其可完成由启动前的检查到停机的全部操作和控制,也可转至人工操作。下面以人工操作为例说明分油机的一般操作过程。

1.启动前的检查

检查制动器是否松开,止动器是否退出到位,分离筒有无卡阻现象;检查机身下部齿轮箱中滑油是否在油位刻度线范围,油泵处的油杯润滑油脂是否足够;待分离油的加热温度是否达到要求,高置水箱水量是否足够,控制阀是否处于"空位"等。

2.启动和运行

(1)经检查确认正常后,启动电动机,注意观察,若有异常声音或振动应停机检查。为了保证分油机上齿轮泵的良好润滑和冷却,分油机不宜长时间空转。

(2)在达到额定转速(可观测转速指示器或电动机电流指示),并确认正常的情况下,对人工排渣型分油机,可进入分水或分杂工况的相关操作。而对于自动排渣型分油机应进入封闭分离筒排渣口的操作,把控制阀转至"密封"位置,待指示管或排污道有水流出时,再将其转至"补偿"位置,封闭排渣口的操作完成。

(3)分油机进行分杂工况时,分离筒无须建立水封,可缓慢开启进油阀开始分油,并观察净油观察口或流量计,调整分油量。

(4)分油机进行分水工况时,应打开机盖上部的冲洗水阀,向分离筒注入水封水,至污水口有水流出时关闭,缓慢开启进油阀开始分油,检查污水口是否"跑油",有则立即停止进油,重新建立水封后再进油,观察净油口的油流或流量计的情况,调整分油量。

(5)排渣操作首先应关闭进油阀,打开冲洗水阀,向分离筒注入热水以驱赶排出筒内的净油,待污水口有大量水流出时说明驱赶排油结束,再关闭冲洗水阀,将控制阀由"补偿"位置经"空位"转至"开启"位置,此时可听到活塞下移和排渣的声音,排渣结束后,可停机,也可重新"密封",再次冲洗或继续分油工作。

3.停机

人工排渣分油机待注水驱赶净油后即可停机,自动排渣分油机至排渣结束后将控制阀转至"空位"后即可停机,注意关闭电源、加热器等。重油、燃料油输送管路无伴热管时应在停止分油前进行换轻油操作,待轻油充满管路后再进行排渣、停机操作,防止下次运行困难。

二、分油机常见故障分析

(1)分离筒达不到规定转速。主要原因有制动器未松开;摩擦离合器内混入油脂,摩擦片打滑或损坏;电动机或电气设备故障。

(2)不能进油或分油过程断油。分油机供油泵一般为齿轮泵,它不能供油的原因通常有二类,第一类是由于泵或管路的问题不能产生足够低的吸入压力,可能是油泵传动齿轮锥销折;泵严重磨损,间隙太大;泵转速太低;吸入管漏气;油柜已空所致。第二类是泵吸入压力过低,可能是油柜油位太低;供油泵前滤器堵塞或管路不通;油温太低,黏度太大所致。

(3)出水口跑油。第一类情况是水封未能建立或受到破坏,如启动时水封水未加或加得太少;进油阀开得太猛,水封被破坏;油温太高,水封水被蒸发,水封被破坏;转速不足使水封压力不够;分离盘片间脏堵。第二类情况是油水分界面外移至分离盘外。可能原因是重力环内径过大;油未加热至要求值,密度大。

(4)排渣口跑油。这是由于排渣口未能封闭。排渣口跑油原因有三类。第一类是滑动圈不能上移堵死密封水腔泄水口。可能是分离筒上小孔 M1、M2(图 8-3-1)堵塞,不能泄水;滑动圈下方弹簧失效;滑动圈上方塑料堵头失严所致。第二类是滑动底盘下部缺密封水,可能是高置水箱无水;工作水系统管道或控制阀堵塞或严重漏泄;滑动底盘周向密封圈失效漏泄所致。第三类是滑动底盘与分离筒盖不能贴紧,可能是滑动底盘上端面主密封环失效;传动齿轮和轴承过度磨损使立轴下沉所致。

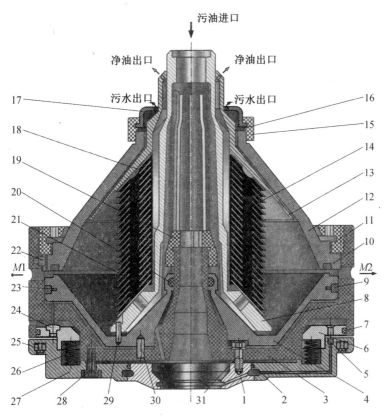

1—分流挡板;2—分流挡板密封环;3—分离筒本体;4—活动底盘;5—导水销;6—作用滑块;7—滑块密封环;
8—分离盘盘架;9—活动底盘密封环;10—分离筒盖密封环;11—分离筒盖锁紧螺母;12—分离筒盖;13—颈盖;
14—分离盘;15—重力环锁紧螺母;16—重力环密封环;17—重力环;18—杂质挡板(无边分离盘);
19—锥形轴套;20—活动底盘内密封环;21—无孔下分离盘;22—分离筒盖定位块;23—密封环衬簧;
24—阀门座;25—平衡块;26—弹簧;27—弹簧座;28—螺栓;29—分离盘架定位销;30—活动底盘定位导销;
31—螺栓;M1、M2—排渣孔。

图 8-3-1 DZY-30 型分油机分离筒装配图

(5)不能排渣。原因是缺少压下滑动圈的开启工作水,可能是高置水箱无水;工作水系统管道、控制阀堵塞或严重漏泄;有关工作水孔脏堵不通;滑动圈周向密封圈失效所致。

(6)出现异常振动或噪声。可能是分离筒安装不正确,紧固件松动或与机盖、配水盘擦碰;传动机械因缺油或油质差而损坏;轴承过度磨损而使立轴下沉;供油泵卡阻或损坏;摩擦离合器损坏或过度磨损,质量不均匀;排渣不净,分离筒内积渣不均所致。

三、分油机的拆装、检修

在拆装前必须使分油机完全停下来,并准备好拆装所需的场地和专用工具(由分油机生产厂家随机配置的整套拆装用工具)等。

如图 8-3-1 所示为 DZY-30 型分油机分离筒的装配图,具体拆卸步骤如下。

1. 分油机活动底盘拆卸

(1)在控制箱上切断待拆装分油机电源并挂警示牌;

(2)关闭与分油机相连接的外部油管和水管上的截止阀;

(3)用止动装置固定分离筒;

(4)打开分油机上部的机盖并检查锁扣是否落到位,以防止机盖在船舶摇摆时翻落而伤人或损坏设备;

(5)用拆重力环锁紧螺母的专用工具顺时针旋下重力环锁紧螺母 15,取下重力环 17;

(6)把拆分离筒盖锁紧螺母的专用工具套在锁紧螺母上的凹槽内,用锤子顺时针方向敲击专用工具的手柄,待其完全松动后,旋下分离筒盖锁紧螺母 11;

(7)把分离筒盖起吊专用工具安装在筒盖上部,用起吊葫芦拆下分离筒盖 12,随即可拆下颈盖 13;

(8)将分离盘架起吊专用工具旋入污油入口处的螺纹内,用葫芦吊出分离盘盘架 8,取出分离盘 14;

(9)顺时针拆卸锥形盘架支座上部的立轴螺母,并拆下锥形盘架支座;

(10)用专用工具吊出活动底盘 4。

2. 分油机活动底盘装配

分油机经拆卸、清洗、检查后,确认所有零部件完好即可进行装配工作。装复操作的程序可按拆卸的反顺序进行。装配中应注意以下几点。

(1)所有零部件应保持清洁,并在活动部件的表面涂上润滑剂;

(2)注意零部件间的装配记号,正确安装。装配时绝不允许将不同分离筒上的零部件互换安装,否则分离筒的平衡将受到破坏,分油机工作时将产生强烈振动;

(3)活动底盘装入分离筒本体内时,应注意活动底盘的定位销孔一定要对准本体上的定位导销 30,活动底盘方可正确落位;

(4)装入活动底盘时要注意平稳、缓慢放入,当出现倾斜卡住时严禁强力打入,防止卡死,损坏活动底盘和分离筒本体;

(5)分离盘架装入时应注意底部的定位销是否与定位孔对准落位;

(6)分离盘装入盘架时应注意编号顺序,依次装入,并注意分杂工况时最下一片应该为无孔分离盘,分水工况为有孔分离盘;

(7)分杂工况时,装入分离筒盖前应注意颈盖与分离筒盖间的凹槽内的橡胶密封环是否装入,分水工况时则不能装橡胶密封环;

(8)分离筒盖装入分离筒本体时注意定位块是否落位;

(9)分离筒盖锁紧螺母和重力环锁紧螺母旋紧时应注意螺母和筒盖上的记号,旋紧、对准,不能不对记号而过度上紧,否则将影响分离筒动平衡而产生振动和噪声;

（10）分离筒装复后,在合上机盖前应松开止动器,用手盘动分离筒,检查分离筒转动是否灵活,并注意是否有异常声响,否则应拆开重新装配;

（11）全部装复合上机盖后按分油机的运行操作方法进行试运转,确认正常后备用;

3.分油机分离筒底部拆卸

分油机分离筒底部的拆卸需将分离筒全部拆出。活动底盘以上部分拆装见前文所述。下面是吊出活动底盘4后的拆卸。

（1）旋出分离筒本体底部的三只螺栓31,即可将专用工具上对应的三支螺栓旋入该三只螺孔,然后从分油机机体内吊出分离筒本体;

（2）将分离筒倒置,松掉弹簧座27上的六只固定螺栓28,即可拆下弹簧座27和弹簧26(16只),取出作用滑块6和滑块密封环7;

（3）拆除配水盘上的固紧螺母,拆出配水盘及其橡胶密封圈。

4.分油机底部橡胶密封圈更换

清洁、检查分油机底部部件后,相应部件的密封圈都应换新,注意事项如下:

（1）按说明书备件编号选择各自的密封圈;

（2）清洁密封圈环槽,保证新装密封圈与环槽配合适宜;

（3）为了安装方便,可以在密封圈外周涂一层牛油;

（4）新装入的密封圈在槽内要注意平整,不能有扭转现象;

（5）按后拆先装的顺序装复底部部件;

（6）上紧弹簧座六只紧固螺栓时,应分三次、对角均匀用力拧紧;

（7）后续装配见活动底盘装配相关内容。

【思考与练习】

一、简述题

1.简述离心式分油机的分离原理及"跑油"的原因。

2.简述自动排渣型离心分油机启动、运行、排渣、停机的工作过程。

3.简述离心式分水机与分杂机的区别。

项目9　船舶防污染装置

【项目描述】

海洋环境的污染直接或间接地威胁人类的生存和发展,为了保护海洋环境,国际海事组织(IMO)于1973年召开了国际防止船舶造成污染会议,制定了《1973年国际防止船舶造成污染公约》(《MAPPOL 73/78公约》),此后又对此公约进行了补充修改。船舶防污染装置是该公约中规定的必不可少的设备,如船用油水分离装置、生活污水处理装置、焚烧炉等。这些设备主要用来处理船舶营运过程中产生的各种有害物质,以最大限度降低对海洋环境的污染。

通过本项目的学习,应达到以下目标要求:

能力目标:

◆掌握典型船用油水分离装置的操作与管理;

◆掌握船用生活污水处理装置的操作与管理;

◆掌握船用焚烧炉的操作与管理。

知识目标:

◆了解船用油水分离装置的作用、结构与工作原理;

◆了解船用生活污水处理装置的作用、结构与工作原理;

◆了解船用焚烧炉的作用、结构与工作原理。

素质目标:

◆培养严谨细致的工作态度和精益求精的工匠精神;

◆提高团队协作能力与创新意识;

◆树立安全与环保的职业素养;

◆厚植爱国主义情怀和海洋强国梦。

【项目实施】

项目实施遵循岗位工作过程,以循序渐进、能力培养为原则,将项目分成以下三个任务。

任务9.1 操作与管理船用油水分离装置

任务9.2 操作与管理船用生活污水处理装置

任务9.3 操作与管理船用焚烧炉

任务 9.1　操作与管理船用油水分离装置

【任务分析】

船用油水分离装置可用于处理船舶机舱舱底油污水,使船舶符合国际国内法律法规排放要求,是远洋船舶必备的防污染设备,轮机员必须要掌握的与其相关内容。本项目的主要任务是了解船用油水分离装置的相关理论知识,掌握如何使用与管理典型船用油水分离装置。

PSC 船舶生活污水违规排放案例(PDF)

【任务实施】

船舶油类污染是指船舶在营运过程中通过多种途径使石油及其产品进入水域造成的污染,主要包括:机舱污水、油渣、油船压载污水、油船洗舱污水的直接排放;船舶突发性搁浅、触礁、碰撞等海损事故中的泄漏;以及船舶油料补给、调驳、货油装卸等作业中事故引起的跑、冒、滴、漏等。

机舱污水是所有机动船舶都会产生的,水主要在通过密封装置(各类水泵的轴封、水阀阀杆填料函等)、检修设备、管路、冷却器时漏入机舱,普通船舶每年机舱产生的污水量约为本船舶总吨位的10%左右。污水中的油类则源自机舱动力设备运转过程中燃料油、滑油、润滑脂的泄漏。

船用油水分离装置是专门用来处理机舱舱底油污水,使之达到要求,是远洋船舶必备的防污染设备。

一、船用油水分离器油水分离的方法

油水分离的方法很多,主要有物理分离法、化学分离法、生物化学法等。

物理分离法是利用油水密度差或过滤、吸附、聚合等物理原理使油水分离的方法。其主要特点是分离过程不改变油或水的化学性质,主要包括重力分离、过滤分离、聚合分离、吸附分离、气浮分离、超滤膜分离、反渗透分离等。

船用油水分离器(PPT)

化学分离法是向含油污水中投入絮凝剂或聚集剂,使油凝聚成凝胶体沉淀或使油凝聚成胶体上浮,而达到油水分离;或者利用对水电解产生的气泡附着油滴上浮,以实现油水分离的方法。

生物化学法是利用好气性微生物对油具有分解氧化作用而对含油污水进行处理的方法。目前船用油水分离器以物理分离法为主,其主要采用的方法如下:

1.重力分离法

重力分离是在重力场内利用油水密度差使油上浮而达到油水分离目的,主要用于分离直径在 50 μm 以上的较大油粒,对于粒径小、呈乳化状态的油粒则很难分离。重力分离有静置分离和流道分离等方式。

(1)静置分离

静置分离是将含油污水静置于舱柜中一段时间,利用油水密度差使油粒上浮而分离。油粒在静置的污水中受重力、浮力和运动阻力的共同作用,理论分析可得到油粒上浮速度与油粒直径的平方、油水密度差成正比,与水的黏度成反比,说明含油污水静置分离时油粒直径越大,分离速度越快;油粒直径越小,分离越困难;适当提高水温,可降低水的黏度,并可增大油水密度差,有利于油水分离;但水温过高时,水黏度降低和油水密度差增大的效果会明显减弱,油黏度变小,更易乳化,对油水分离反而不利。

(2)流道分离

静置分离处理含油污水时,不仅需要较大的容器,工作也难以连续进行,特别在油粒直径较小时需要较长的时间。如果油粒在重力分离过程中有机会发生碰撞、聚合,使直径增大,将加快上浮速度,提高分离效果。因此,在实际应用的油水分离器中都采用流道分离,即让含油污水流过多层平行板、波纹板、锥形板等流道,以改善水流状况,增加油粒相互碰撞、聚合机会,提高油水分离效果。

2. 过滤分离

根据对油附着能力的强弱,分离材料有非亲油性、中等亲油性和强亲油性之分。过滤分离是让含油污水通过多孔的非亲油性材料滤层(如石英砂、煤屑、焦炭、滤布、特制的陶瓷塑料制品等),利用滤层的微孔、缝隙能让水通过而对油具有阻挡作用,把分散的油粒从连续的水流中分离出来,继而在滤层表面相互接触聚合成大的油粒而上浮。因油粒主要被阻挡在滤层前部,微孔、缝隙容易被堵塞,故滤层必须经常用反冲洗的方法对其进行清洗,以保持良好性能。

3. 聚合分离

聚合分离是让含油污水通过多孔的中等亲油性材料介质,其较小直径的油粒在通过介质中曲折孔道的过程中聚合,形成较大直径的油粒,进而在离开介质后上浮,达到油水分离的目的。油粒在多孔的中等亲油性材料介质中通过时,个数减少、直径增大的过程叫"聚合过程",也叫"粗粒化过程",该介质称为"聚合元件"或"粗粒化元件",介质主要有涤纶、尼龙等纤维材料、多孔弹性材料(聚氨酯类、海绵、弹性泡沫塑料)以及聚苯乙烯等固体颗粒材料。

4. 吸附分离

船用油水分离器(动画)

吸附分离是让含油污水通过高比表面积的多孔强亲油性材料(常用的有亲油性纤维、硅藻土、焦炭和活性炭等),其细小油粒被介质内部多孔的孔道表面所吸附,而达到油水分离。由于吸附主要由强亲油性材料介质内部多孔的孔道表面完成,所以吸附材料不仅注重高的比表面积,以提高对油的吸附量,而且存在吸附饱和问题,吸附与脱附达到相对平衡,吸附材料失去油水分离作用;虽然油被吸附后可通过加热等方法脱附,使吸附材料再生,但在实际使用中通常在吸附饱和前就予以更换,这就加大了使用成本;另外大油粒会堵塞吸附材料微孔,使吸附效能下降,因此吸附分离往往作为最后一级来分离细微油粒,分离后的油分浓度可达 5 ppm[1]。

目前船用油水分离器主要采用重力分离法对油水进行初级分离,以分离较大直径油粒,分离后的油分浓度可达 100 ppm 以下;以过滤分离法、聚合分离法作为次级分离的方法,分离较小直径油粒,分离后的油分浓度低于 15 ppm;也有采用吸附分离法作为末级分离的方法来处理细微油粒的,分离后的油分浓度可达到 5 ppm。

---

[1] 1 ppm = 10^{-6}。

二、船用油水分离器典型结构

船用油水分离器按用途可分为舱底水油水分离器和压载水、洗舱水油水分离器,前者处理能力较小,一般为每小时 0.5~10 t,其中以每小时 1~3 t 居多;后者处理能力较大,可达每小时 1 000 t。下面是两种较为典型的舱底水油水分离器。

1. CYF-B 型油水分离器

国产 CYF-B 型船用油水分离器用于处理机舱舱底污水,一级采用流道式重力分离法,二级、三级为聚合分离法,如图 9-1-1 所示是其原理结构图。

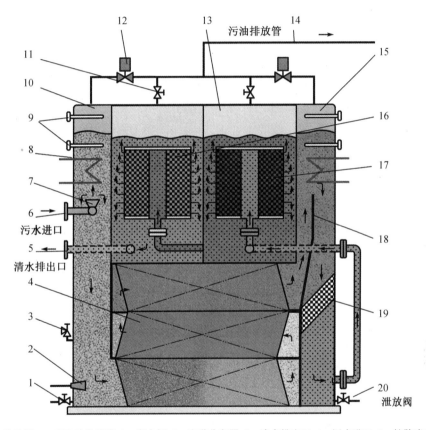

1—泄放阀;2—蒸汽冲洗喷嘴;3—安全阀;4—流道分离器;5—清水排出口;6—污水进口;7—扩散喷嘴;
8—加热器;9—油位检测器;10—左集油室;11—手动排油阀;12—自动排油阀;13—中间集油室;
14—污油排放管;15—右集油室;16,17—聚合元件;18—隔板;19—过滤器;20—泄放阀。

图 9-1-1 CYF-B 型船用油水分离器原理结构图

舱底污水由外设专用污水泵抽送,经污水进口 6 及多个扩散喷嘴 7 进入分离器,粗大油粒在密度差的存在下与水分离,之后上浮进入左侧集油室 10,较细小的油粒与污水一起向下进入流道分离器 4 中。流道分离器由波纹板与平板交替叠放组成,分为下、中、上三组相互串联。细小油粒在通过流道过程中不断碰撞、聚合,在出口处形成粗大油粒上浮至右侧集油室 15,而与水分离。而后污水经过滤器 19 和外接管路进入两级串联的聚合元件 17 和 16,污水中的细微油粒在其中聚合成大油粒,离开聚合元件后上浮至中间集油室 13 而与水分离。处理后的水由排出口 5 排出。

左、右集油室各装有电极式油位检测器 9，用以控制自动排油阀 12 实现自动排油。加热器 8 用于环境温度较低时对污油加热，使之能顺利排出。因中间集油室收集聚合元件聚合分离的污油量不多，可定期手动排油。

2. 特勒罗(TURBUIO)斜板油水分离器

特勒罗斜板油水分离器属重力分离油水分离器，多用于舱底污水的处理，如图 9-1-2 所示是其原理结构图。

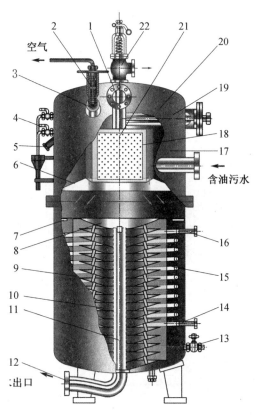

1—排油管；2—空气排放阀；3—控制浮球；4—验油旋塞；5—自动排油电极插口；6—集油罩；7—支撑板；8—拉撑板；9—细分离室；10—斜板；11—集水管；12—排水管；13—排泄阀；14—加热蒸汽出口法兰；15—下蒸汽加热器；16—加热蒸汽进口法兰；17—粗分离室；18—污油上升管；19—上蒸汽加热器；20—集油室；21—多孔阻滞板；22—安全阀。

图 9-1-2 特勒罗斜板油水分离器原理结构图

该分离器主要由上部的粗分离室 17 和下部的细分离室 9 两部分构成。含油污水沿切向进入粗分离室，由旋转流动而产生的离心力差使其中较大的油粒向粗分离室中部汇集，再上浮到上部集油室 20，而含油污水则经多孔阻滞板 21、集油罩 6 中部向下进入细分离室；多孔阻滞板一方面迫使含油污水停止旋转，同时，其中较小的油粒在阻滞板中碰撞聚合成大油粒而沿阻滞板上升到集油室 20；进入细分离室的含油污水由中心向外流经多层斜板 10 之间的狭窄通道时，细小的油粒互相碰撞、聚合增大，并沿斜板下表面向外流动，最后脱离斜板外缘而上浮到集油罩 6 的下部，经污油上升管 18 进入上部集油室,再经排油管 1 排到污油柜;处理后的水经细分离室中央的集水管 11、排水管 12 排出。

为避免空气聚集于顶部,造成油面过分下降,影响分离效果和正常排油,顶部设有放气阀 2,空气由浮球 3 自动控制排放。

在气温较低时分离黏度较大的含油污水,为提高油水分离效果,分离器上部和下部分别设有蒸汽加热器 19 和 15,加热温度一般在 40~60 ℃。

三、舱底水分离系统

图 9-1-3 是典型舱底水分离系统原理图。该系统主要包括控制箱(未单独标出)、油水分离器(一级、二级)、管路、供水泵、自动排油监控装置、油分浓度监测装置、自动关停排放装置等。

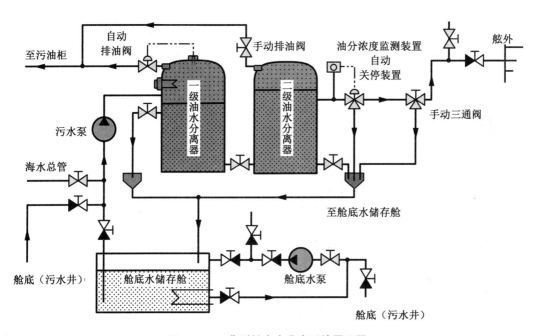

图 9-1-3 典型舱底水分离系统原理图

管路布置应尽量减少阻力损失,管路内径选择应使管内流体流速保持在层流状态;不能采用节流或旁通方法调节供水泵流量。为方便相关检查,应尽可能在靠近油水分离器出口的排水管垂直位置设一取样口。应在舷外出口附近设置再循环系统,以使系统能在停止舷外排出的情况下进行运行试验。

1. 自动排油装置

油水分离器工作过程中分离出的污油一般都暂时汇集在分离器上部的集油室中,当积累到一定量时由自动排油装置自动排放至污油舱、柜。自动排油装置主要由油位检测装置与排油装置两部分组成。油位检测装置按工作原理主要有电阻式和电容式两种;排油阀主要有电磁阀与气动阀两种。

（1）油位检测装置

电阻式油位检测装置是利用油、水的导电率的不同来控制排油阀的动作；而电容式是利用油、水的介电系数的不同，导致探头与分离器壁面间电容的改变来控制排油阀的动作。

目前船用油水分离器使用较多的是双极电阻式油位检测装置，此装置是在集油室内高、低油位处分别装设一只检测电极，各自与金属壁面形成电的回路。当上、下电极回路同时导通，即上、下电极同时被导电性好的水浸没时，控制电路使排油阀关闭；而上、下电极回路同时断路，即上、下电极同时被导电性差的油浸没时，控制电路使排油阀开启。在排油阀被关闭，开始分离工作，或排油阀开启，在排油过程中，上、下电极回路虽然处于一导通、一断路状态，但此时控制电路将会保持排油阀处于原有的关闭或开启状态；排油阀关闭（开启）后重新开启（关闭），必须由上、下电极回路再次同时处于断路或导通时才能改变，因此开始排油由下电极控制，停止排油则由上电极控制。

（2）自动排油装置

如图9-1-4所示为一典型的自动排油装置。

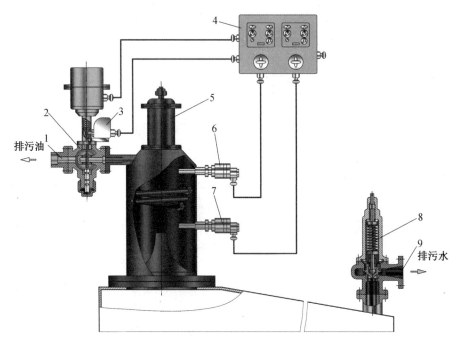

1—污油排出口；2—排油电磁阀；3—定位开关；4—电气控制箱；
5—自动排气阀；6、7—油位检测电极；8—排水阀；9—排水口。

图9-1-4　典型的自动排油装置

该装置由电阻式油位检测电极6、7，排油电磁阀2，排水阀8，电气控制箱4等组成。当油位检测电极同时被分离出的污油浸没时，通过控制箱4使排油阀开启，将分离器内的污油排至污油舱或污油柜；分离器内压力下降，排水阀8在弹簧力的作用下自动关闭，停止排水，同时也防止了舷外水通过排水管倒灌。随着污油的排出，水位上升；当油位检测电极同时被水浸没时，控制箱控制排油阀关闭，排油结束，分离器中压力回升，当压力大于排水阀弹簧的预紧力时,排水阀被顶开,分离器向外排水。

3. 油分浓度检测装置

《MARPOL 73/78 公约》规定 10 000 总吨及以上船舶、任何载有大量燃料油的船舶排放舱底水应在油分浓度超过 15 ppm 时报警并自动停止排放。因此,油水分离器应配备油分浓度监测装置;150 总吨及以上的油船排放非清洁压载水、洗舱水,必须配备能测出并连续记录瞬时排油率、总排油量的监控装置,在上述指标超过规定时自动停止排放。

(1)油分浓度检测原理

油分浓度检测原理应用较多的有混浊度法、红外线吸收法、紫外线吸收法等,主要优点是结构相对简单、可直接测量含油污水中的油分浓度。

①混浊度法

混浊度法是利用含油水的混浊程度与透光程度的关系来反映水中含油量的多少,如图 9-1-5 所示是其原理图,检测装置主要有光源 3、检测器 4、光电元件 5、转换器 6、显示仪表 7、超声波发生装置 9 等。恒定光源发出的光透过检测器后被光电元件接受,并转换为电量,其大小与所接受光的强度有关;经油水分离器处理后的水经滤器 1、电磁阀 2 进入检测器,在超声波发生装置所发出的超声波的作用下,水中残留的油分被乳化;油分浓度越大,水的乳化程度越高,透过检测器被光电元件接受的光的强度越弱,其转换的电量也就越小;反之,油分浓度越小,转换的电量越大;由转换器将光电元件转换的电量与油分浓度的对应关系转换为输出,显示仪表便可直接显示水中的含油浓度。

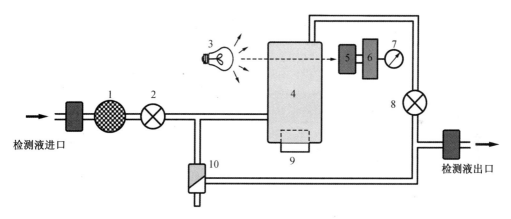

1—滤器;2,8—电磁阀;3—光源;4—检测器;5—光电元件;
6—转换器;7—显示仪表;9—超声波发生装置;10—恒压阀。

图 9-1-5　用混浊度法检测水中含油浓度的原理图

为了提高检测装置的精度,消除水中悬浮物的干扰,可进行两次测量,即在水中的油被乳化前、后分别测量一次,以两次检测结果的差来转换油分浓度。装置中恒压阀 10 的作用是保证检测器中的水处于恒压状态,以消除水中气泡引起的测量误差。

混浊度法测量油分浓度与油品种关系不大;但进入检测器的水样必须对其进行超声波乳化处理,使油粒直径小于光源的波长,因此光源的波长大些为好;但波长大于 0.87 nm 的光会被水吸收,所以实际应用上一般以波长略小于 0.87 nm 的激光作为光源。

②红外线吸收法

不同物质对不同波长的光的吸收程度是不同的,红外线吸收法是利用油分对波长为 $3.4\sim3.5\ \mu m$ 的红外线几乎可以全部吸收,而对其他波长的红外线吸收很少的特性,以检测红外线被检测液吸收的程度来测量检测液中的含油浓度。

根据上述原理,如图 9-1-6 所示是用红外线吸收法测量水中含油浓度的原理图。测量装置由红外线光源 1、回转板 2、基准元件 10、基准室 9、金属电容 8、检测室 4、检测器 3、放大单元 5、显示记录仪表 6 和 7 等部分组成。基准元件 10 内加入的是对各种波长的光几乎全不吸收的四氯化碳;检测器 3 送入的是 pH 值低于 4、加入四氯化碳的检测液。红外线光源 1 发出的红外线经回转板 2 变为周期性的红外线,同时送入基准元件 10 和检测器 3。因基准元件 10 与红外线吸收无关,进入的红外线能全部送到基准室 9,而检测器 3 中送入的是配有四氯化碳的检测液,它吸收的红外线与检测液油分浓度有关;由于存在油分,所以减少了送到检测室 4 的红外线。金属电容 8 上、下两室由于接受的光照强度不同,两室内气体热膨胀程度将会不同,由此改变了金属电容的电容值;电容值的大小将随检测液中含油浓度而变化,经放大单元放大后可输出指示含油浓度的检测信号。

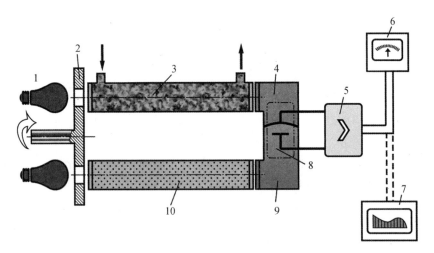

1—红外线光源;2—回转板;3—检测器;4—检测室;5—放大单元;
6,7—显示记录仪表;8—金属电容;9—基准室;10—基准元件。

图 9-1-6 红外线吸收法测量水中含油浓度的原理图

(2)油分浓度监控器

如图 9-1-7 所示是荷兰 I.T.T 型油分浓度监控器的系统简图。此装置采用混浊度法检测油分浓度。检测光源采用波长为 0.85 nm 的激光发生器用光纤将检测液导入检测室;通过水样的直射光和散射光分别用两根光纤送至两个光电池组,将光的强度信号转换成电流信号,通过转换、运算后,油分浓度值在指示器中显示,并送入记录器中连续记录。

该监控器一般与油水分离器排水管路并联,可设两个检测点,由控制面板上的选择开关选定。监控器使用前应手动开启截止阀 3,4,14;一般随污水泵启动而自动投入工作,也可选择手动。检测点的被检测液从取样阀1(2)经转换阀5,由取样泵6排至超声波乳化器8,在其中由喷嘴喷出的射流引发簧片产生超声波,使检测液中的油乳化;而后通过检测室10、流量开关11、控制阀12、调节阀13,经出口阀14排出。手动调节阀13可使系统内保持适当压力,防止水中产生气泡。

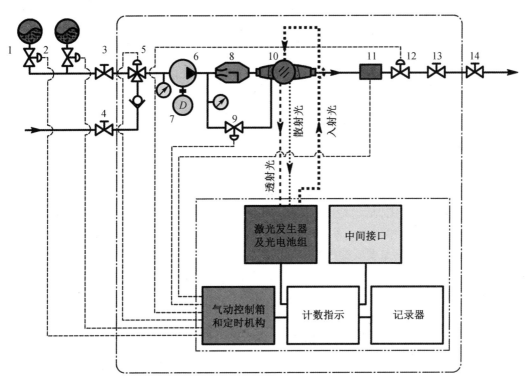

1、2—取样阀;3—样水进口阀;4—冲洗水进口阀;5—冲洗水/样水转换阀;6—取样泵;7—电动机;
8—超声波乳化器;9—窗口冲洗阀;10—检测室;11—计量计;12—排水控制阀;13—调节阀;14—出口阀。

图9-1-7 I.T.T型油分浓度监控器的系统简图

为防止停用期间因油沉积在系统中,而影响监控器的准确性,在每次启动和停止监控器时都会自动进行冲洗。冲洗时转换阀5自动转接来自高置水箱的清洁、无气淡水,排水控制阀12开大后冲洗系统;经3 min延时后阀9开启,冲洗检测窗口。冲洗期间,监控器自动校准零位,误差大于5 ppm时会报警;同时对直射光强度与标准值进行比较,衰减严重时也会报警,可手动冲洗窗口。冲洗完成后转换阀自动转接检测点进行检测。检测期间阀9每隔3 min开启2 s,用检测点的水冲洗检测窗口。工作期间若水流中断,流量开关会动作报警,延时3 min后停止取样泵。

该监控器有效量程为0～100 ppm,15 ppm时精度为+5 ppm;报警值可在0～100 ppm调定,反应时间小于10 s,有80%调定值预报警功能;检测流量为500～600 L/h;适用水温为10～65 ℃。

四、影响油水分离器分离效果的因素

油水分离器实际工作时其分离效果的好坏主要受工作条件因素的影响,如压力、温度、流量、污水含油量、油的种类、水质,及与其配套的管路、污油泵的结构、类型等,依据实际情况合理地调整或改善其工作条件是保证油水分离器发挥最佳效能的关键所在。

1. 压力的影响

油水分离器工作压力越高,要求污水泵的排出压力越高,而泵的容积效率随排出压力的增加而下降,含油污水通过泵时因节流和扰动而对油产生的乳化作用就会增大,因而分离效果会变差,因此分离器应尽量采用较低的工作压力。

2. 温度的影响

温度的高低主要影响油、水的黏度和密度,适当加温有利于减小油分离运动过程中水对油的黏滞阻力,也能提高油和水的密度差从而增大油、水分离时的重力差或离心力差,以提高分离效果;同时也有利于污油从集油室中的排出。但过高温度会使油的黏度下降过大,反而易乳化,使分离效果变差。因此在环境温度较低时对含油污水的加热多由分离器内的加热器完成,且多将加热器设在其上部,以减小污水通过泵时及流动过程中的乳化作用。加热温度应视污油的黏度而合理选择,不宜超过 60 ℃,主要含轻质油料的污水可不予加热。

3. 流量的影响

油水分离器工作流量越大,含油污水在分离器中的分离时间越短,其分离效果将会越差,当流量超过额定处理量时,分离效果会明显下降,排放水中的油分浓度可能会超出其性能参数的标准。

4. 污水含油量的影响

污水含油量越大,油粒在分离器中的碰撞机会就越多,越有利于油水分离;但含油量过大的污水在通过泵、管路、阀件等部件时油被乳化程度也会提高,会不利于分离;而且后者对分离效果的影响更大,因此含油量不宜太大,否则分离器的分离效果下降。

5. 油的种类的影响

油水分离效果与油的密度、油粒直径关系很大,且后者的影响比前者更大;在油粒直径相同的情况下,密度越小越易被分离;但密度小的油往往黏度也小,容易被乳化,即油粒直径变小,密度小的油反而更难分离。船舶含油污水中油的种类很多,不同种类的油其密度、黏度都有较大差异,因此润滑油比较容易分离,而原油、混合重油或燃料油由于含有部分轻质油分,而相对难分离甚至比纯轻油更难分离。

6. 水质的影响

水质对分离效果的影响主要在于不同的水质对油水密度差、油粒直径的改变。污水中海水量越多,油水密度差越大,油水越易分离;海水中的离子与油粒结合后,利于小直径油粒相互结合成长为大油粒,因而有利于油水分离。而污水中可能含有的洗涤剂、防锈剂等则会促使污油乳化,使分离效果明显下降。另外,污水中的固态微粒易与油粒结合而被油包覆,不利于上浮分离;同时还可能堵塞多孔介质,使分离器性能下降。

7. 管路的影响

管径小、截面变化大、弯头多、弯度大、阀件多以及采用节流或回流法调节流量的污

水供给管路系统会增大对含油污水的扰动,使油的乳化程度提高,对油水分离不利。

8.泵的影响

泵的类型不同,其结构、工作原理就不同,在工作过程中不同类型的泵对流体的扰动程度存在相当大的差异,在泵送含油污水时,对油的乳化程度也就截然不同;实验表明,螺杆泵、三作用柱塞泵,特别是自吸性能好、对杂质不太敏感的单螺杆泵较齿轮泵、离心泵、活塞泵等更适合作为油水分离器的污水泵。另外,相同类型的泵,其转速越高或同一台泵容积效率越低时,污水中的油也越易被乳化,油水分离效果也会越差。

五、油水分离器的操作与运行管理

1.启动之前的检查

各油、气、水阀开关位置检查;泵的工况检查(螺杆泵的卡滞、注水启动等);电源控制与报警箱的检查;配电板上"油水分离器"电源(泵和电加热电源)是否开启的检查。

2.启动操作

(1)将排油方式旋钮转到"手动"。

(2)开启油水分离器的上排污阀、下排污阀及放气阀;开启"泄放阀"。

(3)启动污水泵,此时海水按"反冲系统"由油水分离器下部进入内腔,压力表显示为正值0.18~0.25 MPa。

(4)当下排污阀、上排污阀有水流出时关闭。

(5)当"泄放阀"有水流出时,开启通往舷外排水阀及通往油分浓度监测装置的截止阀,关闭"泄放阀",系统投入运行,压力表显示负值-0.06~-0.01 MPa(具体压力以实际设定为准)。

(6)开启油水分离器的油分浓度检测装置对舷外排水实现自动监控。

(7)将排油方式旋钮转到"自动",开始进行舱底水分离。

3.运行管理

(1)注意观察各仪表读数是否正常。

(2)经常触摸泵轴承箱感受外表温度,观察泵运转是否平稳,声音是否正常。定期对泵的各润滑部位加注润滑油。

(3)注意检查泵的进出口压力、第一级滤器电接触真空表读数,第二级如投入使用,检查第二级精滤器电接触压力表读数及第二级乳化分离电接触压力表的读数是否在正常范围内。当泵的出口压力高于规定值时,应检查管路是否堵塞,若出现堵塞应清洗或更换分离器滤芯。(安全阀整定值0.26 MPa)。

(4)寒冷季节污油黏度较大时使用油水分离器,加热器电源控制开关切换到"自动"位置。在液体温度低于设定温度下限值时加热器自动接通。液体温度高于设定上限值时,加热器失电停止加热。加热温度上限设定应不超过45 ℃。

(5)注意检查系统各密封处情况,吸入管系应保证密封,不得因泄漏而影响泵的吸入性能。

(6)经常开启排水管上取样旋塞放水,检查排水情况。如需取样,打开取样旋塞,先预放一分钟再取样;取样瓶应用碱液或肥皂水反复清洗,再用清水冲洗干净,保证无油迹。

4. 停机操作

（1）当油污水处理完毕时，将泵的吸入口管路上的三通阀切换到清水（或海水）管系上，连续运行 15 min 以冲洗分离装置。

（2）将电气控制箱面板上的加热器电源控制开关切换到"手动"位置，停止加热。

（3）冲洗完毕后，按下电气控制箱面板上泵的停止钮，泵停止工作，指示灯熄灭。

（4）关闭分离装置所有的进出口阀（在长期间断使用时）。分离装置停止工作后，其内部应充满"清水"以备下次启动时使用。

任务 9.2　操作与管理船舶生活污水处理装置

【任务分析】

船舶生活污水分为由盥洗室、浴室、厨房等处因清洗产生的灰水和由厕所、医务室产生的黑水两类。为防止船舶生活污水污染，《MARPOL73/78 公约》附则Ⅳ规定船舶生活污水必须经过处理后按要求排放。船舶生活污水处理装置主要处理船舶生活污水，以满足船舶排放的要求。本任务的主要目的是了解船用油水分离装置的相关理论知识，掌握如何使用与管理典型船用油水分离装置。

【任务实施】

船舶作为流动污染源，它在航行过程中产生的生活污水对其所在水域环境造成的污染情况不容忽视。根据《MARPOL 73/78 公约》附则Ⅳ、《内河船法定检验技术规则》和《船舶水污染物排放控制标准》（GB 3552—2018）对生活污水的定义，船舶生活污水是指任何形式的厕所和小便池的排出物；医务室的面盆、洗澡盆的排出物；装有活畜禽货的排出物以及混有上述排出物的其他废水。由此可知，生活污水中含有有机物、矿物质、大量细菌、寄生虫以及危害海洋生物和人类身体健康的病毒等有害物质。当未经处理或经处理后不达标的生活污水排入水环境时，生活污水中的大量有机物会消耗水中的溶解氧，随着溶解氧含量的降低，水中生态平衡遭到破坏，会造成水生动物如鱼类等的迁徙或死亡；生活污水中的粪便中含有大量的细菌，甚至是致病细菌，若未经处理达标排放到水中，会致使水中生物感染，同时，污染的水源还会对人类身体健康产生危害。另外，由于船舶的流动性和水域的流动性，生活污水排放到水中，其中的污染物不会静止不动，而是随着船舶和水域的流动不断扩散，最终对水生物和人类健康产生不可逆转的危害。

一、船舶生活污水处理方式

1. 收集储存处理

这种方式是在船上设置生活污水储存装置，当船舶处在禁止生活污水排放的水域，将暂时全部收存；当船舶行驶至允许排放海域或靠港后，再将污水排放或送岸上接收处理。

收集储存式处理系统设备简单，造价低；但储存舱、柜的容积大，需使用杀菌和除臭药剂,还需支付岸上接收处理费用,特别是目前并非所有港口都有生活污水接收设备,这些都限制了收集储存处理方式的应用。

2. 生物化学处理

生物化学处理是利用微生物分解生活污水中有机物来处理污水。船舶上大多使用活性污泥法,原理是利用喜氧微生物在有氧与适宜的温度下,通过其自身的消化作用,分解污水中的有机物质,将其转化成二氧化碳和水,微生物在此过程中也得以繁殖。

生物化学处理的优点是装置结构简单,处理效果好,杀菌、消毒药剂用量少,成本低;缺点是长时间停用或管理不善会造成微生物死亡,再次正常使用需一个月左右的时间培养微生物,此外装置对污水负荷的变化适应性较差,装置的体积也较大。

3. 物理化学处理

物理化学处理是先用物理方法对生活污水进行固液分离,然后向存放液体的处理柜加入絮凝剂、杀菌消毒剂,在污水中产生絮凝胶团吸附污水中的有机悬浮物质并杀菌消毒,再经沉淀柜沉淀后排往舷外或循环使用;分离出的固态污泥存入污泥柜中,然后由焚烧炉焚烧或在允许区域排往舷外;该系统可以实现无水排放。

物理化学处理装置结构简单,尺寸小,启用、停止方便,对污水负荷适应性好;但药剂用量大,成本高。

船舶生活污水处理装置(PPT)

二、典型船舶生活污水处理装置

1. ST 型船用生活污水处理装置

ST 型船用生活污水处理装置是国内引进生产、利用生物化学法处理生活污水的装置。排放标准符合 IMO 及各国生活污水排放标准,已获我国船检局及世界一些权威船级社认可。该处理装置规格齐全,适用的最少人数为 5~6 人,最多达 600 人。

如图 9-2-1 所示为该装置工作原理图。装置主要由曝气室 2、沉淀室 3 和消毒室 5 以及其他附属设备组成。污水首先进入曝气室 2,鼓风机 9 经空气扩散器 4 向曝气室供入空气。空气扩散而产生的大量上升气泡使污水和活性污泥充分接触,并对其充分供氧,以增强喜氧微生物新陈代谢活力。活性污泥中大量存在的喜氧微生物将污水中的有机污物消化分解为二氧化碳和水等无害物质,喜氧微生物得以生长和繁殖。二氧化碳气体经逸气管逸出,而水和污泥停留大约 24 h 后,流进沉淀室。在沉淀室中,活性污泥沉降,从底部经活性污泥回升管被鼓风机供至回升管的空气所提升,返回曝气室。沉淀室呈平滑的漏斗状,有利于污泥从底部被空气引射进入回升管,以防淤积在沉淀室。漂浮在沉淀室水面的固体浮渣,经位于水面中央的撇渣盘和浮渣回升管 11,也被来自鼓风机的空气提升引回曝气室。在沉淀室上部澄清的水由溢流管经氯溶解器 8 流入消毒室 5 中进行杀菌,然后由浮子开关 7 控制的排出泵 6 排出舷外。

氯溶解器内有两个装盛次氯酸钙消毒药片的小圆筒,筒底部开口可使水流与药片接触,以溶解一定药量,水流增大时水位升高,水与药剂接触面积增大,溶入的药量增加,药量能随水流量的变化自动调节,从而保证消毒质量。药剂消耗量大约每人每天 5 g。

2. WSH 型船用生活污水处理装置

WSH 型船用生活污水处理装置是丹麦阿特拉斯公司生产的以物理化学处理方式

的污水处理装置。装置实现全自动运行,可用于无人机舱;排放标准符合国际公约要求。

如图9-2-2所示是WSH型生活污水处理装置工作流程图。来自厨房、盥洗室、厕所等处的污水首先送至滤网传送带式机械分离器7,进行固、液分离;分离出的固体随即送入污泥箱11,由压缩空气吹入污泥柜储存;污泥柜中的污泥可送岸上接收处理,也可在非限制海域直接排放,或由焚烧炉焚烧。透过滤网传送带流入混合箱9中的污水与药剂泵4泵入的絮凝剂(氢氧化钙)混合,生成微小的胶体颗粒,在絮凝箱14中胶体颗粒不断长大形成絮状物而沉入沉淀箱底;较小的颗粒则随污水一起沿沉淀箱中的斜板上升,并逐渐沉淀在斜板上,最后也滑落至沉淀箱底部,由污泥泵12送至污泥箱。上部澄清的液体由排出泵16排出舷外或供循环使用。

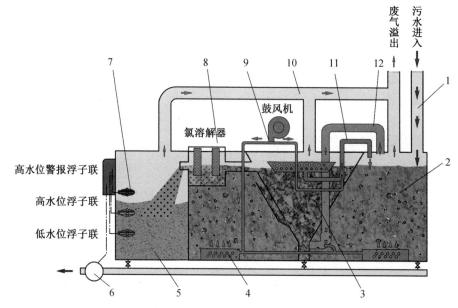

1—污水进口;2—曝气室;3—沉淀室;4—空气扩散器;5—消毒室;6—排出泵;
7—浮子开关;8—氯溶解器;9—鼓风机;10—逸气管;11—浮渣回升管;12—活性污泥回升管。

图9-2-1 ST型船用生活污水处理装置工作原理图

氢氧化钙絮凝剂不仅有絮凝作用,可降低污水中的固体悬浮物;同时还可除去大量的有机物,使生物需氧量大大下降;另外,氢氧化钙本身具有杀菌作用,也降低了水中大肠杆菌群数,这样处理出来的污水清亮、无色、无臭,完全符合排放标准。投药量在0.5~0.7 g/L时,净化效果最佳。药量过低,水有余臭味,过高会使絮凝效果下降,水色变黄。

沉淀箱采用斜板结构,提高了沉淀效果。此外,沉淀箱底部的两个空气薄膜振动器13用于松动沉淀箱底部的污泥。在输送箱下部装设的夹紧器10,其内部装有一带有织物的塑料衬套,当用压缩空气吹送污泥箱中的污泥时,压缩空气进入衬套的外层将其压紧,切断输送箱与污泥箱的通路,可避免压缩空气由输送箱泄漏。

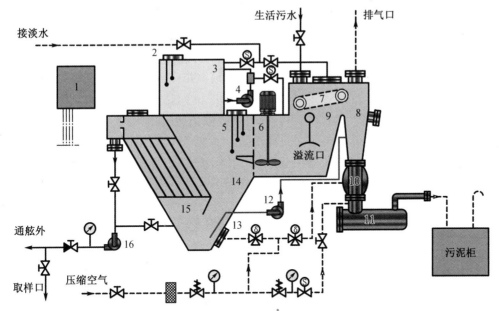

1—控制箱；2、5—液位电极；3—絮凝剂储存柜；4—药剂泵；6—搅拌器；7—机械分离器；8—输送箱；
9—混合箱；10—夹紧器；11—污泥箱；12—污泥泵；13—振动器；14—絮凝箱；15—沉淀箱；16—排出泵。

图 9-2-2　WSH 型生活污水处理装置工作流程图

三、船舶生活污水处理装置的管理(以生物化学处理原理为例)

1. 启动前的检查

启动装置前应检查电源、排出泵、曝气风机、控制系统等的工作是否正常,然后严格按说明书的程序要求开启各阀、风机、排出泵等。若装置为首次投入使用或长期停用后重新使用,应进行微生物的人工移植。人工移植微生物时,可通过第一曝气室的入孔投入发酵促进剂,并在装置启动运行后的 10 天到 15 天内连续投药。

2. 运行中的管理

(1)经常检查曝气风机处于正常运转状态,否则就会造成微生物死亡使处理效果变差。同时在船上的发电机停止运转时,应接岸电使曝气风机接着运转。

(2)维持装置运行的最佳温度一般在 20~25 ℃。船舶航行在热带或寒带水域时应通过冷却或加热设备以维持最佳温度从而提高处理效果。

(3)定期检查曝气室和沉淀室活性污泥的浓度,一般每三个月检查一次。在正常情况下,污水呈巧克力色或淡棕色为佳。活性污泥浓度太大会产生臭味,如曝气室和沉淀室表面浮渣过多说明活性污泥浓度太大,这时应进行调节。调节的方法是开启或开大浮渣回升管的空气旋塞,将沉淀室浮渣送回曝气室,打开曝气室底部的排渣阀及与排出泵连接的管路中阀门,关闭消毒室排污阀,启动排出泵排出部分活性污泥以降低浓度。一般活性污泥量为曝气室容量的 1/3~1/2 为宜。

(4)为防止装置超负荷运行应严格控制冲洗水量,一般每人每天控制在 60 L 左右。同时应注意防止塑料制品、纺织品、烟头和不易溶解的纸片等进入系统,以防止堵塞影响处理效果。在清洗便池时,尽可能不采用各种化学药品或将采用清洗化学药品的冲洗水直截了当排出舷外,以防止杀死微生物。

(5)注意及时对消毒室补充消毒药剂。所用的氯化物药品是有毒、易燃、易受潮溶化的物品,需用密封的陶瓷容器存放在阴凉通风处,并注意防止火灾和人员中毒。更换药品时要带上胶皮手套防止烧伤。

3.停机时的管理

装置短期停用时,曝气风机应保持连续运转,以免微生物死亡。若需长期停用,则需放空柜内污水,并用海水冲洗干净。冲洗前应将氯溶解器中的药品全部取出,防止中毒。冲洗时水温不宜超过 65 ℃,且不可用刮刀刮、铲,防止将容器的涂料破坏。装置重新启用时,应通过微生物的移植来恢复其正常工作。

任务 9.3　操作与管理船用焚烧炉

【任务分析】

海洋强国建设(视频)

船舶在运营过程中会产生许多固体的垃圾,如纸、抹布、塑料等;还有许多液体的废料,如油渣、失效的润滑油料等。船用焚烧炉是专门用于焚烧来自主机、辅机、油水分离器和各油泵、油盘所产生的废油,以及大多数固体垃圾的设备。各国港口当局和国际航运界日益重视保护海洋环境,严惩污油和垃圾违规排放,作为船舶焚烧炉的主管人员,就必须更加全面地掌握该设备的正常使用并做好日常维护保养工作。本任务的主要目的是了解船用焚烧炉的相关理论知识,掌握如何使用与管理典型船用焚烧炉装置。

【任务实施】

一、船舶垃圾处理方法

船用焚烧炉(PPT)

船舶垃圾按来源主要分为生活垃圾与生产垃圾。生活垃圾主要有食物残渣、瓶罐、包装箱盒、塑料袋,以及生活污水处理装置排出的污泥等。生产垃圾主要有与动力装置有关的废油、污油、油泥、废滤芯、垫床、填料、废金属、棉纱布头等;还有与货运有关的垫舱废料、破损的包装材料、货损或卸货残留物等。船舶垃圾按形态或可燃性又可分为固态和液态,可燃和不可燃等。

目前船舶垃圾的处理方法主要有以下三种:

(1)暂时收存

暂时收存是在船上设置垃圾收存柜,当船舶进港后由岸上垃圾收集处理机构回收处理,但需支付一定的费用;或者在船舶航行到非特殊区域时按公约规定投弃,塑料制品除外。

(2)粉碎处理

粉碎处理是利用粉碎机将固体垃圾粉碎成粒径小于 25 mm 的碎粒后,除特殊区域在离岸最近距离 3 n mile 以外排放,主要用于处理不可燃烧的玻璃、陶瓷、金属类垃圾及食物垃圾等。

（3）焚烧处理

焚烧处理是将可燃的垃圾送入焚烧炉内焚烧,焚烧后的灰烬再排放入海;无须很大的收存空间,也无腐臭的垃圾污染环境;但通常需要消耗燃料,燃烧时的废气对大气有二次污染。

二、船用焚烧炉的基本要求

船用焚烧炉是焚烧船舶上可燃烧的固态或液态垃圾的专用设备。由于被焚烧的可燃物不仅形态、数量各异,而且其可燃性、热值等差异很大。因此,船用焚烧炉应满足下列基本要求:

（1）对含有固体杂质和较多水分的污油能可靠地完全燃烧。一般通过采用对污油、水搅拌均匀化,适当预热提高温度,控制油、水比例（一般不超过50%）,滤除较大杂质,缩短污油柜与焚烧炉距离,选用对杂质不敏感且雾化性能好的污油燃烧器等方法予以满足。

（2）控制适当的炉内温度,一般为600~900 ℃。炉内温度过低不利于污油完全燃烧,也会使固体垃圾燃烧困难;过高则可能对炉体造成损害。因此,焚烧炉都设有燃烧重油的辅助燃烧器,用于预热炉膛,点燃污油燃烧器;在污油含水量超过50%或仅焚烧固体垃圾时保持炉内温度。而当污油含水较少时,可采取在污油中掺水或减少喷油量的方法来限制炉温。

（3）保持焚烧过程中炉膛内适当的负压,防止高温燃气由固体垃圾投料口外泄,危及人身安全,因此一般要求系统设有引风设备。

（4）焚烧炉外壁温度不宜太高,排烟温度不宜高于350 ℃,应尽量减少排烟中有害物质的浓度,以防对大气形成二次污染。因此,焚烧炉周壁都采用具有良好绝热性能的隔热层;并可设由风机供风的空气冷却夹层,加强炉周壁冷却;在炉内设耐火隔墙,延长燃气在炉内的停留时间,保证完全燃烧和减少灰烬向大气的排放;也可使排烟与部分供风混合后排出,从而降低排烟温度。

三、船用焚烧炉的结构

如图9-3-1所示是国产CFZ-30B型船用焚烧炉装置焚烧炉本体结构示意图。

焚烧炉本体外壳1由钢板焊接而成;下部的炉膛和上部的烟室用耐火砖2砌成,在炉膛后部连通;炉膛和烟室的外表面敷有硅酸铝耐火纤维的隔热材料3;隔热材料层与外壳之间留有空气夹层5。炉膛侧面设有固体垃圾入口加料门9,下部有出灰门6和固体垃圾焚烧时所需的可调助燃空气进风口8;污油燃烧器13、辅助燃烧器14设在炉膛前部。

船用焚烧炉（动画）

船用焚烧炉工作时,固体垃圾经投料口送入炉内焚烧,污油是通过污油燃烧器喷入炉内燃烧,而油泥、生活污泥一般也是与污油混合、粉碎后,通过污油燃烧器喷入炉内燃烧。因此,污油燃烧器是船用焚烧炉的关键部件,它的好坏直接影响焚烧炉的工作性能,目前使用较多的有气流式燃烧器和旋转杯式燃烧器。

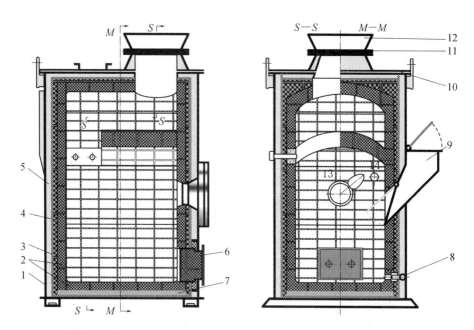

1—壳体；2—耐火砖；3—隔热材料；4—填料；5—空气夹层；6—出灰门；7—炉底绝热层；
8—可调助燃空气进风口；9—加料门；10—密封垫片；11—法兰板；12—喇叭口；
13—污油燃烧器；14—辅助燃烧器。

图 9-3-1　CFZ-30B 型船用焚烧炉本体结构示意图

1. 气流式污油燃烧器

　　气流式污油燃烧器是利用空气或蒸汽具有的一定压力通过喷嘴时高速气(汽)流对污油产生的撞击、裹吸作用使其雾化而燃烧,如图 9-3-2 所示是其原理图。

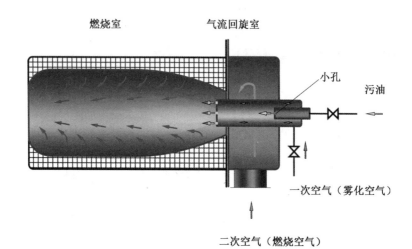

图 9-3-2　气流式污油燃烧器原理图

　　燃烧器喷嘴采用套管形式,空气或蒸汽由内外管间环形通道前端的小孔喷出,污油则从内管喷出;雾化后的油气再与风机供入的空气混合后在燃烧室中燃烧。该污油燃烧器雾化效果好、与空气混合均匀、燃烧迅速、炉膛热负荷较高、焚烧量大;但污油中污泥量多、颗粒较大时喷嘴易堵塞。

2.旋转杯式污油燃烧器

旋转杯式污油燃烧器结构与燃油锅炉的同类型燃烧器相似,工作原理相同,具体内容见锅炉燃烧器。该型燃烧器对颗粒杂质敏感性低,最适用于焚烧污泥含量多的污油。

四、典型船用焚烧炉装置

CFZ-30B型船用焚烧炉装置由焚烧炉、污油柜、输送或循环泵组、搅拌器、粉碎机等辅助设备、燃油系统、空气或蒸汽供给系统、控制系统等组成。如图9-3-3所示为该型焚烧炉装置系统工作原理图。

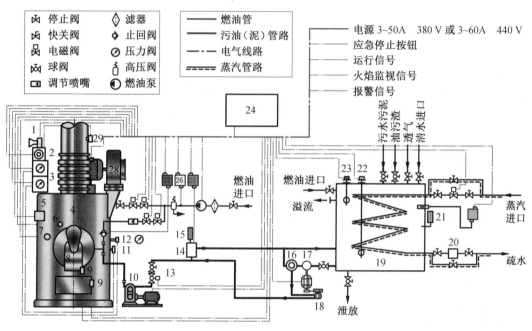

1—蜂鸣器;2,3—温度控制器;4—焚烧炉本体;5—点火变压器;6—辅助燃烧器;7—燃烧观察器;
8—旋转杯式污油燃烧器;9—行程开关;10—污油定量泵机组;11,12,29—热电偶;13—电动球阀;
14—测温包;15,21—温度计;16—自清洗滤器;17—粉碎泵;18—污油循环泵;19—污油柜;20—阻汽器;
22—低液位开关;23—高液位开关;24—控制箱;25—温度开关;26—压力开关;27—微压开关;28—鼓风机。

图9-3-3 CFZ-30B型船用焚烧炉装置系统工作原理图

该焚烧炉每小时能焚烧64 kg含水率为50%的污油和污泥,固体垃圾每次投入量约为50 L,热负荷为每小时(1.256×10^{6}) kJ。该装置除启动和停止需工作人员进行操作外,污油加热及循环、预扫风和点火、炉内温度的控制、辅助燃烧器的切换、停炉时的后扫风及冷却等各工作程序均为自动控制。

1.污油系统

污油、污泥经各自的管路送入污油柜19后,污泥由粉碎泵17(带刀的离心泵)从污油柜中吸出,经自清洗滤器16又回到污油柜,如此循环加热、粉碎和搅拌后,可形成固体颗粒粒径小于 2 mm 的乳状液体;同时,污油循环泵 18(单螺杆泵)从自清洗滤器 16 吸入污油,经测温包 14 后,返回污油柜,以使污油管路保持所要求的温度;污油定量泵机组 10(低速单螺杆泵)经电动球阀 13 从污油循环管路中吸入污油,将其送至旋转杯式污油燃烧器 8,供入焚烧炉 4 内燃烧。

污油柜内设有蒸汽盘管,用于加热并保持柜内的温度;污油柜上的清水、燃油进口用于调整进入焚烧炉的污油中的含油量,以调节和控制炉内温度。

2. 空气-烟气系统

空气由装于焚烧炉顶部的鼓风机 28 供入焚烧炉本体的空气夹层内,用以冷却焚烧炉外壳;其中大部分空气经顶部渐缩断面通道排出,与炉膛内燃烧后的高温烟气混合,以冷却和稀释排出的烟气;由于空气经渐缩断面通道进入喇叭口时气流速度增至最大,在喇叭口处形成局部压降,对炉内烟气有抽吸作用,从而使炉膛内保持负压燃烧;空气夹层内的部分空气则通过污油燃烧器 8、辅助燃烧器 6,可调助燃空气进风口进入炉膛供燃烧使用。

垃圾可装入塑料袋内,在停炉时直接从加料门投入炉内,然后再点炉让其在高温炉膛的热辐射下自燃,也可在烧污油时直接从投料口投入。燃烧后产生的灰渣可从出灰门排出。

该型焚烧炉装置在船舶上安装时应注意:

(1)焚烧炉与污油柜之间应由污泥循环管路连接成循环回路;

(2)污油柜应靠近焚烧炉布置,不宜相距太远;

(3)焚烧炉顶部外接排烟管应尽量减少弯头,以减小烟道阻力;排烟管外应包扎隔热层;排烟温度测量点应设在距烟道出口不小于 2 m 处。

五、船用焚烧炉日常管理

1. 常见故障与排除

(1)辅助燃烧油泵振动。新油泵一般本身没有问题,发生此种情况的原因是去轻油燃烧器管路中含有空气,事先没有充分放气。

(2)废油燃烧器频繁启停,原因是废油调节阀开度过大,减少废油流量,此现象即消失。

(3)废油柜到主阀滤器脏堵,造成废油压力波动,须拆开后清洁复装。

(4)马达发生停止运转。原因可能是热力延迟开关不工作或者是马达超负荷。

(5)冒浓烟。可能是燃烧速率太高造成雾化不够充分,或是燃烧固体垃圾量太大都可能导致此现象发生。

(6)点火失败,发生此情况可能是由于雾化器喷嘴脏堵;废油水分含量太高;油电磁阀故障;油压太低等。

2. 船用焚烧炉日常维护

(1)雾化器喷嘴要视情况定期清洁,否则将影响燃烧,甚至会造成点火失败。

(2)为稳定和加速燃烧的前燃烧器应定期检查是否弄脏、变形等。

(3)必要时须检查并更换喷雾器的油/气 O 形密封令。

(4)焚烧炉观察镜弄脏时须对其进行清洁。

（5）控制板的门要关闭，以防脏物进入。

（6）污油泵不要强迫性地从低油位泵油，也不要泵含有大量细金属颗粒、沙子等其他固体杂质的污油。

（7）时常检查风机及皮带情况，确保风机处于正常状态。

（8）炉灰要视情况及时掏出。

（9）老旧船的焚烧炉要定期对炉膛耐火材料进行检查，以确保使用安全。

（10）驳油污入柜时不要驳太满，达到 2/3 容量即可。

【练习与思考】

一、简述题

1. 油水分离器的工作原理？

2. 油水分离器在运行管理过程中需要注意哪些事项？

3. 简述船舶生活污水处理的基本原理？

4. 典型船舶生活污水处理装置在使用过程中需要注意哪些事项？

5. 焚烧炉为何要增设辅助燃烧器？

船舶防污染
装置（PPT）